高等院校机械类应用型本科"十二五"创新规划系列教材

顾问 张 策 张福润 赵敖生

机械原理

主 编 陈周娟 宋瑞银 李 虹
副主编 缪丹云 张美琴 刘尚坤
参 编 张卫芬 张慧鹏 王新海

JIXIE YUANLI

华中科技大学出版社
http://www.hustp.com
中国·武汉

内 容 简 介

本书是按照“宽基础，强分析，重应用”的原则，针对普通高校应用型人才而编写的教材。全书共有12章，包括机械原理概论、平面机构的结构分析、平面机构的运动分析、平面四杆机构、凸轮机构、齿轮机构、轮系、其他常用机构、机械中的摩擦和效率、机械系统动力学基础、机械的平衡和机械系统运动方案设计。本书对平面四杆机构、凸轮机构和齿轮机构等基本机构进行了重点讲述，也对机构的运动学和动力学进行了讲解。每章章前有内容提要，章后有思考与练习题，供师生选择练习。

本书主要适合高等学校机械类专业应用型人才培养使用，参考学时为64～72学时，也可供其他相关专业的师生及有关工程技术人员参考。

图书在版编目(CIP)数据

机械原理/陈周娟，宋瑞银，李　虹　主编. —武汉：华中科技大学出版社，2013.12 (2021.2重印)
ISBN 978-7-5609-9565-6

Ⅰ.①机…　Ⅱ.①陈…　②宋…　③李…　Ⅲ.①机构学-高等学校-教材　Ⅳ.①TH111

中国版本图书馆CIP数据核字(2013)第299871号

机 械 原 理　　　　陈周娟　宋瑞银　李　虹　主编

策划编辑：俞道凯
责任编辑：刘　飞
封面设计：范翠璇
责任校对：马燕红
责任监印：徐　露
出版发行：华中科技大学出版社(中国·武汉)　　电话：(027)81321913
　　　　　武汉市东湖新技术开发区华工科技园　　邮编：430223
录　排：武汉楚海文化传播有限公司
印　刷：广东虎彩云印刷有限公司
开　本：787mm×1092mm　1/16
印　张：16.5
字　数：419千字
版　次：2021年2月第1版第6次印刷
定　价：33.00元

高等院校机械类应用型本科"十二五"创新规划系列教材

编审委员会

高等院校机械类应用型本科“十二五”创新规划系列教材

总　　序

《国家中长期教育改革和发展规划纲要》(2010—2020)颁布以来,胡锦涛总书记指出:教育是民族振兴、社会进步的基石,是提高国民素质、促进人的全面发展的根本途径。温家宝总理在2010年全国教育工作会议上的讲话中指出:民办教育是我国教育的重要组成部分。发展民办教育,是满足人民群众多样化教育需求、增强教育发展活力的必然要求。目前,我国高等教育发展正进入一个以注重质量、优化结构、深化改革为特征的新时期,从1998年到2010年,我国民办高校从21所发展到了676所,在校生从1.2万人增长为477万人。独立学院和民办本科学校在拓展高等教育资源,扩大高校办学规模,尤其是在培养应用型人才等方面发挥了积极作用。

当前我国机械行业发展迅猛,急需大量的机械类应用型人才。全国应用型高校中设有机械专业的学校众多,但这些学校使用的教材中,既符合当前改革形势又适用于目前教学形式的优秀教材却很少。针对这种现状,急需推出一系列切合当前教育改革需要的高质量优秀专业教材,以推动应用型本科教育办学体制和运行机制的改革,提高教育的整体水平,加快改进应用型本科的办学模式、课程体系和教学方式,形成具有多元化特色的教育体系。现阶段,组织应用型本科教材的编写是独立学院和民办普通本科院校内涵提升的需要,是独立学院和民办普通本科院校教学建设的需要,也是市场的需要。

为了贯彻落实教育规划纲要,满足各高校的高素质应用型人才培养要求,2011年7月,华中科技大学出版社在教育部高等学校机械学科教学指导委员会的指导下,召开了高等院校机械类应用型本科“十二五”创新规划系列教材编写会议。本套教材以“符合人才培养需求,体现教育改革成果,确保教材质量,形式新颖创新”为指导思想,内容上体现思想性、科学性、先进性和实用性,把握行业岗位要求,突出应用型本科院校教育特色。在独立学院、民办普通本科院校教育改革逐步推进的大背景下,本套教材特色鲜明,教材编写参与面广泛,具有代表性,适合独立学院、民办普通本科院校等机械类专业教学的需要。

本套教材邀请有省级以上精品课程建设经验的教学团队引领教材的建设,邀请本专业领域内德高望重的教授张策、张福润、赵敖生等担任学术顾问，邀请国家级教学名师、教育部机械基础学科教学指导委员会副主任委员、华中科技大学机械学院博士生导师吴昌林教授担任总主编，并成立编审委员会对教材质量进行把关。

我们希望本套教材的出版，能有助于培养适应社会发展需要的、素质全面的新型机械工程建设人才，我们也相信本套教材能达到这个目标，从形式到内容都成为精品，真正成为高等院校机械类应用型本科教材中的全国性品牌。

高等院校机械类应用型本科"十二五"创新规划系列教材

编审委员会

2012-5-1

前　　言

本书根据应用型人才培养的特点，参照2009年教育部高等学校机械原理课程教学的基本要求进行编写。

本书的指导思想是：在加强基本理论、基本方法和基本技能培养的基础上，遵循先机构、后机器，先运动学、后动力学，先分析、后设计的原则，注重学生工程实践能力和机构创新设计能力的培养。各部分内容的论述尽可能做到深入浅出，以例题或案例引出问题及其求解方案。力求做到图形简捷、形象、直观，案例以实际应用为主。

参加本书编写的有：运城学院（陈周娟、张慧鹏、王新海）、浙江大学宁波理工学院（宋瑞银、张美琴）、华南理工大学广州学院（李虹、缪丹云）、华北电力大学科技学院（刘尚坤）和东南大学成贤学院（张卫芬）。编写分工为：陈周娟（第1章、第10章），宋瑞银（第3章、第5章），李虹（第6章），刘尚坤（第2章、第9章），缪丹云（第8章、第12章），张慧鹏（第4章），张卫芬（第11章），宋瑞银、张美琴、王新海（第7章）。本书由陈周娟、宋瑞银、李虹担任主编，陈周娟负责统稿。

本书由浙江大学宁波理工学院的沈萌红教授担任主审，承蒙沈教授认真细致地审阅，为本书提出了许多宝贵的意见和建议，对编写给予了很大的帮助，在此表示衷心的感谢！

本书在编写过程中参考了一些同类教材和著作，在此也对这些教材和著作的作者表示诚挚的谢意。另外，本书在编写及出版过程中，得到华中科技大学出版社的大力支持和帮助，在此表示感谢！

本书适合高等学校机械类专业应用型人才培养使用，参考学时为64～72学时，也可供其他相关专业的师生及有关工程技术人员参考。

由于编者的水平有限，时间仓促，本书错误之处在所难免，恳请专家和广大读者批评指正。联系E-mail：chenzj06@sohu.com、ruiyinsong@163.com、317817268@qq.com。

编　者

2013年9月

目　　录

第1章　机械原理概论

内容提要

本章主要介绍机械原理的研究对象、研究内容、机械原理在整个课程体系中的地位和学习机械原理的目的，同时还对机械原理的学科发展动向作了简单介绍。

1.1　机械原理的研究对象和研究内容

1.1.1　机械原理的研究对象

机械原理（theory of machines and mechanisms）的研究对象是机械（machinery），机械是机器（machine）和机构（mechanism）的总称。

机械原理是机器理论与机构学的简称，是一门研究机构和机器的运动及动力特性，以及机械运动简图设计的基础技术学科。

1. 机器

在现代生产生活中，机器随处可见，如发电机、电动机、飞机、汽车、缝纫机、挖掘机、各种机床等不胜枚举。尽管这些机械的形式、构造和用途不同，但都具有三大特征：

(1) 都是由一系列具有独立运动的单元体（也称为构件）组合而成的；

(2) 各构件之间具有确定的相对运动；

(3) 能够转换机械能或做有用功或处理信息，从而代替或减轻人类的劳动。

如图1-1所示为一个单缸四冲程内燃机，它是由气缸体1、活塞2、连杆3、曲轴4、小齿轮5、大齿轮6、凸轮7、凸轮8、顶杆9、顶杆10、排气阀11和进气阀12等组成。燃气推动活塞2做往复直线运动，经过连杆3转变为曲轴4的连续回转运动。凸轮7、8和顶杆9、10是用来启闭排气阀和进气阀的。为了保证曲轴4每转两周进、排气阀各启闭一次，曲轴和凸轮之间安装了齿数比为1∶2的齿轮。这样当燃气推动活塞运动时，各构件协调动作，进气阀12、排气阀11有规律的启闭，加上汽化点火等装置的配合，就把热能转化为曲轴4回转的机械能。

按照第三个特征机器可以分为三大类。

1) 动力机器

动力机器的功用是把某一种能量转换成机械能，或把机械能转换成其他任何一种形式的能量。如电动机、内燃机能把电能、热能变成机械能；发电机、空气压缩机能把机械能变成电能、气体的势能。

2) 工作机器

工作机器的功用只是利用机械能完成各种有用功或进行物体的搬运，不进行能量的转换。如金属切削机床利用机械能对加工材料进行尺寸、形状等的改变；起重机、汽车、飞机等利用机械能搬送物体和人。

3）信息机器

信息机器的功用是完成信息的传递与变换，如复印件、打印机、照相机等。

2. 机构

机构是由一些构件通过可动的连接方式组成的构件系统，它只能传递运动或转换运动，所以只具有机器三大特征的前两大特征。如图1-1所示的内燃机中，气缸体1、活塞2、连杆3和曲轴4组成一个曲柄滑块机构，可将活塞2的往复移动转化为曲轴4的连续转动。凸轮7、顶杆9和气缸体1组成的凸轮机构，将凸轮轴的连续转动转化为顶杆的有规律的往复移动。曲轴和凸轮轴上的小齿轮5、大齿轮6与气缸体1组成齿轮机构，使两轴保持一定的速比。

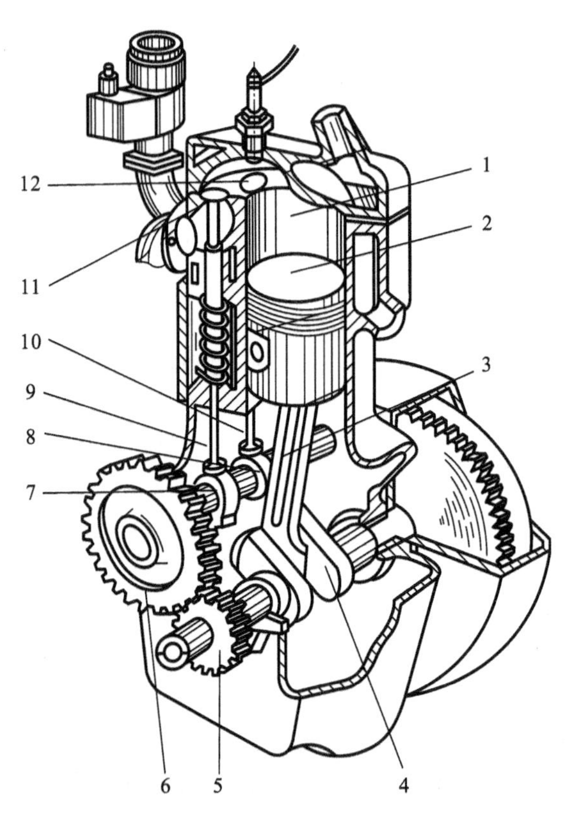

图1-1 单缸四冲程内燃机

1—气缸体；2—活塞；3—连杆；4—曲轴；5—小齿轮；6—大齿轮；

7、8—凸轮；9、10—顶杆；11—排气阀；12—进气阀

通过以上分析可以看出，从结构和运动角度看，机器和机构是没有区别的。因此，为了简化叙述，人们常以“机械”一词作为机器和机构的总称。机器中常用的机构有：连杆机构、凸轮机构、齿轮机构和间歇运动机构等。一台机器可以包含一个或多个机构，如电动机只包含一个机构，而内燃机则包括曲柄滑块机构、凸轮机构和齿轮机构等若干个机构。

1.1.2　机械原理的研究内容

1. 机构结构分析的基本知识

主要介绍机构的组成和组成原理、机构运动简图的绘制、机构具有确定运动的条件等。机构的结构分析是为了判断机构能否实现预定的运动，而且也便于进行机构的运动和动力分析。这部分内容不仅为学生分析和合理使用现有机械提供重要的依据，而且是学生设计新机械时所需要的很重要的基础知识。本教材将在第2章介绍这部分内容。

2. 机构的运动分析和设计

主要分析研究在已知机构中，某些构件运动规律确定的条件下，其他构件上各点的运动轨迹、位移、速度和加速度问题。运动分析的目的是为机械运动性能和动力性能的研究提供依据，是了解、剖析现有机械，优化、综合新机械的必要环节。本教材将在第3章介绍这部分内容。

3. 常见机构的分析和设计

虽然机器的种类非常多，但构成各种机器的机构类型却十分有限，本教材将在第4章至第8章中分别对平面连杆机构、凸轮机构、齿轮机构、间歇运动机构等常见机构的设计理论和设计方法进行讨论。

4. 机构的动力学分析和设计

主要介绍机械在运转过程中，作用在各构件上力的大小、方向和作用点等的确定，以及机械效率确定的具体办法；研究机械在已知力作用下的真实运动规律；研究机器运转过程中速度波动的问题，调节速度波动的方法；研究机械运转过程中所产生的惯性力系的平衡问题。通过这部分内容的学习，学生将为今后的机械系统方案设计打下必要的基础。本教材将在第9、10、11章中介绍这部分内容。

5. 机械系统的方案设计

主要是在研究机构运动设计和机械动力设计的基础上，介绍机械总体方案的拟定、机械执行系统的设计、机械传动系统的设计及原动机的选择。这部分内容对学生的工程训练起着十分重要的作用，是培养学生创新思维的一个重要方面。本教材将在第12章介绍这部分内容。

1.2　机械原理的课程地位和学习目的

1.2.1　机械原理的课程地位

“机械原理”是机械专业的主干技术基础课。之所以称为技术，是因为“机械原理”要解决的是在实际环境下的工程技术问题，即如何来实现运动要求的一系列具体措施；之所以称为基础，是因为“机械原理”的研究对象并不是确定的某一类机械，而是研究机械中共有的运动规律及其设计。

“机械原理”在教学中起着承上启下的作用。一方面，它需要高等数学、普通物理、工程制图和理论力学等理论课程等作为基础；另一方面，它为机械设计和其他相关专业课程的学习奠定了必要的基础。“机械原理”比其先修的理论课程更结合工程实际，同时它又为后续的专业课程提供了各种机械的共性问题的研究。

1.2.2 学习机械原理的目的

1. 认识和了解机械

学习本课程的首要目的是认识和了解机械。“机械原理”对机械的组成、工作原理和一些常见机构的运动等都作了基本介绍，这些都对工科专业的学生在实际生产和生活中，认识机械、了解机械有很大的帮助，而且为学生今后学习有关机械专业课打下了基础。

2. 分析和研究机械

要很好地利用机械，就需要分析和研究机械。本教材对一些常见机构的运动分析方法、设计理论和方法都作了详细介绍，为工科专业的学生分析和研究机械提供了有利的工具。同时，还介绍了一些工程方法，如图解法、实验法、反转法、等效法等。学习中要特别注意了解和掌握这些方法，只有这样，才能逐步树立起应有的工程观点，才能尽快地适应和掌握本课程的新特点、新问题和新情况，以取得事半功倍的学习效果。另外，在学习过程中，还要注意培养自己运用所学的基本理论和方法去分析和解决工程实际问题的能力。

3. 设计和创新机械

“机械原理”不仅介绍典型机构的分析和设计的基本理论与基本方法，还对机械运动方案的拟定、原动机的选择、机构的选型和组合、执行机构的协调设计等作了介绍，同时还对机构运动学和机械动力学的基本理论和基本技能作了介绍，这些都为培养学生的创造性思维和技术创新能力，为机械产品的创新设计打下良好的基础。

1.3 机构学的发展动向

机构学在广义上又称为机构和机器理论(简称机械原理)。近年来，随着宇航技术、核技术、海洋开发、医疗器械、工业机器人及微技术等高新科学技术的兴起和计算机的普遍应用，极大地促进了机构学的发展，创立了不少新理论和新方法，开拓了一些新的研究领域。

1.3.1 机构结构理论

在机构结构理论方面，主要是机构的类型综合、杆数综合和机构自由度的介绍。利用拆副、拆杆、甚至拆运动链的方法将复杂杆组化为简单杆组，以简化机构的运动分析和力分析；利用图论原理，把机构转化为矩阵符号标志，利用计算机识别方法，进行机构分类与选型；利用机构结构的键图方法，确定机构自由度和冗余度。研究满足拓扑结构要求的机构结构类型综合，如以单开链为基本单元的结构类型综合法、以回路为单元的结构类型综合法等，利用拓扑图及其矩阵表示。

1.3.2 组合机构

组合机构的研究近十几年来发展十分迅速。这种组合机构的设计方法有不少研究成果，如齿轮-连杆组合机构的运动与动力分析与综合、凸轮-连杆机构的运动精度分析与综合、凸轮-平面、空间组合机构的计算机辅助设计等。带挠性的组合机构已应用于轻工机械、纺织机械与机械手等设备中。

1.3.3　仿生机构学

仿生机构学是以生物解剖学、生物力学、机构学、机械系统动力学等理论为基础，主要研究各种动物特有的运动副、构件、运动链以及生物体运动器官的结果形式和机构组成原理。仿生机构学的任务是要从理论上揭示生物体的结构形式，并把研究成果应用于机器人等新一代仿生机械的设计与研制的实践中。

目前，仿生机构的研究正逐渐受到重视，不少国家积极开展对人的手指、手腕、手臂的结构、动作原理和运动范围的分析研究，研制出各种多自由度的生物电控或声控的机械假手，造福人类。同时，在深入研究人体步态和大、小腿的结构、动作原理和可动范围之后，已研制出各种类型的两足步行机。

1.3.4　微型机械

微型机械泛指尺寸范围为毫米、微米或纳米级，集微机构、微传感器、微驱动器、微执行器和微控制器为一体的微型机电系统(MEMS)。

微型机械的特点是：①体积超小，故受热膨胀、噪声和挠曲等的影响甚微，可以保持稳定可靠工作；②耗能仅为传统机械的十分之一，甚至百分之一，却能以十倍以上的速度来完成同样的工作；③惯性小，驱动能量小，可以以静电方式工作；④谐振频率高，响应时间短。

中国在近十年期间，通过微齿轮、微泵、微电动机、微马达、微型飞机和微型陀螺等研究，在微型机械领域取得了突出进展。同时，MEMS技术已开始在我国的社会生产中发挥作用，如微型机器人已开始用于人体内腔，如血管、肠道、食道等内疾病的治疗；微传感器已经开始用于飞行器的加速度、压力等参数的实时测量；纳米薄膜润滑技术已应用于火箭和计算机硬盘的制造之中。

习　题

1-1　什么是机械、机器和机构？举例说明它们之间的关系。

1-2　试列举3个机构实例，并说明其功用和结构。

1-3　试列举3个机器实例，并说明其组成和功能。

第2章　平面机构的结构分析

内容提要

本章主要介绍机构的组成、机构运动简图的绘制方法、平面机构自由度的计算方法以及机构的组成原理和结构分析。最后对空间机构进行了简单介绍。

2.1　机构的组成

2.1.1　构件

组成机构的每一个具有独立运动的单元体称为构件(link)。机器中的构件可以是单一的零件,也可以是由若干个零件装配而成的刚性体。例如,图2-1(a)所示的连杆是内燃机中的一个构件,它由连杆体1,连杆盖2,轴瓦3、4和5,螺栓6,螺母7,开口销8等零件装配而成,如图2-1(b)所示。由此可见,构件和零件是两个不同的概念:零件是最小的制造单元;而构件是最小的运动单元,是组成机构的基本要素之一。

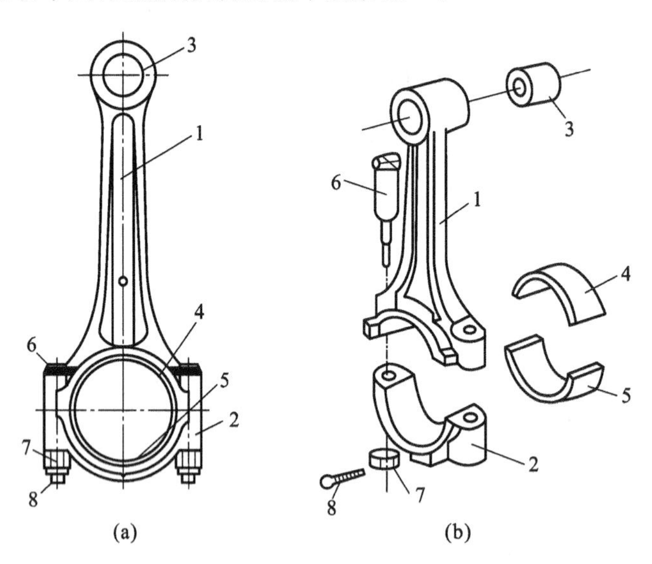

图2-1　构件与零件

1—连杆体;2—连杆盖;3,4,5—轴瓦;6—螺栓;7—螺母;8—开口销

2.1.2　运动副

机构都是由多个具有相对运动的构件组成的,其中每个构件都以一定的方式与其他构

件相互连接，这种连接的特点是两个构件既直接接触，又能产生一定的相对运动。这种两构件直接接触而组成的可动连接称为运动副(kinematic pair)，它也是组成机构的基本要素之一。如图2-2(a)所示的轴与轴承的连接，图2-2(b)所示的滑块与导轨之间的连接，图2-2(c)所示的两齿轮轮齿的啮合，图2-2(d)所示的凸轮与推杆的连接等均为运动副。两个构件组成运动副时，构件上参与接触的点、线、面称为运动副元素(pairing element)，如图2-2所示的运动副元素分别是：圆柱面、平面、齿廓曲线和点。

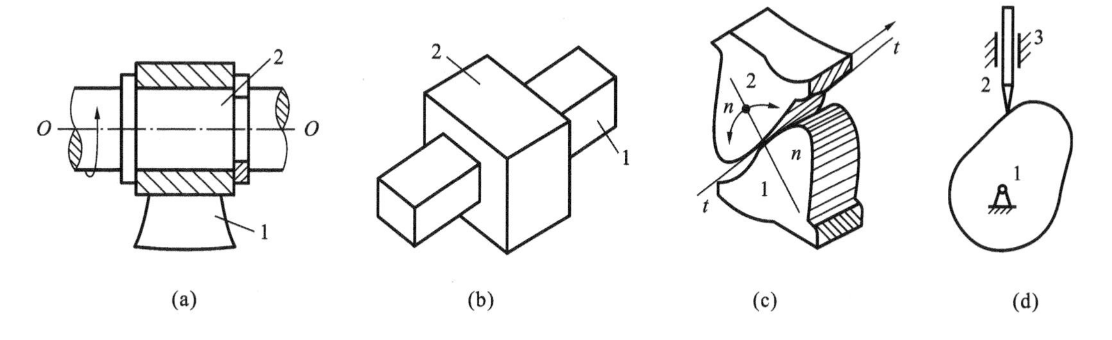

图2-2 运动副

运动副有许多不同的分类方法，常见的有以下几种。

1. 按组成运动副两构件的相对运动的空间形式分类

若构成运动副的两构件之间的相对运动为平面运动则称为平面运动副(planar kinematic pair)，如图2-2所示的各运动副。若相对运动为空间运动则称为空间运动副(spatial kinematic pair)，如图2-3所示的各运动副。本书将主要介绍平面运动副。

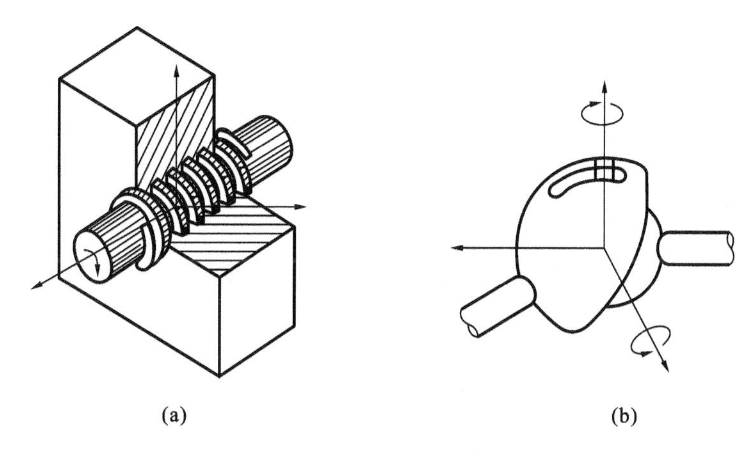

图2-3 空间运动副

2. 按运动副的接触形式分类

面与面接触的运动副在承受载荷方面与点、线接触的运动副相比，其接触部分的压强较低，故面接触的运动副称为低副(lower pair)，如图2-2(a)、(b)所示的运动副。而将点、线接触的运动副称为高副(higher pair)，如图2-2(c)、(d)所示的运动副。很显然，高副比低副易磨损。

3. 按组成运动副两构件的相对运动形式分类

若两构件之间只作相对转动的运动副称为转动副(revolute pair,也称回转副或铰链),如图 2-2(a)所示。两构件之间只作相对移动的运动副称为移动副(sliding pair),如图 2-2(b)所示。此外还有作相对螺旋运动的螺旋副(helical pair),如图 2-3(a)所示,作相对球面运动的球销副(spherical pair),如图 2-3(b)所示,等等。

4. 按运动副引入的约束数分类

构件所具有的独立运动的数目称为构件的自由度(degree of freedom),一个独立构件在空间上可具有 6 个自由度,作平面运动的自由构件具有 3 个自由度。两个构件直接接触构成运动副后,构件的某些独立运动受到限制,自由度随之减少,构件之间只能产生某些相对运动。这种运动副对构件的独立运动所产生的限制称为约束(constraint of kinematic pairing)。

运动副每引入一个约束,构件便失去一个自由度。两个构件间形成的运动副引入了多少个约束,限制了构件的哪些独立运动,则完全取决于运动副的类型。在平面机构中,一个低副引入 2 个约束,一个高副引入 1 个约束。

通常,把引入 1 个约束的运动副称为Ⅰ级副,引入 2 个约束的运动副称为Ⅱ级副,依此类推,还有Ⅲ级副、Ⅳ级副、Ⅴ级副。

表 2-1 所示为常用运动副及其分类情况。

2.1.3 运动链

两个或两个以上的构件用运动副连接构成的构件系统称为运动链(kinematic chain)。各构件用运动副首尾连接构成封闭环路的运动链称为闭式运动链,简称闭链(closed kinematic chain),如图 2-4(a)所示。各构件用运动副首尾连接构成不封闭环路的运动链称为开式运动链,简称开链(open kinematic chain),如图 2-4(b)所示。根据运动链中各构件间的相对运动是平面运动还是空间运动,也可以把运动链分为平面运动链(planar kinematic chain)和空间运动链(spatial kinematic chain)两类,分别如图 2-4、图 2-5 所示。一般机械中多数采用平面闭链,开链多用于工业机器人等机械中。随着生产线中机械手和机器人的应用日益普遍,机械中的开式运动链也在逐步增多。

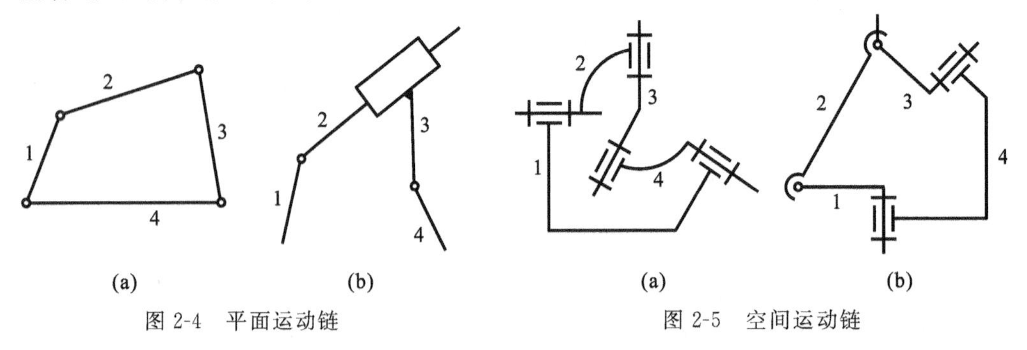

图 2-4 平面运动链　　图 2-5 空间运动链

2.1.4 机构

在运动链中,如果将某一个构件加以固定,并使其余各构件都有确定的相对运动,这种运动链称为机构。如将图 2-4(a)所示的运动链中的构件 4 固定,就可得到图 2-6 所示的四杆机构。

通常，将机构中固定不动的构件称为机架(fixed link)，如图 2-6 所示的构件 4。将给定独立运动规律的构件称为原动件(driving link，或称为主动件)，一般用箭头表示其运动方向，如图 2-6 所示的构件 1。其余活动构件则称为从动件(driven link)，如图 2-6 所示的构件 2 和构件 3。从动件的运动取决于原动件的运动规律和机构的结构。由此可见，机构是由机架、原动件和从动件所组成的构件系统。运动副的类型及表示符号见表 2-1。

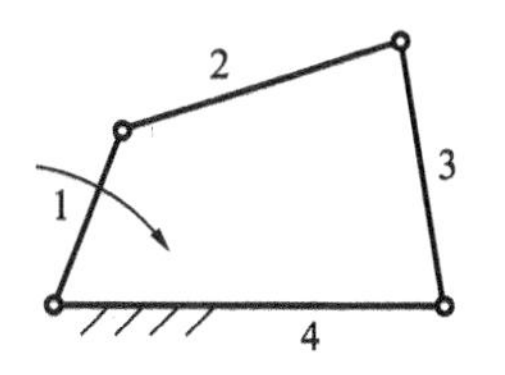

图 2-6　四杆机构

表 2-1　运动副的类型及表示符号(摘自 GB 4460—1984)

名　　称	模　　型	简 图 符 号	运动副级别	自由度	接触形式
转动副			Ⅴ	1	面
移动副			Ⅴ	1	面
螺旋副			Ⅴ	1	面
平面高副			Ⅳ	2	线
圆柱套筒副			Ⅳ	2	面
球销副			Ⅳ	2	面-线
球面低副			Ⅲ	3	面

续表

名　称	模　型	简图符号	运动副级别	自由度	接触形式
柱面高副			Ⅱ	4	线
球面高副			Ⅰ	5	点

如果组成机构的各构件的相对运动均在同一平面内或在相互平行的平面内，则该机构称为平面机构。如果组成机构的各构件的相对运动不在同一平面内或平行的平面内，则该机构称为空间机构。其中平面机构应用最为广泛，本课程主要讨论平面机构和平面运动副的相关问题。

2.2 机构运动简图

2.2.1 机构运动简图

无论是对现有机构或机器进行分析，还是设计新机构或新机器，都需要一种表示机构的简明图形，以便作进一步的运动与动力分析及设计。通过研究发现，虽然实际机构或机器大多是由外形和结构都很复杂的构件组成的，但从运动的观点来看，无论是机构还是机器能否实现预定的运动和功能，是由原动件的运动规律、连接各构件的运动副类型和机构的运动尺寸（即各运动副间的相对位置尺寸）来决定的，而与构件及运动副的具体结构、外形（高副机构的轮廓形状除外）、断面尺寸、组成构件的零件数目及固连方式等无关。因此，可以撇开机构的复杂外形和运动副的具体构造，用国家标准规定的简单线条和符号代表构件和运动副，并按一定的比例定出各运动副的相对位置，表示机构的组成和传动情况，这样绘制出的能够准确表达机构运动特性的简明图形就称为机构运动简图（kinematic diagram of mechanism）。表 2-2 为常见机构运动简图的符号。

机构运动简图不仅可以简明地表达一部复杂机器的传动原理，而且还可以在研究各种不同的机械运动时起到举一反三的效果，如活塞式内燃机、空气压缩机和冲床，尽管它们的外形和功用各不相同，但它们的主要传动机构都是曲柄滑块机构，可以用同一种方法研究它们的运动。另外在机构运动简图的基础上可以进一步作机构的运动及动力分析。

如果只是为了表明机构的组成情况和结构特征，也可以不严格按比例来绘制简图，这样的简图称为机构示意图。

表 2-2　常见机构运动简图的符号

名称	符号	名称	符号
在机架上的电动机	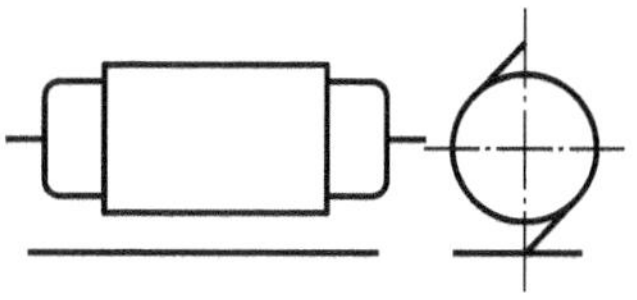	齿轮齿条传动	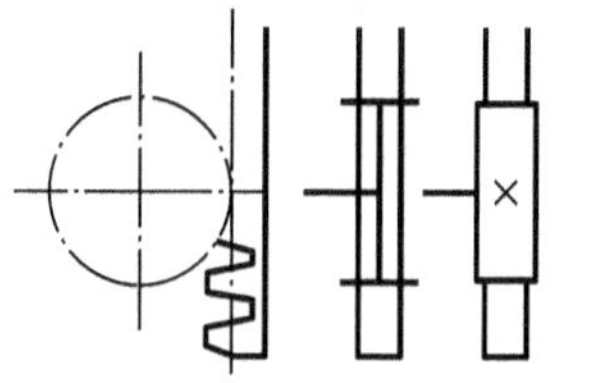
带传动	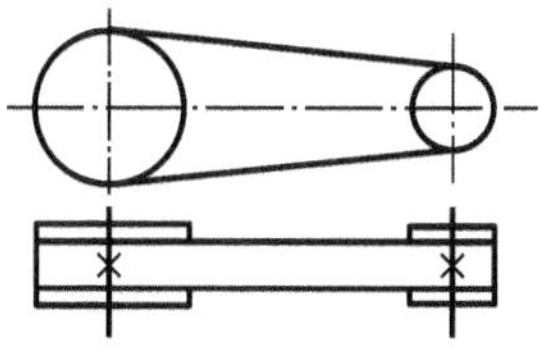	圆锥齿轮传动	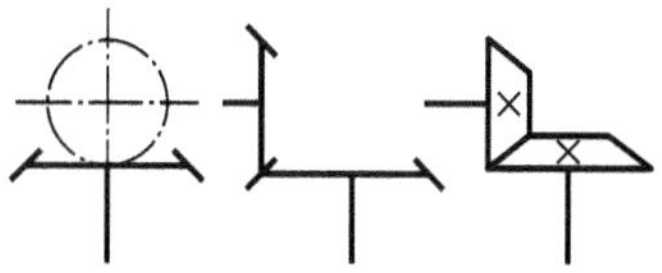
链传动	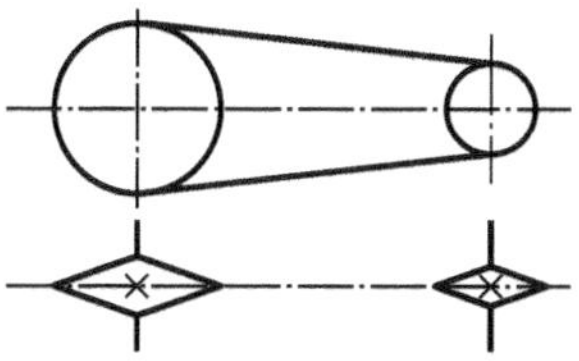	圆柱蜗杆蜗轮传动	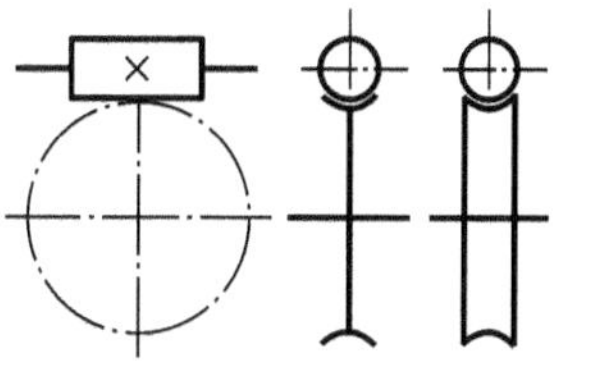
外啮合圆柱齿轮传动	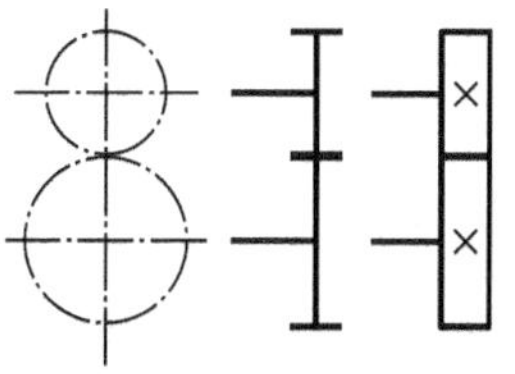	凸轮传动	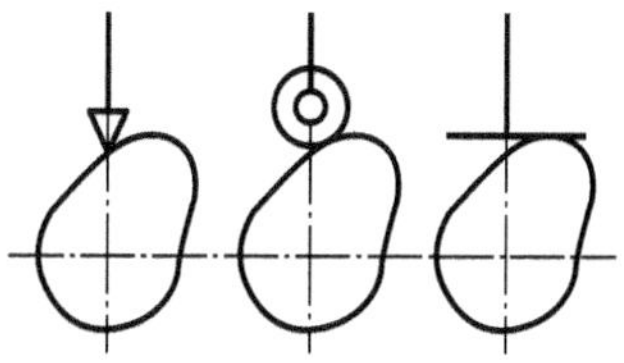
内啮合圆柱齿轮传动	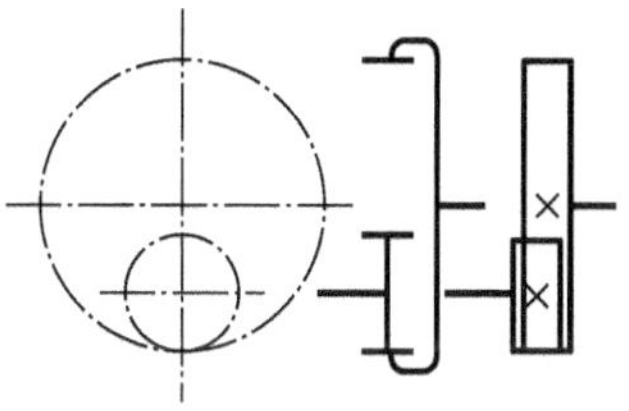	棘轮机构	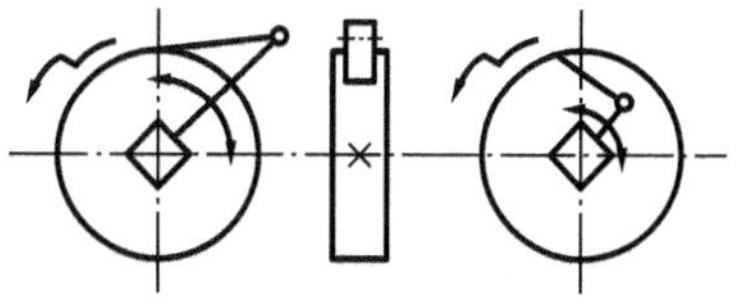 外啮合　内啮合
圆柱摩擦轮传动	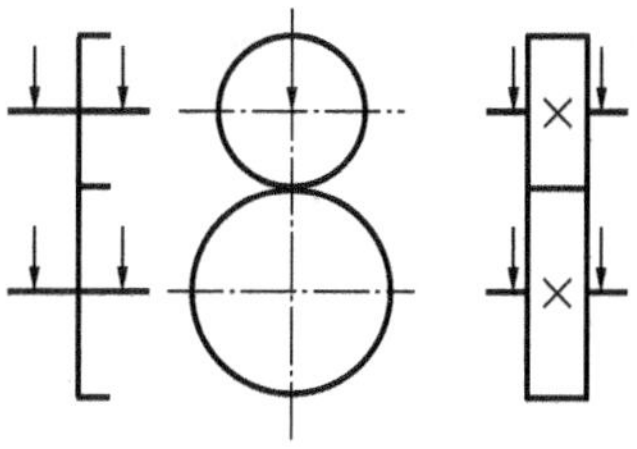	槽轮传动	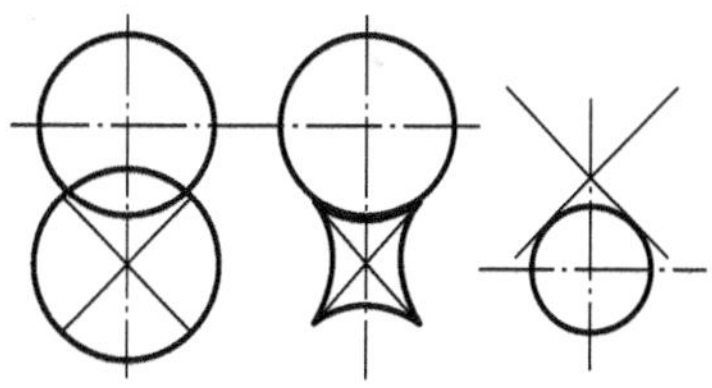 外啮合　内啮合

2.2.2　运动副和构件的表示

在机构运动简图中，各种运动副和构件在不同视图中的表示方法是不同的，下面阐述常见运动副的表示符号和一般构件的表示方法。

1. 运动副的表示

1) 转动副的表示(见图 2-7)

图 2-7(a)所示为在垂直于回转轴线平面内的转动副表示方法,图 2-7(b)所示为通过回转轴线平面内的转动副表示方法,其中画斜线的构件表示机架。

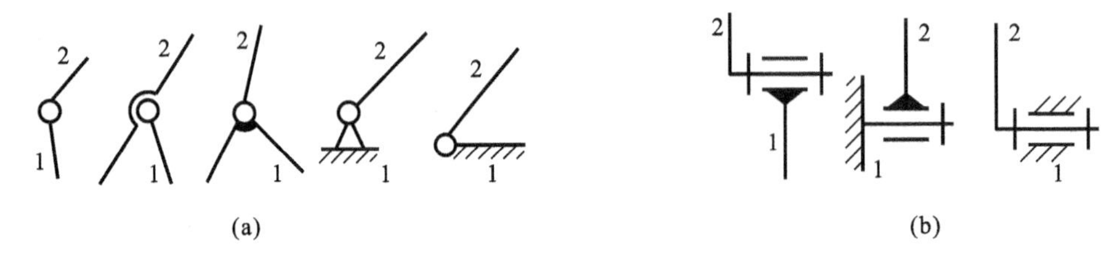

图 2-7　转动副的表示

2) 移动副的表示(见图 2-8)

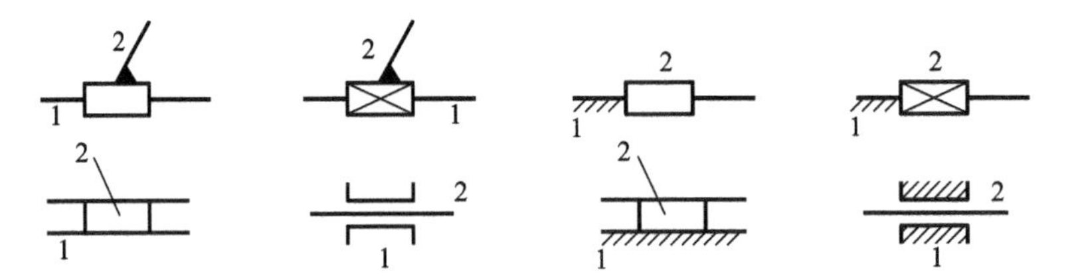

图 2-8　移动副的表示

3) 平面高副的表示(见图 2-9)

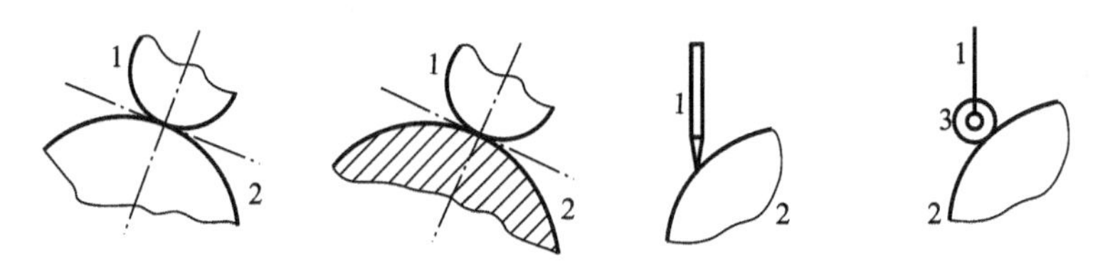

图 2-9　平面高副的表示

4) 螺旋副的表示(见图 2-10)

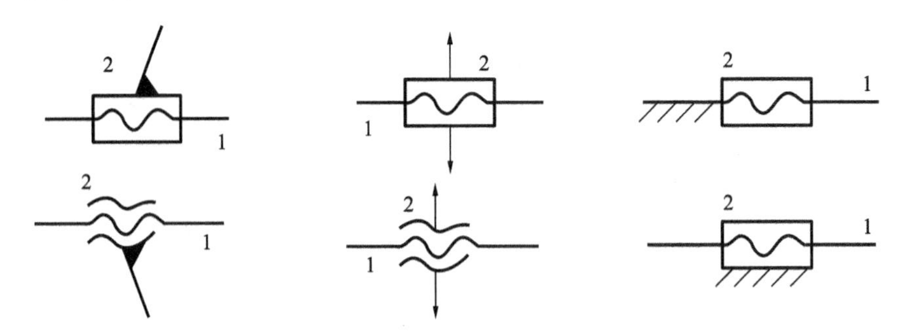

图 2-10　螺旋副的表示

5) 球副的表示(见图 2-11)

图 2-11(a)所示为球面副的表示方法,图 2-11(b)所示为球销副的表示方法。

图 2-11　球副的表示

2. 一般构件的表示方式

因为构件的相对运动主要取决于运动副，所以在机构运动简图中表示构件时，首先用符号表示出机构中各运动副元素的相对位置，再用简单的线条将它们连接成构件，如表 2-3 所示。

表 2-3　一般构件的表示方式

杆、轴构件	
固定构件	
同一构件	
两副构件	
三副构件	

2.2.3　绘制平面机构运动简图的方法和步骤

机构运动简图是用于描述一个机构或机器的组成及其运动特性的，所以在绘制机构运动简图时，必须要抓住机械的运动特性，排除与运动无关的各种因素。

绘制平面机构运动简图的方法和步骤可大致归纳如下。

(1) 观察并分析机构的工作原理、组成情况和运动情况。

确定其各组成构件，弄清原动件、机架、执行部分和传动部分。从原动件开始，沿着运动传递路线，查明组成机构的构件数目和各构件之间组成的运动副的类别、数目及各运动副的相对位置。

(2) 恰当地选择视图平面。

选择原则是：能够简单、清楚地把机构的运动情况表示出来。一般选择机构中多数构件所在的运动平面为投影面，必要时可以选择两个及以上的视图平面，然后将其展示在同一视图面上，也可以另外绘制局部简图。

（3）根据机构的运动尺寸选取适当的比例尺 μ_l（单位为 m/mm）。

$$\mu_l=\frac{\text{实际尺寸(m)}}{\text{图示尺寸(mm)}}$$

（4）从原动件开始，先确定出各运动副的位置（如转动副的中心位置、移动副的导路方向及高副的接触点的位置等），并画上相应的运动副符号，然后用简单线条或几何图形连接起来，最后要标出构件序号及运动副的代号字母，在原动件上标出箭头以表示其运动方向。

【例 2-1】 如图 2-12(a)所示牛头刨床的外形图，请绘制其主体机构的运动简图。

解 （1）从原动件开始，分析机构运动，识别构件的连接方式及运动副类型。在图 2-12 所示的牛头刨床中，安装在机架 9 上的电动机 1 通过带传动将回转运动传递给齿轮 2，齿轮 2 再传递给与之相啮合的齿轮 3，齿轮 3 上用销钉连接着滑块 4，滑块 4 可以在杆 5 的槽中滑动，杆 5 的下端开有一个槽，槽中有一个与机架连接的滑块 10，杆 5 的上端通过销钉与连有刀架的滑枕 6 铰接，推动滑枕 6 在刨床床身的导轨槽中往复移动，从而实现刨刀的往复直线刨削运动。齿轮 2、齿轮 3、滑块 10 分别与机架之间的连接，齿轮 3 与滑块 4 之间的连接及杆 5 与滑枕 6 之间的连接组成转动副；杆 5 分别与滑块 4、10 之间的连接，滑枕 6 与机架之间的连接组成移动副；而齿轮 2 与齿轮 3 啮合组成平面高副。

（2）合理选择视图。本题选择与各转动副回转轴线垂直的平面作为视图平面。

（3）合理选择长度比例尺 μ_l(m/mm)。

（4）从原动件开始，定出各运动副之间的相对位置，按表达构件和运动副的规定线条和符号绘制机构运动简图，再标出构件序号及运动副的代号，最后在原动件上标出指示运动方向的箭头。牛头刨床主体机构的运动简图如图 2-12(b)所示。

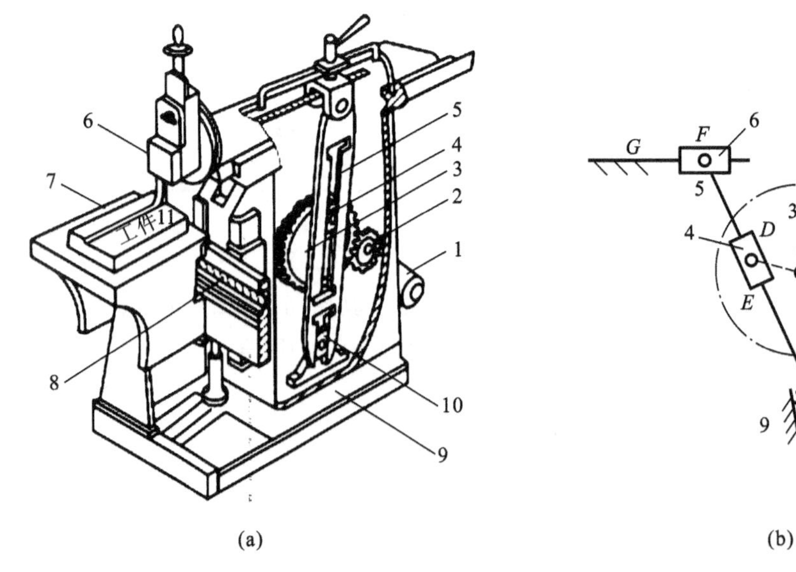

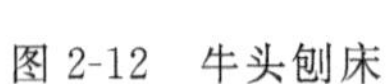
图 2-12　牛头刨床

2.3　平面机构自由度计算及机构运动确定的条件

2.3.1　平面机构自由度计算

机构的自由度(degree of freedom of mechanism)是指机构所具有的独立运动的数目。很显然,机构的自由度与组成该机构的活动构件数目、运动副数目以及运动副的种类有关。

设一个平面机构中共有 n 个活动构件(不包括机架),用 p_l 个低副和 p_h 个高副将所有构件连接起来。

由前述运动副的约束可知,一个作平面运动的自由构件具有 3 个自由度,一个平面低副(移动副或转动副)引入 2 个约束,一个高副引入 1 个约束。故整个机构相对于机架的自由度数为

$$F = 3n - 2p_l - p_h \tag{2-1}$$

此式称为平面机构自由度的计算公式,又称为平面机构的结构公式。

【例 2-2】 计算图 2-13 所示的铸锭供料机构的自由度。

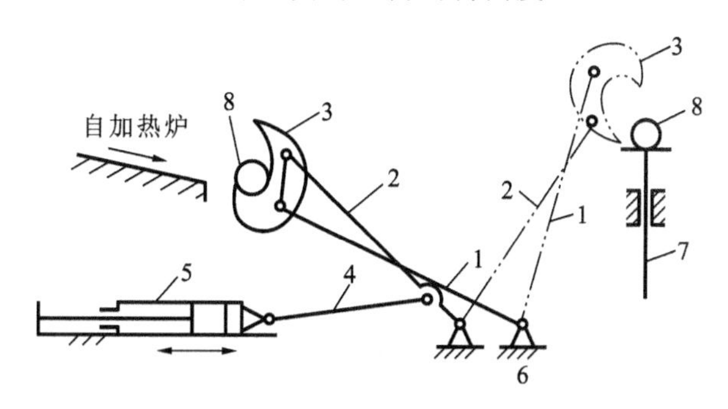

图 2-13　铸锭供料机构

1～5—构件;6—机架;7—升降台;8—铸锭

解　此机构由 1～6 的六个构件组成,除构件 5 与机架 6 组成移动副外,其他的都是转动副,可知 $n = 5$, $p_l = 7$, $p_h = 0$,由式(2-1)得

$$F = 3 \times 5 - 2 \times 7 - 0 = 1$$

2.3.2　机构具有确定运动的条件

为了按照一定的要求进行运动的传递及变换,当机构的原动件按给定的运动规律运动时,该机构中其余构件的运动也都应该是完全确定的。一个机构在什么条件下才能实现确定的运动呢?

如图 2-14 所示的铰链四杆机构,其运动位置由 B、C 两点确定,每个点要有两个位置变量,故整个机构需四个位置变量,而三个杆件引入三个约束方程,四个位置变量要满足三个约束方程,故只有一个变量是独立的。例如,给定构件 1 的运动规律 $\varphi_1 = \varphi_1(t)$,这说明确定平面四杆机构的位置需要一个独立参数,即机构只有一个自由度。

如图 2-15 所示的铰链五杆机构，需要 B、C、D 三个点的六个位置变量，而四个杆件引入四个约束方程，所以位置变量与约束方程之间的差值为 2。在此机构中，若只给定一个独立的运动参数，例如给定构件 1 的运动规律 $\varphi_1 = \varphi_1(t)$，当构件 1 运动到 AB 位置时，构件 2、3、4 的位置并不确定，它们可以处在 BC、CD、DE 的位置，也可能处在 BC'、$C'D'$、$D'E$ 或其他位置。要使该机构各构件间具有确定的相对运动，则还需要在杆 2、3、4 中再引入一个独立运动参数，例如杆 4 按给定的运动规律 $\varphi_4 = \varphi_4(t)$ 运动，则此时铰链五杆机构中各构件间的运动就完全确定了。

由此可见，机构的自由度实质上就是机构具有确定位置时所必须给定的独立运动参数的数目。在机构中引入独立运动参数的方式是使原动件按给定的某一运动规律运动，所以机构具有确定运动的条件是机构的自由度必须等于机构原动件数目。

综上所述，机构的运动状态与机构的自由度 F 和原动件的数目三者有着密切的关系。

(1) 若 $F \leqslant 0$，则机构不能运动，蜕变为刚性桁架。

(2) 若 $F > 0$，且与原动件数相等，则机构具有确定运动。

(3) 若 $F > 0$，而原动件数 $< F$，则机构运动不确定。

(4) 若 $F > 0$，而原动件数 $> F$，则构件间不能运动或在薄弱环节产生破坏。

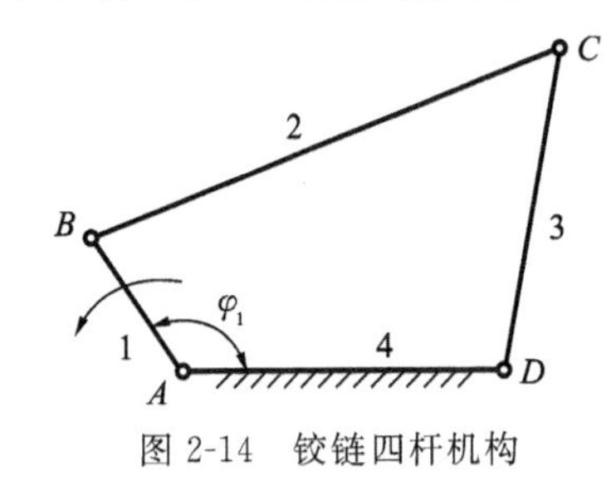

图 2-14 铰链四杆机构

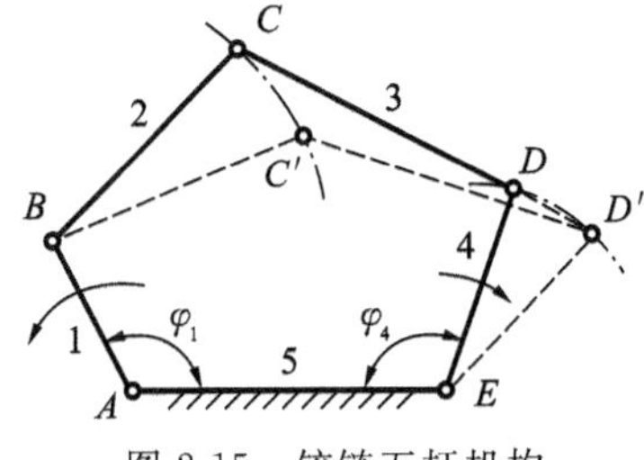

图 2-15 铰链五杆机构

2.3.3 计算机构自由度时应注意的事项

在利用公式(2-1)计算机构自由度时，必须正确理解和处理以下几种特殊情况，否则计算的结果与实际的机构自由度不相符，将产生错误。

1. 复合铰链

两个以上构件在同一处构成的转动副称为复合铰链(compound hinge)。如图 2-16 所示，构件 1 和构件 2、3 组成两个转动副，在进行机构自由度计算时必须把它当成两个转动副来计算。依此类推，若有 m 个构件组成复合铰链，则复合铰链处的转动副数应为 $m-1$ 个。

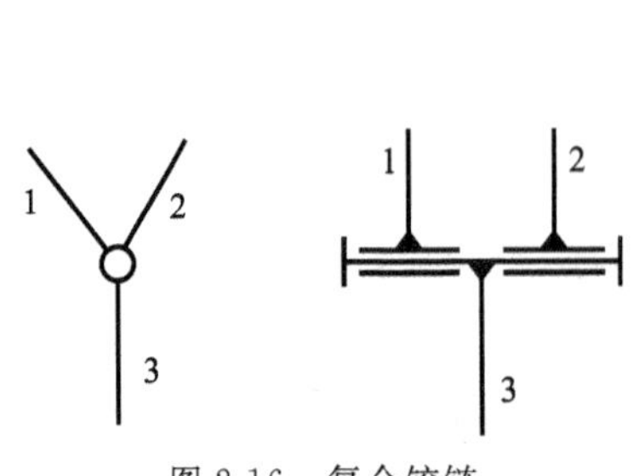

图 2-16 复合铰链

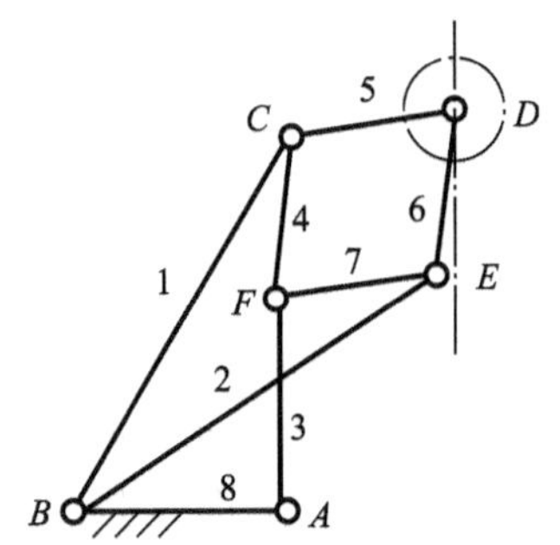

图 2-17 圆盘锯床进给机构

【例 2-3】 计算图 2-17 所示圆盘锯床进给机构的自由度。

解　该八杆机构中，B、C、E、F 四处都是三个构件组成的复合铰链，可知 $n=7$，$p_l=10$，$p_h=0$。由式(2-1)得

$$F=3\times7-2\times10-0=1$$

2. 局部自由度

在机构中，某些构件具有局部的、不影响其他构件运动的自由度，称为局部自由度(passive degree of freedom)。

如图 2-18(a)所示的凸轮机构中，构件 2(小滚子)绕点 C 的转动并不影响构件 1、3 的运动，其作用仅是用滚动摩擦代替高副之间的滑动摩擦，以改善高副接触处的受力及摩擦状况，故滚子 2 的转动为局部自由度。因此，计算机构自由度时应将局部自由度除去不计，即假想把滚子 2 与构件 3 焊接在一起，如图 2-18(b)所示。此时机构 $n=2$，$p_l=2$，$p_h=1$，机构自由度的正确结果为 $F=3\times2-2\times2-1=1$。另外，常见的滚动轴承中的滚珠也属于局部自由度。

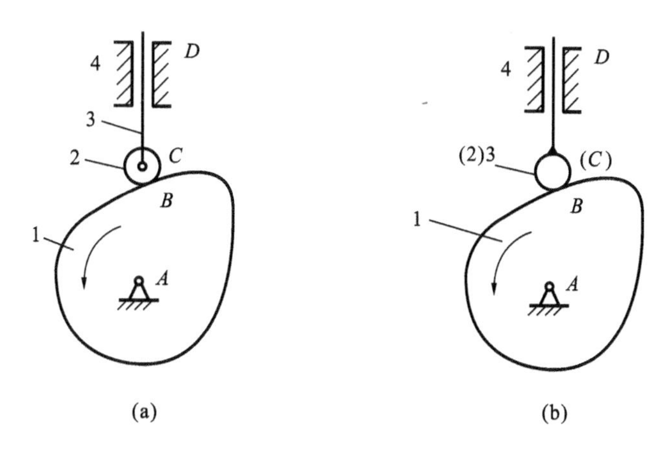

图 2-18　凸轮机构

3. 虚约束

在机构中，有些运动副引入的约束对机构的运动只是起重复的约束作用，这种约束称为虚约束(redundant constraint)。计算机构自由度时，应将虚约束除去不计。虚约束常出现在下列场合。

(1) 移动副导路平行或重合构成虚约束。

当两构件之间在多处形成移动副，并且各移动副的导路互相平行或重合，则其中只有一个移动副起实际约束作用，而其余移动副所引入的约束均为虚约束。如图 2-19(a)所示的四杆机构中的移动副 D 或 D'，图 2-19(b)所示的等宽凸轮机构中的移动副 C 或 C' 所引入的约束就为虚约束。

(2) 转动副轴线重合构成虚约束。

当两构件之间在多处形成转动副，并且各转动副的轴线重合，则其中只有一个转动副起实际约束作用，而其余转动副所引入的约束均为虚约束，如图 2-20 所示的曲轴机构中，转动副 A 或 A' 所引入的约束就为虚约束。

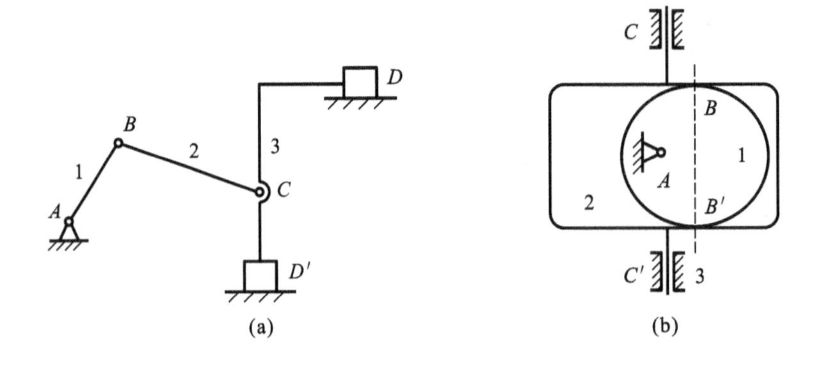

图 2-19　两构件在多处构成移动副形成虚约束

(3) 机构中对运动不起实际约束作用的对称部分构成虚约束。

如图 2-21 所示行星轮系中的三个行星轮，从运动的角度看，只需要一个行星轮 2 就可以满足运动要求。行星轮 2′ 和 2″ 的引入只是为了改善受力情况，使受力均匀，故其所引入的约束均为虚约束。

(4) 机构中某两个构件上两点间的距离始终保持不变时，若用含两个转动副的构件连接这两点，则构成虚约束。

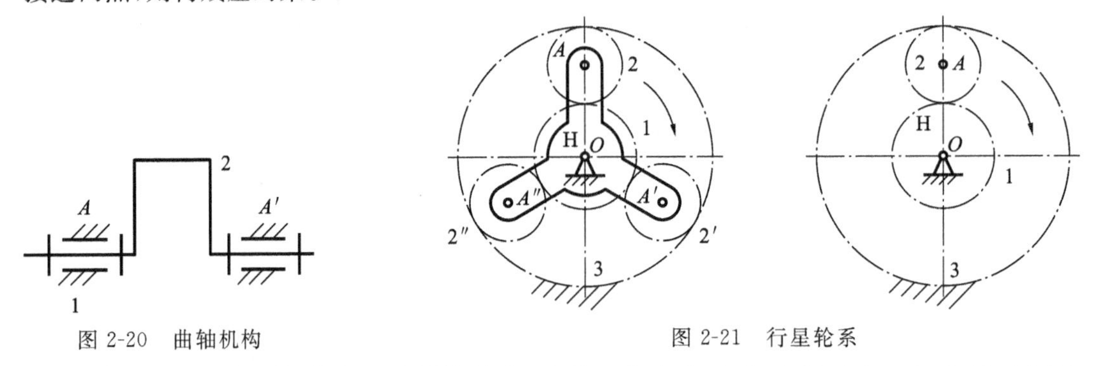

图 2-20　曲轴机构　　　　图 2-21　行星轮系

如图 2-22(a)所示的平行四边形机构中，构件 2 作平动，在运动过程中，E、F 两点间的距离保持不变。引入二副构件 5 前后，并没起到实际约束构件 2 上点 E 轨迹的作用，故此二副构件所引入的约束为虚约束。图 2-22(b)中的构件 2 或 4、图 2-22(c)中椭圆仪上的构件 1 均为虚约束。

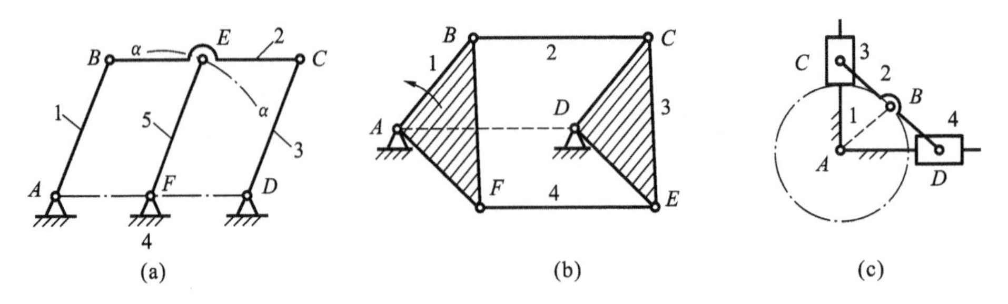

图 2-22　虚约束

(5) 两构件在多处接触，若各接触点的公法线重合，则只有一处起到实际约束作用，只能算作一个高副，如图 2-19 中的 B 和 B'；若各接触点的公法线不重合，就构成了平面复合高副，它相当于一个低副，如图 2-23 所示。

关于齿轮啮合的情况也应该注意，若两齿轮的中心距不受约束，在重力或其他外力的作用下，两个齿轮的轮齿齿廓之间相互靠紧即无齿侧间隙，此时轮齿两侧都参与啮合且公法线不重合，相当于两个高副，如图 2-24 中的齿轮 5 与齿条 7。若两齿轮的中心距受约束而不变时，两个齿轮的轮齿齿廓之间存在齿侧间隙，则只有一侧接触，故只提供一个约束，如图2-24 中的齿轮 3 与齿轮 4。

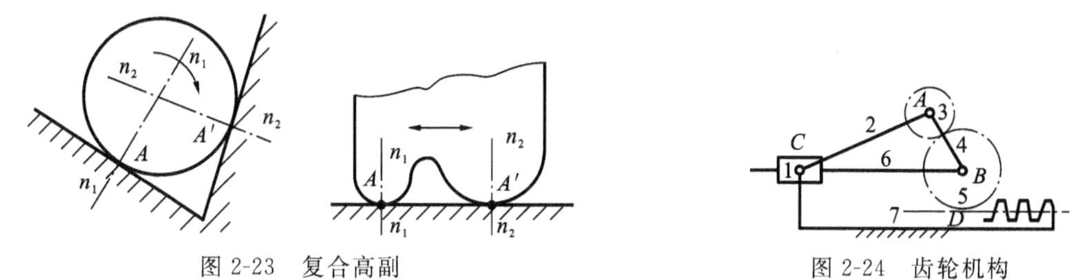

图 2-23　复合高副　　　　图 2-24　齿轮机构

人们在设计时采用虚约束都有一定的目的：或是增加机构的刚度，如轴与轴承、机床导轨；或是改善构件的受力情况从而可以传递大功率，如多个行星轮；或是满足某种特殊需要，如火车轮、椭圆仪等。因而虚约束在机构设计中被广泛使用。但是，需特别指出的是：虚约束只有在特定的几何尺寸条件下才能构成，如果不满足这些特定几何尺寸条件（如定长度关系、轴线重合、导路平行等）或加工误差太大，虚约束将成为实际约束，从而使机构卡住不能运动。所以，从保证机构运动和便于加工、装配的角度考虑，应该尽量减少机构的虚约束。

【例 2-4】　指出图 2-25 所示的大筛机构中所包含的复合铰链、局部自由度和虚约束，计算机构的自由度，并判断机构是否具有确定的运动。

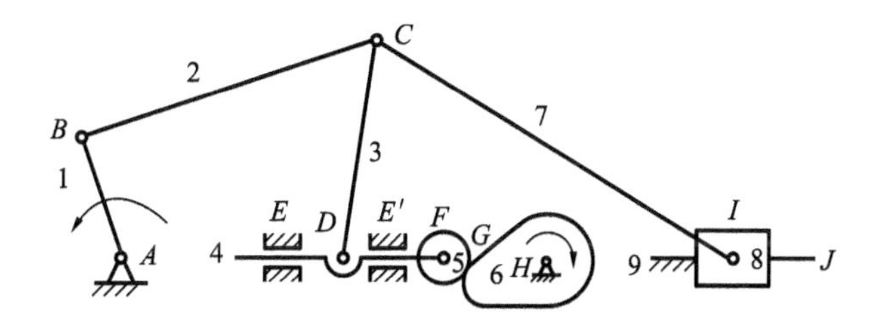

图 2-25　大筛机构

解　构件 2、3、7 在 C 处构成复合铰链；滚子 5 绕自身轴线转动，在 F 处构成局部自由度，计算时，可将其与顶杆 4 视为一体；顶杆 4 与机架在 E 和 E' 处形成的两个移动副导路相互重合，其中之一为虚约束，计算时应除去不计。

经过分析后，机构的活动构件数 $n=7$，所包含的低副数 $p_l=9$（A、B、C、D、H、I 处共构成 7 个转动副，E、J 处共构成 2 个移动副），所包含的高副数 $p_h=1$（5 和 6 间形成平面高副）。由式(2-1)计算得

$$F=3n-2p_l-p_h=3\times7-2\times9-1=2$$

2.4 平面机构的组成原理和结构分析

2.4.1 平面机构的组成原理

任何机构均由机架、原动件和从动件系统组成。根据机构具有确定运动的条件是原动件数应等于机构的自由度数，因此如果把该机构的机架和原动件拆去后，则余下的从动件组必然成为一个自由度为零的构件组。而这个构件组有时还可以再拆成更简单的自由度为零的构件组，通常，把最后不能再分的自由度为零的杆组称为基本杆组或阿苏尔杆组（Assur group），简称杆组。由上面的分析可知，任何机构都可以看成是由若干个基本杆组依次连接于原动件和机架上构成的，这就是机构的组成原理。

根据公式（2-1），基本杆组应满足的条件是

$$3n - 2p_l - p_h = 0 \tag{2-2}$$

如果基本杆组的运动副全为低副，设杆组的构件数为 n，低副数为 p_l，则构成杆组的条件是

$$3n - 2p_l = 0 \text{ 或 } \frac{n}{2} = \frac{p_l}{3} \tag{2-3}$$

由于构件数和运动副数总是整数，所以满足杆组条件的构件数和运动副数的组合有 $n=2, p_l=3; n=4, p_l=6$；等等。可见，最简单的杆组是由 2 个构件和 3 个低副组成的杆组，称之为Ⅱ级杆组（binary group），其形式如图 2-26 所示，均含 1 个内接副和 2 个外接副。Ⅱ级杆组是实际应用最多的基本杆组。

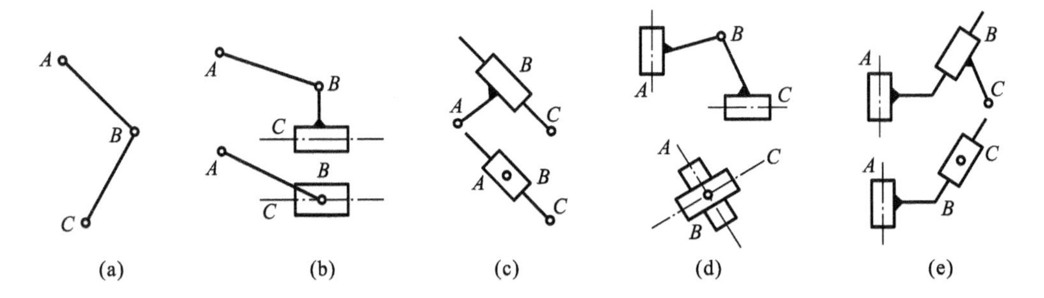

图 2-26 Ⅱ级杆组

如图 2-27 所示的三种结构形式是由 4 个构件和 6 个低副组成的，而且均包含一个 3 副杆，含有 3 个内接副，而每个内接副所连接的分支是双副构件，称为Ⅲ级杆组（tenary group），至于较Ⅲ级杆组更高的基本杆组，因为在实际中很少遇见，在此就不再介绍了。

在同一机构中可以包含不同级别的基本杆组。我们把机构中所包含的基本杆组的最高级数作为机构的级数。如把由最高级别为Ⅱ级杆组的基本杆组构成的机构称为Ⅱ级机构；把由最高级别为Ⅲ级杆组的基本杆组构成的机构称为Ⅲ级机构；而把只有机架和原动件构成的机构称为Ⅰ级机构（如电动机、杠杆机构、斜面机构等）。

在进行新机械方案设计时，可以按设计要求根据机构的组成原理，创新设计新机构。在

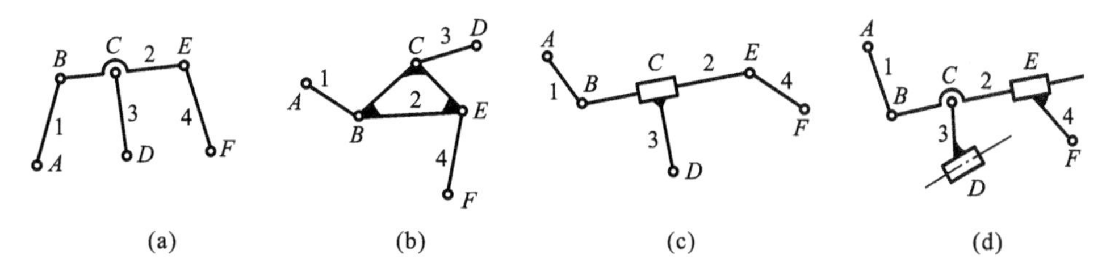

图 2-27　Ⅲ级杆组

设计中必须遵循原则：在满足相同工作要求的前提下，机构的结构越简单、杆组的级别越低、构件数和运动副的数目越少越好。

2.4.2　平面机构的结构分析

机构结构分析是将已知机构分解为原动件、机架和若干个基本杆组，进而了解机构的组成，并确定机构的级别。机构的分解过程与其组成过程相反，一般是从远离原动件的构件开始分解拆组。

机构结构分析的步骤如下。

（1）从机构运动简图中除去虚约束和局部自由度，并将机构中的高副全部用低副代替，计算机构自由度，标出原动件。

（2）拆分基本杆组。从远离原动件的构件开始拆分，首先试拆Ⅱ级组，即拆下两个相邻构件和与之连接的一个内接副和两个外接副；若不可能时再试拆Ⅲ级组。必须注意，每拆出一个基本杆组后，剩下的部分仍组成机构，且自由度数与原机构相同，直至全部拆分成基本杆组且最后只剩下原动件和机架。

（3）确定机构的级数。把机构中所包含的基本杆组的最高级数作为机构的级数，作为进行机构运动和受力分析时选择的依据。

【例 2-5】 计算图 2-28 所示机构的自由度，并确定机构的级别。

解　该机构无虚约束和局部自由度，因 $n=5$，$p_l=7$，$p_h=0$，所以其自由度为

$$F=3n-2p_l-p_h=3\times5-2\times7-0=1$$

构件 1 为原动件，距离 1 最远的构件 4、5 可以组成Ⅱ级杆组，剩下的构件 2、3 可组成Ⅱ级杆组，最后剩下构件 1 和机架 6 组成Ⅰ级机构。该机构由一个Ⅰ级机构和两个Ⅱ级杆组组成，杆组最高级别为Ⅱ级，因而此机构为Ⅱ级机构。

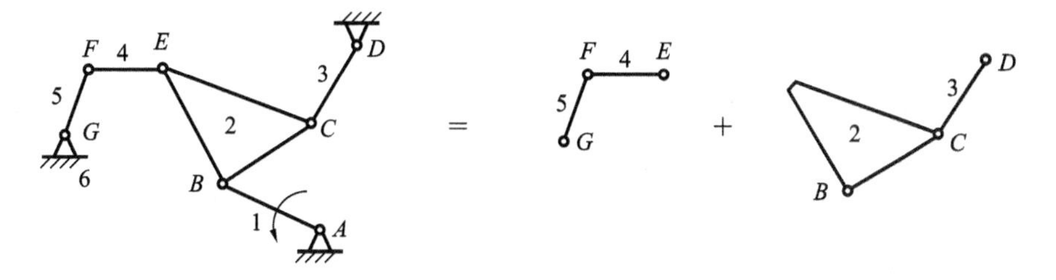

图 2-28　机构结构分析

注意：图 2-28 所示的机构，若取 5 为原动件，则机构将成为Ⅲ级机构。这说明拓扑结构相同的运动链，当机架或原动件不同时，可能形成不同级别的机构。

2.4.3 平面机构的高副低代

上述机构的组成原理和结构分析方法都是针对低副机构的，但实际应用中除低副机构外，还有其他多种类型的机构，特别是含高副的机构。为将低副机构的分析方法用于含高副的平面机构，可按一定约束条件将平面机构中的高副虚拟地用低副替代，称为高副低代(substitute higher pair mechanism by lower pair mechanism)。值得注意的是，高副低代只是一种运动上的瞬时代换。

因此，为了不改变替代机构的运动特性，高副低代时必须满足的条件是：替代前后机构的自由度必须完全相同；瞬时速度、瞬时加速度必须完全相同。

如图 2-29 所示为一高副机构，构件 1 和构件 2 分别是绕 A 和 B 转动的圆盘，两圆盘的几何圆心分别为 O_1 和 O_2，它们在点 C 构成高副。当机构运动时，两圆连心线 O_1O_2、AO_1 和 BO_2 的长度在运动过程中始终保持不变。因此，如果设想用一个虚拟的构件 4 分别与构件 1、2，在 O_1、O_2 点以转动副相连，来替代由两圆弧所构成的高副(见图 2-29 中的虚线)。显然这样的替代对机构的自由度和运动均不产生影响。

显然，在平面机构中用一个含有两个转动副的虚拟构件来替代一个高副后，所引入的约束数目没有发生变化，机构的自由度也没有发生任何变化。同时，如果低副的回转中心位于两高副元素的曲率中心时，机构在替代后，构件 1 和 2 的相对运动也与替代之前的完全一样。这种替代方法可以推广应用到任意平面高副。

1. 两任意轮廓曲线组成的高副低代

如图 2-30 所示的机构中，其高副元素为两任意轮廓曲线，它们接触点的曲率中心分别是 O_1、O_2，在对其进行高副低代时同样用一个虚拟构件分别在 O_1、O_2 与构件 1、2 用转动副相连，也能满足高副低代的两个条件。由于接触点的位置随机构运动而发生变化，致使接触点的曲率半径也随之变化，所以这种替代只是瞬时的，其替代机构的尺寸将随机构的位置而变化，但是替代机构的基本形式是不变的。

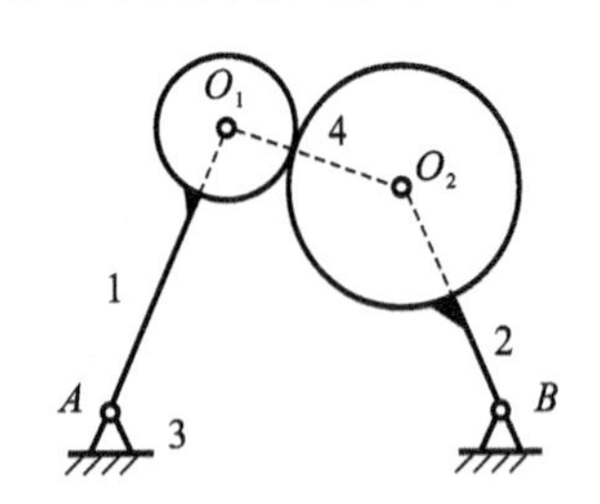

图 2-29 圆弧高副机构的高副低代

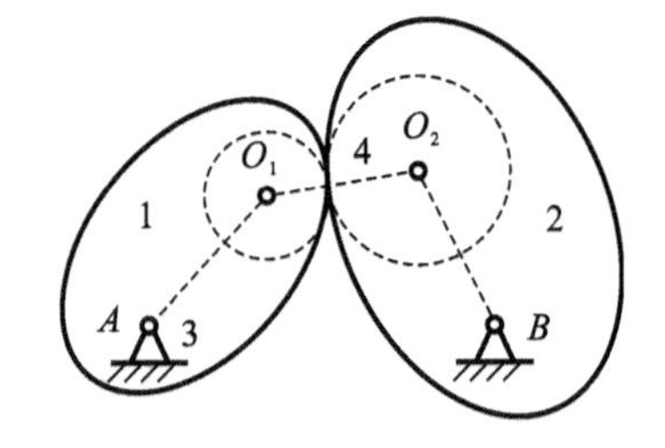

图 2-30 任意轮廓曲线高副机构的高副低代

2. 直线与曲线组成的高副低代

如图 2-31 所示的摆杆凸轮机构，由于直线的曲率中心在无穷远处，所以虚拟构件这端的转动副就演化成移动副，其替代机构如图中虚线所示。

3. 点与曲线组成的高副低代

如图 2-32 所示的尖底直动推杆凸轮机构，由于点的曲率半径为零，所以曲率中心与接触点重合，其替代机构如图中虚线所示。

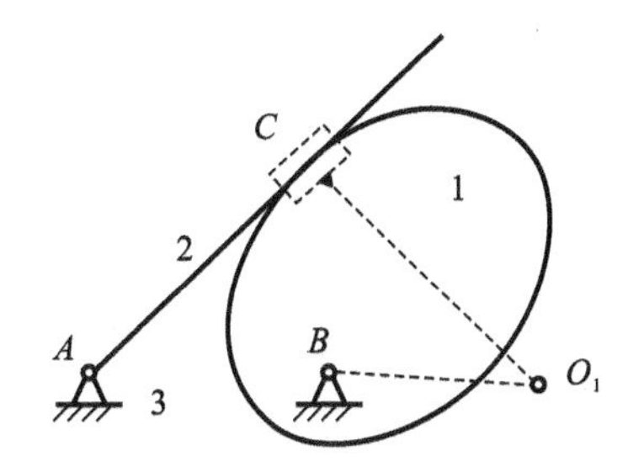

图 2-31　摆杆凸轮机构的高副低代

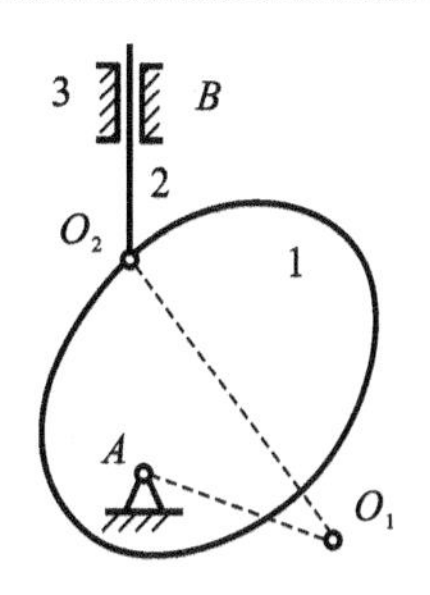

图 2-32　尖底直动推杆凸轮机构的高副低代

2.5　空间机构简介

空间机构是指机构中至少有一构件不在相互平行的平面上运动或至少有一构件能在三维空间中运动的机构。空间机构较平面机构具有结构紧凑、运动多样、工作可靠等特点，但其分析和设计比较困难，导致其应用不如平面机构广泛。

由于空间机构中各个自由构件的自由度为 6，所具有的运动副类型由 Ⅰ 级副到 Ⅴ 级副，对应提供的约束数目分别为 1～5。设一个空间机构中共有 n 个活动构件，其中有 p_1 个 Ⅰ 级副，有 p_2 个 Ⅱ 级副，有 p_3 个 Ⅲ 级副，有 p_4 个 Ⅳ 级副，有 p_5 个 Ⅴ 级副，则可得空间机构自由度计算公式为

$$F = 6n - p_1 - 2p_2 - 3p_3 - 4p_4 - 5p_5 \tag{2-4}$$

应用上式还需要注意公共约束，所谓公共约束是指机构中所有构件共同失去的自由度，还需将式(2-4)进行修正才能应用。设公共约束数为 m，则可得如下机构的自由度计算公式

$$F = (6 - m)n - \sum_{k=m+1}^{k=5}(k - m)p_k \tag{2-5}$$

式中：n 为活动构件数；m 为公共约束数(m 值依次取 0，1，2，3 及 4)；p_k 表示第 k 类运动副的数目；k 为机构运动副的级别。

【例 2-6】 如图 2-33 所示为自动驾驶仪操纵装置内的空间四杆机构。活塞 2 相对气缸 1 运动后，通过连杆 3 使摇杆 4 相对机架作摆动。试计算该机构的自由度。

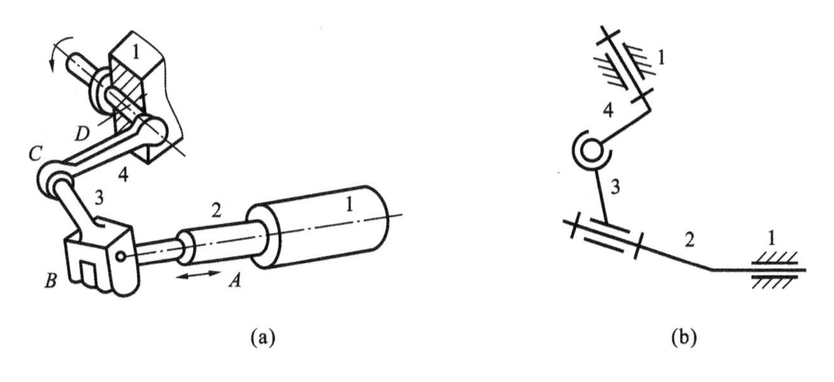

图 2-33　自动驾驶仪操纵装置

解 分析此机构知，构件1、2组成圆柱套筒副，属于Ⅳ级副；构件2、3以及构件4、1分别组成转动副，属于Ⅴ级副；构件3、4组成球面低副，属于Ⅲ级副。所以，$n=3$，$p_5=2$，$p_4=1$，$p_3=1$，由式(2-4)得

$$F=6\times3-5\times2-4\times1-3\times1=1$$

空间机构也存在局部自由度、虚约束等问题。以上只是对空间机构作一简单介绍，详细内容可参阅相关文献。

习　题

2-1 举例说明什么是构件、零件。

2-2 什么是运动副、运动副元素、运动链？运动副是如何分类的？

2-3 如何绘制机构运动简图？有何意义？

2-4 机构具有确定运动的条件是什么？

2-5 什么是基本杆组？机构组成原理是什么？如何对机构进行结构分析？

2-6 如图2-34所示为一小型压力机。图中齿轮1与偏心轮1′为同一构件，绕固定轴心O连续转动。在齿轮5上开有凸轮凹槽，摆杆4上的滚子6嵌在凹槽中，从而使摆杆4绕C轴上下摆动；同时又通过偏心轮1′、连杆2、滑杆3使C轴上下移动；最后通过在摆杆4的叉槽中的滑块7和铰链G使冲头8实现冲压运动。试绘制其机构运动简图，并计算其自由度。

2-7 如图2-35所示为一具有急回作用的冲床。图中绕固定轴心A转动的菱形盘1为原动件，其与滑块2在B点铰接，通过滑块2推动拨叉3绕固定轴心C转动，而拨叉3与圆盘4为同一构件，当圆盘4转动时，通过连杆5使冲头6实现冲压运动。试绘制其机构运动简图，并计算其自由度。

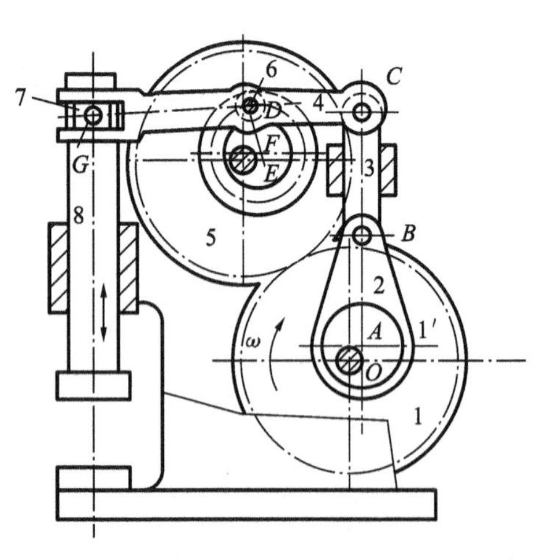

图2-34 题2-6图

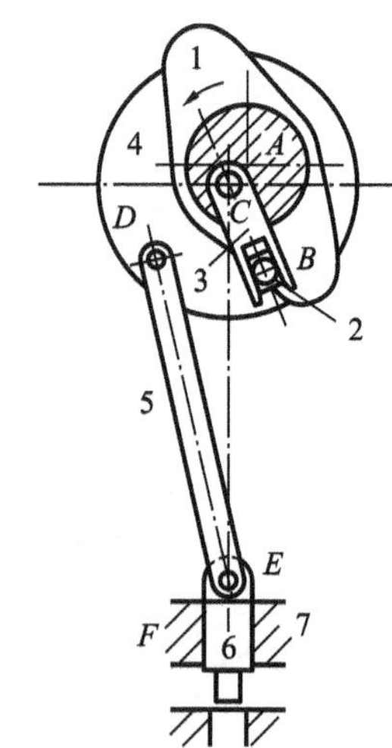

图2-35 题2-7图

2-8 如图2-36所示为一简易冲床的初拟设计方案。设计者的思路是：动力由齿轮1输入，使轴A连续回转；而固装在轴A上的凸轮2与杠杆3组成的凸轮机构，将使冲头4上下运动以达到冲压的目的。试绘出其机构运动简图。分析其是否能实现设计意图，并提出

修改方案。

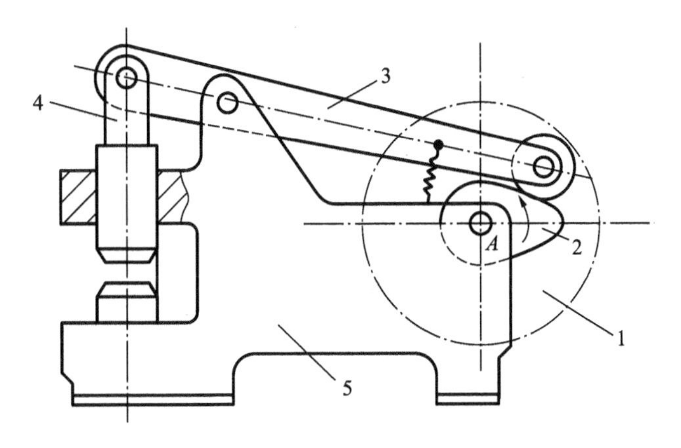

图 2-36　题 2-8 图

2-9　计算如图 2-37 所示的各机构的自由度(若有复合铰链、局部自由度或虚约束应指出),并判断机构的运动是否确定,图中有箭头的构件为原动件。

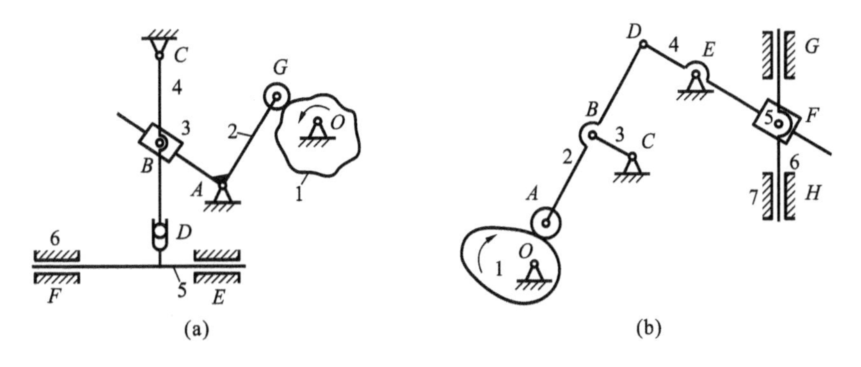

图 2-37　题 2-9 图

2-10　计算如图 2-38 所示的各机构的自由度(若有复合铰链、局部自由度或虚约束应指出)。

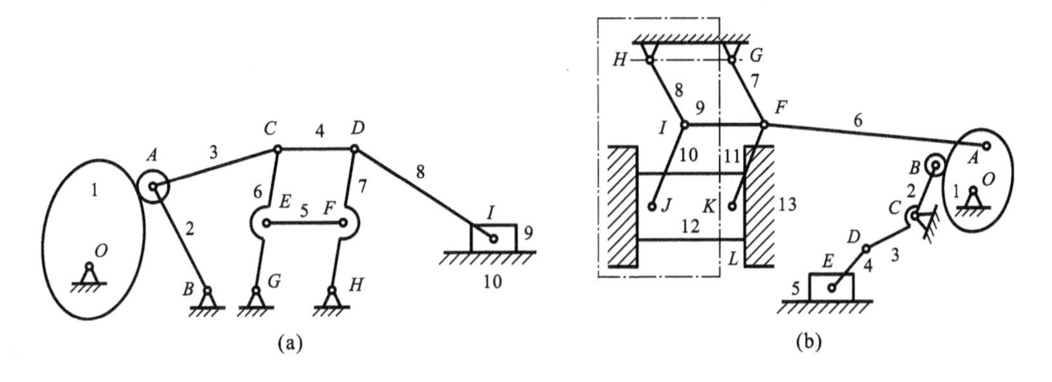

图 2-38　题 2-10 图

2-11　计算如图 2-39 所示齿轮-连杆组合机构的自由度。

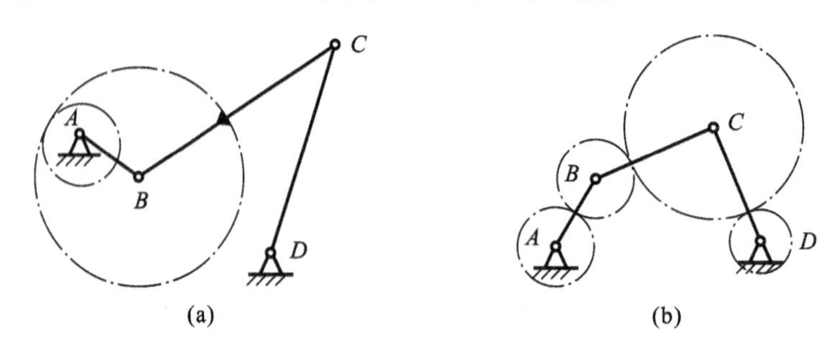

图 2-39　题 2-11 图

2-12　如图 2-40 所示为一个七杆刹车机构。刹车时杆 1 向右运动，通过构件 2、3、4、5、6 使两闸瓦刹住车轮。试计算机构的自由度，并分析刹车全过程中机构自由度的变化情况。（提示：刹车前，$F=2$；某一个闸瓦接触车轮后，$F=1$；两闸瓦同时刹紧车轮后，$F=0$，机构转化为桁架）

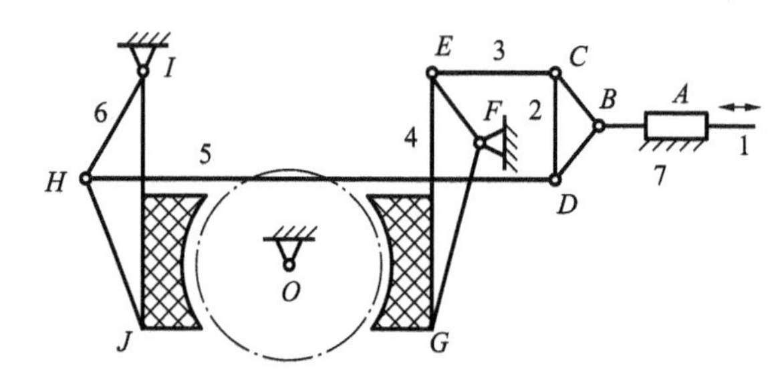

图 2-40　题 2-12 图

2-13　将如图 2-41 所示机构中的高副用低副代替，并分别计算代替前后机构的自由度。

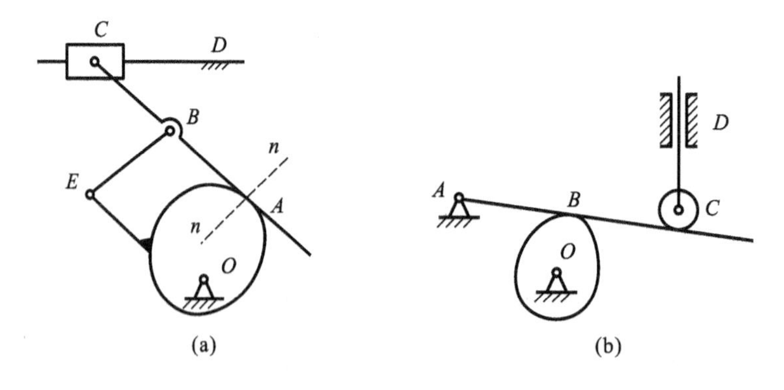

图 2-41　题 2-13 图

2-14　计算如图 2-42 所示机构的自由度，确定其含杆组的数目和级别，并判断机构的级别，图中有箭头的构件为原动件。

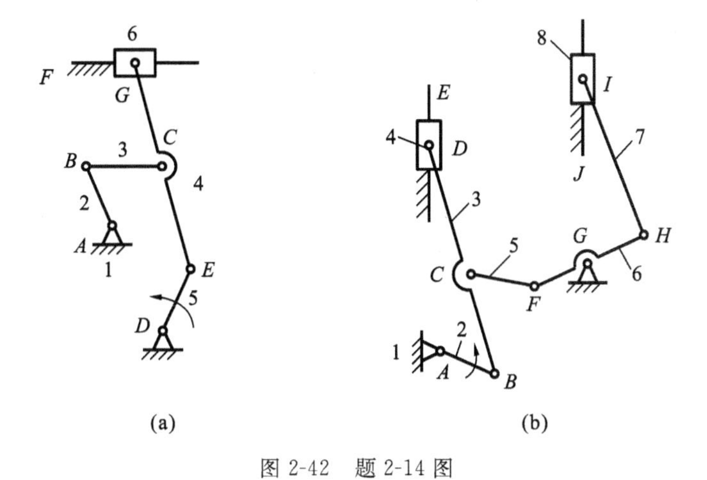

图 2-42　题 2-14 图

第3章　平面机构的运动分析

内容提要

本章主要介绍机构运动分析的目的和方法，重点介绍了三种机构运动分析方法，即速度瞬心法、相对运动图解法和解析法。

3.1　机构运动分析的目的和方法

3.1.1　机构运动分析的目的

机构运动分析是在不考虑外力的作用和构件的弹性变形，以及运动副间隙对机构运动影响的情况下，根据已知机构的运动简图和原动件的运动规律，求解机构中其他构件的位移(角位移)、速度(角速度)和加速度(角加速度)等运动参数。机构的运动分析是了解机械的运动性能的依据，对正确地了解与应用机构的运动性能和校核所设计的机构是否满足设计要求有重要的作用。

3.1.2　机构运动分析的方法

机构运动分析的方法主要有图解法和解析法，图解法又分为相对运动图解法和速度瞬心法。图解法对简单的平面机构设计具有形象、直观、图解过程简单易行等特点，是运动分析的基本方法，但精度不高，而且对机构的一系列位置进行分析时，需反复作图而显得烦琐。解析法需根据机构中的已知参数建立数学模型，然后借助计算机进行求解，它不仅可方便地对机构进行一个运动循环过程的研究，而且还便于把机构分析和综合问题联系起来，以求得最优方案。由于解析法具有较高的精度，现在被广泛使用。本章将对上述两种方法在平面机构运动分析中的运用分别加以介绍。

3.2　用速度瞬心法对机构进行速度分析

3.2.1　速度瞬心及机构中速度瞬心的数目

作平面相对运动的两构件，在任一瞬时位置其相对运动均可看作是绕某一重合点的相对转动。该重合点即为相对转动中心，称为速度瞬心(instantaneous center of velocity)，简称瞬心。构件 i、j 之间的瞬心用符号 P_{ij} 表示。因此，两构件在瞬心点处的相对速度为零，其绝对速度相等。若瞬心的绝对速度为零，则称为绝对瞬心(absolute instantaneous center)，运动构件与机架之间的瞬心即为绝对瞬心。若瞬心的绝对速度不为零，则称为相对瞬心，两运动构件之间的瞬心即为相对瞬心(relative instantaneous center)。因为机构中每两个构件间就有一个瞬心，所以有 N 个构件组成的机构，其总的瞬心数为

$$K=\frac{N(N-1)}{2} \tag{3-1}$$

3.2.2　机构中速度瞬心的确定

1. 通过运动副直接相连的两构件间的瞬心

通过运动副直接相连的两构件间的瞬心可以通过直接观察即可确定。

(1) 以转动副相连接的两构件的瞬心在转动副的中心处。如图 3-1(a)所示的构件 1 和构件 2 的瞬心 P_{12} 就在两构件的转动副的中心处。

(2) 以移动副相连接的两构件间的瞬心位于垂直于导路方向的无穷远处，如图 3-1(b)所示的 P_{12} 位于垂直于构件 1 和构件 2 所构成的移动副导路方向的无穷远处。

(3) 以平面高副相连接的两构件间的瞬心，当高副两元素作纯滚动时就在接触点处，如图 3-1(c)所示的 P_{12} 即为构件 1 和构件 2 的接触点 M；当高副两元素间有相对滑动时，则在过接触点两高副元素的公法线上，如图 3-1(d)所示的构件 1 和构件 2 之间存在相对滑动速度 $v_{M_1M_2}$，则二者的瞬心就位于法线 n-n 上。不过因为滚动和滑动的数值尚不知，所以还不能确定它是在法线上的哪一点。

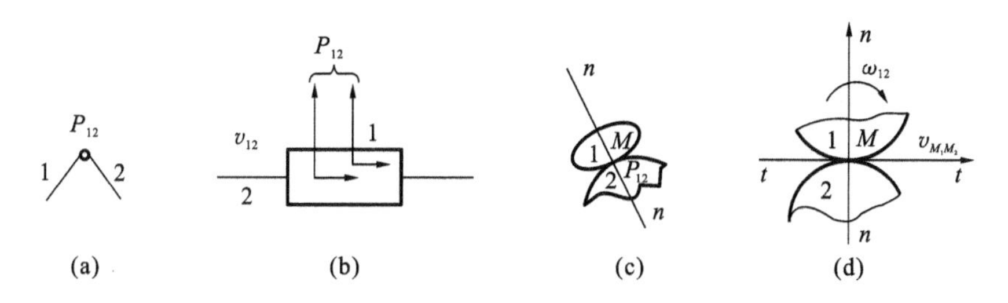

图 3-1　观察法确定速度瞬心

2. 不直接相连的两构件的瞬心

不直接相连的两构件间的瞬心位置，可借助三心定理来确定。所谓三心定理(Kennedy-Around theorem)，即三个彼此作平面运动的构件的三个瞬心必位于同一直线上。如图 3-2 所示构件 1、2、3 彼此作相对平面运动，它们之间共有三个瞬心 P_{12}、P_{23}、P_{13}。其中 P_{13}、P_{23} 分别在构件 1、3 和 2、3 之间转动副的转动中心 O_1、O_2 处，而不直接通过运动副相连的两构件 1、2 之间的瞬心 P_{12} 必位于 P_{13}、P_{23} 的连线上。

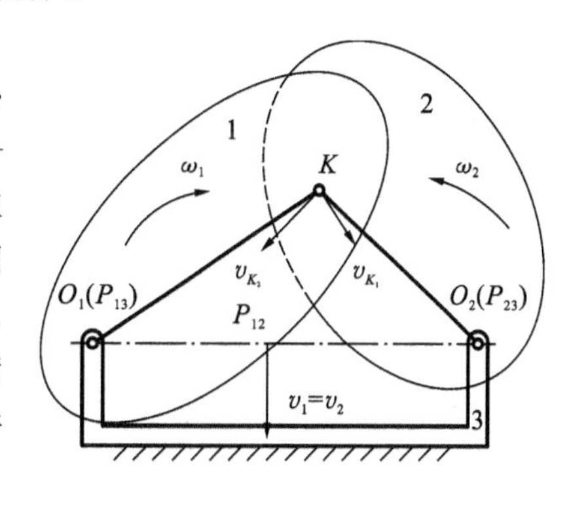

图 3-2　三心定理

有了直接观察法和三心定理便可确定机构的全部瞬心位置。但对多杆机构，构件越多，瞬心数目就越多，求解不大方便。为此，下面提出用瞬心多边形和上述两种方法相结合来求取瞬心。具体求法如下。

(1) 先画一个圆，然后按照机构的构件数分割该圆，并在分割点上依次(顺时针或逆时

针)标注构件号。

(2) 通过直接观察法求瞬心。将能直接观察求出瞬心位置的两构件的分割点用实线相连,则此实线代表已知的该两构件间的瞬心。

(3) 观察在圆中尚未连线的分割点,将能连成两个三角形的公共边的点用虚线连接,则此虚线就代表可求取的未知瞬心。

(4) 在有公共边的两个三角形中,每个三角形的 3 条边代表 3 个构件的 3 个瞬心。根据三心定理,这 3 个瞬心必在同一直线上。现在三角形除公共虚边以外的另外两个边代表的 2 个瞬心已知,在机构图上用直线连接这两个边代表的已知瞬心,则公共虚边代表的未知瞬心必定位于这一直线上。这样,两个三角形的各个已知两边代表的两个已知瞬心共作出 2 条直线,2 条直线的交点就是公共虚边代表的未知瞬心。

(5) 确定公共虚边代表的未知瞬心后,公共虚边可画成实边,重复前述步骤,可以确定其他待求的未知瞬心。

【例 3-1】 如图 3-3 所示为一铰链四杆机构,试确定该机构全部瞬心的位置。

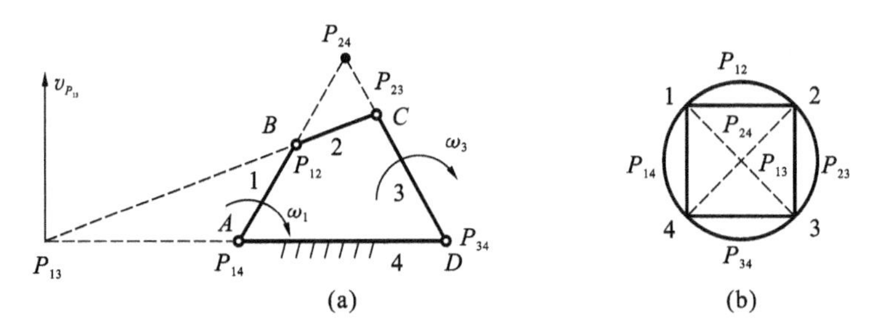

图 3-3 铰链四杆机构瞬心的确定

解 该机构瞬心的数目为 $K=\dfrac{N(N-1)}{2}=\dfrac{4\times(4-1)}{2}=6$,分别为 P_{12}、P_{13}、P_{14}、P_{23}、P_{24}、P_{34}。其中,直接观察可得到瞬心 P_{12}、P_{23}、P_{34}、P_{14}分别在转动副 A、B、C、D 的回转中心。P_{13}和 P_{24}则需借助于三心定理确定,由于构件 1、2、3 的三个瞬心 P_{12}、P_{23}、P_{13}应位于同一条直线上,构件 1、4、3 三个瞬心 P_{14}、P_{34}、P_{13}也应位于同一条直线上,因此两直线的交点即瞬心 P_{13};同理,直线 $P_{12}P_{14}$和 $P_{23}P_{34}$的交点即瞬心 P_{24}。

活动构件 1、2、3 与机架 4 之间的瞬心 P_{14}、P_{24}、P_{34}为绝对瞬心,而活动构件之间的瞬心 P_{12}、P_{23}、P_{13}则为相对瞬心。

利用三心定理求瞬心时,为了迅速准确地找到其位置,有两种方法。

其一是"下标同号消去法",如图 3-3 所示,P_{13}一定在 P_{12}、P_{23}的连接线上,也一定在 P_{14}、P_{34}的连接线上,两线的交点即 P_{13}。一条直线上的三个瞬心,其中一个瞬心的下标一定是另外两个瞬心消去相同下标后的组合。

其二是"瞬心多边形法",如图 3-3 左上角所示,以构件编号表示多边形的顶点,任意两顶点的连线表示相应两构件的瞬心。首先把直接成副的两构件瞬心 P_{12}、P_{23}、P_{34}、P_{14}在瞬心多边形中连成实线,把待求的不直接成副的两构件瞬心 P_{13}、P_{24}连成虚线。根据三心定理,在瞬心多边形中,任意三角形的三条边所代表的三个瞬心均共线。因此,求未知瞬心时,可在瞬心多边形中找到以代表该瞬心的虚线为公共边的两个三角形,在机构图中作出相应的两条直线,其交点即为所求。例如,代表未知瞬心 P_{13} 的虚线是△123 和△143 的公共边,所以它既与 P_{12}、P_{23} 共线又与 P_{14}、P_{34} 共线,连接 P_{12}、P_{23} 和 P_{14}、P_{34},其交点为 P_{13}。

利用瞬心多边形,特别有助于确定构件数目较多的机构的瞬心。

3.3.3　瞬心在机构速度分析中的应用

下面举例说明利用速度瞬心对机构进行速度分析的方法。

1. 求线速度

【例 3-2】　如图 3-4 所示的凸轮机构,已知各构件的尺寸和凸轮转速 ω_1,求推杆 2 的速度 v_2。

解　首先通过直接观察求得瞬心 P_{13} 和 P_{23},然后根据三心定律和公法线 n-n 求得瞬心 P_{12} 的位置。由此求得瞬心 P_{12} 的速度

$$v_2 = v_{P_{12}} = \mu_1(\overline{P_{13}P_{12}}) \cdot \omega_1$$

$\overline{P_{13}P_{12}}$ 长度直接从图上量取。

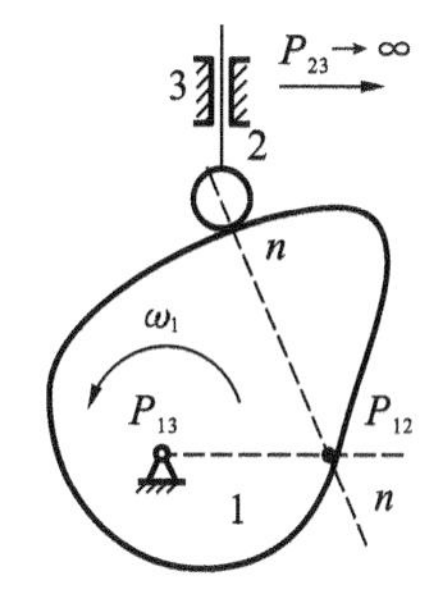

图 3-4　图解法求凸轮机构的线速度

2. 求角速度

1) 铰链机构

【例 3-3】　如图 3-3 所示的铰链四杆机构,已知各构件的尺寸和原动件 1 的角速度 ω_1,试求构件 3 的角速度 ω_3 和角速比 ω_1/ω_3。

解　将 P_{13} 视为构件 1 上的点,则有

$$v_{P_{13}} = \omega_1 l_{P_{14}P_{13}}$$

将 P_{13} 视为构件 3 上的点,则有

$$v_{P_{13}} = \omega_3 l_{P_{34}P_{13}}$$

由瞬心的定义可得

$$\omega_1 l_{P_{14}P_{13}} = \omega_3 l_{P_{34}P_{13}}$$

转换后得

$$\omega_3 = \omega_1 \frac{l_{P_{14}P_{13}}}{l_{P_{34}P_{13}}}$$

或

$$\frac{\omega_1}{\omega_3} = \frac{l_{P_{34}P_{13}}}{l_{P_{14}P_{13}}} = \frac{\overline{P_{34}P_{13}}}{\overline{P_{14}P_{13}}}$$

上式表明,两构件之间的角速比 ω_1/ω_3(即传动比)与该两构件的绝对瞬心 P_{14}、P_{34} 至相对瞬心 P_{13} 的距离成反比。

此关系可以推广到平面机构中任意两构件 i 与 j 之间(设构件 4 为机架),即

$$\frac{\omega_i}{\omega_j} = \frac{\overline{P_{j4}P_{ij}}}{\overline{P_{i4}P_{ij}}}$$

若相对瞬心 P_{ij} 在绝对瞬心 P_{i4}、P_{j4} 之间,则构件 i 与 j 的转向相反;否则,转向相同。

【例 3-4】　如图 3-5 所示为按长度比例尺 μ_l 画出的平锻机工件夹紧机构运动简图,该机构是一个复杂的平面Ⅲ级机构。已知原动件 AB 的角速度 ω_1 的大小和方向(如图所示),求 ω_2、ω_3、ω_4、ω_5 的大小及方向。

解　由于构件 2 上点 B 的速度方向及大小已知($v_B = \omega_1 \overline{AB}\mu_l$),如果能求出其绝对瞬心 P_{26},则 ω_2 和 v_C 可以求出。如果再能求出 P_{36},则根据 v_C 可以求出 ω_3、v_D 和 v_E,于是可

以解出 ω_4 和 ω_5。所以解题的关键在于求出绝对瞬心 P_{26} 与 P_{36} 的位置。P_{36} 和 P_{26} 的位置可按以下方法求出。

标出图中各铰链所示的瞬心 P_{16}、P_{12}、P_{23}、P_{34}、P_{35}、P_{46} 和 P_{56}。根据三心定理及已知的瞬心，P_{36} 应位于直线 $\overline{P_{35}P_{56}}$ 与直线 $\overline{P_{34}P_{46}}$ 的交点上，在图上首先作出 P_{36}，从而可作出两条直线 $\overline{P_{16}P_{12}}$ 与 $\overline{P_{36}P_{23}}$，在图上作出其交点即求得 P_{26}。按前面的分析得

$$\omega_2 = \frac{v_B}{\overline{P_{12}P_{26}}\mu_l} = \omega_1 \frac{\overline{P_{12}P_{16}}\mu_l}{\overline{P_{12}P_{26}}\mu_l} = \omega_1 \frac{\overline{P_{12}P_{16}}}{\overline{P_{12}P_{26}}} \text{（方向为逆时针）}$$

$$v_C = \omega_2 \overline{P_{26}P_{23}}\mu_l$$

方向垂直于 $\overline{P_{26}P_{23}}$（向左），故

$$\omega_3 = \frac{v_C}{\overline{P_{23}P_{36}}\mu_l} = \omega_2 \frac{\overline{P_{23}P_{26}}}{\overline{P_{23}P_{36}}} = \omega_1 \frac{\overline{P_{12}P_{16}} \cdot \overline{P_{23}P_{26}}}{\overline{P_{12}P_{26}} \cdot \overline{P_{23}P_{36}}} \text{（方向为顺时针）}$$

所以

$$v_D = \omega_3 \overline{P_{34}P_{36}}\mu_l \text{（方向如图）}$$

$$v_E = \omega_3 \overline{P_{35}P_{36}}\mu_l \text{（方向如图）}$$

$$\omega_4 = \frac{v_D}{\overline{DG}\mu_l} = \omega_3 \frac{\overline{P_{34}P_{36}}}{\overline{P_{34}P_{46}}} = \omega_1 \frac{\overline{P_{12}P_{16}} \cdot \overline{P_{23}P_{26}} \cdot \overline{P_{34}P_{36}}}{\overline{P_{12}P_{26}} \cdot \overline{P_{23}P_{36}} \cdot \overline{P_{34}P_{46}}} \text{（方向为逆时针）}$$

$$\omega_5 = \frac{v_E}{\overline{EF}\mu_l} = \omega_3 \frac{\overline{P_{35}P_{36}}}{\overline{P_{35}P_{56}}} = \omega_1 \frac{\overline{P_{12}P_{16}} \cdot \overline{P_{23}P_{26}} \cdot \overline{P_{35}P_{36}}}{\overline{P_{12}P_{26}} \cdot \overline{P_{23}P_{36}} \cdot \overline{P_{35}P_{56}}} \text{（方向为顺时针）}$$

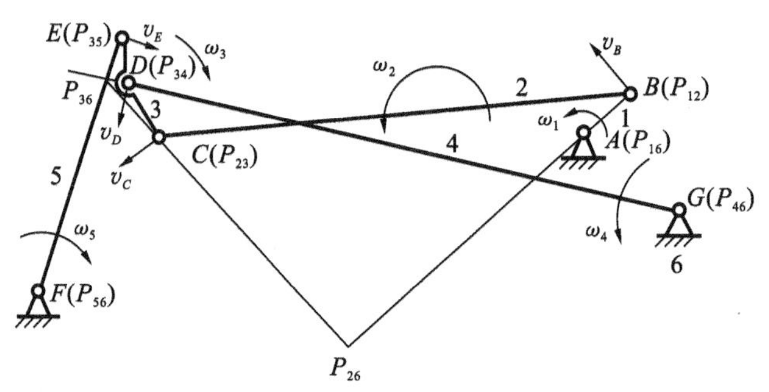

图 3-5　平锻机工件夹紧机构运动简图

2）高副机构

【例 3-5】 如图 3-6 所示凸轮机构中，已知构件 2 的转速 ω_2，求构件 3 的角速度 ω_3。

解　首先用三心定律求出 P_{23}，求瞬心 P_{23} 的速度。

$$v_{P_{23}} = \mu_l(\overline{P_{23}P_{12}})\omega_2$$

$$v_{P_{23}} = \mu_l(\overline{P_{23}P_{13}})\omega_3$$

所以
$$\omega_3 = \omega_2(\overline{P_{23}P_{12}}/\overline{P_{23}P_{13}}) \text{（方向与 } \omega_2 \text{ 相反）}$$

【例 3-6】 如图 3-7 所示为一直动从动件凸轮机构。设已知各构件的尺寸和原动件 1 的角速度 ω_1，求从动件 2 的速度 v_2。

解　因为构件 2 作平动，所以利用瞬心 P_{12} 是构件 1 和 2 的等速重合点，即可求得 v_2。由于构件 1、2 组成高副，所以瞬心 P_{12} 在过接触点 K 处的公法线 n-n 上；又由三心定理

知，瞬心 P_{12} 与 P_{13}、P_{23} 共线。因此过 P_{13} 作 P_{23} 的方向线与 n-n 线的交点即为瞬心 P_{12}。

$$v_2 = v_{P_{12}} = \omega_1 \overline{P_{12}P_{13}} \mu_l$$

v_2 方向向上，如图 3-7 所示。

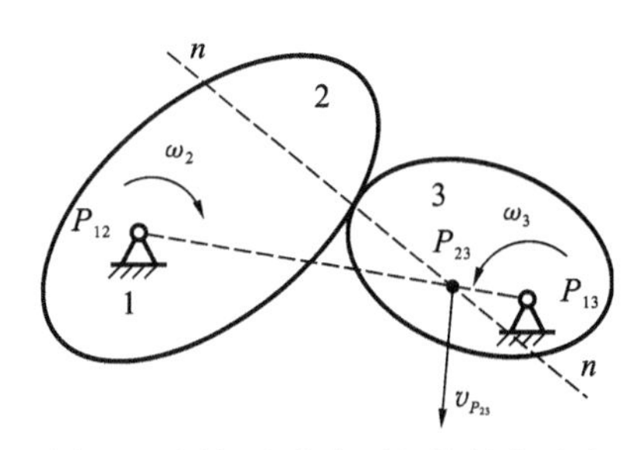

图 3-6　图解法求高副机构的角速度

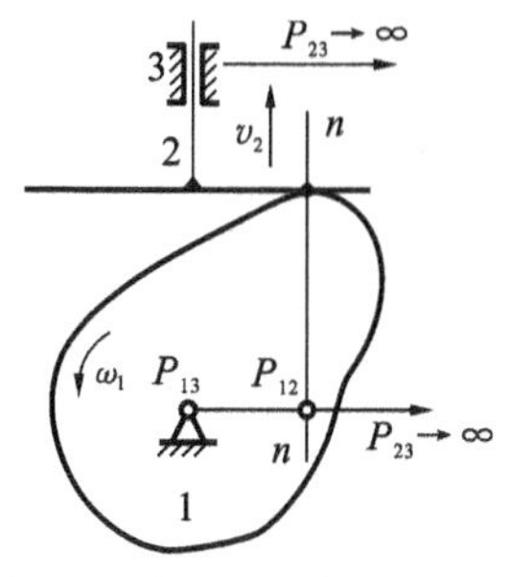

图 3-7　直动从动件凸轮机构

利用速度瞬心法对简单机构的速度分析非常简便。但对于包含构件数目较多的机构，由于瞬心数目较多，使得求解困难。需要特别说明的是，速度瞬心法仅限于对机构的速度分析，不便用于加速度分析。

3.3　用相对运动图解法对机构进行运动分析

相对运动图解法(relative kinematic graphic method)也称为矢量方程图解法(vector graphic method)，所依据的是理论力学中的运动合成原理。在对机构进行速度、加速度分析时，根据运动合成原理列出速度、加速度运动矢量方程，按矢量运算作图求解。下面就将在机构运动分析中所遇到的两种不同情况对其基本原理和方法加以说明。

3.3.1　作平面运动的同一构件上两点间的运动分析

如图 3-8(a)所示为铰链四杆机构运动简图。已知各构件的尺寸及原动件 1 以等角速度 ω_1 逆时针方向转动，求机构在图示位置时构件 2、3 的角速度 ω_2、ω_3 和角加速度 α_2、α_3，以及构件 2 上点 E 的速度 v_E 和加速度 α_E。

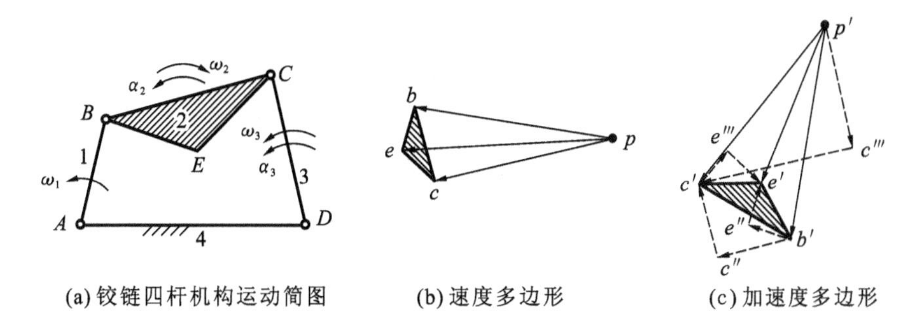

图 3-8　同一构件上两点之间的运动图解分析

用相对运动图解法进行运动分析时，应沿着机构的运动传递顺序，从与运动已知的原动件相连的杆组开始，以杆组为单位依次进行。首先确定杆组中外接副的运动(往往是已知的)，其次确定杆组中内接副的运动，然后再确定构件上一般点的运动。

1. 列出运动矢量方程式

铰链四杆机构仅含有一个Ⅱ级杆组 BCD，且外接副点 B、D 的运动已知，所以先求内接副点 C 的运动。而点 C 和 B 同在连杆 2 上，选运动已知的点 B 为基点，由运动合成原理，点 C 的运动可视为随着基点 B 作平动与绕着基点 B 作相对转动的合成。所以点 C 的速度 $\boldsymbol{v}_C$ 和加速度 $\boldsymbol{a}_C$ 的矢量方程分别表示为

$$\boldsymbol{v}_C = \boldsymbol{v}_B + \boldsymbol{v}_{CB} \tag{3-2}$$

方向：$\perp CD$　$\perp AB$　$\perp BC$

大小：？　$\omega_1 l_{AB}$　？

$$\boldsymbol{a}_C = \boldsymbol{a}_C^{\mathrm{n}} + \boldsymbol{a}_C^{\mathrm{t}} = \boldsymbol{a}_B + \boldsymbol{a}_{CB}^{\mathrm{n}} + \boldsymbol{a}_{CB}^{\mathrm{t}} \tag{3-3}$$

方向：　$C \to D$　$\perp CD$　$B \to A$　$C \to B$　$\perp BC$

大小：　$\omega_3^2 l_{CD}$　？　$\omega_1^2 l_{AB}$　$\omega_2^2 l_{BC}$　？

式中：$\boldsymbol{v}_{CB}$、$\boldsymbol{a}_{CB}^{\mathrm{n}}$、$\boldsymbol{a}_{CB}^{\mathrm{t}}$ 为点 C 相对于点 B 的相对速度、相对法向加速度和相对切向加速度；$\boldsymbol{a}_C^{\mathrm{n}}$、$\boldsymbol{a}_C^{\mathrm{t}}$ 分别为点 C 的绝对法向加速度和切向加速度。

为了减少方程中未知量的数目，将转动加速度分解为法向和切向两个分量，每一项的大小和方向均示于式中。在式(3-2)中，仅 $\boldsymbol{v}_C$、$\boldsymbol{v}_{CB}$ 的大小未知，而在式(3-3)中，经过速度分析之后 $\boldsymbol{a}_{CB}^{\mathrm{n}}$ 也为已知，仅有 $\boldsymbol{a}_C^{\mathrm{t}}$、$\boldsymbol{a}_{CB}^{\mathrm{t}}$ 的大小未知，故每个方程组仅包含两个未知量，可以用作图法求解。

2. 按矢量方程式作图求解

速度比例尺 $\mu_v = \dfrac{\text{实际速度(m/s)}}{\text{该实际速度的图示长度(mm)}}$，即图中每 1 mm 所代表的速度大小。

加速度比例尺 $\mu_a = \dfrac{\text{实际加速度(m/s}^2\text{)}}{\text{该实际加速度的图示长度(mm)}}$，即图中每 1 mm 所代表的加速度大小。

1）按速度矢量方程作矢量运算图解

如图 3-8(b)所示，任取一点 p 作为速度极点。从点 p 出发作代表 $\boldsymbol{v}_B$ 的矢量 $\boldsymbol{pb}$（$\perp AB$，且 $\boldsymbol{pb} = v_B/\mu_v$），再分别过点 b 和 p 作代表 $\boldsymbol{v}_{CB}$ 的方向线 $\boldsymbol{bc}$（$\perp BC$），代表 $\boldsymbol{v}_c$ 的方向线 $\boldsymbol{pc}$（$\perp CD$），两者相交于点 c，则

$$v_c = \mu_v \boldsymbol{pc}, \quad v_{CB} = \mu_v \boldsymbol{bc}$$

构件 2 的角速度则为

$$\omega_2 = \frac{v_{CB}}{l_{BC}} = \frac{\mu_v \overline{bc}}{\mu_1 \overline{BC}}$$

可将 $\boldsymbol{v}_{CB}$ 平移至机构图上的点 C，绕点 B 的转向即为 ω_2 的方向（顺时针方向）。

构件 3 的角速度为

$$\omega_3 = \frac{v_C}{l_{CD}} = \frac{\mu_v \overline{pc}}{\mu_1 \overline{CD}}$$

将 $\boldsymbol{v}_C$ 平移至机构图上的点 C，绕点 D 的转向即为 ω_3 的方向（逆时针方向）。

2）按加速度矢量方程作矢量运算图解

如图 3-8(c)所示，任取一点 p' 作为加速度极点。从点 p' 出发作代表 $\boldsymbol{a}_B$ 的矢量 $\boldsymbol{p'b'}$

($/\!/AB$,由机构图上的点 B 指向点 A,且 $\boldsymbol{p'b'}=\boldsymbol{a}_B/\mu_a$);再分别过点 b' 和 p',作代表 $\boldsymbol{a}_{CB}^{n}$ 的矢量 $\boldsymbol{b'c''}$($/\!/BC$,由点 C 指向点 B)和代表 $\boldsymbol{a}_C^{n}$ 的矢量 $\boldsymbol{p'c'''}$($/\!/CD$,由点 C 指向点 D);然后再分别过点 c'' 和点 c''' 作代表 $\boldsymbol{a}_{CB}^{t}$ 的方向线 $\boldsymbol{c''c'}$($\perp BC$)和代表 $\boldsymbol{a}_C^{t}$ 的方向线 $\boldsymbol{c'''c'}$($\perp CD$),两者相交于点 c',则

$$\boldsymbol{a}_C^{t}=\mu_a\,\boldsymbol{c'''c'},\quad \boldsymbol{a}_{CB}^{t}=\mu_a\,\boldsymbol{c''c'}$$

则构件 2 的角加速度为

$$\alpha_2=\frac{a_{CB}^{t}}{l_{BC}}=\frac{\mu_a\,\overline{c''c'}}{\mu_1\,\overline{BC}}$$

可将 $\boldsymbol{a}_{CB}^{t}$ 平移至机构图上的点 C,绕点 B 的转向即为 α_2 的方向(逆时针方向)。

构件 3 的角加速度为

$$\alpha_3=\frac{a_C^{t}}{l_C}=\frac{\mu_a\,\overline{c'''c'}}{\mu_1\,\overline{CD}}$$

将 $\boldsymbol{a}_C^{t}$ 平移至机构图上的点 C,绕点 D 的转向即为 α_3 的方向(逆时针方向)。如图 3-8(b)、(c)所示的图形分别称为机构的速度多边形图(速度图)和加速度多边形图(加速度图)。

对于构件 2 上点 E 的运动,则可利用同一构件上 B、C 两点的运动求解。速度矢量方程和加速度矢量方程分别表示为

	$\boldsymbol{v}_E$	$=$	$\boldsymbol{v}_B$	$+$	$\boldsymbol{v}_{EB}$	$=$	$\boldsymbol{v}_C$	$+$	$\boldsymbol{v}_{EC}$
方向:			$\perp AB$		$\perp BE$		$\perp CD$		$\perp CE$
大小:			$\omega_1 l_{AB}$		?		√		?

$\boldsymbol{a}_E$	$=$	$\boldsymbol{a}_B$	$+$	$\boldsymbol{a}_{EB}^{n}$	$+$	$\boldsymbol{a}_{EB}^{t}$	$=$	$\boldsymbol{a}_C$	$+$	$\boldsymbol{a}_{EC}^{n}$	$+$	$\boldsymbol{a}_{EC}^{t}$
方向:		$B\rightarrow A$		$E\rightarrow B$		$\perp BE$		√		$E\rightarrow C$		$\perp CE$
大小:		$\omega_1^2 l_{AB}$		$\omega_2^2 l_{EB}$		?		√		$\omega_2^2 l_{EC}$		?

在图 3-8(b)中,分别过 b、c 作代表 $\boldsymbol{v}_{EB}$ 的方向线 $\boldsymbol{be}$($\perp BE$)和代表 $\boldsymbol{v}_{EC}$ 的方向线 $\boldsymbol{ce}$($\perp CE$),两者交于点 e,则 $\boldsymbol{pe}$ 代表 $\boldsymbol{v}_E$,所以

$$\boldsymbol{v}_E=\mu_v\,\boldsymbol{pe}$$

由图可知,构件 2 上 B、C、E 三点构成的图形 $\triangle BCE$ 与速度图中代表该三点绝对速度矢量端点 b、c、e 构成的图形 $\triangle bce$,由于两个图形的三个对应边相互垂直,故两三角形相似,且其字母的绕行顺序也一致。因此,称速度图形 $\triangle bce$ 为构件图形 $\triangle BCE$ 的速度影像,这一规律即速度影像原理。

在图 3-8(c)中,也分别过 b'、c' 作代表 $\boldsymbol{a}_{EB}^{n}$ 的矢量 $b'e''$($/\!/\boldsymbol{a}_{EB}^{n}$)、$\boldsymbol{a}_{EB}^{t}$ 的方向线 $\boldsymbol{e''e'}$($\perp BE$)和代表 $\boldsymbol{a}_{EC}^{n}$ 的矢量 $\boldsymbol{c'e'''}$($/\!/\boldsymbol{a}_{EC}^{n}$)、$\boldsymbol{a}_{EC}^{t}$ 的方向线 $\boldsymbol{e'''e'}$($\perp CE$),两方向线交于点 e',则 $\boldsymbol{p'e'}$ 代表 $\boldsymbol{a}_E$,所以

$$\boldsymbol{a}_E=\mu_a\,\boldsymbol{p'e'}$$

与速度影像类似,可以证明,构件 2 上 B、C、E 三点构成的图形 $\triangle BCE$ 与加速度图中代表该三点绝对加速度矢量端点 b'、c'、e' 构成的图形 $\triangle b'c'e'$ 也是相似的,且其字母的绕行顺序一致,但两图形的对应边一般不垂直,都转过一相同的角度。因此,称加速度图形 $\triangle b'c'e'$ 为构件图形 $\triangle BCE$ 的加速度影像,这一规律即加速度影像原理。

当已知某一构件上两点的速度或加速度时，利用速度或加速度影像原理，作构件图形的相似形，可以很方便地求出该构件上其他任一点的速度或加速度。例如，当构件 2 上 B、C 两点的速度和加速度已知时，其上点 E 的速度、加速度就可以直接以 bc、$b'c'$ 为边作△BCE 的相似三角形△bce 和△$b'c'e'$，求得点 E 的速度矢量端点 e 和加速度矢量端点 e'，即求得 $\boldsymbol{v}_E$ 和 $\boldsymbol{a}_E$。同理，利用速度或加速度影像原理，也可以根据已知的速度、加速度求出构件上相应点的位置。

这里必须注意的是，速度影像和加速度影像原理只适用于同一构件上各点之间的速度和加速度关系，而不能用于整个机构中的不同构件上各点之间的速度和加速度关系。

3.3.2 用移动副连接的两构件重合点间的运动分析

与前一种情况不同，此处所研究的是以移动副相连接的两转动构件上的重合点间的速度及加速度之间的关系，因而所列出的机构的运动矢量方程也有所不同，但作法却基本相似。

【例 3-7】 如图 3-9(a)所示为一平面四杆机构。设已知各构件的尺寸为：$l_{AB}=24$ mm，$l_{AD}=78$ mm，$l_{CD}=48$ mm，$\gamma=100°$；并知原动件 1 以等角速度 $\omega_1=10$ rad/s 逆时针方向回转。试用图解法求机构在 $\varphi_1=60°$时构件 2、3 的角速度和角加速度。

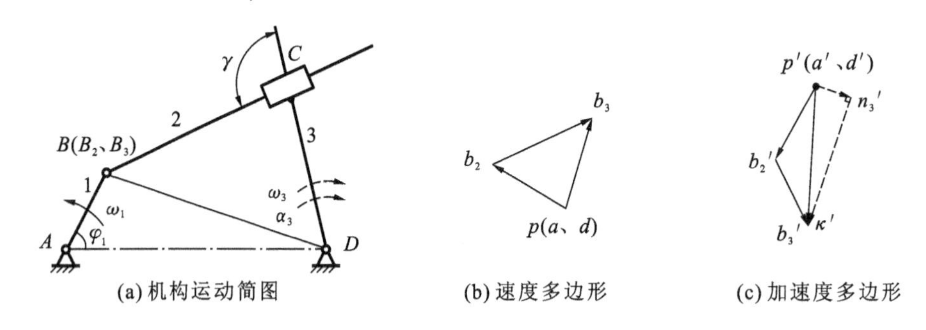

(a) 机构运动简图　(b) 速度多边形　(c) 加速度多边形

图 3-9　两构件重合点间的图解运动分析

解

(1) 作机构运动简图。

选取尺寸比例尺 $\mu_l=0.001$ m/mm，按 $\varphi_1=60°$准确作出机构运动简图(见图 3-9(a))。

(2) 作速度分析。

根据已知条件，速度分析应由点 B 开始，并取重合点 B_3 及 B_2 进行求解。已知点 B_2 的速度

$$v_{B_2}=v_{B_1}=\omega_1 l_{AB}=10\times 0.024\ \text{m/s}$$

其方向垂直于 AB，指向与 ω_1 的转向一致。

为求 ω_3，需先求得构件 3 上任一点的速度。因构件 3 与构件 2 组成移动副，故可由两构件上重合点间的速度关系来求解。由运动合成原理可知，重合点 B_3 及 B_2 有

$$\boldsymbol{v}_{B_3}=\boldsymbol{v}_{B_2}+\boldsymbol{v}_{B_3B_2} \tag{3-4}$$

式(3-4)中仅有两个未知量，故可用作图法求解。取速度比例尺 $\mu_v=0.01$(m/s)/mm，并取点 p 作为速度图极点，作其速度图如图 3-9(b)所示，于是得

$$\omega_3=v_{B_3}/l_{BD}=\mu_v\,\overline{pb_3}/(\mu_l\,\overline{BD})=0.01\times 27/(0.001\times 69)\text{rad/s (顺时针)}$$

而 $\omega_2=\omega_3$。

(3) 作加速度分析。

加速度分析的步骤与速度分析相同，也应从点 B 开始，且已知点 B 仅有法向加速度，即

$$a_{B_2}=a_{B_1}=a_{B_2}^{n}=\omega_1^2 l_{AB}=10^2\times 0.024\ \mathrm{m/s^2} \tag{3-5}$$

其方向沿 AB，并由点 B 指向点 A。构件 3 上点 B 的加速度 $\boldsymbol{a}_{B_3}$ 由两构件上重合点间的加速度关系可知

	$\boldsymbol{a}_{B_3}$	=	$\boldsymbol{a}_{B_3}^{n}$	+	$\boldsymbol{a}_{B_3}^{t}$	=	$\boldsymbol{a}_{B_2}$	+	$\boldsymbol{a}_{B_3B_2}^{k}$	+	$\boldsymbol{a}_{B_3B_2}^{r}$
方向：	?		$B_3\rightarrow D$		$\perp BD$		√		$\perp BC$		$C\rightarrow B$
大小：	?		$\omega_3^2 l_{BD}$		?		√		$2\omega_2 v_{B_3B_2}$		?

式中：$\boldsymbol{a}_{B_3B_2}^{k}$ 为点 B_3 相对于点 B_2 的科氏加速度，其大小为

$$a_{B_3B_2}^{k}=2\omega_2 v_{B_3B_2}=2\omega_2\mu_v\overline{b_2b_3}=2\times 3.91\times 0.01\times 32\ \mathrm{m/s^2}=2.5\ \mathrm{m/s^2}$$

其方向为将相对速度 $\boldsymbol{v}_{B_3B_2}$ 沿牵连构件 2 的角速度 ω_2 的方向转过 90°。

而 $\boldsymbol{a}_{B_3D}^{n}$ 的大小为

$$a_{B_3D}^{n}=\omega_3^2 l_{BD}=\omega_3^2\mu_l\overline{BD}=3.91^2\times 0.001\times 69\ \mathrm{m/s^2}=1.05\ \mathrm{m/s^2}$$

由式(3-5)可知，方程仅有两个未知量，故可用作图法求解。选取加速度比例尺 $\mu_a=0.1(\mathrm{m/s^2})/\mathrm{mm}$ 并取点 p' 为加速度图极点，按式(3-5)依次作其加速度图如图 3-9(c)所示，于是得

$$\alpha_3=a_{B_3D}^{t}/l_{BD}=\mu_a\overline{n'_3b'_3}/\mu_l\overline{BD}=0.1\times 43/(0.001\times 69)\ \mathrm{rad/s^2}=62.3\ \mathrm{rad/s^2}$$

方向为逆时针，且 $\alpha_2=\alpha_3$。

此例中，选点 B_2、B_3 来进行运动分析，是因为点 B_2 的速度和加速度很容易求得，求解最简便。读者不妨以其他点为重合点来求解，便不难验证。

3.4 用解析法对机构进行运动分析

3.4.1 矢量方程解析法

用解析法作机构的运动分析，应首先建立机构的位置方程式，然后将位置方程式对时间求一阶和二阶导数，即可求得机构的速度和加速度方程，进而解出所需位移、速度及加速度，完成机构的运动分析。由于在建立和推导机构的位置、速度和加速度方程时所采用的数学工具不同，所以解析法有很多种。本节将介绍两种比较容易掌握且便于计算机计算求解的方法——复数矢量法和矩阵法。

复数矢量法由于利用了复数运算十分简便的优点，不仅可对任何机构包括较复杂的连杆机构进行运动分析和动力分析，而且可用来进行机构的综合，并可利用计算机进行求解。而矩阵法则可方便地运用标准计算程序或方程求解器等软件包来求解，但需借助于计算机。由于用这两种方法对机构作运动分析时，均需先列出所谓的封闭矢量方程式，故对此先加以介绍。

1. 机构的封闭矢量位置方程式

在用矢量法建立机构的位置方程时，需将构件用矢量来表示，并作出机构的封闭矢量多

边形。用复数符号表示平面矢量，如 $R=R\angle\theta$，它既可写成极坐标形式$Re^{i\theta}$，又可写成直角坐标形式 $R\cos\theta+iR\sin\theta$。可利用欧拉公式 $e^{\pm i\theta}=\cos\theta\pm i\sin\theta$ 方便地在上述两种表示形式之间进行变换。此外，它的导数就是其自身，即 $de^{i\theta}/d\theta=ie^{i\theta}$，故对其微分或积分运算十分便利。

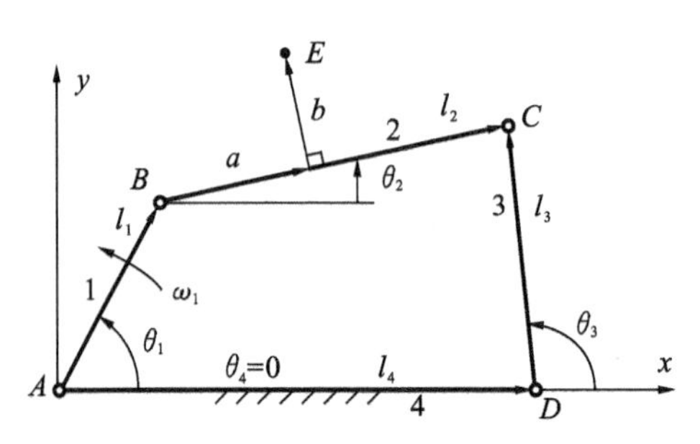

图 3-10 机构的封闭矢量位置坐标

如图 3-10 所示，先建立一直角坐标系。设构件 1 的长度为 l_1，其方位角为 θ_1，$\boldsymbol{l}_1$ 为构件 1 的杆矢量，即$\boldsymbol{l}_1=\boldsymbol{AB}$。机构中其余构件均可表示为相应的杆矢量，这样就形成由各杆矢量组成的一个封闭矢量多边形，即 $ABCDA$。在这个封闭矢量多边形中，其各矢量之和必等于零。即

$$\boldsymbol{l}_1+\boldsymbol{l}_2-\boldsymbol{l}_3-\boldsymbol{l}_4=0 \tag{3-6}$$

式(3-6)为图 3-10 所示四杆机构的封闭矢量位置方程式。对于一个特定的四杆机构，其各构件的长度和原动件 1 的运动规律已知，即 θ_1 为已知，而 $\theta_4=0$，故由此矢量方程可求得两个未知方位角 θ_2 及 θ_4。

各杆矢量的方向可自由确定，但各杆矢量的方位角 θ 均应由 x 轴开始，并以沿逆时针方向计量为正。由上述分析可知，对于一个四杆机构，只需作出一个封闭矢量多边形即可求解。而对四杆以上的多杆机构，则需作出一个以上的封闭矢量多边形才能求解。

2. 复数矢量法

现就以图 3-10 所示的四杆机构为例来说明利用复数矢量法作平面机构运动分析的方法。设已知各构件的尺寸及原动件 1 的方位角 θ_1 和等角速度 ω_1，需对其位置、速度和加速度进行分析。

如前所述，为了对机构进行运动分析，先要建立坐标系，并将各构件表示为杆矢量。

1) 位置分析

将机构封闭矢量方程式(3-6)改写并表示为复数矢量形式：

$$l_1e^{i\theta_1}+l_2e^{i\theta_2}=l_4+l_3e^{i\theta_3} \tag{3-7}$$

应用欧拉公式 $e^{i\theta}=\cos\theta+i\sin\theta$ 将式(3-7)的实部和虚部分离，得

$$\begin{cases} l_1\cos\theta_1+l_2\cos\theta_2=l_4+l_3\cos\theta_3 \\ l_1\sin\theta_1+l_2\sin\theta_2=l_3\sin\theta_3 \end{cases} \tag{3-8}$$

由此方程组可求得两个未知方位角 θ_2、θ_3。

当要求解 θ_3 时，应将 θ_2 消去，为此可先将式(3-8)两分式左端含 θ_1 的项移到等式右端，然后分别将两端平方并相加，可得

$$l_2^2 = l_3^2 + l_4^2 + l_1^2 - 2l_3l_4\cos\theta_3 - 2l_1l_3\cos(\theta_3 - \theta_1) - 2l_1l_4\cos\theta_1$$

经整理并可简化为

$$A\sin\theta_3 + B\cos\theta_3 + C = 0 \tag{3-9}$$

式中：$A = 2l_1l_3\sin\theta_1$；$B = 2l_3(l_1\cos\theta_1 - l_4)$；$C = l_2^2 - l_1^2 - l_3^2 - l_4^2 + 2l_1l_4\cos\theta_1$。

解之可得

$$\tan(\theta_3/2) = (A \pm \sqrt{A^2 + B^2 - C^2})/(B - C) \tag{3-10}$$

在求得了 θ_3 之后，可利用式(3-8)求得 θ_2。式(3-10)有两个解，可根据机构的初始安装情况和机构运动的连续性来确定式中"±"号的选取。

2）速度分析

将式(3-7)对时间 t 求导，可得

$$\mathrm{i}l_1\dot{\theta}_1\mathrm{e}^{\mathrm{i}\theta_1} + \mathrm{i}l_2\dot{\theta}_2\mathrm{e}^{\mathrm{i}\theta_2} = \mathrm{i}l_3\dot{\theta}_3\mathrm{e}^{\mathrm{i}\theta_3}$$

即

$$l_1\omega_1\mathrm{e}^{\mathrm{i}\theta_1} + l_2\omega_2\mathrm{e}^{\mathrm{i}\theta_2} = l_3\omega_3\mathrm{e}^{\mathrm{i}\theta_3} \tag{3-11}$$

式(3-11)为 $\boldsymbol{v}_B + \boldsymbol{v}_{CB} = \boldsymbol{v}_C$ 的复数矢量表达式。将式(3-11)的实部和虚部分离，有

$$l_1\omega_1\cos\theta_1 + l_2\omega_2\cos\theta_2 = l_3\omega_3\cos\theta_3 \tag{3-11a}$$

$$l_1\omega_1\sin\theta_1 + l_2\omega_2\sin\theta_2 = l_3\omega_3\sin\theta_3 \tag{3-11b}$$

联立求解式(3-11a)和式(3-11b)可求得两个未知角速度 ω_2、ω_3，即

$$\omega_3 = \omega_1 l_1\sin(\theta_1 - \theta_2)/[l_3\sin(\theta_3 - \theta_2)] \tag{3-12}$$

$$\omega_2 = -\omega_1 l_1\sin(\theta_1 - \theta_3)/[l_2\sin(\theta_2 - \theta_3)] \tag{3-13}$$

3）加速度分析

将式(3-11)对时间 t 求导，可得

$$\mathrm{i}l_1\omega_1^2\mathrm{e}^{\mathrm{i}\theta_1} + l_2\alpha_2\mathrm{e}^{\mathrm{i}\theta_2} + \mathrm{i}l_2\omega_2^2\mathrm{e}^{\mathrm{i}\theta_2} = l_3\alpha_3\mathrm{e}^{\mathrm{i}\theta_3} + \mathrm{i}l_3\omega_3^2\mathrm{e}^{\mathrm{i}\theta_3} \tag{3-14}$$

式(3-14)为 $\boldsymbol{a}_B + \boldsymbol{a}_{CB}^{\mathrm{t}} + \boldsymbol{a}_{CB}^{\mathrm{n}} = \boldsymbol{a}_C^{\mathrm{t}} + \boldsymbol{a}_C^{\mathrm{n}}$ 的复数矢量表达式。将式(3-14)的实部和虚部分离，有

$$\begin{cases} l_1\omega_1^2\cos\theta_1 + l_2\alpha_2\sin\theta_2 + l_2\omega_2^2\cos\theta_2 = l_3\alpha_3\sin\theta_3 + l_3\omega_3^2\cos\theta_3 \\ -l_1\omega_1^2\sin\theta_1 + l_2\alpha_2\cos\theta_2 - l_2\omega_2^2\sin\theta_2 = l_3\alpha_3\cos\theta_3 - l_3\omega_3^2\sin\theta_3 \end{cases}$$

联立解上两式即可求得两个未知的角加速度 α_2、α_3，即

$$\alpha_3 = \frac{\omega_1^2 l_1\cos(\theta_1 - \theta_2) + \omega_2^2 l_2 - \omega_3^2 l_3\cos(\theta_3 - \theta_2)}{l_3\sin(\theta_3 - \theta_2)} \tag{3-15}$$

$$\alpha_2 = \frac{-\omega_1^2 l_1\cos(\theta_1 - \theta_3) - \omega_2^2 l_2\cos(\theta_2 - \theta_3) + \omega_3^2 l_3}{l_3\sin(\theta_2 - \theta_3)} \tag{3-16}$$

现再讨论求图3-10所示四杆机构中连杆2上任一点 E 的速度和加速度的求解方法。一旦机构中所有构件的角位移、角速度和角加速度求出后，则该机构中任何构件上的任意点的速度及加速度就很容易求得。设连杆上任一点 E 在其上的位置矢量为 $\boldsymbol{a}$ 及 $\boldsymbol{b}$，点 E 在坐标系 Axy 中的绝对位置矢量为 $\boldsymbol{l}_E = \boldsymbol{AE}$，则

$$\boldsymbol{l}_E = \boldsymbol{l}_1 + \boldsymbol{a} + \boldsymbol{b}$$

即

$$l_E = l_1\mathrm{e}^{\mathrm{i}\theta_1} + a\mathrm{e}^{\mathrm{i}\theta_2} + b\mathrm{e}^{\mathrm{i}(\theta_2 + 90^\circ)} \tag{3-17}$$

将式(3-17)对时间 t 分别求一次和二次导数，并经变换整理可得 $\boldsymbol{v}_E$ 和 $\boldsymbol{a}_E$ 的矢量表达式，即

$$v_E = -[\omega_1 l_1 \sin\theta_1 + \omega_2(a\sin\theta_2 + b\cos\theta_2)] + i[\omega_1 l_1 \cos\theta_1 + \omega_2(a\cos\theta_2 - b\sin\theta_2)] \tag{3-18}$$

$$\begin{aligned} a_E &= [-\omega_1^2 l_1 \cos\theta_1 + \alpha_2(a\sin\theta_2 + b\cos\theta_2) + \omega_2(a\cos\theta_2 - b\sin\theta_2)] \\ &\quad + i[-\omega_1^2 l_1 \sin\theta_1 + \alpha_2(a\cos\theta_2 - b\sin\theta_2) - \omega_2^2(a\sin\theta_2 + b\cos\theta_2)] \end{aligned} \tag{3-19}$$

3.4.2 矩阵法

仍以图 3-10 所示四杆机构为例，已知条件同前，现用矩阵法求解如下。

1）位置分析

将机构的封闭矢量方程式(3-7)写成在两坐标上的投影式，并改写成方程左边仅含未知量项的形式，即得

$$\begin{cases} l_2\cos\theta_2 - l_3\cos\theta_3 = l_4 - l_1\cos\theta_1 \\ l_2\sin\theta_2 - l_3\sin\theta_3 = -l_1\sin\theta_1 \end{cases} \tag{3-20}$$

解此方程即可得二未知方位角 θ_2、θ_3。

2）速度分析

将式(3-21)对时间 t 求一次导数，可得

$$\begin{cases} -l_2\omega_2\sin\theta_2 + l_3\omega_3\sin\theta_3 = \omega_1 l_1\sin\theta_1 \\ l_2\omega_2\cos\theta_2 + l_3\omega_3\cos\theta_3 = -\omega_1 l_1\cos\theta_1 \end{cases} \tag{3-21}$$

解之可得 ω_2、ω_3。

式(3-21)可写成矩阵形式

$$\begin{bmatrix} -l_2\sin\theta_2 & l_3\sin\theta_3 \\ l_2\cos\theta_2 & -l_3\sin\theta_3 \end{bmatrix}\begin{bmatrix} \omega_2 \\ \omega_3 \end{bmatrix} = \omega_1\begin{bmatrix} l_1\sin\theta_1 \\ -l_1\cos\theta_1 \end{bmatrix} \tag{3-22}$$

3）加速度分析

将式(3-20)对时间 t 求导，可得加速度关系

$$\begin{bmatrix} -l_2\sin\theta_2 & l_3\sin\theta_3 \\ l_2\cos\theta_2 & -l_3\sin\theta_3 \end{bmatrix}\begin{bmatrix} \alpha_2 \\ \alpha_3 \end{bmatrix} = -\begin{bmatrix} -\omega_2 l_2\sin\theta_2 & \omega_3 l_3\cos\theta_3 \\ -\omega_2 l_2\cos\theta_2 & \omega_3 l_3\sin\theta_3 \end{bmatrix}\begin{bmatrix} \omega_2 \\ \omega_3 \end{bmatrix} + \omega_1\begin{bmatrix} \omega_1 l_1\cos\theta_1 \\ \omega_1 l_1\sin\theta_1 \end{bmatrix} \tag{3-23}$$

可解得 α_2、α_3。

若还需求连杆上任一点 E 的位置、速度和加速度时，可由下列各式直接求得：

$$\begin{cases} x_E = l_1\cos\theta_1 + a\cos\theta_2 + b\cos(90^\circ + \theta_2) \\ y_E = l_1\sin\theta_1 + a\sin\theta_2 + b\sin(90^\circ + \theta_2) \end{cases} \tag{3-24}$$

$$\begin{bmatrix} v_{Ex} \\ v_{Ey} \end{bmatrix} = \begin{bmatrix} \dot{x}_E \\ \dot{y}_E \end{bmatrix} = \begin{bmatrix} -l_1\sin\theta & -a\sin\theta_2 - b\sin(90^\circ + \theta_2) \\ l_1\cos\theta & a\cos\theta_2 + b\cos(90^\circ + \theta_2) \end{bmatrix}\begin{bmatrix} \omega_1 \\ \omega_2 \end{bmatrix} \tag{3-25}$$

$$\begin{aligned} \begin{bmatrix} \alpha_{Ex} \\ \alpha_{Ey} \end{bmatrix} = \begin{bmatrix} \ddot{x}_E \\ \ddot{y}_E \end{bmatrix} &= \begin{bmatrix} -l_1\sin\theta & -a\sin\theta_2 - b\sin(90^\circ + \theta_2) \\ l_1\cos\theta & a\cos\theta_2 + b\cos(90^\circ + \theta_2) \end{bmatrix}\begin{bmatrix} \alpha_1 \\ \alpha_2 \end{bmatrix} \\ &\quad - \begin{bmatrix} l_1\cos\theta_1 & -a\cos\theta_2 - b\cos(90^\circ + \theta_2) \\ l_1\sin\theta_1 & a\sin\theta_2 + b\sin(90^\circ + \theta_2) \end{bmatrix}\begin{bmatrix} \omega_1^2 \\ \omega_2^2 \end{bmatrix} \end{aligned} \tag{3-26}$$

在矩阵法中，为便于书写和记忆，速度分析关系式可表示为

$$A\omega = \omega_1 B \tag{3-27}$$

式中：A 为机构从动件的位置参数矩阵；ω 为机构从动件的速度列阵；B 为机构原动件的位置参数列阵；ω_1 为机构原动件的速度。

而加速度分析的关系式则可表示为

$$A\alpha = -\dot{A}\omega + \omega_1 \dot{B} \tag{3-28}$$

式中：α 为机构从动件的加速度列阵；$\dot{A} = \mathrm{d}A/\mathrm{d}t$；$\dot{B} = \mathrm{d}B/\mathrm{d}t$。

通过上述对四杆机构进行运动分析的过程可以看出，用解析法进行机构运动分析的关键是位置方程的建立和求解。至于速度分析和加速度分析只不过是对其位置方程作进一步的数学运算而已。位置方程的求解需解非线性方程组，难度较大；而速度方程和加速度方程的求解，则只需解线性方程组，相对而言较容易。

3.4.3　杆组法

应用前述方法，对于不同的机构需要建立不同的数学模型，编制相应的计算程序，因此各种不同机构之间计算程序的通用性较差。下面介绍一种适用于各种不同机构且通用性较强的运动分析方法——基本杆组法。

1. 基本杆组法的基本思想

根据机构的组成原理，任何平面机构都是在原动件和机架上依次连接若干个基本杆组而构成的。对于常用的各种Ⅱ级机构，其中包含的Ⅱ级基本杆组仅有五种，如图3-11所示，其中前三种应用最多。由于杆组外接副连接于原动件、机架或其他杆组的构件上，所以只要从原动件开始逐个对杆组进行分析，则杆组外接副的运动参数总是已知的。由此可求出各个杆组乃至整个机构的运动参数。

以单杆和基本杆组为单元，分别建立构件和基本杆组中各已知的几何参数、运动参数与未知运动参数之间的数学模型，并编制出相应的计算子程序。当需要对某一机构进行运动分析时，只需按照机构的组成情况，编写出主程序，依次调用相应的构件和杆组通用子程序便可求得所需结果。可见，此方法对机构进行运动分析的通用性较强，工作量较小。下面就Ⅱ级机构进行分析讨论。

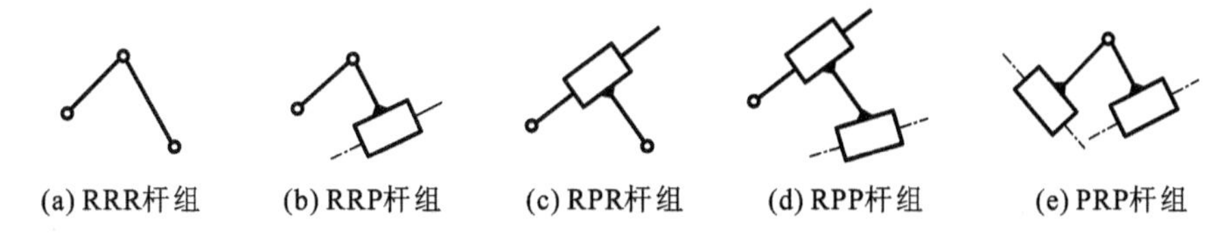

图3-11　Ⅱ级基本杆组

R—转动副；P—移动副

2. 单杆和基本杆组的运动分析

对单杆和基本杆组进行运动分析时，首先建立直角坐标系 Oxy。规定 i 构件的长度用 l_i 表示，位置角 θ_i，从外接副引 x 轴正向线，按逆时针方向取角速度和角加速度分别用 ω_i、α_i 表示，且逆时针方向为正；参考点、关键点 N_i 的位置用 (x_i, y_i) 表示，速度用 (v_{ix}, v_{iy}) 表示，

加速度用(a_{ix}, a_{iy})表示。

1）单杆运动分析

如图3-12所示为机构中作平面运动的构件（作定轴转动或平移运动的构件是特例）的运动分析。已知构件位置角θ、角速度ω、角加速度α及参考点N_1的位置(x_1, y_1)、速度(v_{1x}, v_{1y})和加速度(a_{1x}, a_{1y})。按给定的长度l和角度δ值求其上点N_2的位置(x_2, y_2)、速度(v_{2x}, v_{2y})和加速度(a_{2x}, a_{2y})。

（1）位置分析　点N_2的位置方程式为

$$\begin{cases} x_2 = x_1 + l\cos(\theta+\delta) \\ y_2 = y_1 + l\sin(\theta+\delta) \end{cases}$$

（2）速度分析　将上式对时间t求导一次，得点N_2的速度方程式为

$$\begin{cases} v_{2x} = v_{1x} - \omega l\sin(\theta+\delta) \\ v_{2y} = v_{1y} + \omega l\cos(\theta+\delta) \end{cases}$$

（3）加速度分析　将上式对时间t再求导一次，得点N_2的加速度方程式为

$$\begin{cases} a_{2x} = a_{1x} - \omega^2 l\cos(\theta+\delta) - \alpha l\sin(\theta+\delta) \\ a_{2y} = a_{1y} - \omega^2 l\sin(\theta+\delta) + \alpha l\cos(\theta+\delta) \end{cases}$$

2）RRR杆组的运动分析

如图3-13所示为一RRR杆组，已知杆1、2的位置角分别为θ_1和θ_2、角速度分别为ω_1和ω_2、角加速度分别为α_1和α_2。

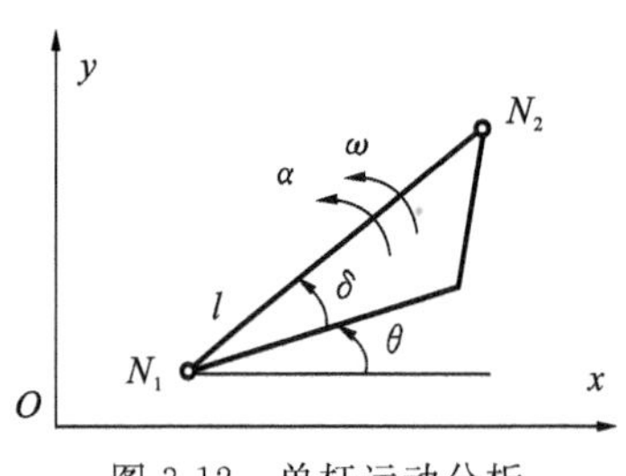

图3-12　单杆运动分析

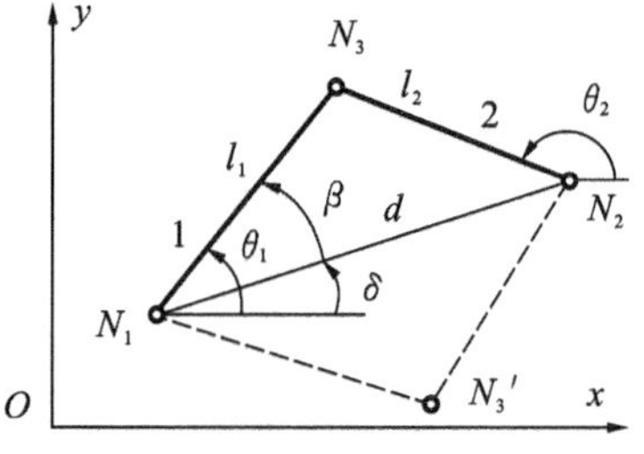

图3-13　RRR杆组的运动分析

（1）位置分析　根据图3-13所示的几何关系可知，该杆组成立的基本条件为

$$|l_1 - l_2| < d < l_1 + l_2$$

构件1的位置角为

$$\theta_1 = \delta \pm \beta \tag{3-29}$$

式中：$\delta=\arctan\left(\dfrac{y_2-y_1}{x_2-x_1}\right)$；$\beta=\arctan\left(\dfrac{d^2+l_1^2-l_2^2}{2dl_1}\right)$，且$d=\sqrt{(x_2-x_1)^2+(y_2-y_1)^2}$。

“$\pm$”号对应不同的杆组装配或工作模式，当点N_1、N_2、N_3逆时针绕行即实线取“+”号；当点N_1、N_2、N_3顺时针绕行即虚线模式时，取“−”号。对于一特定机构，只要$d \neq |l_1 \pm l_2|$，杆组就在一种模式下运动。所以在计算之前，应按机构的实际情况确定识别参数M，实线模式时$M=+1$，虚线模式时$M=-1$；如果$d=|l_1 \pm l_2|$，则应根据实际工作状况，判定其工作模式。可将式(3-29)表示为

$$\theta_1 = \delta + M\beta \tag{3-30}$$

构件2的位置角为

$$\theta_2 = \arctan\left(\frac{y_3 - y_2}{x_3 - x_2}\right) \tag{3-31}$$

其中,点 N_3 的位置为

$$\begin{cases} x_3 = x_1 + l_1\cos\theta_1 = x_2 + l_2\cos\theta_2 \\ y_3 = y_1 + l_1\sin\theta_1 = y_2 + l_2\sin\theta_2 \end{cases} \tag{3-32}$$

(2) 速度分析　将式(3-32)对时间 t 求导一次,得点 N_3 的速度方程式为

$$\begin{cases} v_{3x} = v_{1x} - \omega_1 l_1\sin\theta_1 = v_{2x} - \omega_2 l_2\sin\theta_2 \\ v_{3y} = v_{1y} + \omega_1 l_1\cos\theta_1 = v_{2y} + \omega_2 l_2\cos\theta_2 \end{cases} \tag{3-33}$$

整理上式,并将 $\sin\theta_1$、$\cos\theta_1$、$\sin\theta_2$ 和 $\cos\theta_2$ 用坐标表述,可得构件1、2的角速度为

$$\begin{cases} \omega_1 = \dfrac{(v_{2x} - v_{1x})(x_3 - x_2) + (v_{2y} - v_{1y})(y_3 - y_2)}{Q} \\ \omega_2 = \dfrac{(v_{3x} - v_{1x})(x_3 - x_1) + (v_{3y} - v_{1y})(y_3 - y_1)}{Q} \end{cases} \tag{3-34}$$

式中:$Q=(x_3-x_1)(y_3-y_2)-(x_3-x_2)(y_3-y_1)$。

将式(3-34)代入式(3-33),即可求出点 N_3 的速度(v_{3x},v_{3y})。

(3) 加速度分析　将式(3-33)对时间 t 求导一次,得点 N_3 的加速度方程式

$$\begin{cases} a_{3x} = a_{1x} - \omega_1^2 l_1\cos\theta_1 - \alpha_1 l_1\sin\theta_1 = a_{2x} - \omega_2^2 l_2\cos\theta_2 - \alpha_2 l_2\sin\theta_2 \\ a_{3y} = a_{1y} - \omega_1^2 l_1\sin\theta_1 + \alpha_1 l_1\cos\theta_1 = a_{2y} - \omega_2^2 l_2\sin\theta_2 + \alpha_2 l_2\cos\theta_2 \end{cases} \tag{3-35}$$

整理式(3-35)得构件1、2的角加速度分别为

$$\begin{cases} \alpha_1 = \dfrac{E(x_3 - x_2) + F(y_3 - y_2)}{Q} \\ \alpha_2 = \dfrac{E(x_3 - x_1) + F(y_3 - y_1)}{Q} \end{cases} \tag{3-36}$$

式中:$E = a_{2x} - a_{1x} + \omega_1^2(x_3 - x_1) - \omega_2^2(x_3 - x_2)$;$F = a_{2y} - a_{1y} + \omega_1^2(y_3 - y_1) - \omega_2^2(y_3 - y_2)$。

将式(3-36)代入式(3-35),即可求出点 N_3 的加速度(a_{3x},a_{3y})。

3) RRP 杆组的运动分析

如图3-14所示,已知外接副 N_1、导路上一参考点 N_2 的位置分别为(x_1,y_1)和(x_2,y_2)、速度分别为(v_{1x},v_{1y})和(v_{2x},v_{2y})、加速度分别为(a_{1x},a_{1y})、(a_{2x},a_{2y})及导路的位置角 θ_3、角速度 ω_3、角加速度 α_3。求内接副 N_3 的位置(x_3,y_3)、速度(v_{3x},v_{3y})和加速度(a_{3x},a_{3y}),滑块2的相对参考点 N_2 的位移 s_2 相对于导路的滑动速度 v_{s_2} 和滑动加速度 a_{s_2},以及构件1的位置角 θ_1、角速度 ω_1 和角加速度 α_1。

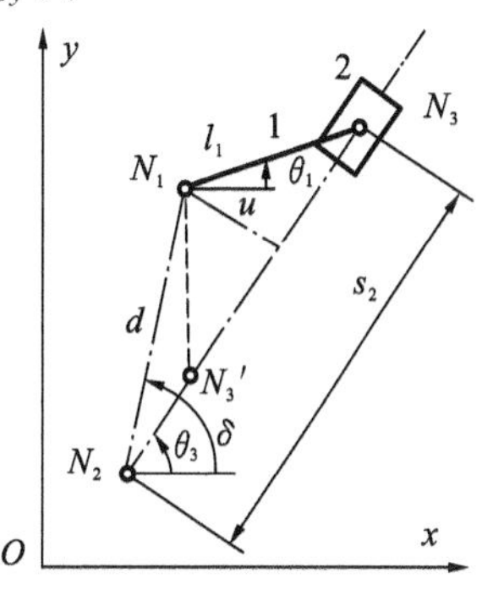

图3-14　RRP杆组

(1) 位置分析　根据图3-14所示的几何关系,得

$$d = \sqrt{(x_2 - x_1)^2 + (y_2 - y_1)^2}$$

点 N_3 的位置方程为

$$\begin{cases} x_3 = x_1 + l_1\cos\theta_1 = x_2 + s_2\cos\theta_2 \\ y_3 = y_1 + l_1\sin\theta = y_2 + s_2\cos\theta_2 \end{cases} \tag{3-37}$$

求解上式可得

$$s_2^2+Es_2+F=0 \tag{3-38}$$

式中：$E=2[(x_2-x_1)\cos\theta_3+(y_2-y_1)\sin\theta_3]$；$F=(x_2-x_1)^2+(y_2-y_1)^2-l=d^2-l_1^2$。

求解式(3-38)得

$$s_2=\frac{\left|-E\pm\sqrt{E^2-4F}\right|}{2} \tag{3-39}$$

式中：若 $E^2-4F<0$，表明 $l_1<u$，杆组无法装配，不能成立；若 $E^2-4F=0$，表明 $l_1=u$ 杆组仅有一位置，不能运动，无意义；若 $E^2-4F>0$，表明 $l_1>u$，杆组对应图中实线和虚线两种装配或工作模式，用"±"号区分。当 $\angle N_1N_2N_3<90°$，即实线模式时，取"+"；当 $\angle N_1N_2N_3>90°$，即虚线模式时，取"−"号。当参考点 N_2 选在 N_3、N_3' 之间时，总有 $\angle N_1N_2N_3<90°$，取"+"号。设定识别参数 M，当 $\angle N_1N_2N_3<90°$ 时，取 $M=\pm1$；当 $\angle N_1N_2N_3>90°$ 时，取 $M=-1$。

根据 M 的取值，可将式(3-39)表示为

$$s_2=\frac{\left|-E+M\sqrt{E^2-4F}\right|}{2} \tag{3-40}$$

将求出的 s_2 代入式(3-37)，即可求得点 N_3 的位置(x_3,y_3)。继而可求出构件 1 的位置角

$$\theta_1=\arctan\left(\frac{y_3-y_1}{x_3-x}\right) \tag{3-41}$$

(2) 速度分析　将式(3-37)对 t 时间求导一次，得点 N_3 的速度方程式为

$$\begin{cases} v_{3x}=v_{1x}-\omega_1 l_1\sin\theta_1=v_{2x}+v_{s_2}\cos\theta_3-\omega_3 s_2\sin\theta_3 \\ v_{3y}=v_{1y}-\omega_1 l_1\cos\theta_1=v_{2y}+v_{s_2}\sin\theta_3-\omega_3 s_2\cos\theta_3 \end{cases} \tag{3-42}$$

对式(3-42)整理后，解得构件 1 的角速度和滑块 2 相对于导路的滑动速度分别为

$$\omega_1=\frac{-E_1\sin\theta_3+F_1\cos\theta_3}{Q} \tag{3-43}$$

$$v_{s_2}=\frac{E_1(x_3-x_1)+F_1(y_3-y_1)}{Q} \tag{3-44}$$

式中：$E_1=v_{2x}-v_{1x}-s_2\omega_3\sin\theta_3$；$Q=(y_3-y_1)\sin\theta_3+(x_3-x_1)\cos\theta_3$。

将求出的 ω_1、v_{s_2} 代入式(3-42)，即可求得点 N_3 的速度(v_{3x},v_{3y})。

(3) 加速度分析　将式(3-42)对时间 t 求导一次，得点 N_3 的加速度方程式为

$$\begin{cases} a_{3x}=a_{1x}-\omega_1^2 l_1\cos\theta_1-\alpha_1 l_1\sin\theta_1 \\ \quad =a_{2x}+a_{s_2}\cos\theta_3-2\omega_3 v_{s_2}\sin\theta_3-\alpha_3 s_2\sin\theta_3-\omega_3^2 s_2\cos\theta_3 \\ a_{3y}=a_{1y}-\omega_1^2 l_1\sin\theta_1+\alpha_1 l_1\cos\theta_1 \\ \quad =a_{2y}+a_{s_2}\sin\theta_3+2\omega_3 v_{s_2}\cos\theta_3+\alpha_3 s_2\cos\theta_3-\omega_3^2 s_2\sin\theta_3 \end{cases} \tag{3-45}$$

对上式整理后解得构件 1 的角加速度和滑块 2 相对于导路的滑动加速度分别为

$$\alpha_1=\frac{-E_2\sin\theta_3+F_2\cos\theta_3}{Q} \tag{3-46}$$

$$a_{s_2}=\frac{E_2(x_3-x_1)+F_2(y_3-y_1)}{Q} \tag{3-47}$$

式中：$E_2=a_{2x}-a_{1x}+\omega_1^2(x_3-x_1)-\omega_3^2 s_2\cos\theta_3-2\omega_3 v_{s_2}\sin\theta_3-\alpha_3(y_3-y_2)$；

$F_2 = a_{2y} - a_{1y} + \omega_1^2(y_3 - y_1) - \omega_3^2 s_2 \sin\theta_3 + 2\omega_3 v_{s_2} \cos\theta_3 + \alpha_3(x_3 - x_2)$。

将求出的 α_1、a_{s_2} 代入式(3-45)，即可求得点 N_3 的加速度(a_{3x}，a_{3y})。

RPR 杆组、RPP 杆组和 PRP 杆组也可用类似的方法进行分析，这里从略。按以上建立的数学模型编写计算子程序，以便调用。

3. 分析步骤

(1) 为表明机构中各构件的连接关系和各杆组中虚、实参数的替换及数据的传递，对“构件及关键点(运动副或参考点)”进行编号。

(2) 对机构进行结构分析，即拆杆组，把杆组与原动件和机架分离开。

(3) 对原动件进行运动分析，求出其上与其他杆组连接点的运动参数。

(4) 从与原动件连接且外运动副已知的杆组开始，依次分析杆组、构件上相应的运动数，直至求出机构的全部运动参数。

3.5　机构运动线图

根据矩阵法中的各式，将已知参数代入，即可应用计算机进行计算，求得的数值列于表3-1中。并可根据所得数据作出机构的位置线图(见图 3-15(a))、速度线图(见图 3-15(b))和加速度线图(见图 3-15(c))。这些线图称为机构的运动线图。通过这些线图可以一目了然地看出机构在一个运动循环中位移、速度和加速度的变化情况，有利于进一步掌握机构的性能。

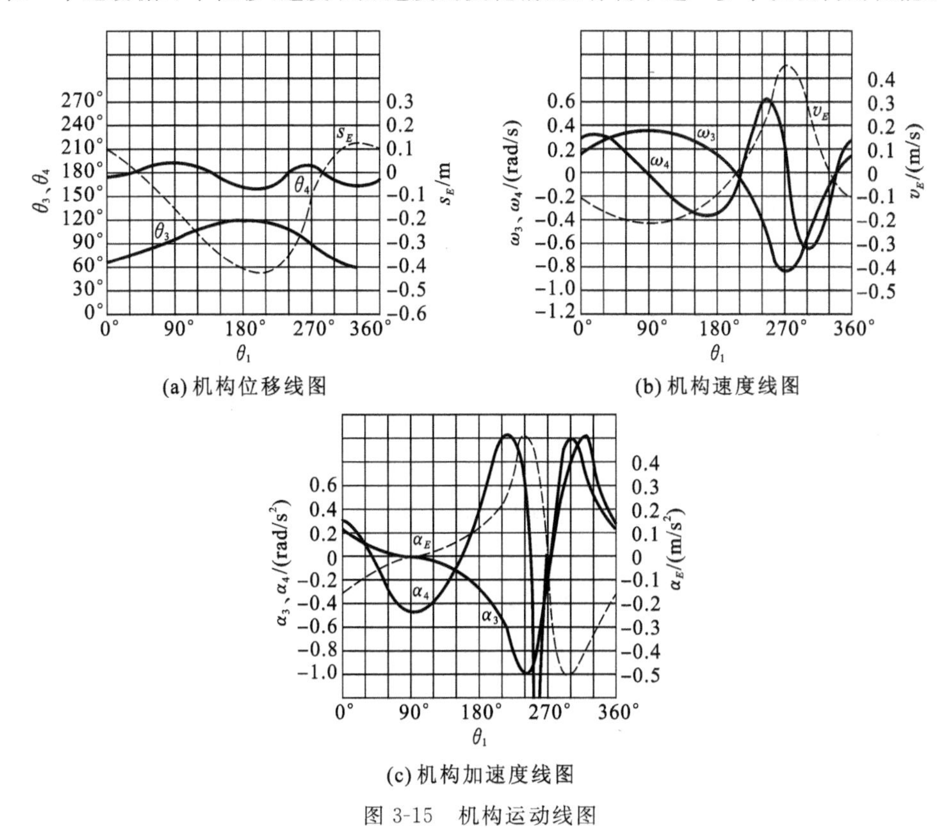

(a) 机构位移线图

(b) 机构速度线图

(c) 机构加速度线图

图 3-15　机构运动线图

表 3-1 各构件的位置、速度和加速度

θ_1	θ_3	θ_4	s_E	ω_3	ω_4	v_E	a_3	a_4	a_E
/(°)			/m	/(rad/s)		/(m/s)	/(rad/s^2)		/(m/s^2)
0	65.55610	169.93820	0.10107	0.17123	0.28879	−0.10184	0.24770	0.29266	−0.16422
10	67.46688	172.02730	0.08138	0.20927	0.32391	−0.12272	0.19076	0.11719	−0.13443
20	69.71252	175.32660	0.05854	0.33202	0.33202	−0.13834	0.14715	−0.01853	−0.11113
⋮	⋮	⋮	⋮	⋮	⋮	⋮	⋮	⋮	⋮
360	65.55610	168.93810	0.10107	0.17123	0.28879	−0.10184	0.24770	0.29267	−0.16422

习　　题

3-1　什么叫速度瞬心？相对瞬心与绝对瞬心的区别是什么？两构件在速度瞬心处的相对加速度是否一定等于零？

3-2　怎样确定组成转动副、移动副、高副的两构件的瞬心？怎样确定机构中不组成运动副的两构件的瞬心？

3-3　在同一构件上两点的速度和加速度之间有什么关系？组成移动副两平面运动构件在瞬时重合点上的速度和加速度之间有什么关系？

3-4　何谓“速度影像”和“加速度影像”？它们在速度和加速度分析中有何用处？

3-5　试比较瞬心法、相对运动图解法和解析法各有何特点。

3-6　如图 3-16 所示的凸轮机构中，已知偏心圆凸轮半径 $R = 50$ mm，$OA = 22$ mm，$AC = 80$ mm，凸轮 1 的角速度 $\omega_1 = 10$ rad/s，逆时针转动。试用瞬心法求图示从动件 2 的角速度 ω_2。

3-7　试求图 3-17 所示凸轮机构中点 B 的线速度。

图 3-16　题 3-6 图　　　图 3-17　题 3-7 图

3-8　试用瞬心法求图 3-18 所示机构中构件 3 的角速度。

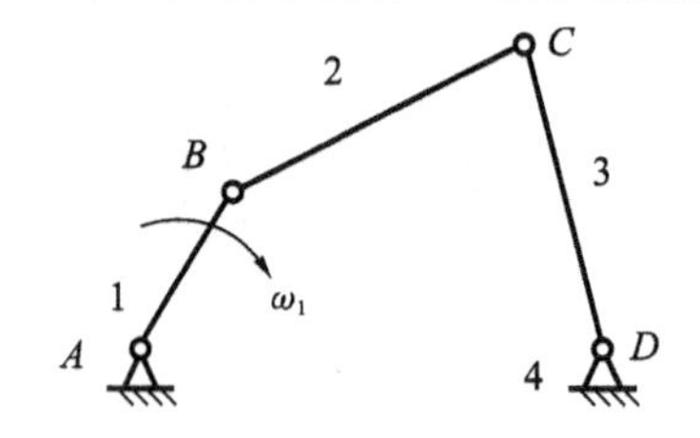

图 3-18　题 3-8 图

3-9　试求出图 3-19 所示各机构在图示位置的全部瞬心。

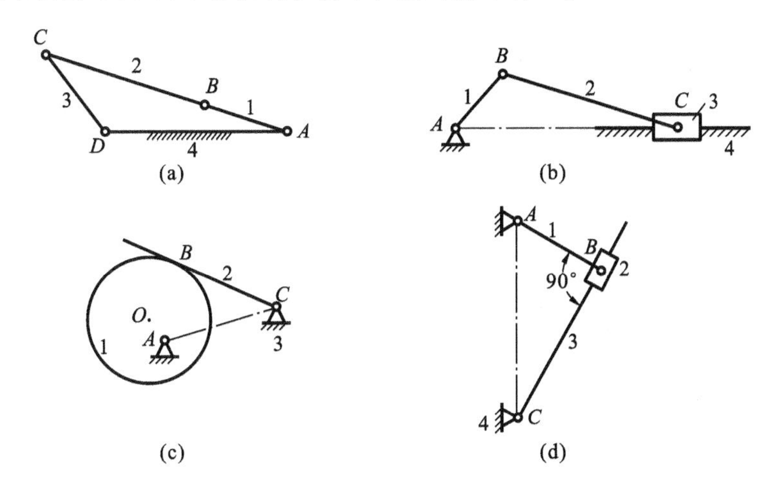

图 3-19　题 3-9 图

3-10　如图 3-20 所示为半自动印刷机的活字移动台机构的运动简图。已知曲柄的等角速度 $\omega_1 = 3$ rad/s，试用瞬心法求移动台 5 的速度大小和方向。

3-11　设在图 3-21 所示机构中各构件的尺寸及原动件 1 的角速度 ω_1 均为已知。滚子 3 与机架 6，以及滚子 4 与滚子 3 之间均作无滑动的滚动。试用相对运动图解法求构件 1 与构件 5 的传动比 ω_1/ω_5。

3-12　如图 3-22 所示摆动导杆机构中，$\angle BAC=135^\circ$，$l_{AB}=120$ mm，$l_{AC}=240$ mm，曲柄 AB 以等角速度 $\omega_1=15$ rad/s 转动（方向如图所示），试用相对运动图解法求构件 3 的角速度 ω_3 和角加速度 α_3。

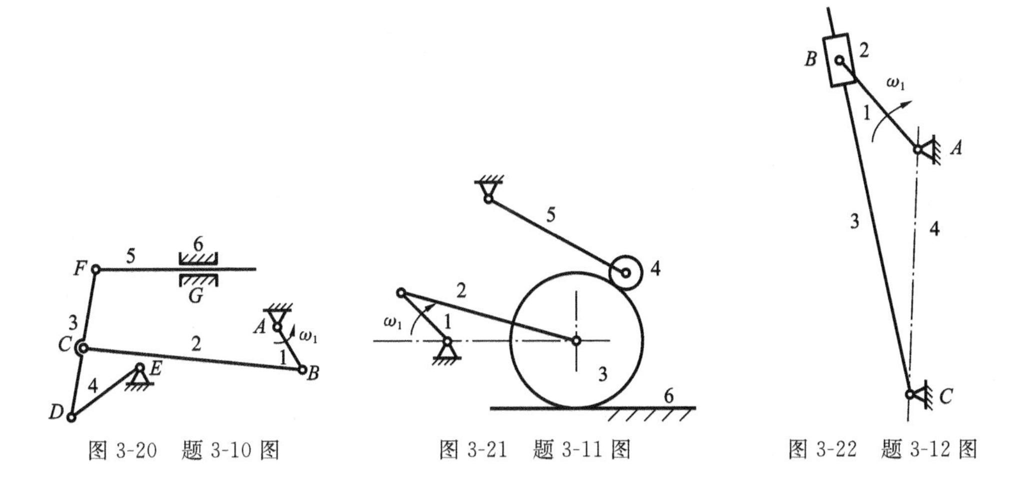

图 3-20　题 3-10 图　　图 3-21　题 3-11 图　　图 3-22　题 3-12 图

第4章 平面四杆机构

内容提要

本章着重讨论机械中常见的平面四杆机构。首先介绍了平面四杆机构的基本类型及其演化方法，其次分析了平面四杆机构的运动特性和传力特性，最后介绍了平面四杆机构设计的图解法、解析法等。

4.1 概述

连杆机构(linkage mechanism)是由若干刚性构件用低副连接所组成的机构，故又称为低副机构(lower pair mechanism)。在连杆机构中，若各运动构件均在同一平面或相互平行的平面内运动，则称为平面连杆机构(planar linkage mechanism)；若各运动构件不都在同一平面或相互平行的平面内运动，则称为空间连杆机构(spatial linkage mechanism)。平面连杆机构的构件运动形式多样，可实现转动、摆动、移动和平面复杂运动，也可实现已知的运动规律及轨迹，因此平面连杆机构被广泛应用于各种机械和仪表中。如图 4-1 所示的铸造造型机砂箱翻转机构、图 4-2 所示的搅拌机构、图 4-3 所示的车门开闭机构等。

平面连杆机构之所以应用得如此广泛，因其具有以下显著的优点：①其运动副元素为面接触，压力较小，承载能力较大，且面接触便于润滑，磨损小；②由于两构件接触面是圆柱或平面，加工制造方便，且易获得较高的精度；③两构件之间的接触是靠本身的几何封闭来维系的，不像其他机构有时需利用弹簧或其他措施的力封闭来保持接触，对保证工作的可靠性有利。

当然平面连杆机构也存在一定的缺点：①一般情况下只能近似实现给定的运动规律或运动轨迹，且设计较为复杂；②当给定的运动要求较多或较复杂时，需增加构件或运动副，使机构结构复杂，积累误差增大，传动效率降低，影响其传动的精度和效率；③平面连杆机构中作平面复杂运动和往复运动的构件所产生的惯性力往往难以平衡，在高速时易引起较大的振动和动载荷，故常用于速度较低的场合。

近年来，随着连杆设计方法的发展，电子计算机的普及应用及相关设计软件的开发，连杆机构的研究取得了长足的发展，不再局限于单自由度四杆机构的研究，也注重对多杆多自由度连杆机构的研究，并提出了一些有关这类机构的分析及综合的方法。在设计要求上已不再局限于运动学要求，而是同时兼顾机构的动力学特性，特别是对于高速机械，考虑构件弹性变形的运动弹性动力学已得到很快的发展。在研究方法上，优化方法和计算机辅助设计的应用已成为研究连杆机构的重要方法，并已相应地编制出大量的，适用范围广、计算耗时少、使用方便的通用软件。随着计算机的发展和现代数学工具的日益完善，以前不易解决的复杂平面连杆机构的设计问题，正逐步得到解决。

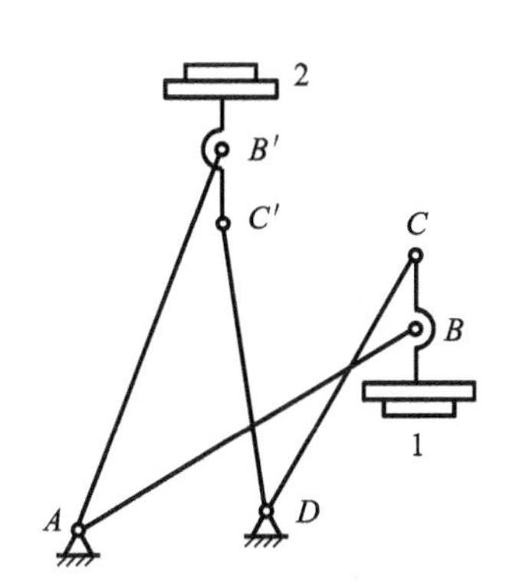

图 4-1 铸造造型机砂箱翻转机构

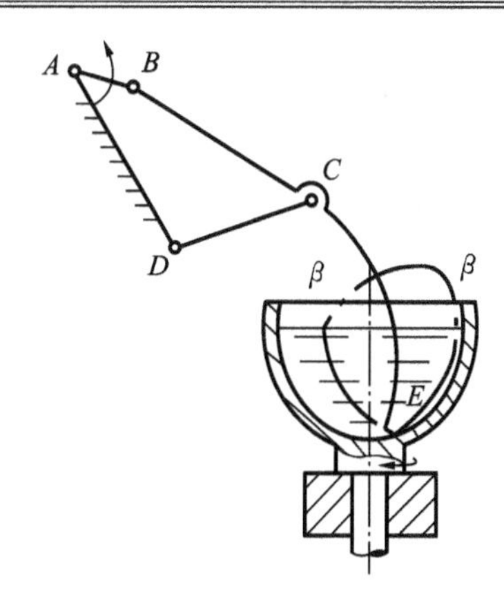

图 4-2 搅拌机构

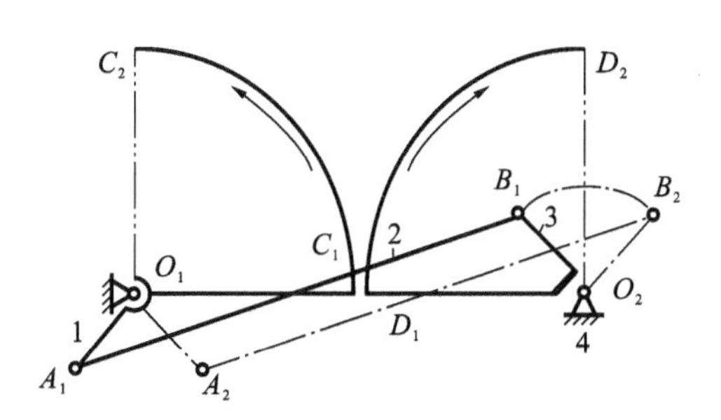

图 4-3 车门开闭机构

4.2 平面四杆机构的基本形式

在平面连杆机构中，结构最简单、应用最广泛的是由四个构件所组成的平面四杆机构，其他多杆机构都是在此基础上依次增加杆组扩充而成的，本章重点讨论四杆机构及其设计。

4.2.1 铰链四杆机构的组成

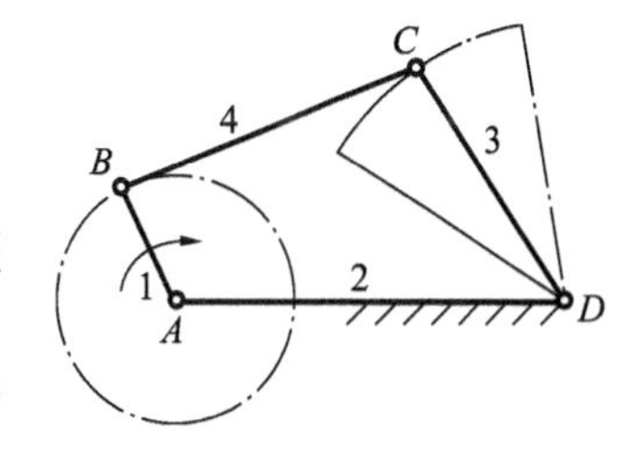

图 4-4 铰链四杆机构

所有运动副均为转动副的四杆机构称为铰链四杆机构，如图 4-4 所示，它是平面四杆机构的最基本类型，其他类型的平面四杆机构都可看作是在它的基础上通过演化而成的。在此机构中，固定不动的构件 2 为机架，通过运动副 A、D 与机架直接相连的构件 1、3 称为连架杆(side link)，不直接与机架相连的构件 4 称为连杆。若组成转动副的两构件能作整周相对转动，则称此转动副为整转副(revolute pair of revolving motion)，如转动副 A、B；不能作整周相对运动的称为摆转副(revolute pair of swing motion)，如转动副 C、D。与机架组成整转副，能作整周回转的连架杆称为曲柄(crank)，如构件 1；与机架组成摆转副，仅能在某一角度范围内往复摆动的连架杆称为摇杆(rocker)，如构件 3。

4.2.2 铰链四杆机构的基本类型

铰链四杆机构可按两连架杆的运动形式将其分为 3 种基本类型：曲柄摇杆机构、双曲柄机构和双摇杆机构，如图 4-5 所示。

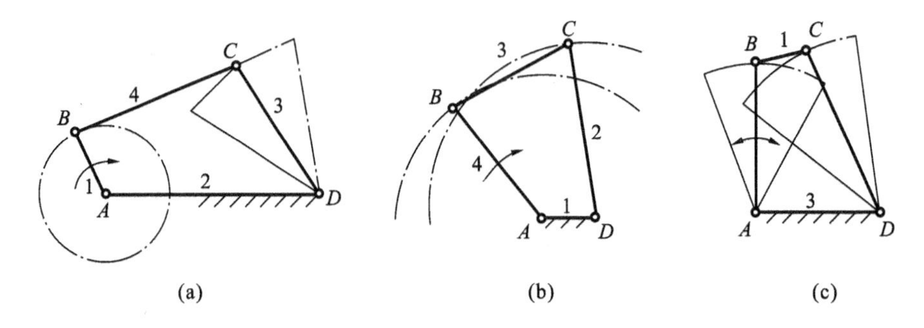

图 4-5 铰链四杆机构基本类型

1. 曲柄摇杆机构

在铰链四杆机构中，若两连架杆中的一杆为曲柄，另一杆为摇杆，则称该四杆机构为曲柄摇杆机构(crank-rocker mechanism)，如图 4-5(a)所示。曲柄摇杆机构中，若以曲柄为原动件，可将曲柄的连续转动转变为摇杆的往复摆动；若以摇杆为原动件，可将摇杆的摆动转变为曲柄的整周转动。此种机构广泛地应用于各种机械中，如图 4-6 所示的雷达天线俯仰搜索机构(曲柄 1 转动时，可带动摇杆 3 摆动以调整雷达天线仰角)，图 4-7 所示的缝纫机踏板机构(摇杆 3 摆动时，可带动曲柄 1 整周回转)。

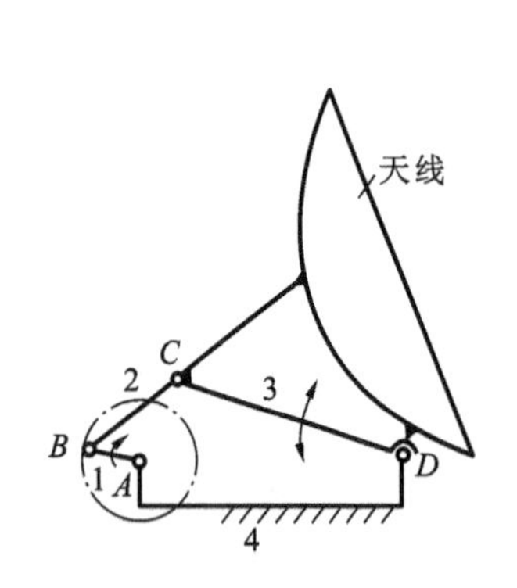

图 4-6 雷达天线俯仰搜索机构

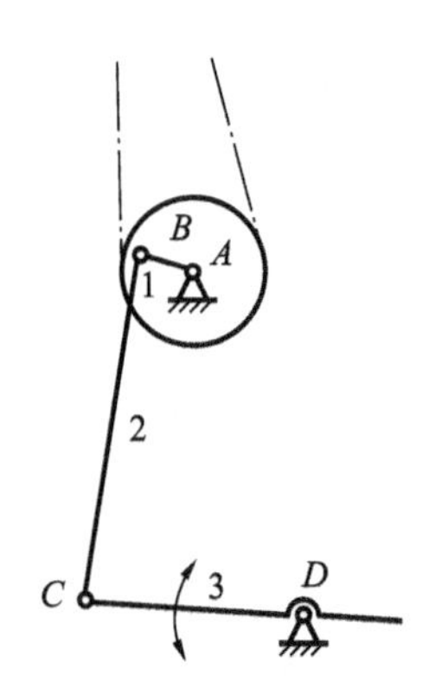

图 4-7 缝纫机踏板机构

2. 双曲柄机构

如图 4-5(b)所示的铰链四杆机构中，两个连架杆相对机架作整周的回转运动，均为曲柄，此机构称为双曲柄机构(double-crank mechanism)。在双曲柄机构中，主动曲柄连续等速转动时，从动曲柄一般作变速转动。如图 4-8 所示的惯性筛机构，当主动曲柄 1 等速回转时，从动曲柄 3 变速回转，使筛子 6 具有较大变化的加速度，从而利用加速度所产生的惯性力，达到筛分物料的目的。

在双曲柄机构中，若相对两构件长度相等且平行(见图 4-9)，则此机构称为平行四边形

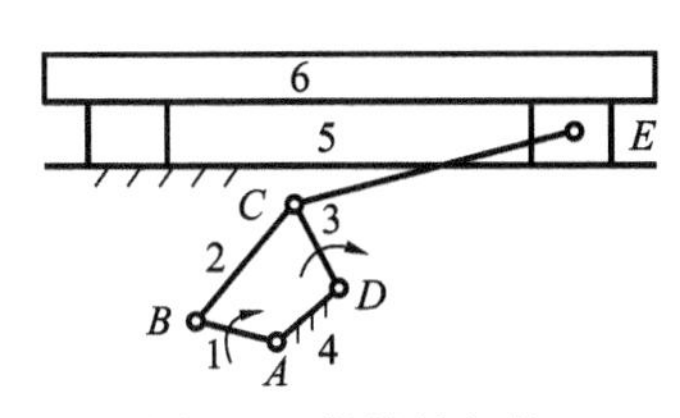

图4-8 惯性筛机构

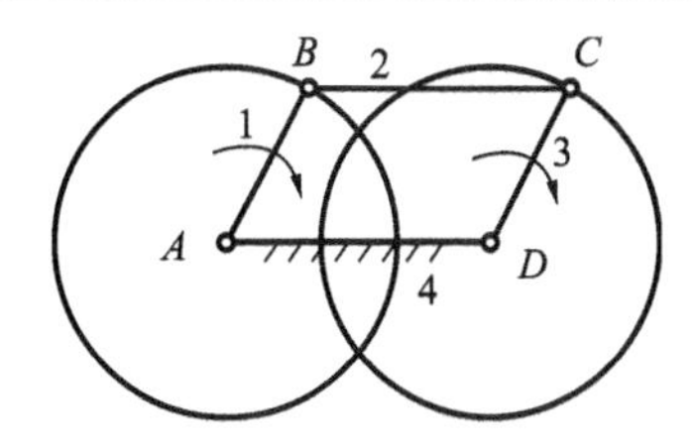

图4-9 平行四边形机构

机构(parallel-crank mechanism)。这种机构的特点是两曲柄均以相同的角速度转动，连杆作平行移动。但在平行四边形机构中，有一个位置不确定的问题，如图4-10所示，当主动曲柄运动到B_2位置时，从动曲柄可有两个位置C_2和C_2'。为解决此问题，通常采用两种方法：一是在从动曲柄上加装一个惯性较大的轮子，利用惯性维持从动曲柄转向不变；二是通过虚约束使机构保持平行四边形，避免机构运动位置的不确定问题，如图4-11所示的机车车轮联动的平行四边形机构。

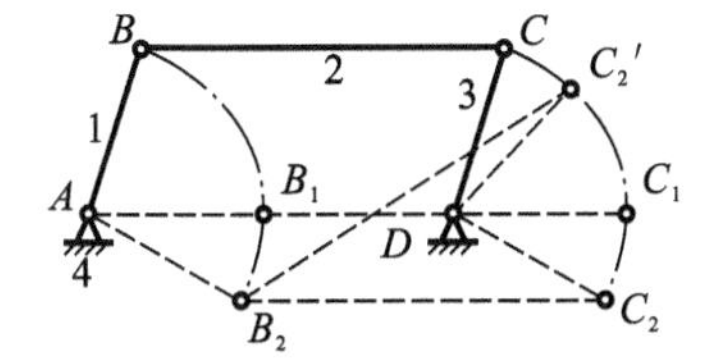

图4-10 平行四边形机构中的位置不确定问题

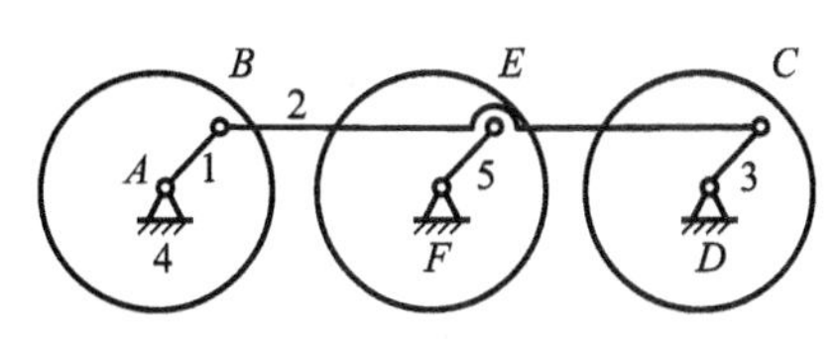

图4-11 机车车轮联动的平行四边形机构

如图4-12所示的双曲柄机构，两曲柄长度相同，连杆与机架不平行，主、从动曲柄转向相反，故称为反平行四边形机构(antiparallel-crank mechanism)。图4-2所示的车门开闭机构即为其应用实例，它利用反平行四边形机构运动时，两曲柄转向相反的特性，达到两扇车门同时敞开或关闭的目的。

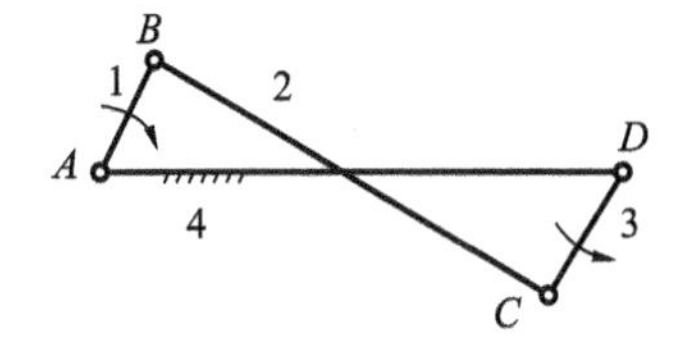

图4-12 反平行四边形机构

3. 双摇杆机构

如图4-5(c)所示的铰链四杆机构，两连架杆均为摇杆，则称为双摇杆机构(double-rocker mechanism)。它可把一个摇杆的摆动转变为另一个摇杆的摆动。如图4-13所示的鹤式起重机中的四杆机构*ABCD*即为双摇杆机构，当主动摇杆*AB*摆动时，从动摇杆*CD*随之摆动，位于连杆*BC*延长线上的重物悬挂点*E*将沿近似水平直线移动。在双摇杆机构中，若两摇杆的长度相等，则称为等腰梯形机构。如图4-14所示的汽车前轮转向机构中的四杆机构*ABCD*即为等腰梯形机构。

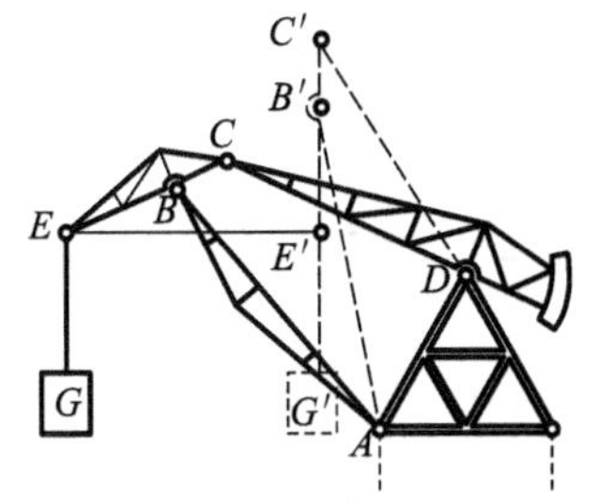

图4-13 鹤式起重机示意图

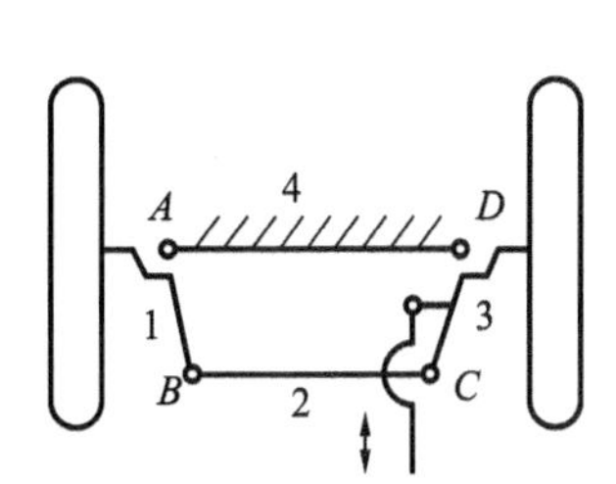

图4-14 汽车前轮转向机构

4.3 平面四杆机构的演化

铰链四杆机构的三种基本类型远远满足不了实际工作机械的需要，在工程实际中还广泛应用着多种不同外形、构造和特性的其他四杆机构。这些四杆机构可以看作是由铰链四杆机构的基本形式通过不同方式演化而来的。机构的演化不但能满足运动方面的要求，而且也改善机构受力状况以及满足结构设计上的需要等。各种演化机构的外形虽然各不相同，但它们的性质以及分析和设计方法却常常是相同的或类似的，这就为连杆机构的研究提供了方便。下面对各种演化方法及其应用举例加以介绍。

4.3.1 将转动副转化为移动副

这种方法是通过改变构件的形状和相对尺寸，把转动副转化为移动副，从而形成滑块机构。

如图 4-15(a)所示曲柄摇杆机构中，当曲柄 1 转动时，摇杆 3 上点 C 的运动轨迹是以点 D 为圆心，半径为 CD 的圆弧 β-β。现将摇杆 3 做成滑块形状，使它在一个弧形导槽中运动，弧形导槽的中心线与圆弧 β-β 重合，显然其运动性质不发生改变，但此时铰链四杆机构演变成为具有曲线导轨的曲柄滑块机构，如图 4-15(b)所示。若将圆弧 β-β 的中心点 D 移至无穷远处，则点 C 的运动轨迹就变为直线，弧形导槽相应地变为直线导槽，如图 4-16(a)所示，这样一个曲柄摇杆机构就演化成为一个曲柄滑块机构(slide-crank mechanism)。

曲柄回转中心到导槽中心线之间的距离 e 称为偏距。当 $e \neq 0$ 时，称为偏置曲柄滑块机构(offset slide-crank mechanism)，如图 4-16(a)所示；当 $e = 0$ 时，称为对心曲柄滑块机构(centric slide-crank mechanism)，如图 4-16(b)所示。冲床、内燃机、空压机等机器中广泛应用曲柄滑块机构。

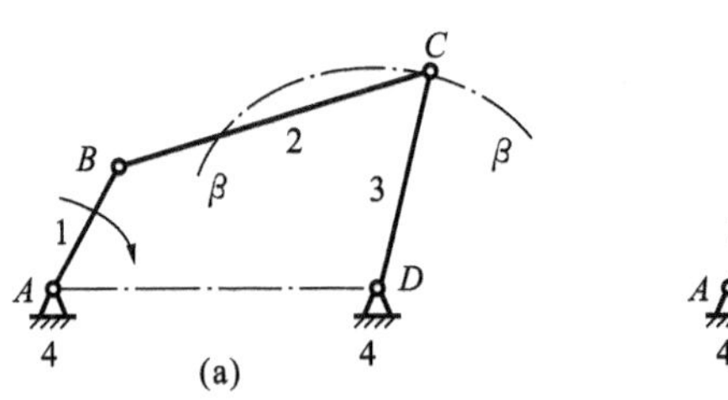

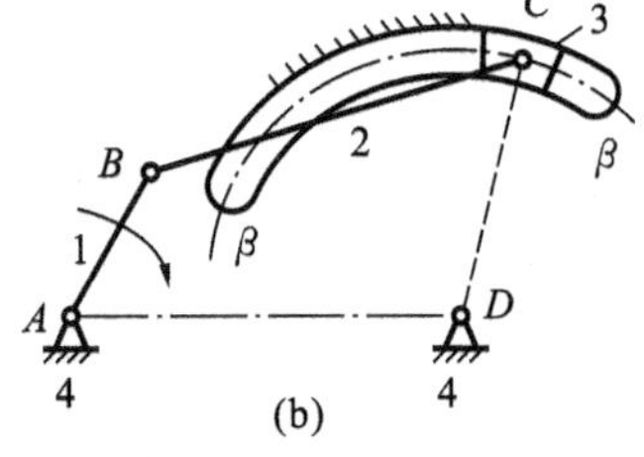

图 4-15　转动副转化为移动副

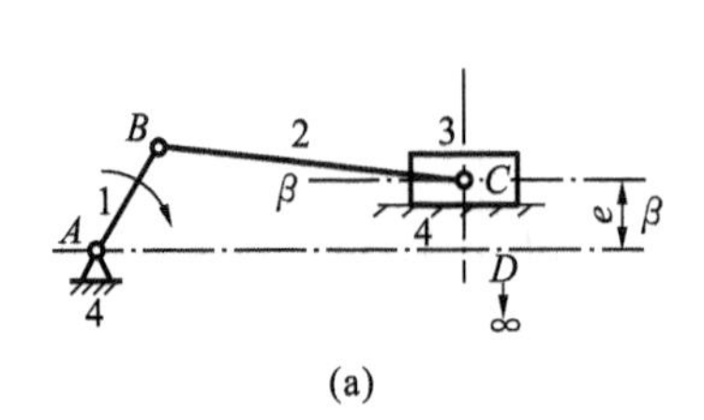

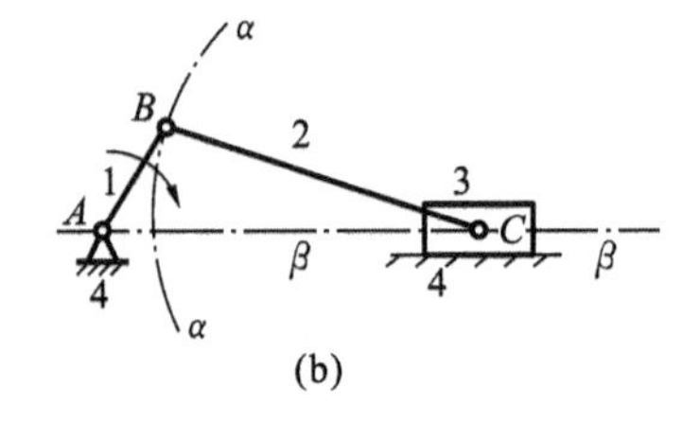

图 4-16　曲柄滑块机构

4.3.2　取不同构件为机架

这种方法是通过取不同的构件为机架，得到不同的四杆机构。

1. 变化铰链四杆机构的机架

以低副相连接的两构件之间的相对运动关系，不因选取其中哪一个构件为机架而改变，这一性质称为低副运动的可逆性。

如图4-17(a)所示的曲柄摇杆机构，运动副A、B为整转副，运动副C、D为摆转副。根据低副运动的可逆性，若选构件1为机架，则得双曲柄机构，如图4-17(b)所示；若选构件2为机架，则得另一个曲柄摇杆机构，如图4-17(c)所示；若选构件3为机架，则得双摇杆机构，如图4-17(d)所示。

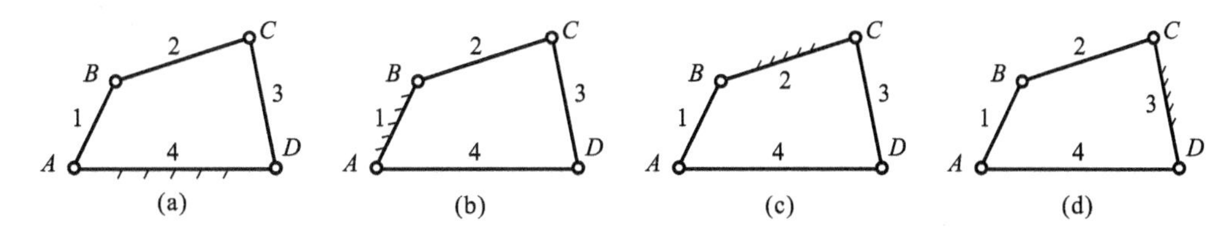

图4-17　曲柄摇杆机构的演化

2. 变化单移动副机构的机架

如图4-18(a)所示的对心曲柄滑块机构，若选机构中不同构件为机架时，便可以得到具有一个移动副的不同的四杆机构。

如图4-18(b)所示，当取构件1为机架时，构件2、4就成为连架杆，它们分别以B、A为回转中心作整周转动，而构件3则以构件4为导轨沿其相对移动。由于构件4是滑块3的导轨，故又称构件4为导杆(guide bar)，若导杆作整周转动，则称该机构为转动导杆机构(rotating guide-bar mechanism)；若导杆做非整周转动，则称该机构为摆动导杆(swing guide-bar mechanism)。图4-19(a)所示的小型刨床中的ABC部分即为转动导杆机构；图4-19(b)所示牛头刨床的导杆机构ABC即为摆动导杆机构。

如图4-18(c)所示，当取构件2为机架时，构件1和滑块3与机架相连，构件1作整周回转运动，而滑块3仅能绕机架上的铰链点摆动，故称其为曲柄摇块机构(crank and swing slider mechanism)。图4-19(c)所示的自卸汽车卸料机构即为曲柄摇块机构。

如图4-18(d)所示，当取滑块3为机架，构件2和4与机架相连，构件4沿机架移动，这时机构就演变成为移动导杆机构(translating guide-bar mechanism)。图4-19(d)所示的手压抽水机即为移动导杆机构。

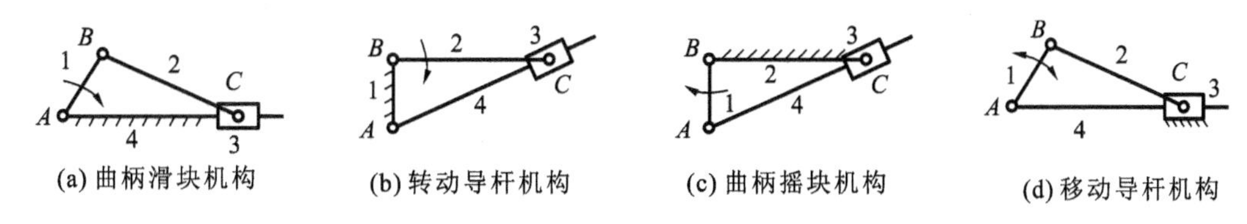

图4-18　曲柄滑块机构的演化

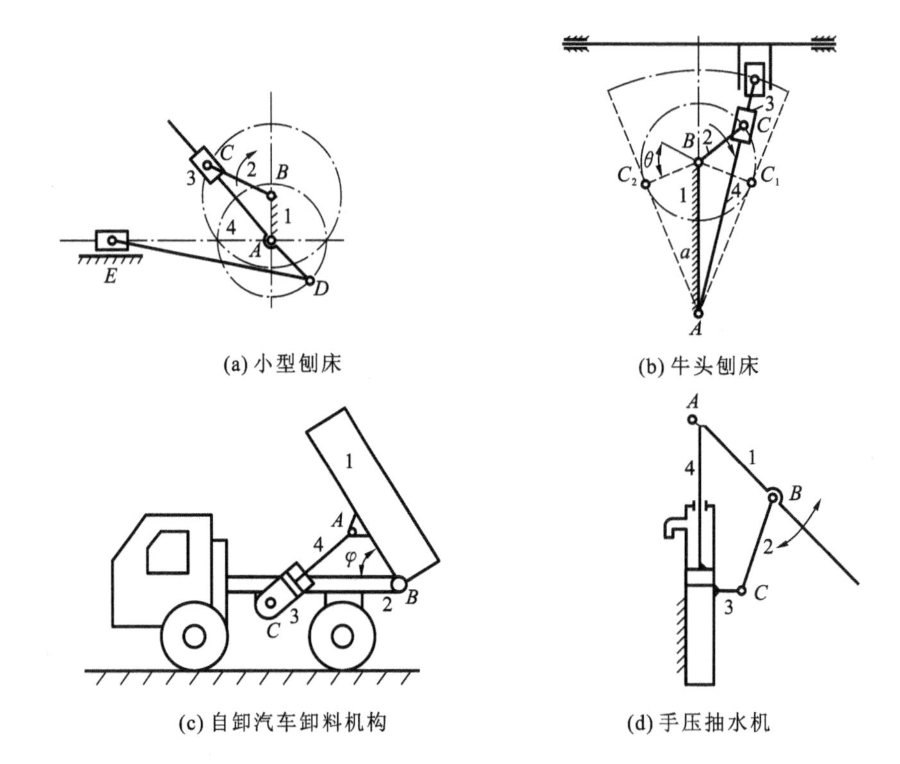

(a) 小型刨床　(b) 牛头刨床

(c) 自卸汽车卸料机构　(d) 手压抽水机

图 4-19　曲柄滑块演化机构示例

3. 变化双移动副机构的机架

对于具有两个移动副的四杆机构，取不同构件为机架时，也可得到不同形式的四杆机构。

如图 4-20(a)所示的具有两个移动副的四杆机构中，取滑块 2 作为机架时，从动件 4 的位移与原动件 1 的转角(构件 1 与构件 2 导轨方向的夹角)的正弦成正比关系，故称之为正弦机构(scotch-yoke mechanism)。这种机构在印刷机械、纺织机械、机床及仪表中均得到广泛应用，例如机床变速箱操纵机构、缝纫机中针杆机构等。

如图 4-20(b)所示，若取构件 3 作为机架，则演化成双滑块机构(double-slider mechanism)。运动时，构件 1 上除点 A、B 及中点外，所有点的运动轨迹都是椭圆，故常用它作椭圆仪。

如图 4-20(c)所示若取构件 1 为机架，则演化成双转块机构(double-swing-slider mechanism)，它常用作两距离很小的平行轴的联轴器，如十字滑块联轴器。

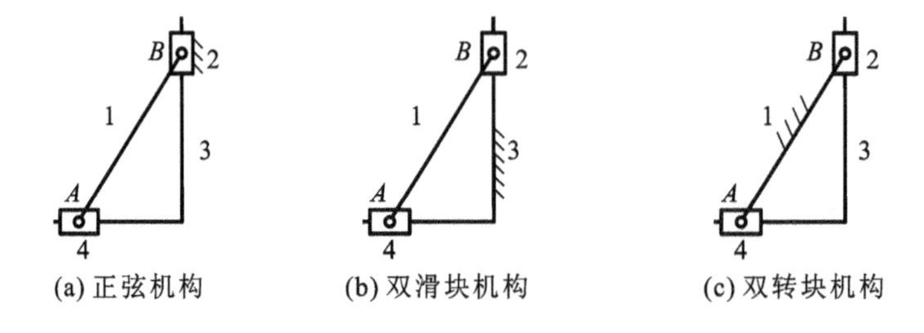

(a) 正弦机构　(b) 双滑块机构　(c) 双转块机构

图 4-20　含有两个移动副的四杆机构

4.3.3　扩大转动副尺寸

如图4-21(a)所示的曲柄滑块机构，当曲柄的尺寸很小时，由于结构和强度的需要，扩大转动副B的半径，使之超过曲柄AB的长度，则机构演化成如图4-21(b)所示的偏心轮机构(eccentric mechanism)。图4-21(c)所示滑块内置式偏心轮机构则可以认为是为了改善图4-21(b)所示移动副D的受力情况，将滑块尺寸扩大，使之超过整个偏心轮机构的尺寸演化所得。偏心轮机构在冲床、剪板机、锻压设备和柱塞油泵等机器中被广泛采用。

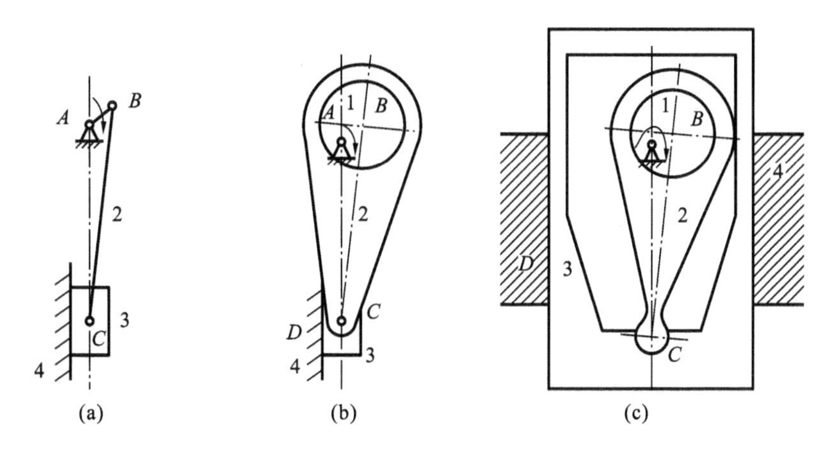

图4-21　通过扩大转动副尺寸实现曲柄滑块机构的演化

4.4　平面四杆机构的基本工作特性

平面连杆机构具有传递运动和动力的功能，前者称为平面连杆机构的运动特性，后者称为平面连杆机构的传力特性。了解这些特性，对于正确选择平面连杆机构的类型，进行机构设计具有重要指导意义。

由于铰链四杆机构是平面四杆机构的基本形式，其他的四杆机构可认为是由它演化而来的。本节以铰链四杆机构为例，介绍其运动特性和传力特性，其结论可很方便地应用到其他形式的四杆机构上。

4.4.1　平面四杆机构的运动特性

1. 铰链四杆机构中有曲柄的条件

平面四杆机构有曲柄的前提是其运动副中必有整转副存在，故先确定转动副为整转副的条件。

如图4-22所示的铰链四杆机构，设各杆的长度分别为a、b、c、d。要使转动副A成为整转副，AB杆应能处于以点A为圆心的圆中任何位置。由于杆AB与杆AD两次共线时可分别得到$\triangle B'C'D$和$\triangle B''C''D$，由三角形边长关系可得

$$a+d \leqslant b+c \tag{4-1}$$

$$b \leqslant (d-a)+c \text{ 即 } a+b \leqslant c+d \tag{4-2}$$

$$c \leqslant (d-a)+b \text{ 即 } a+c \leqslant b+d \tag{4-3}$$

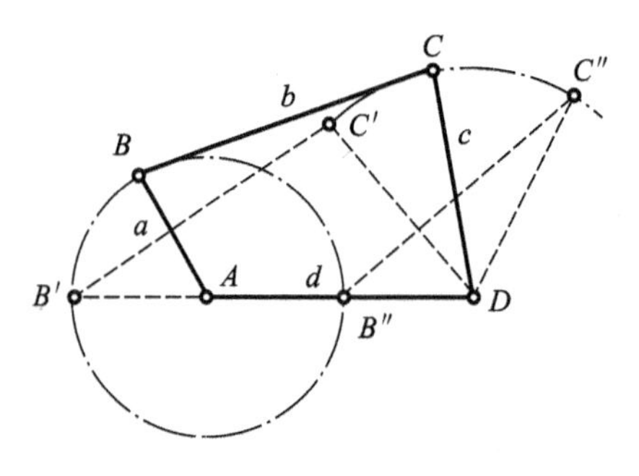

图 4-22 转动副为整转副的条件

上述各式中的等号表示当点 B 处于点 B' 和点 B'' 时，A、B、C、D 四点共线，这时刚好也能形成整转副。

将式(4-1)、式(4-2)和式(4-3)分别两两相加，则得

$$a \leqslant b, \quad a \leqslant c, \quad a \leqslant d \tag{4-4}$$

如果设杆长满足 $d<a$，则把式(4-2)和式(4-3)中的 $d-a$ 改为 $a-d$，再与式(4-1)两两相加，可得

$$a+d=b+c, \quad d+b=c+a, \quad d+c=b+a \tag{4-5}$$

即

$$d \leqslant a, \quad d \leqslant b, \quad d \leqslant c \tag{4-6}$$

综合分析式(4-1)～式(4-6)，可得出铰链四杆机构中连接两构件的运动副成为整转副的条件是：

(1) 被该运动副连接的两构件中必有一个构件是四杆中长度最短的构件；

(2) 最短构件与最长构件长度之和小于或等于其余两构件长度之和。

在有整转副存在的铰链四杆机构中，最短杆两端的转动副均为整转副。此时，若最短杆为机架，则得双曲柄机构；若最短杆为连架杆，则得曲柄摇杆机构；若最短杆为连杆，则得双摇杆机构。

如果四杆机构不满足杆长之和条件，则此机构中不存在整转副，这时不论选取哪个构件为机架，所得机构均为双摇杆机构。

由此得出铰链四杆机构有曲柄的条件：

(1) 最短杆和最长杆长度之和小于或等于其他两杆长度之和；

(2) 最短杆是连架杆或机架。

2. 急回运动特性

如图 4-23 所示的曲柄摇杆机构中，曲柄 AB 为原动件，摇杆 CD 为从动件。在原动件 AB 转动一周的过程中，有两次与连杆共线，这时摇杆 CD 分别处于左右两极限位置 C_1D 和 C_2D，机构所处的这两个位置称为极位(limit position)。机构在两个极位时，原动件 AB 所在的两个位置之间所夹锐角 θ 称为极位夹角(angle between two limit positions)。

在图 4-23 中，主动曲柄 AB 位于 AB_1 位置(即与连杆成一直线)时，从动摇杆 CD 位于左极限位置 C_1D。当曲柄 AB 以等角速度 ω_1 顺时针转过角 α_1 到达位置 AB_2 时，与连杆再次共线，而摇杆 CD 则到达其右极限位置 C_2D，当曲柄 AB 继续转过角 α_2 而回到 AB_1 位置

时，摇杆 CD 则由极限位置 C_2D 摆回到左极限位置 C_1D，从动件的往复摆角均为 φ。由图可以看出，曲柄相应的两个转角 α_1 和 α_2 分别为

$$\alpha_1 = 180° + \theta, \quad \alpha_2 = 180° - \theta$$

由于 $\alpha_1 > \alpha_2$，因此曲柄以等角速度 ω_1 转过这两个角度时，对应的时间 $t_1 > t_2$，且 $\alpha_1/\alpha_2 = t_1/t_2$。摇杆的平均角速度为

$$\omega_{m_1} = \varphi/t_1, \quad \omega_{m_2} = \varphi/t_2$$

显然，$\omega_{m_1} < \omega_{m_2}$，即在曲柄等速回转情况下，从动摇杆往复摆动的平均角速度不同，一快一慢，通常把这种运动特性，称为急回运动特性(quick-return motion)。一般为了提高机械的工作效率，其工作行程慢速运动，提高工作质量，而空回行程快速运动，缩短辅助时间。

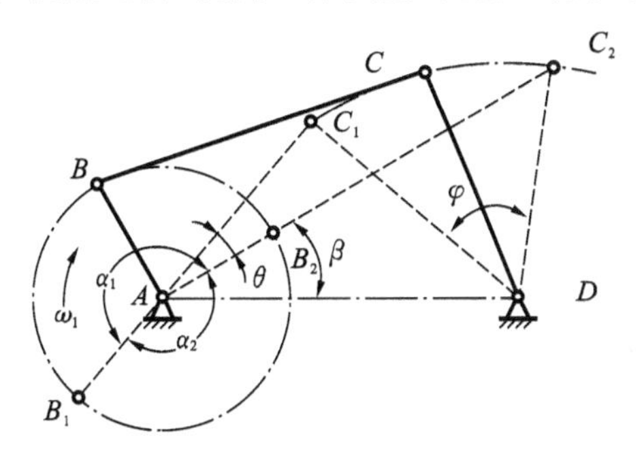

图 4-23 曲柄摇杆机构急回运动特性分析

为了衡量摇杆急回作用的程度，通常把从动件往复摆动平均速度的比值(大于1)称为行程速比系数(coefficient of travel speed variation)，并用 K 来表示，即

$$K = \frac{\text{从动件快速行程平均速度}}{\text{从动件慢速行程平均速度}} = \frac{\omega_{m_2}}{\omega_{m_1}} = \frac{\varphi/t_2}{\varphi/t_1} = \frac{\alpha_1}{\alpha_2} = \frac{180° + \theta}{180° - \theta} \tag{4-7}$$

故极位夹角 θ 为

$$\theta = 180° \times \frac{K-1}{K+1} \tag{4-8}$$

由式(4-7)可知，行程速比系数 K 随极位夹角 θ 的增大而增大，θ 值越大，K 值越大，机构的急回运动特性越显著。用同样的方法进行分析，对心式曲柄滑块机构因其极位夹角 $\theta = 0$，故无急回特性；而偏置式曲柄滑块机构和摆动导杆机构，因极位夹角 $\theta \neq 0$，均有急回特性，如图 4-24 所示。

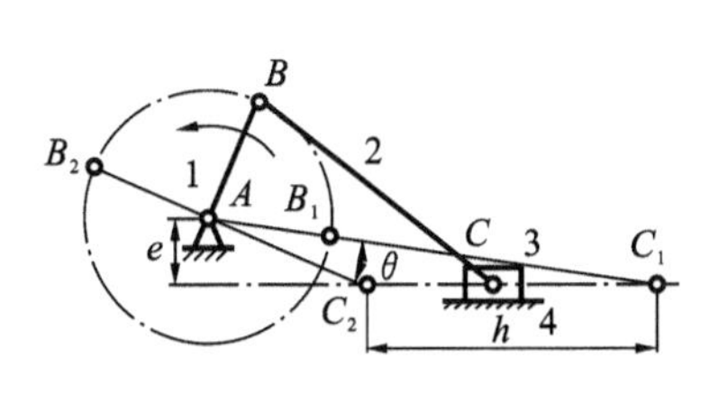

(a) 偏置曲柄滑块机构

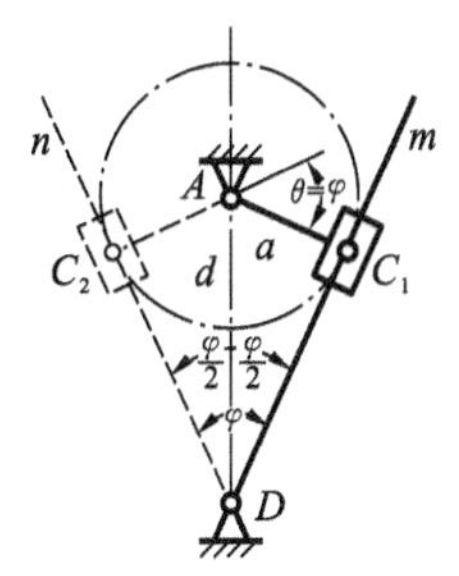

(b) 摆动导杆机构

图 4-24 具有急回特性的机构

4.4.2 平面四杆机构的传力特性

1. 压力角和传动角

在图 4-25 所示的铰链四杆机构中，若不考虑各运动副中的摩擦力及构件重力和惯性力的影响，则构件 2 是二力共线的构件，由主动件 AB 经连杆 BC 作用在从动件 CD 上的驱动力 $\boldsymbol{F}$ 将沿 BC 方向，力 $\boldsymbol{F}$ 可分解为沿着点 C 速度 v_C 方向的分力 $\boldsymbol{F}'$ 和垂直于 v_C 方向的分力 $\boldsymbol{F}''$。设力 $\boldsymbol{F}$ 与着力点 C 的速度 v_C 方向之间所夹的锐角为 α，则分力 $F' = F\cos\alpha$ 和分力 $F'' = F\sin\alpha$，沿 v_C 方向的分力 $\boldsymbol{F}'$ 是使从动件转动的有效分力，对从动件产生有效的回转力矩；而 $\boldsymbol{F}''$ 仅仅是在转动副 C 中产生附加径向压力的分力。显然，α 越大，径向压力 $\boldsymbol{F}''$ 越大，故 α 称为压力角。压力角的余角 $\gamma = \pi/2 - \alpha$，称为机构的传动角。γ 角越大，有效分力 $\boldsymbol{F}'$ 越大，径向压力 $\boldsymbol{F}''$ 越小，对机构传递越有利，因此在连杆机构中，常用传动角的大小及变化情况衡量机构传力性能的好坏。

在机构运动过程中，传动角 γ 的大小是变化的，为了保证机构的传力性能良好，设计时通常应使最小传动角 $\gamma_{\min} \geqslant 40°$；对于高速和大功率的传动机械，应使 $\gamma_{\min} \geqslant 50°$；对于一些受力很小或不常使用的操纵机构，可允许传动角小些，不发生自锁即可。

对于曲柄摇杆机构来说，当曲柄转动到与机架重叠共线两位置时，传动角将出现极值 γ_1 和 γ_2，两值大小分别为

$$\gamma_1 = \angle B'C'D = \arccos\frac{l_2^2 + l_3^2 - (l_4 - l_1)^2}{2l_2 l_3}$$

$$\gamma_2 = \angle B''C''D = \arccos\frac{l_2^2 + l_3^2 - (l_4 + l_1)^2}{2l_2 l_3} \quad (\angle B''C''D < 90°)$$

或
$$\gamma_2 = 180° - \angle B''C''D = \arccos\frac{l_2^2 + l_3^2 - (l_4 + l_1)^2}{2l_2 l_3} \quad (\angle B''C''D > 90°)$$

比较这两个位置时的传动角，γ_1 和 γ_2 中的小者即为 $\gamma_{\min}$。

由上式可见，传动角的大小与机构中各杆的长度有关，故可按给定的许用传动角 $[\gamma]$ 来设计四杆机构。

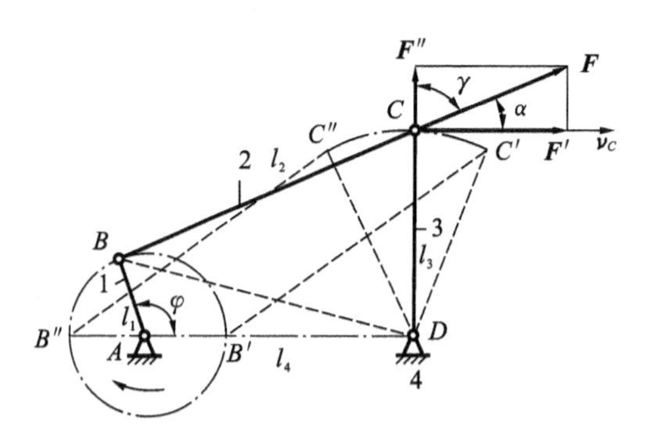

图 4-25 曲柄摇杆机构的压力角和传动角

2. 死点

如图 4-26 所示的曲柄摇杆机构，设摇杆 CD 为主动件，则当机构处于图示的两个虚线位置之一时，连杆与曲柄在一条直线上，机构的传动角 $\gamma = 0°$，这时主动件 CD 通过连杆作

用于从动件 AB 上的力恰好通过其回转中心，所以不能使构件 AB 转动而出现“卡死”现象。机构传动角为零的位置称为死点(dead point)。

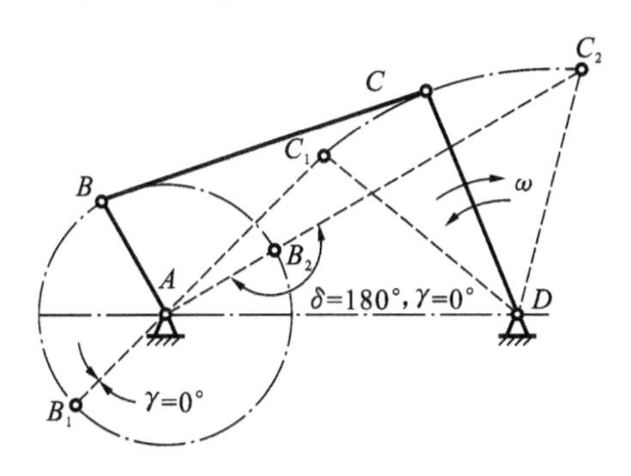

图 4-26　曲柄摇杆机构的死点位置

对于传动机构来说，死点会使机构处于停顿或运动不确定状态，为了使机构能顺利地通过死点而正常运转，必须采取适当的措施。对于连续运转的机器，可以利用从动件的惯性通过死点位置，例如图 4-7 所示的缝纫机踏板机构就是借助于皮带轮的惯性通过死点位置；也可采用多套机构错位排列的方法，即将两组以上的机构组合起来，而使各组机构的死点相互错开，例如图 4-27 所示的机车车轮联动机构，其两侧的曲柄滑块机构 EFG 和 $E'F'G'$ 的曲柄位置相互错开 90°。

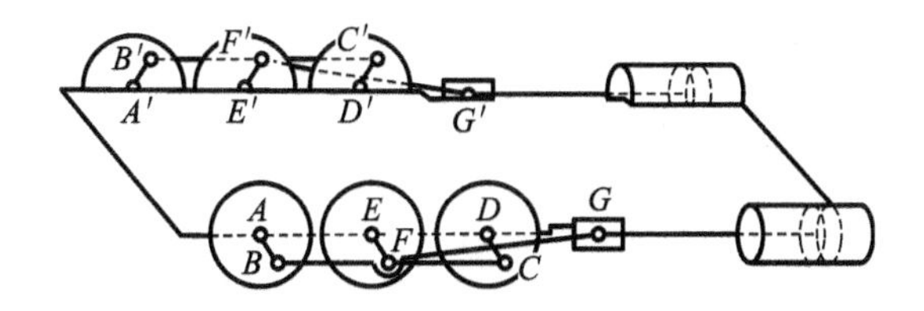

图 4-27　机车车轮联动机构

机构的死点位置并非总是起消极作用，在工程实践中，也常利用机构的死点来实现特定的工作要求。如图 4-28 所示的飞机起落架机构，在机轮放下时，连杆 BC 与从动件 CD 成一直线，机构处于死点位置，此时虽然机轮着地受到很大的力，但起落架不会反转，可使飞机起落和停放更加可靠。图 4-29 所示为夹紧工件用的连杆式快速夹具，在连杆 2 的手柄处施加压力 $\boldsymbol{P}$ 将工件夹紧后，连杆 BC 与连架杆 CD 成一直线，机构处于死点位置，此时撤去外力 $\boldsymbol{P}$ 后，即使工件反弹力 $\boldsymbol{T}$ 很大，也不会使工件松脱。

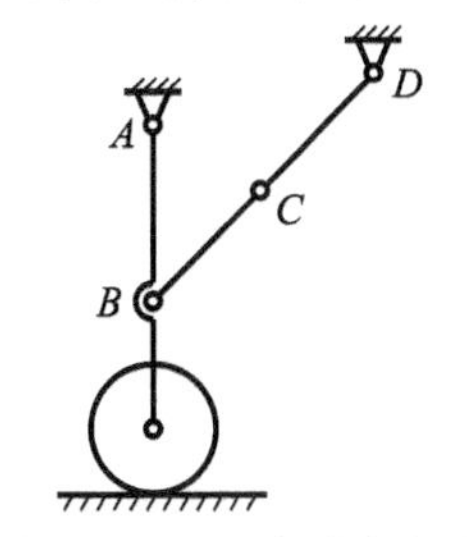

图 4-28　飞机起落架机构

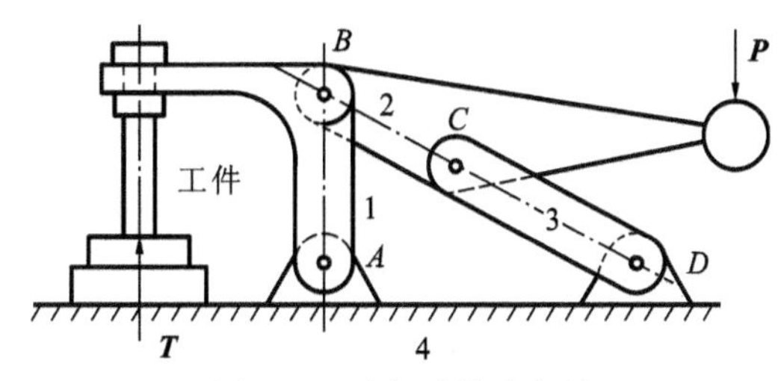

图 4-29　连杆式快速夹具

4.5 平面四杆机构的设计

4.5.1 平面四杆机构设计的基本问题

根据机械的用途和性能要求的不同，对连杆机构设计的要求是多种多样的，这些设计要求可归纳为以下三类基本问题。

1. 实现构件给定位置的设计

在这类设计问题中，要求连杆机构能引导某构件按规定顺序精确或近似的经过给定的若干位置，故又称为刚体导引问题。如图 4-1 所示的铸造造型机砂箱翻转机构，砂箱固结在连杆 BC 上，要求所设计机构中的连杆能依次通过位置 1 和位置 2，以便引导砂箱实现造型振实和拔模两个动作。

2. 实现预定运动规律的设计

在这类设计问题中，要求主动件、从动件满足已知的若干组对应位置关系，包括满足一定的急回特性要求，或者在主动件运动规律一定时，从动件能精确或近似地按给定规律运动，即要求所设计机构的主、从动构件之间的运动关系满足某种给定的函数关系，故又称函数生成机构的设计。如图 4-12 所示的车门开闭机构，工作要求两连架杆的转角满足大小相等而转向相反的运动关系，以实现车门的开启和关闭。

3. 实现已知运动轨迹

在这类设计问题中，要求连杆机构中做平面运动构件上的某一点精确或近似地沿着给定的轨迹运动(简称轨迹生成问题)。如图 4-13 所示的鹤式起重机，为避免货物作不必要的上下起伏运动，连杆上吊钩滑轮的中心点 E 应沿水平线 EE' 移动；而图 4-2 所示的搅拌机构，应保证连杆上点 E 能按预定的轨迹运动，以完成搅拌动作等。

平面连杆机构的运动设计方法主要有图解法和解析法，此外还有图谱法和实验法。图解法是利用机构运动过程中各运动副位置之间的几何关系，通过作图获得有关运动尺寸，因此图解法设计直观，几何关系清晰，对于一些简单设计问题的处理是有效快捷的，但是由于作图误差的存在，设计精度低，因此适合用于简单问题的求解或对位置精度要求不高问题的求解。解析法是将运动设计问题用数学方程加以描述，通过方程的求解获得有关运动尺寸，直观性差，但误差便于控制，设计精度高。随着连杆机构设计方法的发展，电子计算机的普及应用及有关设计软件的开发，解析法已成为各类平面连杆结构运动设计的一种有效方法。

设计时采用哪种方法，取决于所给定的条件和机构的实际工作要求。

4.5.2 按给定连杆位置设计四杆机构

设计四杆机构，能够引导其连杆顺利通过某些给定位置，也就是给定连杆若干个位置设计四杆机构，故又称为刚体导引机构的设计。

1. 图解法

如图 4-30 所示，设已知连杆的长度 l_{BC}，若要求在机构运动过程中连杆能依次占据 B_1C_1、B_2C_2、B_3C_3 三个位置。设计的任务是要确定两固定铰链中心 A、D 的位置，由于在铰链四杆机构中，活动铰链 B、C 的轨迹为圆弧，故 A、D 应分别为其圆心，所以确定 A、D 的位置就转化为圆弧上三点确定圆心的问题。具体设计步骤如下：

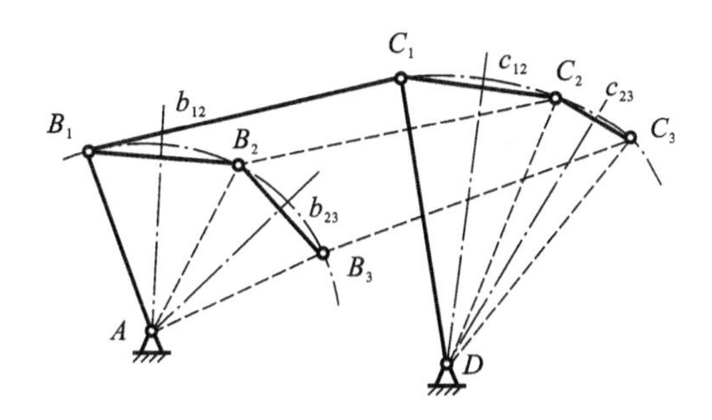

图 4-30 按连杆的三个给定位置设计四杆机构

(1) 选取适当的比例尺 μ_l，按预定位置画出 B_1C_1、B_2C_2、B_3C_3；

(2) 连接 B_1B_2、B_2B_3、C_1C_2、C_2C_3，分别作它们的垂直平分线 b_{12}、b_{23}、c_{12}、c_{23}，其交点即为固定铰链 A 和 D 的位置；

(3) 连接 AB_1C_1D，即为所设计的铰链四杆机构；

(4) 按比例计算出各杆的长度。

从以上分析可知，当给定连杆上铰链 BC 的三组位置时，每两组位置可得一条垂直平分线，可得唯一解。如果只给定连杆两个位置，将有无穷多解，此时可根据其他条件(如机架位置、两连架杆所允许的尺寸、最小传动角等)来选定一个解。若要求连杆占据四、五个位置时，此时可能有解，也可能无解，具体方法可查阅相关设计资料。

2. 解析法

如图 4-31 所示的连杆机构 $ABCD$，当连杆作平面运动时，可用连杆上的一个点 M 的坐标(x_M, y_M)和连杆的方位角 θ_2 表示连杆位置。因此按连杆给定位置设计就可转化为按连杆上的某一点能占据一系列给定位置及在该位置时连杆具有相应转角的设计。

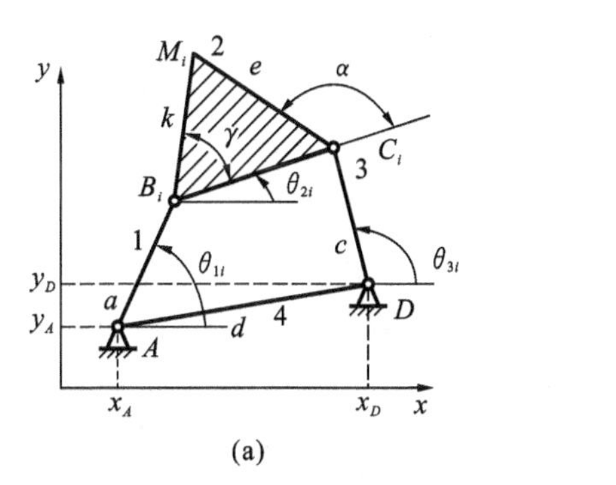

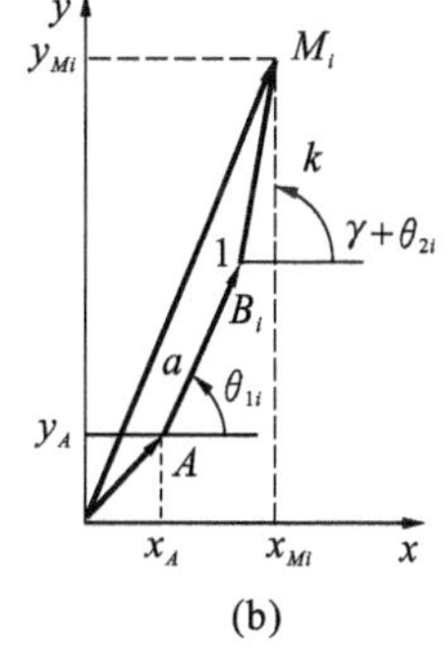

图 4-31 解析法设计刚体导引机构

建立如图 4-31(a)所示的坐标系，将四杆机构分为左、右侧两个双杆组加以分析。首先建立左侧杆组的封闭矢量图，如图 4-31(b)所示，将各矢量在 x、y 上进行投影，得

$$\begin{cases} x_A + a\cos\theta_{1i} + k\cos(\gamma + \theta_{2i}) - x_{Mi} = 0 \\ y_A + a\sin\theta_{1i} + k\sin(\gamma + \theta_{2i}) - y_{Mi} = 0 \end{cases} \tag{4-9}$$

将上式中的 θ_{1i} 消去，整理可得

$$(x_{Mi}-x_A)^2+(y_{Mi}-y_A)^2+k^2-a^2-2[(x_{Mi}-x_A)k\cos\gamma+(y_{Mi}-y_A)k\sin\gamma]\cos\theta_{2i}$$
$$+2[(x_{Mi}-x_A)k\sin\gamma-(y_{Mi}-y_A)k\cos\gamma]\sin\theta_{2i}=0 \tag{4-10}$$

同理，可得右侧杆组相关方程

$$(x_{Mi}-x_D)^2+(y_{Mi}-y_D)^2+e^2-c^2-2[(y_{Mi}-y_D)e\sin\alpha-(x_{Mi}-x_D)e\cos\alpha]\cos\theta_{2i}$$
$$+2[(x_{Mi}-x_D)e\sin\alpha+(y_{Mi}-y_D)e\cos\alpha]\sin\theta_{2i}=0 \tag{4-11}$$

式(4-10)和式(4-11)为非线性方程，各含有 5 个待定参数，分别为 x_A、y_A、a、k、γ 和 x_D、y_D、c、e、α。故最多只能按 5 个连杆预定位置精确求解，即四杆机构最多能实现 5 个连杆给定位置。当给定位置 $N<5$，可预先选定 $N_0=5-N$ 个参数。

当 $N=3$ 时，并预先选定 x_A、y_A 后，式(4-10)可化为线性方程

$$X_0+A_{1i}X_1+A_{2i}X_2+A_{3i}=0 \tag{4-12}$$

式中：$X_0=k^2-a^2$，$X_1=k\cos\gamma$，$X_2=k\sin\gamma$，$A_{1i}=2[(x_A-x_{Mi})\cos\theta_{2i}+(y_A-y_{Mi})\sin\theta_{2i}]$，$A_{2i}=2[(y_A-y_{Mi})\cos\theta_{2i}+(s_A-x_{Mi})\sin\theta_{2i}]$，$A_{3i}=(x_{Mi}-x_A)^2+(y_{Mi}-y_A)^2$。

由式(4-12)解得 X_0、X_1、X_2 后，可求得待定参数

$$k=\sqrt{X_1^2+X_2^2},\quad a=\sqrt{k^2-2X_0},\quad \tan\gamma=\frac{X_2}{X_1} \tag{4-13}$$

γ 所在象限要由 X_1、X_2 的正负号来判断。点 B 的坐标为

$$\begin{cases}x_{Bi}=x_{Mi}-k\cos(\gamma+\theta_{2i})\\ y_{Bi}=y_{Mi}-k\sin(\gamma+\theta_{2i})\end{cases} \tag{4-14}$$

同理，当预先选定 x_D、y_D 后，由式可求得 c、e、α 及 x_{Ci} 和 y_{Ci}。而四杆机构的连杆长 b 和机架长 d 为

$$\begin{cases}b=\sqrt{(x_{Bi}-x_{Ci})^2+(y_{Bi}-y_{Ci})^2}\\ d=\sqrt{(x_A-y_D)^2+(y_A-y_D)^2}\end{cases} \tag{4-15}$$

4.5.3 按给定两连架杆的对应位置设计四杆机构

设计一个四杆机构，使其两连架杆位置相对应，即通常所说的按两连架杆预定的对应角位置设计四杆机构，又称函数生成机构的设计。

1. 图解法

如图 4-32 所示，设已知四杆机构中两固定转动副 O_1 和 O_2 的位置，连架杆 O_1A 的长度，要求连架杆的转角能实现 O_1A_1 和 O_2C_1、O_1A_2 和 O_2C_2、O_1A_3 和 O_2C_3 共 3 组对应关系。

从给出的条件可知，设计此四杆机构的关键是求出连杆 AB 上活动铰链点 B 的位置，一旦确定了点 B 的位置，连杆 AB 和另一连架杆 O_2B 的长度也就确定了。分析机构运动情况，当主动连架杆 O_1A 运动时，连杆上的铰链 A 相对于另一连架杆 O_2B 的运动，是绕铰链点 B 的转动。因此，以点 B 为圆心，以 AB 长为半径的圆弧即为连杆上已知铰链点 A 相对于铰链点 B 的运动轨迹，如果能找到铰链 A 的运动轨迹，则铰链 B 的位置不难确定，故可采用“转化机架法”(或反转法)求解。换句话说，将 O_2B 变为机架，则原连架杆 O_1A 转化为“连杆”，问题就转化为已知连杆位置的设计，具体做法如下。

以 O_2C_1 连架杆作为“机架”，将构件第二位置的构型 $O_1A_2C_2O_2$ 和第三位置的构型

$O_1A_3C_3O_2$ 视为刚体，分别绕点 O_2 反转 $\psi_1-\psi_2$ 角和 $\psi_1-\psi_3$ 角使 O_2C_2 和 O_2C_3 与 O_2C_1 重合，此时原来对应点 C_2 和 C_3 的 A_2 和 A_3 点分别到达 A'_2 和 A'_3 位置，分别作 $A_1A'_2$ 和 $A'_2A'_3$ 的中垂线，两中垂线的交点即为所求铰链 B 的位置 B_1，而 $O_1A_1B_1O_2$ 即为所求的四杆机构。

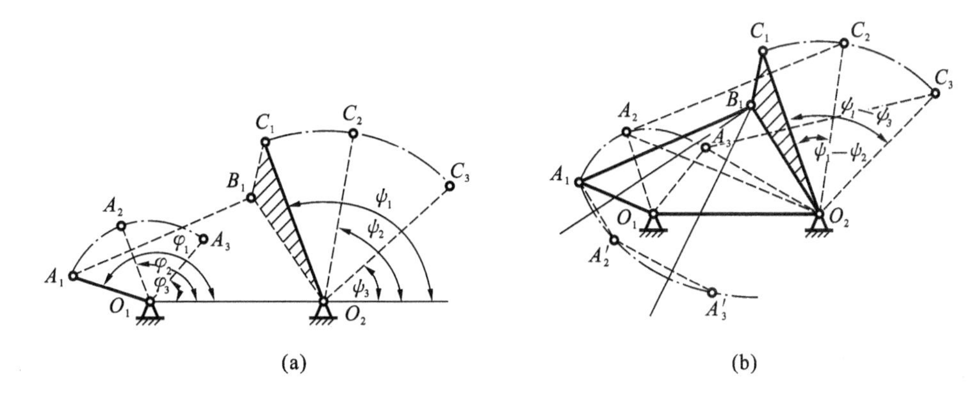

图 4-32　图解法设计函数生成机构

2. 解析法

按预定的两连架杆的对应位置设计四杆机构，要求从动件与主动件的转角之间满足一系列的对应位置关系，如图 4-33 所示，即要求 $\theta_{3i}=f(\theta_{1i})$，$i=1,2,\cdots,n$。

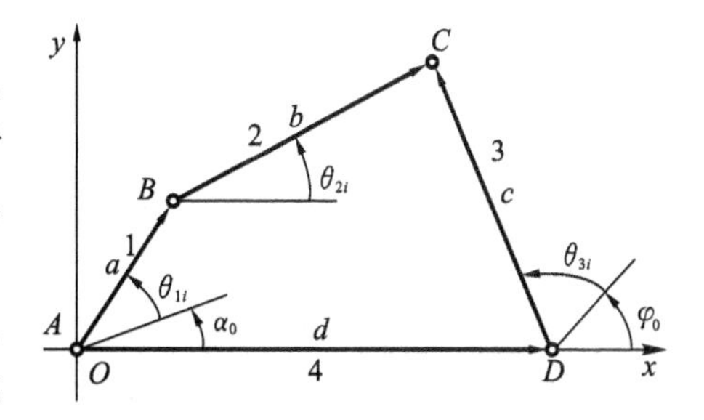

图 4-33　解析法设计函数生成机构

在图示机构中，运动变量为机构的转角 θ_j，θ_1、θ_3 为已知条件，θ_2 为未知条件。因为机构按比例放大或缩小，不会改变各机构的相对转角关系，故设计变量可为各构件的相对长度，如令 $a/a=1$，则设 $b/a=l$，$c/a=m$、$d/a=n$。所以设计变量为 l、m、n 以及 θ_1、θ_3 的计量起始角 α_0、φ_0 共 5 个。

如图所示建立坐标系 Oxy，并把各杆矢向坐标轴投影，可得

$$\begin{cases} l\cos\theta_{2i}=n+m\cos(\theta_{3i}+\varphi_0)-\cos(\theta_{1i}+\alpha_0) \\ l\sin\theta_{2i}=m\sin(\theta_{3i}+\varphi_0)-\sin(\theta_{1i}+\alpha_0) \end{cases} \tag{4-16}$$

为消去未知角度 θ_{2i}，将上式两端各自平方后相加，经整理可得

$$\cos(\theta_{1i}+\alpha_0)=m\cos(\theta_{3i}+\varphi_0)-(m/n)\cos(\theta_{3i}+\varphi_0-\theta_{1i}-\alpha_0)+(m^2+n^2+1-l^2)/(2n)$$

令 $P_0=m$，$P_1=-m/n$，$P_2=(m^2+n^2+1-l^2)/(2n)$，则上式可简化为

$$\cos(\theta_{1i}+\alpha_0)=P_0\cos(\theta_{3i}+\varphi_0)+P_1\cos(\theta_{3i}+\varphi_0-\theta_{1i}-\alpha_0)+P_2 \tag{4-17}$$

上式中包含 5 个待定参数 P_0、P_1、P_2、α_0 及 φ_0，故四杆机构最多可按两连架杆的 5 个对应位置精确求解。当要求的两连架杆的对应位置数 $N<5$ 时，可预选 $N_0=5-N$ 个尺度参数，例如给定两连架杆的初始转角 α_0 和 φ_0，则只需给定 3 组对应关系即可求出 P_0、P_1、P_2，进而求出 l、m、n，最后可根据实际需要决定构件 AB 的长度，这样其余构件的长度也就确定了。相反当两连架杆的对应位置数 $N>5$ 时，方程式的数目将比机构待定尺度参数的数目

多，因而不能求得精确解，此时可用最小二乘法等进行近似设计。

【例 4-1】 如图 4-34 所示为用于某操纵装置中的铰链四杆机构，要求其两连架杆满足如下三组对应位置关系：$\theta_{11}=45^\circ$，$\theta_{31}=50^\circ$，$\theta_{12}=90^\circ$，$\theta_{32}=80^\circ$，$\theta_{13}=135^\circ$，$\theta_{33}=110^\circ$。试设计此四杆机构。

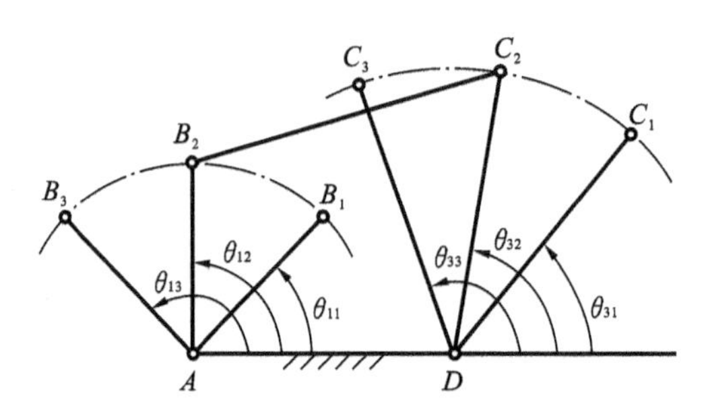

图 4-34 某操纵装置中的铰链四杆机构

解 此时 $N=3$，则 $N_0=5-N=2$，可预选两个参数。通常预选 $\alpha_0=\varphi_0=0^\circ$，并将 θ_{1i}、θ_{3i} 的三组对应值分别代入式(4-17)，可得如下线性方程组

$$\cos 45^\circ = P_0\cos 50^\circ + P_1\cos(50^\circ - 45^\circ) + P_2$$

$$\cos 90^\circ = P_0\cos 80^\circ + P_1\cos(80^\circ - 90^\circ) + P_2$$

$$\cos 135^\circ = P_0\cos 110^\circ + P_1\cos(110^\circ - 135^\circ) + P_2$$

解此方程组，可得 $P_0=1.5330$，$P_1=-1.0628$，$P_2=0.7805$。从而可求得各杆的相对长度为 $m=1.533$，$n=1.442$，$l=1.783$。根据机构条件，选定曲柄长度，可求得各杆的绝对长度。最后检验所求机构是否满足曲柄存在条件，杆长是否合适，运动是否连续以及机构传动角等项目。当所求的解不满足要求时，可重选 α_0 和 φ_0 的值重新计算，直至符合要求为止。

4.5.4 按给定的运动轨迹设计四杆机构

按给定的运动轨迹设计四杆机构，就是使其连杆上某一点的运动轨迹为给定的一段轨迹或某一封闭轨迹曲线。

1. 应用连杆曲线图谱法

轨迹生成机构可以使连杆上的某点通过某一预先给定的轨迹。四杆机构运转时，作平面运动的连杆上的任一点都将在平面内描绘出一条复杂的封闭曲线，称为连杆曲线。连杆曲线的形状随连杆上点的位置及各杆相对尺寸的不同而变化，即连杆曲线的形状取决于各杆的相对长度和描点在连杆上的位置。为了分析和设计上的方便，工程上已通过实验的方法，将不同比例的四杆机构上的连杆曲线汇编整理成册，即成连杆曲线图谱，图 4-35 所示为《四杆机构分析图谱》中的一幅。

根据给定的运动轨迹设计四杆机构时，可以从图谱中查找与要求实现的轨迹相同或相似的连杆曲线。例如，若要求实现的轨迹与图 4-35 中的连杆曲线 α_5 相似，则描绘该连杆曲线的四杆机构的各杆相对长度可由图中右下角的公式计算得到，而描点 M 在连杆上的位置 (k,e) 也可从图中量得，求出图谱中的连杆曲线与所要求的轨迹大小相差的倍数，根据比例即可求得机构的各尺寸参数。

2. 解析法

用解析法求解轨迹机构的任务主要是找出要求轨迹上点 M 的坐标(x,y)与机构尺寸之间的函数关系。在图 4-36 的坐标系 Axy 中，连杆上点 M 的位置方程由四边形 $ABML$ 可得

$$\begin{cases} x = a\cos\varphi + e\sin\gamma_1 \\ y = a\sin\varphi + e\cos\gamma_1 \end{cases} \tag{4-18}$$

点 M 的坐标由四边形 $DCML$ 还可以写成

$$\begin{cases} x = d + c\cos\psi - f\sin\gamma_2 \\ y = c\sin\psi + f\cos\gamma_2 \end{cases} \tag{4-19}$$

将式(4-18)和式(4-19)分别平方，然后相加，消去 φ 和 ψ，可得

$$\begin{cases} x^2 + y^2 + e^2 - a^2 = 2e(x\sin\gamma_1 + y\cos\gamma_1) \\ (d-x)^2 + y^2 + f^2 - c^2 = 2f[(d-x)\sin\gamma_2 + y\cos\gamma_2] \end{cases}$$

根据 $\gamma = \gamma_1 + \gamma_2$，消去上述两式中的 γ_1 和 γ_2，可得点 M 的位置方程(又称连杆曲线方程)

$$U^2 + V^2 = W^2 \tag{4-20}$$

式中：$U = f[(x-d)\cos\gamma + y\sin\gamma](x^2 + y^2 + e^2 - a^2) - ex[(x-d)^2 + y^2 + f^2 - c^2]$；

$V = f[(x-d)\sin\gamma - y\cos\gamma](x^2 + y^2 + e^2 - a^2) + ey[(x-d)^2 + y^2 + f^2 - c^2]$；

$W = 2ef\sin\gamma[x(x-d) + y^2 - dy\cot\gamma]$。

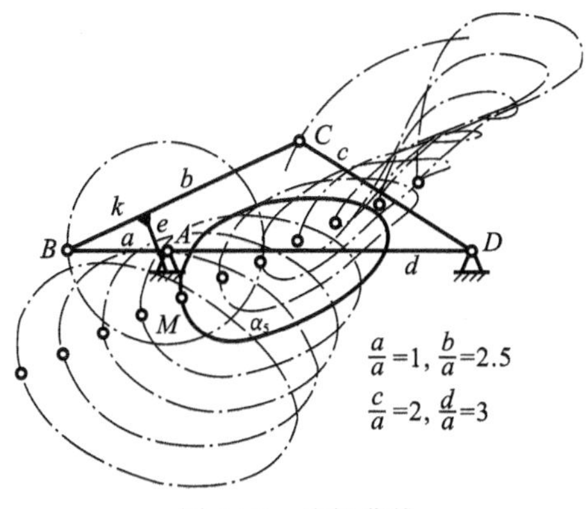

图 4-35　连杆曲线

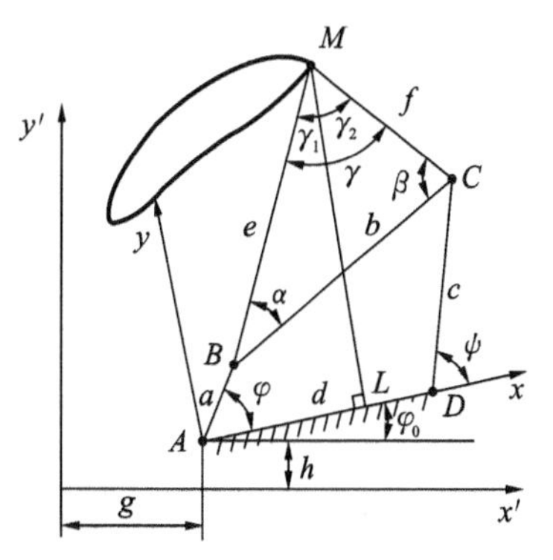

图 4-36　解析法设计轨迹生成机构

式(4-20)中共有 6 个待定参数 a,c,d,e,f,γ，若在给定轨迹中选取 6 个点(x_i,y_i)，$i=1\sim6$，分别代入上式，即可得到 6 个方程，联立求解这 6 个方程，即可求出全部待定参数。这说明机构实现的连杆曲线只有 6 个点与给定的轨迹重合。为了使设计四杆机构的连杆曲线上有更多的点与给定的轨迹重合，在图 4-37 中引入坐标系 $Ox'y'$，原坐标系 Axy 在新坐标系内增加了 3 个待定参数 g、h、φ_0。因此在新坐标系中连杆曲线的待定参数可有九个，即机构实现的连杆曲线上可有 9 个点与给定轨迹重合。

4.5.5　按给定的行程速比系数 K 设计四杆机构

设计一个四杆机构作为急回机构，即通常所说的按给定的行程速比系数 K 设计四杆机构，主要利用机构在极位时的几何关系，它也是一种函数生成机构的设计。

1. 图解法

如图 4-37 所示，已知曲柄摇杆机构中摇杆的长度 l_{CD}、摆角 φ 以及行程速比系数 K，要求设计该四杆机构，具体设计步骤如下。

（1）按照公式 $\theta=180^\circ(K-1)/(K+1)$，算出极位夹角 θ。

（2）选取适当比例尺 μ_l，任选一点 D 作为固定铰链，并以此点为顶点作等腰三角形 C_1DC_2，使两腰长等于摇杆长 $\mu_l l_{CD}$，$\angle C_1DC_2=\varphi$。

（3）连接 C_1C_2，过 C_2 点作 $C_2M\perp C_1C_2$，过 C_1 点 $\angle C_2C_1N=90^\circ-\theta$，线段 C_1N 与 C_2M 交于点 P。

（4）以线段 C_1P 为直径作 $\mathrm{Rt}\triangle PC_1C_2$ 的外接圆，则圆弧 C_1PC_2 上的任一点与 C_1、C_2 连线所夹得角度均为 θ，所以从理论上说，曲柄的回转中心 A 可落在圆弧 C_1PC_2 上的任一点。但是，设计时应注意，曲柄的回转中心 A 不能选在 FG 劣弧段上，否则机构将不满足运动的连续性要求，因为这时机构的两个极位 DC_1 和 DC_2 将分别在两个不连通的可行域内。若铰链 A 选在 C_1G、C_2F 两弧段上，则当点 A 向 $G(F)$ 靠近时，机构的最小传动角将随之减小而趋向零，故铰链 A 适当远离 $G(F)$ 点较为有利。

（5）由 $l_{AB}=\mu_l(l_{AC_1}-l_{AC_2})/2$ 和 $l_{BC}=\mu_l(l_{AC_1}+l_{AC_2})/2$，确定曲柄长度 l_{AB} 和连杆长度 l_{BC}。

（6）由图直接量取 AD 的长度，再按比例计算出实际长度 l_{AD}。

由于曲柄回转中心 A 的位置有无穷多，故满足设计要求的曲柄摇杆机构有无穷多个。如未给出其他附加条件，设计时通常以机构在工作行程中具有较大的传动角为出发点来确定曲柄回转中心的位置。如果设计要求中给出了其他附加条件，例如给定机架尺寸，则点 A 位置随之确定。

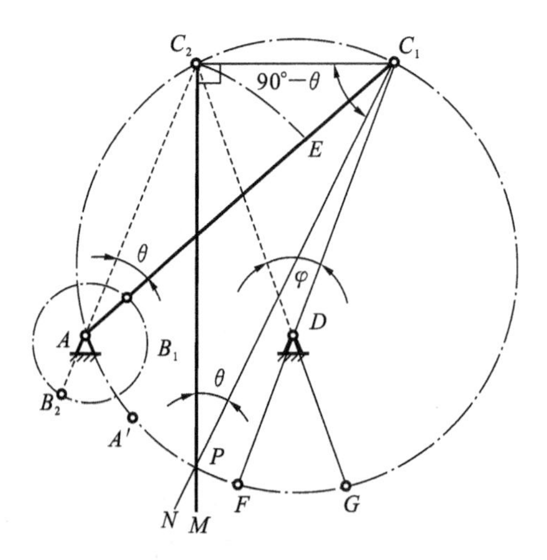

图 4-37 按给定行程速比系数设计曲柄摇杆机构

对于偏置曲柄滑块机构，一般已知曲柄滑块机构的行程速比系数 K，冲程 H 和偏距 e，可以参照上述方法进行设计。而对于如图 4-24(b) 所示的摆动导杆机构，一般已知机架长度和行程速比系数，则利用其极位夹角与导杆摆角相等这一特点，即可方便地得到设计结果。

2. 解析法

用解析法解决此类问题时，主要利用机构在极位时的特性，如图4-38所示在两极位时有$\triangle C_1AC_2$存在，利用余弦定理经整理得

$$(1+\cos\theta)a^2+(1-\cos\theta)b^2=g^2/2 \tag{4-21}$$

式中：$g=\overline{C_1C_2}=2c\sin(\varphi/2)$。

设已知行程速比系数K（或极位夹角θ），摆杆长c及摆角φ，以及曲柄长a（或连杆长b），由式(4-21)即可解得b（或a），再通过下列公式可求得机架长。

$$\cos\psi=(g^2+4ab)/[2g(b+a)] \tag{4-22}$$

$$\gamma=90°-\psi-\varphi/2 \tag{4-23}$$

$$d=\sqrt{(b+a)^2+c^2+2(b+a)c\cos\gamma} \tag{4-24}$$

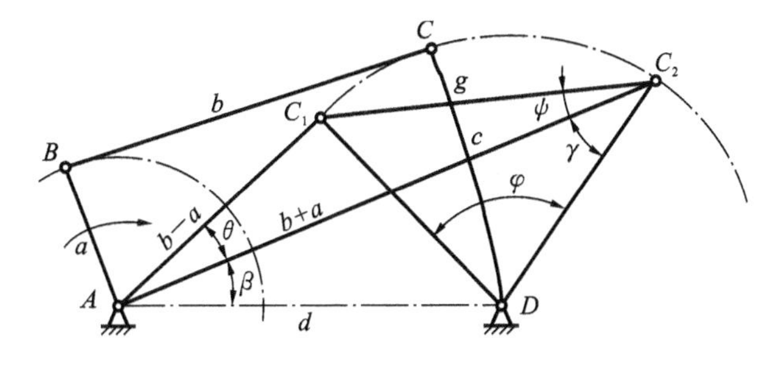

图4-38 解析法设计曲柄摇杆机构

习　题

4-1 平面四杆机构有哪几种基本形式？何谓曲柄？何谓摇杆？何谓连杆？

4-2 在铰链四杆机构中，转动副成为周转副的条件是什么？

4-3 在曲柄摇杆机构中，以曲柄为原动件时，机构是否一定存在急回运动，且一定无死点？为什么？

4-4 在四杆机构中极位和死点有何区别？

4-5 行程速比系数的数值有无限制？

4-6 在图4-39所示的铰链四杆机构中，已知$b=50$ mm，$c=35$ mm，$d=30$ mm，AD为机架，试问：

(1) 若此机构为曲柄摇杆机构，且AB为曲柄，求a的最大值；

(2) 若此机构为双曲柄机构，求a的最小值；

(3) 若此机构为双摇杆机构，求a的数值范围。

4-7 如图4-40所示为一偏置式曲柄滑块机构，试求杆AB为曲柄的条件。若偏距$e=0$，则杆AB为曲柄的条件又如何？

4-8 如图4-41所示的连杆机构中，已知各构件的尺寸为：$l_{AB}=160$ mm，$l_{BC}=260$ mm，$l_{CD}=200$ mm，$l_{AD}=80$ mm，构件AB为原动件，沿顺时针方向匀速回转，试确定：(1)四杆机构$ABCD$的类型；(2)该四杆机构的最小传动角$\gamma_{\min}$；(3)滑块F的行程速比系数K。

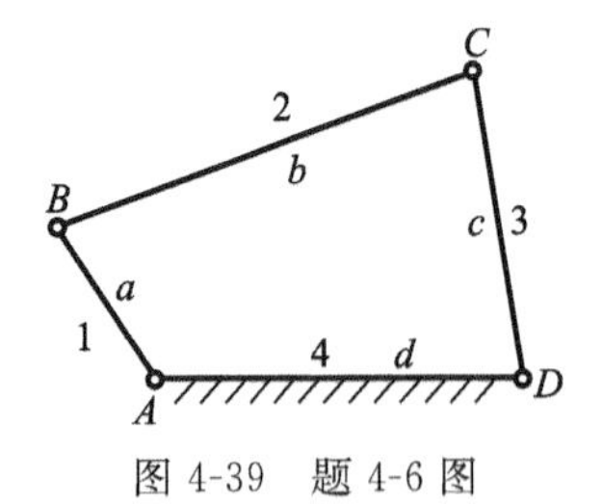

图 4-39 题 4-6 图

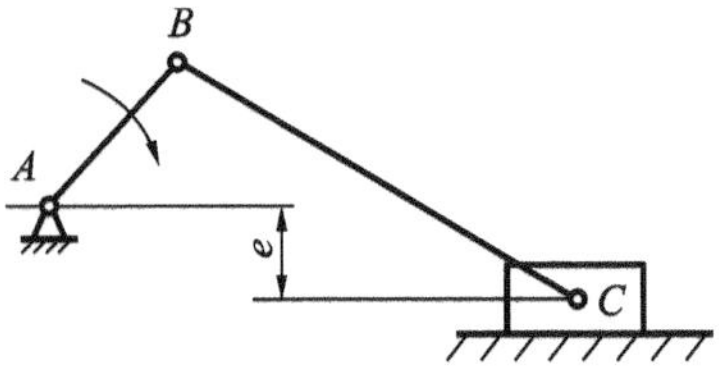

图 4-40 题 4-7 图

4-9 设计一曲柄摇杆机构，要求：曲柄 AB 和机架 AD 拉成一直线时为起始位置，曲柄逆时针转过 $\varphi=143°$，摇杆摆到左极限位置，如图 4-42 所示。已知摇杆的行程速比系数 $K=1.117\,647$，摇杆 $CD=50$ mm，机架 $AD=75$ mm。试求：

(1) 用图解法分析并计算曲柄和连杆的长度；

(2) 确定最小传动角位置。

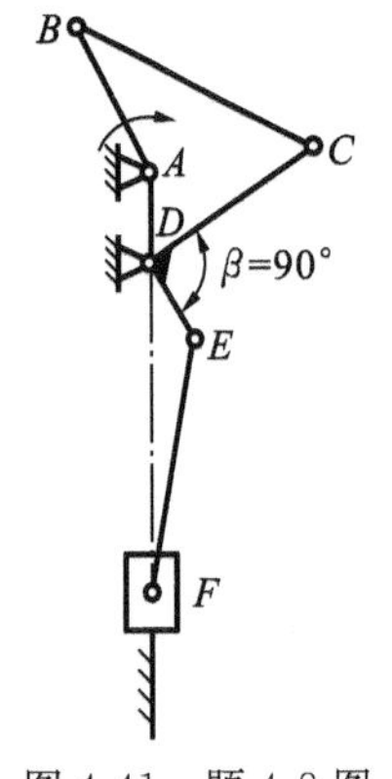

图 4-41 题 4-8 图

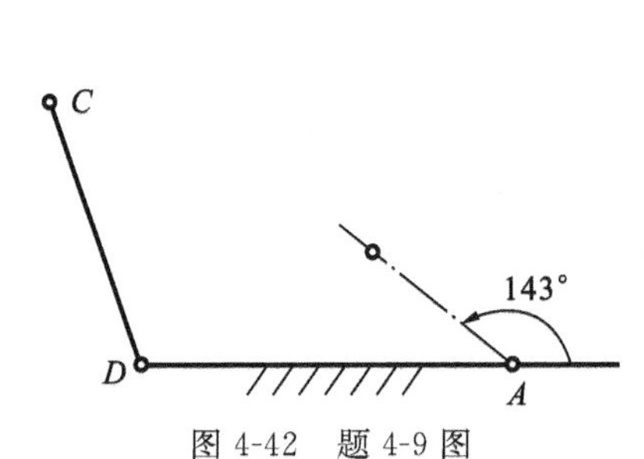

图 4-42 题 4-9 图

4-10 如图 4-43 所示为某仪表中采用的摇杆滑块机构，若已知滑块和摇杆的对应位置为 $s_1=36$ mm，$s_{12}=8$ mm，$s_{23}=9$ mm，$\varphi_{12}=25°$，$\varphi_{23}=35°$，摇杆的第Ⅱ位置在铅垂方向上，滑块上铰链点取在点 B，偏距 $e=28$ mm，试确定曲柄和连杆长度。

4-11 如图 4-44 所示为一牛头刨床的主传动机构，已知 $l_{AB}=75$ mm，$l_{CD}=100$ mm，行程速比系数 $K=2$，刨头 5 的行程 $H=300$ mm，要求在整个行程中，推动刨头 5 有较小的压力角，试设计此机构。

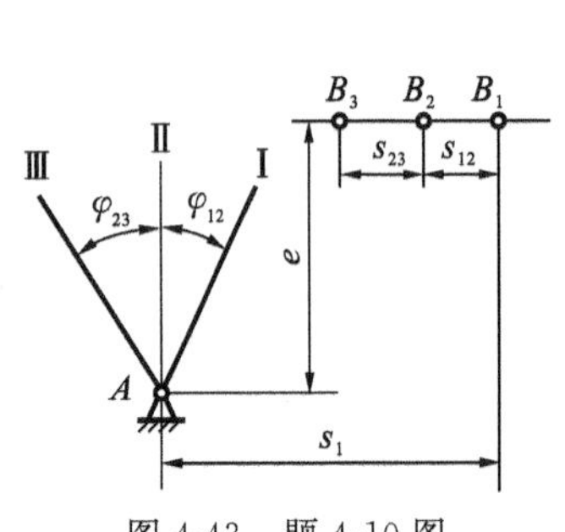

图 4-43 题 4-10 图

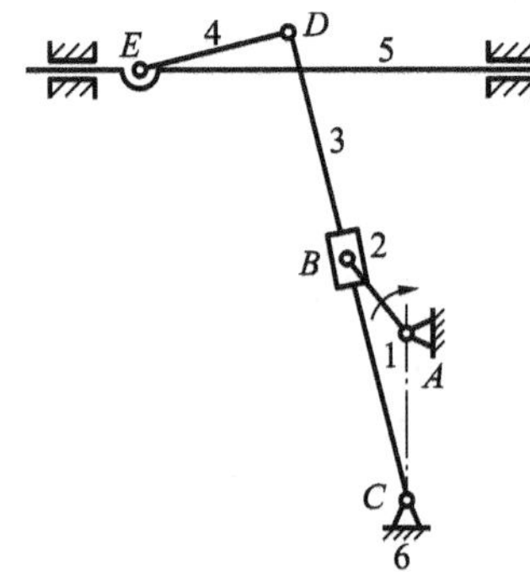

图 4-44 题 4-11 图

4-12 试用图解法设计一曲柄滑块机构，设已知滑块的行程速比系数 $K=1.5$，滑块的冲程 $H=50$ mm，偏距 $e=20$ mm，并求其最大压力角 α_{max}。

第5章 凸轮机构

内容提要

本章首先介绍凸轮机构的组成、分类及应用，凸轮从动件常见的运动规律，其次重点介绍了两种凸轮轮廓的设计方法，即作图法设计凸轮轮廓曲线和解析法设计凸轮轮廓曲线。

5.1 概述

凸轮机构(cam mechanism)是最基本的高副机构，因为机构中有一特征构件——凸轮而得名。凸轮机构可以通过设计合理的凸轮轮廓曲线，推动从动件精确地实现各种预期的运动规律，还易于实现多个运动的相互协调配合。它广泛地应用于各种机械，特别是自动机械、自动控制装置和装配生产线中。本章主要介绍凸轮机构的基本类型和特点、平面凸轮机构中高副的轮廓曲线设计方法、平面凸轮机构基本尺寸的确定。

5.1.1 凸轮机构的组成及应用

1. 凸轮机构的组成

如图 5-1、图 5-2 所示的凸轮机构由凸轮(cam)、从动件(follower)和机架(house)所构成。凸轮通常是具有曲线轮廓或凹槽的构件，当它运动时，通过力(常用弹簧)封闭或几何封闭使其曲线轮廓与从动件形成高副接触，使从动件获得预期的运动。其最大优点是：只要设计出适当的凸轮轮廓，就可以使从动件得到预期的运动规律，并且结构简单、紧凑、工作可靠，易于设计。

2. 凸轮机构的应用

由于凸轮轮廓与从动件之间为高副接触，接触应力较大，易磨损，因此凸轮机构多用于传递动力不大的场合。

凸轮机构主要应用于以下几方面。

1) 实现运动与动力特性要求

如图 5-1 所示的内燃机气门控制机构，要求能在凸轮 1 高速转动的工况下，快速推动推杆 2(气阀)做有规律的往复运动，完成气门定时的开启、闭合动作，以控制燃气在适当的时间进入气缸或排出废气。只要凸轮机构设计得当，就能够实现气阀的运动学要求，并且具有良好的动力学性能。

2) 实现预期的运动规律要求

如图 5-2 所示的自动机床的进刀凸轮机构，要求刀具先以较快的速度接近工件，然后等速前进切削工件，完成切削后刀具快速退回并复位停歇。具有曲线凹槽的凸轮 1，当它以等速转动时，利用其曲线凹槽侧面推动从动摆杆 2 绕固定轴 O 往复摆动，并通过扇形齿轮和固定在刀架上的齿条啮合，控制刀架的运动，从而实现刀具的复杂运动规律。

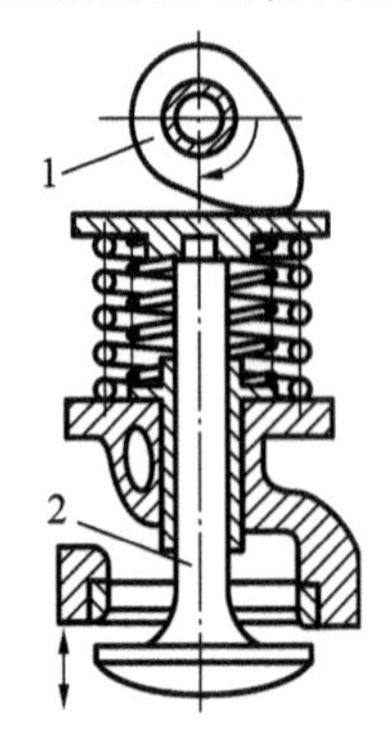

图 5-1 内燃机气门控制机构

1—凸轮；2—推杆

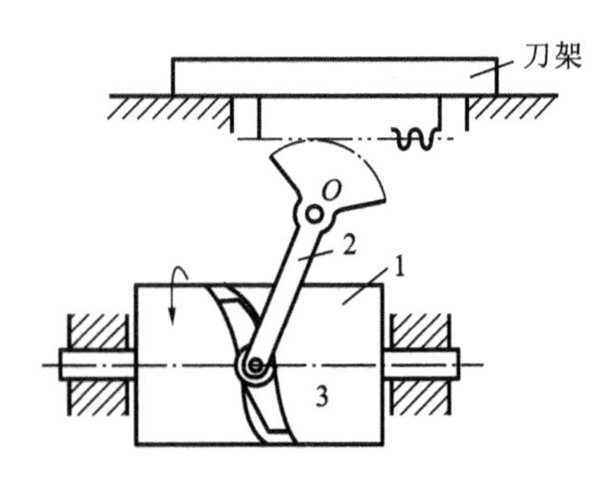

图 5-2 自动机床的进刀凸轮机构

1—圆柱凸轮；2—从动摆杆；3—滚子

3）实现预期的位置及动作时间要求

如图 5-3 所示为自动送料凸轮机构，当带有凹槽的圆柱凸轮 1 转动时，推动从动件 2 作往复移动，将待加工毛坯 3 推到加工位置。凸轮每转动一周，从动件 2 就从储料罐 4 中推出一个待加工毛坯。这种自动送料凸轮机构能够完成输送毛坯到达预期位置并与其他工艺动作的时间协调配合，但对毛坯的运动规律无特殊要求。

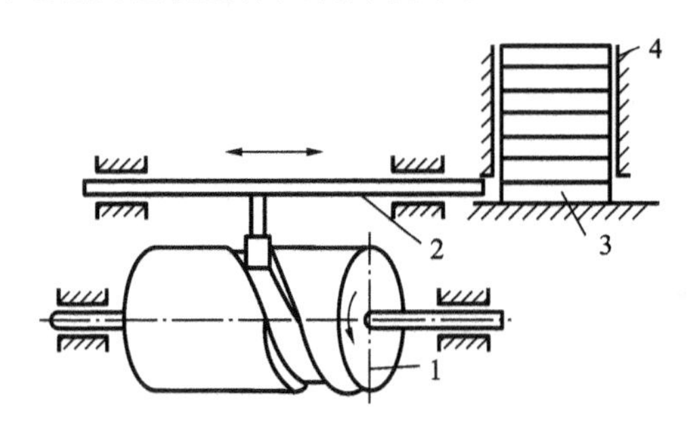

图 5-3 自动送料凸轮机构

1—圆柱凸轮；2—从动件；3—毛坯；4—储料罐

5.1.2 凸轮机构的分类

凸轮机构的种类很多，通常可以从以下几个方面进行分类。

1. 按凸轮的形状分类

1）盘形凸轮机构(plate cam mechanism)

在这种凸轮机构中，凸轮是一个绕定轴转动且具有变曲率半径的盘形构件，如图 5-4(a)所示。当凸轮绕定轴回转时，从动件在垂直于凸轮轴线的平面内运动，故又称为平面凸轮机构。它是最基本的凸轮机构，应用最广。

2）移动凸轮机构(translating cam mechanism)

当盘形凸轮的回转中心趋于无穷远时，就演化为移动凸轮，如图 5-4(b)所示。在移动凸轮机构中，凸轮一般作往复直线运动。

3）圆柱凸轮机构(cylindrical cam mechanism)

在这种凸轮机构中，圆柱凸轮可以看成是将移动凸轮卷在圆柱体上而得到的凸轮，如图5-4(c)所示。由于凸轮和从动件的运动平面不平行，因而这是一种空间凸轮机构。

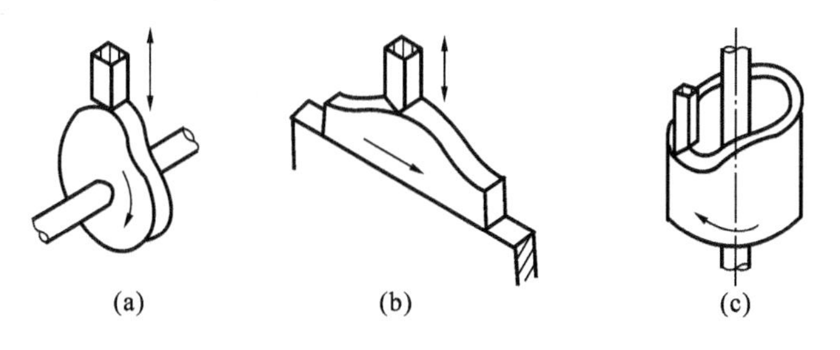

图5-4 按凸轮形状对凸轮机构分类

2. 按从动件形状分类

1）尖顶从动件(knife-edge follower)

如图5-5(a)、(b)、(f)所示的凸轮机构中，从动件与凸轮的接触点为一尖点，称为尖顶。这种从动件结构简单，尖顶能与任意复杂的凸轮轮廓保持接触，以实现从动件的任意运动规律。但尖顶易于磨损，故只适用于传力不大的低速凸轮机构，如各种仪表机构等。

2）滚子从动件(roller follower)

如图5-5(c)、(d)、(g)所示的凸轮机构，从动件以铰接的滚子与凸轮轮廓接触。铰接的滚子与凸轮轮廓间为滚动摩擦，不易磨损，可承受较大的载荷，因而应用最为广泛。

3）平底从动件(flat-faced follower)

如图5-5(e)、(h)所示的凸轮机构中，从动件以平底与凸轮轮廓接触。它的优点是凸轮对从动件的作用力方向始终与平底垂直，传动效率高，工作平稳，且平底与凸轮接触面间易形成油膜，利于润滑，故常用于高速传动中。其缺点是不能与具有内凹轮廓的凸轮配对使用，也不能与移动凸轮和圆柱凸轮配对使用。

3. 按从动件运动形式分类

1）移动从动件(translating follower)

如图5-5(a)、(b)、(c)、(d)、(e)所示的凸轮机构，从动件相对机架作往复直线运动，称为移动从动件。若从动件导路通过盘形凸轮回转中心，称为对心移动从动件，如图5-5(a)、(c)、(e)所示。若从动件导路不通过盘形凸轮回转中心，则称为偏置移动从动件，如图5-5(b)、(d)所示，从动件导路与凸轮回转中心的距离称为偏距(eccentric)，用e表示。

2）摆动从动件(rocking follower)

从动件相对机架作往复摆动，如图5-5(f)、(g)、(h)所示。

4. 按凸轮与从动件保持接触的方式分类

在凸轮机构的传动过程中，应设法保证从动件与凸轮始终保持接触，其保持接触的方式如下。

1）力封闭

这类凸轮机构主要利用弹簧力、从动件自重等外力使从动件与凸轮始终保持接触，如图5-1所示的配气凸轮机构即采用弹簧力封闭的接触方式。

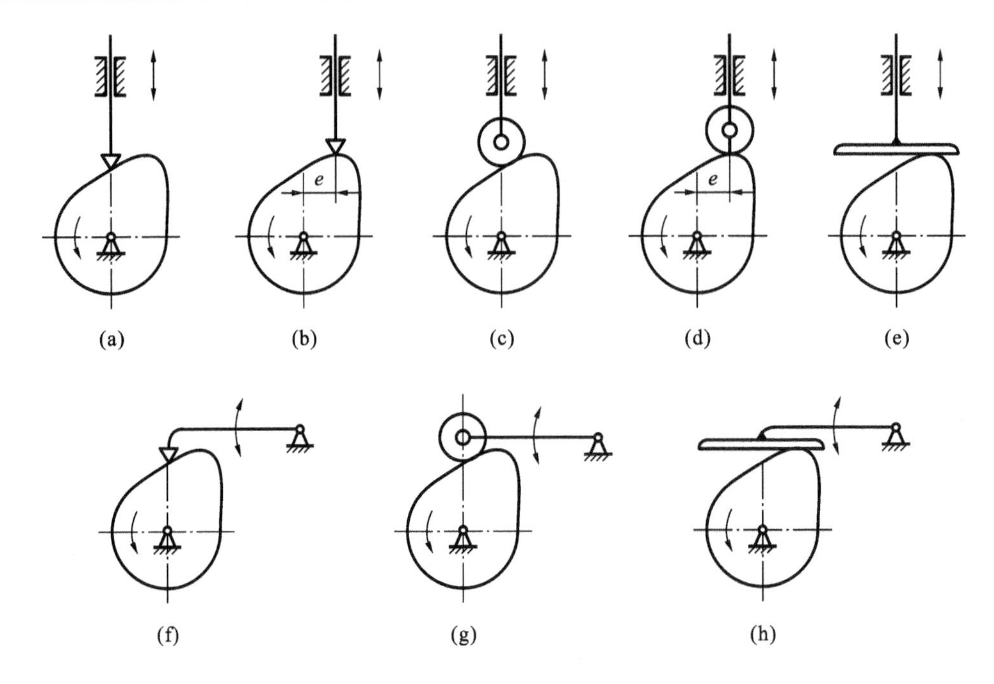

图 5-5 按从动件形状对凸轮机构分类

2）形封闭

这类凸轮机构利用凸轮和从动件的特殊几何结构使两者始终保持接触，如图 5-2 所示的自动进刀凸轮机构即采用形封闭的接触方式。

将不同类型的凸轮和从动件组合起来，便可得到各种形式的凸轮机构。

5.1.3 凸轮机构的工作过程分析

现以图 5-6 所示的对心移动尖顶从动件盘形凸轮机构为例进行工作过程的运动分析，并进行基本名词术语的解释。

1. 基圆

图 5-6 中凸轮轮廓由非圆弧曲线 AB、CD 以及圆弧曲线 BC 和 DA 组成。以凸轮理论轮廓曲线的最小向径 r_b 为半径所作的圆称为凸轮的基圆（base circle），r_b 称为基圆半径。基圆是设计凸轮轮廓曲线的基准。

2. 推程和推程运动角

从动件尖顶从距凸轮回转中心的最近点 A 向最远点 B' 运动的过程，称为推程（actuating travel）。这时从动件移动的距离 h 称为行程（stroke）。与从动件推程相对应的凸轮转角，称为推程运动角（motion angle for actuating travel），如图 5-6 所示的 δ_0。

图 5-6 中的点 A 为凸轮轮廓曲线的起始点。当凸轮与从动件在点 A 接触时，从动件处于距凸轮轴心 O 最近位置。当凸轮以匀角速度 ω_1 顺时针转动 δ_0 时，凸轮轮廓 AB 段的向径逐渐增加，推动从动件以一定的运动规律达到最高位置 B'，此时从动件处于距凸轮轴心 O 最远位置，实现推程。可以看出，推程就是从动件远离凸轮轴心的行程。

3. 远休止和远休止角

图 5-6 中，当凸轮继续顺时针转动 δ_s 时，凸轮轮廓 BC 段的向径不变，此时从动件处于最远位置停留不动，称为远休止。相对应的凸轮转角 δ_s 称为远休止角(far angle of repose)。

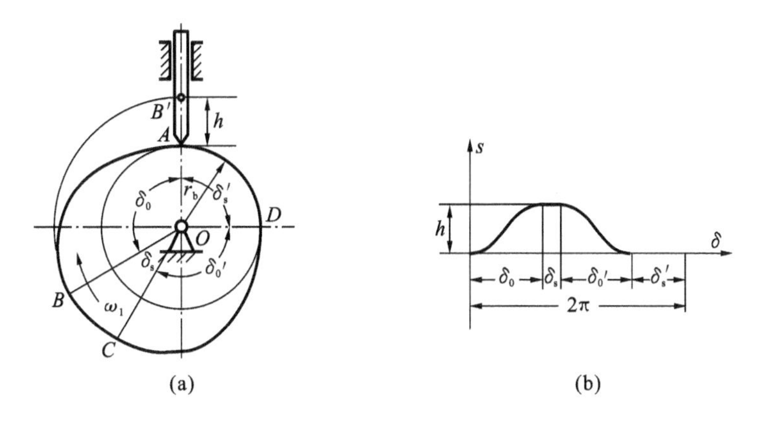

图 5-6　凸轮机构运动分析

4. 回程和回程运动角

当凸轮继续转动 δ'_0 时，凸轮轮廓 CD 段的向径逐渐减小，从动件在重力或弹簧力的作用下，从距凸轮回转中心最远点 B' 向最近点 A 运动的过程，称为回程(return travle)。与从动件回程相对应的凸轮转角，称为回程运动角 δ'_0 (motion angle for return travle)。可以看出，回程是从动件移向凸轮轴心的行程。

5. 近休止和近休止角

凸轮继续转动 δ'_s 时，凸轮轮廓 DA 段的向径不变，此时从动件在最近位置停留不动，称为近休止，相应的凸轮转角 δ'_s 称为近休止角。

当凸轮再继续转动时，从动件重复上述运动循环。因凸轮作匀速转动，其转角 δ 与时间 t 成正比($\delta = \omega t$)，此时若以直角坐标系的纵坐标代表从动件位移 s，横坐标代表凸轮的转角 δ，则可画出从动件位移 s 与凸轮转角 δ 之间的关系线图，如图 5-6(b)所示，这种曲线则称为从动件位移曲线，也可用它来描述从动件的运动规律。

从动件的运动规律是指其运动参数(位移 s、速度 v 和加速度 a)随时间 t 变化的规律，常用运动线图来表示。此时从动件的运动规律也可用从动件的运动参数随凸轮转角的变化规律来表示，即 $s = s(\delta)$ ，$v = v(\delta)$ ，$a = a(\delta)$ 。

由上述分析可知，从动件位移曲线取决于凸轮轮廓曲线的形状。反之，要设计凸轮的轮廓曲线，则必须首先知道从动件的运动规律。

5.2　从动件运动规律

5.2.1　从动件常用运动规律

根据从动件运动规律所用数学表达式的不同，常用的主要有多项式运动规律和三角函数运动规律两大类，下面分别加以介绍。

1. 多项式运动规律

多项式函数具有高阶导数的连续性，因此在凸轮机构从动件运动规律的设计中得到了广泛的应用。用多项式表示的从动件位移方程的一般形式为

$$s = C_0 + C_1\delta + C_2\delta^2 + \cdots + C_n\delta^n \tag{5-1}$$

式中：δ 为凸轮转角；s 为从动件位移；C_0 ，C_1 ，…，C_n 分别为待定系数；n 为多项式的次数。可根据对从动件运动规律的具体要求，提出 $n+1$ 个边界条件代入上式，求出待定系数 C_0 ，C_1 ，…，C_n ，进而推导出多项式运动规律。

1) 一次多项式运动规律($n=1$)

设凸轮以等角速度 ω 转动，凸轮的推程运动角为 δ_0 ，从动件的行程为 h ，由式(5-1)可知，一次多项式运动规律的表达式为

$$\begin{cases} s = C_0 + C_1\delta \\ v = \dfrac{\mathrm{d}s}{\mathrm{d}t} = C_1\omega \\ a = \dfrac{\mathrm{d}v}{\mathrm{d}t} = 0 \end{cases} \tag{5-2}$$

假设边界条件为：在始点处，$\delta=0$ ，$s=0$ ；在终点处，$\delta=\delta_0$ ，$s=h$ 。代入式(5-2)得 $C_0=0$ ，$C_1=h/\delta_0$ ，故从动件推程的运动方程为

$$\begin{cases} s = \dfrac{h\delta}{\delta_0} \\ v = \dfrac{h\omega}{\delta_0} \\ a = 0 \end{cases} \tag{5-3}$$

同理，根据回程时的边界条件：$\delta=0$ ，$s=h$ ；$\delta=\delta'_0$ ，$s=0$（其中 δ'_0 为回程运动角）。代入式(5-2)可得 $C_0=h$ ，$C_1=-h/\delta'_0$ ，故从动件回程的运动方程为

$$\begin{cases} s = h\left(1-\dfrac{\delta}{\delta'_0}\right) \\ v = -\dfrac{h\omega}{\delta'_0} \\ a = 0 \end{cases} \tag{5-4}$$

注意：计算边界条件时，凸轮的转角 δ 总是从该运动过程的起始位置起计量。

由于一次多项式函数的一阶导数为常数，所以此时从动件作匀速运动，故又称等速运动规律(constant velocity motion curve)。图 5-7 所示为其推程段的等速运动线图。由图可知，从动件在运动开始和终止的瞬间，速度有突变，所以这时从动件在理论上将产生无穷大的加速度和惯性力，因而会使凸轮机构受到极大的冲击。这种由于加速度无穷大而产生的冲击称为刚性冲击(rigid impulse)。当然，由于实际凸轮机构中构件的弹性、阻尼等因素作用，惯性力不可能无穷大。因此，等速运动规律通常只适用于低速轻载的场合，或对从动件有实现等速运动要求的场合，如图 5-2 所示的自动机床的进刀凸轮机构。

2) 二次多项式运动规律($n=2$)

二次多项式的表达式为

$$\begin{cases} s = C_0 + C_1\delta + C_2\delta^2 \\ v = \dfrac{\mathrm{d}s}{\mathrm{d}t} = C_1\omega + 2C_2\omega\delta \\ a = \dfrac{\mathrm{d}v}{\mathrm{d}t} = 2C_2\omega^2 \end{cases} \tag{5-5}$$

由式(5-5)可知，这时从动件的加速度为常数。为了保证凸轮机构运动的平稳性，工程中通常采用的二次多项式的运动规律一般是：在一个运动行程中(推程或回程)，前半段采用等加速，后半段采用等减速，所以也称为等加速等减速运动规律(constant acceleration and deceleration motion curve)。这时，推程加速段的边界条件为：$\delta = 0$，$s = 0$，$v = 0$；$\delta = \delta_0/2$，$s = h/2$。将其代入式(5-5)，可得 $C_0 = 0$，$C_1 = 0$，$C_2 = 2h/\delta_0^2$，故从动件推程匀加速段的运动方程为

$$\begin{cases} s = \dfrac{2h\delta^2}{\delta_0^2} \\ v = \dfrac{4h\omega\delta}{\delta_0^2} \\ a = \dfrac{4h\omega^2}{\delta_0^2} \end{cases} \tag{5-6}$$

式中：δ 的变化范围为 $0 \sim \delta_0/2$。

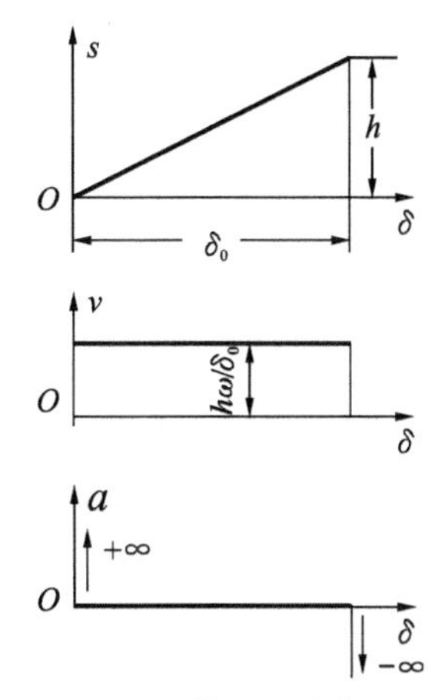

图 5-7 等速运动线图

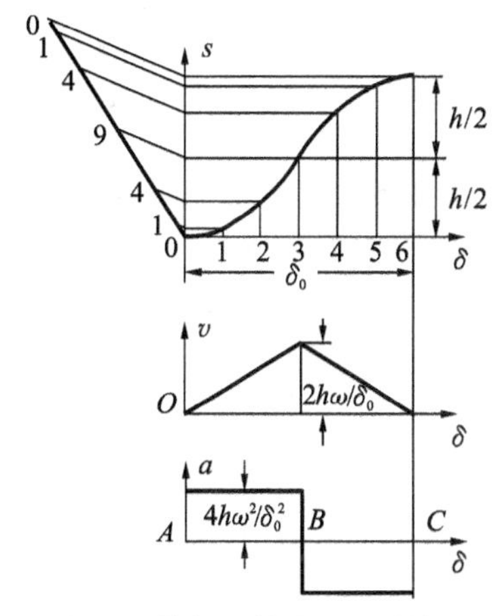

图 5-8 等加速等减速运动线图

由式(5-6)可知，在此阶段，从动件的位移 s 与凸轮转角 δ 的平方成正比，故其位移曲线为图 5-8 所示的一段向上凹的抛物线。

推程等减速段的边界条件为：$\delta=\delta_0/2$，$s=h/2$；$\delta=\delta_0$，$s=h$，$v=0$。将其代入式(5-5)，可得 $C_0=-h$，$C_1=4h/\delta_0$，$C_2=-2h/\delta_0^2$。故从动件推程等减速段的运动方程为

$$\begin{cases} s = h - \dfrac{2h}{\delta_0^2}(\delta_0 - \delta)^2 \\ v = \dfrac{4h\omega}{\delta_0^2}(\delta_0 - \delta) \\ a = -\dfrac{4h\omega^2}{\delta_0^2} \end{cases} \tag{5-7}$$

式中：δ 的变化范围为 $\delta_0/2 \sim \delta_0$ 。这时，从动件的位移曲线为图 5-8 所示的位移曲线上一段向下凹的抛物线，两段反向抛物线在中点处光滑相连，故等加速等减速运动规律又称为抛物线运动规律(parabolic motion curve)。

由图 5-8 可知，加速度曲线上 A、B、C 三点的加速度为一有限值突变，因而引起的冲击较小或较柔和，故称为柔性冲击(soft impulse)。但在高速情况下仍将导致严重的振动、噪声和磨损，所以这种运动规律只适用于中、低速轻载的工况。

同理，根据回程中的边界条件，可得回程时等加速等减速运动规律的运动方程如下。

回程等加速段：

$$\begin{cases} s = h - \dfrac{2h\delta^2}{\delta'^2_0} \\ v = -\dfrac{4h\omega\delta}{\delta'^2_0}\left(0 \leqslant \delta \leqslant \dfrac{\delta'_0}{2}\right) \\ a = -\dfrac{4h\omega^2}{\delta'^2_0} \end{cases} \tag{5-8}$$

回程等减速段：

$$\begin{cases} s = \dfrac{2h}{\delta'^2_0}(\delta'_0 - \delta)^2 \\ v = \dfrac{-4h\omega}{\delta'^2_0}(\delta'_0 - \delta)\left(\dfrac{\delta'_0}{2} \leqslant \delta \leqslant \delta'_0\right) \\ a = \dfrac{4h\omega^2}{\delta'^2_0} \end{cases} \tag{5-9}$$

3）五次多项式运动规律($n = 5$)

五次多项式的表达式为

$$\begin{cases} s = C_0 + C_1\delta + C_2\delta^2 + C_3\delta^3 + C_4\delta^4 + C_5\delta^5 \\ v = C_1\omega + 2C_2\omega\delta + 3C_3\omega\delta^2 + 4C_4\omega\delta^3 + 5C_5\omega\delta^4 \\ a = +2C_2\omega^2 + 6C_3\omega^2\delta + 12C_4\omega^2\delta^2 + 20C_5\omega^2\delta^3 \end{cases} \tag{5-10}$$

因该方程组中的待定系数有 6 个，故可设定 6 个边界条件为

在始点处：$\delta=0, s=0, v=0, a=0$。

在终点处：$\delta=\delta_0, s=h, v=0, a=0$。

代入式(5-10)可得 $C_0=0, C_1=0, C_2=0, C_3=10h/\delta_0^3, C_4=15h/\delta_0^4, C_5=6h/\delta_0^5$。由此可推出五次多项式运动规律的运动方程为

$$\begin{cases} s = \dfrac{10h}{\delta_0^3}\delta^3 - \dfrac{15h}{\delta_0^4}\delta^4 + \dfrac{6h}{\delta_0^5}\delta^5 \\ v = \dfrac{30h}{\delta_0^3}\omega\delta^2 - \dfrac{60h}{\delta_0^4}\omega\delta^3 + \dfrac{30h}{\delta_0^5}\omega\delta^4 \\ a = \dfrac{60h}{\delta_0^3}\omega^2\delta - \dfrac{180h}{\delta_0^4}\omega^2\delta^2 + \dfrac{120h}{\delta_0^5}\omega^2\delta^3 \end{cases} \tag{5-11}$$

式(5-11)的位移方程中分别含有 3、4、5 次幂，故这种运动规律又称为 3-4-5 次多项式。图 5-9 所示为其运动线图。其中：s 为位移曲线；v 为速度曲线；a 为加速度曲线。由图可知，加速度曲线光滑连续，故此运动规律既无刚性冲击也无柔性冲击，适用于高速、中载的场合。

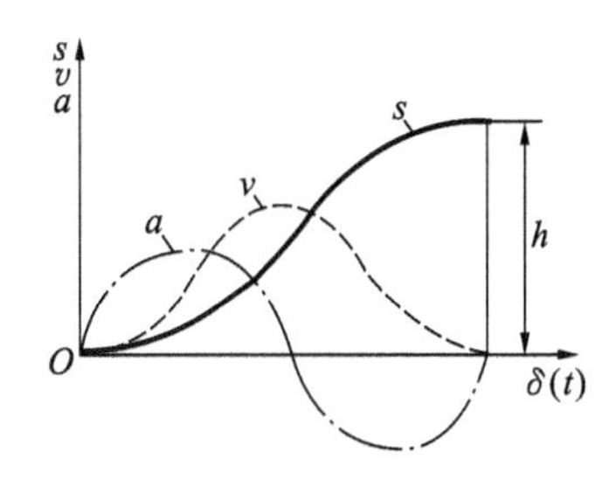

图 5-9　五次多项式运动线图

2. 三角函数运动规律

三角函数运动规律包括简谐运动规律和摆线运动规律这两种基本的运动规律。

1）余弦加速度运动规律(cosine acceleration motion curve)

余弦加速度运动规律又称为简谐运动规律(simple harmonic motion curve)，如图 5-10 所示，当质点沿着以推程 h 为直径的圆周匀速运动时，它在直径上的投影点的运动即为简谐运动。其推程的运动方程为

$$\begin{cases} s = \dfrac{h}{2}\left[1 - \cos\left(\dfrac{\pi\delta}{\delta_0}\right)\right] \\ v = \dfrac{h\pi\omega}{2\delta_0}\sin\left(\dfrac{\pi\delta}{\delta_0}\right) \\ a = \dfrac{h\pi^2\omega^2}{2\delta_0^2}\cos\left(\dfrac{\pi\delta}{\delta_0}\right) \end{cases} \tag{5-12}$$

回程的运动方程为

$$\begin{cases} s = \dfrac{h}{2}\left[1 + \cos\left(\dfrac{\pi\delta}{\delta'_0}\right)\right] \\ v = -\dfrac{h\pi\omega}{2\delta'_0}\sin\left(\dfrac{\pi\delta}{\delta'_0}\right) \\ a = -\dfrac{h\pi^2\omega^2}{2\delta'^2_0}\cos\left(\dfrac{\pi\delta}{\delta'_0}\right) \end{cases} \tag{5-13}$$

由图 5-10 的加速度曲线可知，在行程开始和终止位置，加速度有突变，故产生柔性冲击。只有当推程和回程均用余弦加速度运动规律，且远、近休止角为零，即为升-降-升型时，才可以获得连续的加速度曲线(见图 5-10 中的虚线)，不产生柔性冲击，因此适用于高速场合。

2）正弦加速度运动规律(sine acceleration motion curve)

正弦加速度运动规律又称为摆线运动规律(cycloid motion curve)，如图 5-11 所示，当滚子沿纵轴匀速纯滚动时，圆周上一点在纵轴上的投影点的运动即为摆线运动。其推程的运动方程为

$$\begin{cases} s = \dfrac{h}{2\pi}\left[\left(\dfrac{\delta}{\delta_0}\right) - \sin\left(\dfrac{2\pi\delta}{\delta_0}\right)\right] \\ v = \dfrac{h\omega}{\delta_0}\left[1 - \cos\left(\dfrac{2\pi\delta}{\delta_0}\right)\right] \\ a = \dfrac{2h\pi\omega^2}{\delta_0^2}\sin\left(\dfrac{2\pi\delta}{\delta_0}\right) \end{cases} \tag{5-14}$$

回程的运动方程为

$$\left\{\begin{aligned} s &= \frac{h}{2\pi}\left[1-\left(\frac{\delta}{\delta'_0}\right)+\sin\left(\frac{2\pi\delta}{\delta'_0}\right)\right] \\ v &= \frac{h\omega}{\delta'_0}\left[\cos\left(\frac{2\pi\delta}{\delta'_0}-1\right)\right] \\ a &= -\frac{2h\pi\omega^2}{\delta'^2_0}\sin\left(\frac{2\pi\delta}{\delta'_0}\right) \end{aligned}\right. \tag{5-15}$$

由图 5-11 可知，其加速度曲线光滑连续，理论上既无刚性冲击，也无柔性冲击，因此适用于高速场合。

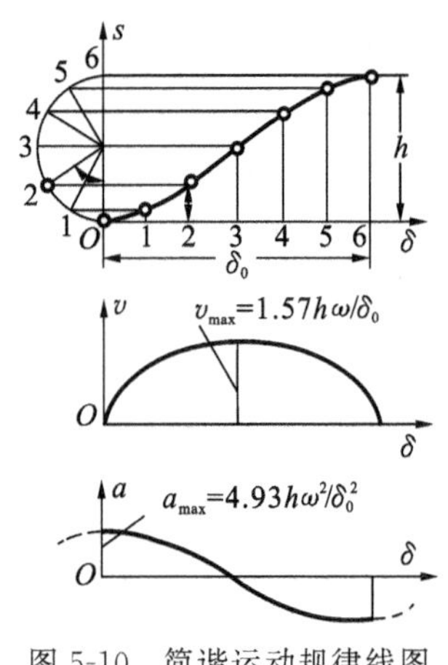

图 5-10　简谐运动规律线图

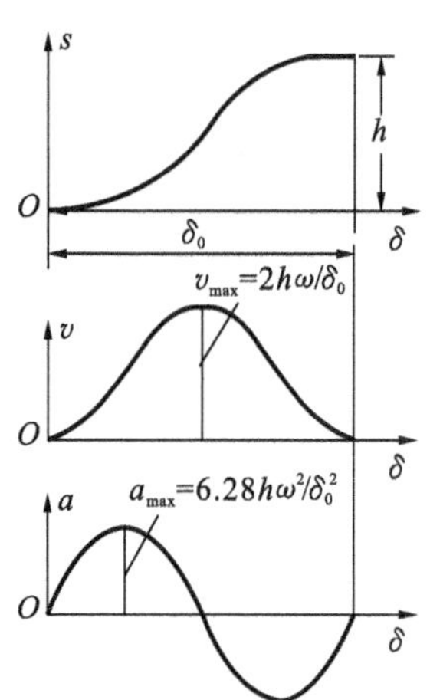

图 5-11　摆线运动规律线图

5.2.2　从动件运动规律的组合

为了获得更好的运动和动力特性，还可以把上一节介绍的几种基本运动规律组合起来加以应用(或称运动线图的拼接)。组合时，两条曲线在拼接处必须保持连续，即具有相同的位移、速度、加速度甚至跃度。这种通过几种不同运动规律组合在一起而设计出的运动规律，称为组合型运动规律。常用的有下面几种组合型运动规律。

1. 改进型匀速运动规律

为获得良好的运动特性，改进型运动曲线在两种运动规律曲线的衔接处必须是连续的。低速轻载只要求满足位移和速度曲线连续即可，但高速场合就要求位移、速度和加速度曲线都要连续，在更高速场合除了连续性要求外还要求加速度的最大值和变化率尽量小些。如图 5-12 所示，为了避免匀速运动规律的刚性冲击，在位移曲线中将开始的一小段(*AB* 段)和结束的一小段(*CD* 段)直线用圆弧来替代，为了使圆弧段和直线段在衔接点有同样大小的速度，图中的斜线 *BC* 必须和圆弧两端相切，这样匀速运动规律也可以用在速度较高的场合。

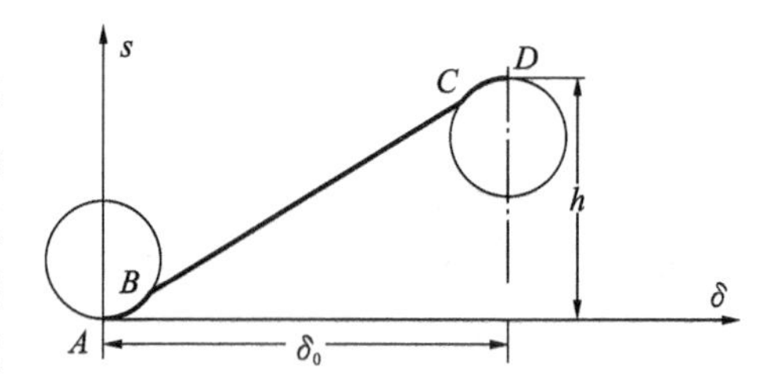

图 5-12　匀速运动规律的一种改进

2. 改进型梯形加速度运动规律

由前所述，匀加速匀减速运动规律在其始末两点以及中间正负加速度交接处加速度有突变，存在柔性冲击。为了克服这一缺点，可以在其始末两点以及中间交接处用适当的正弦加速度曲线光滑过渡，组成改进型梯形加速度运动规律，如图5-13所示，它实际上是由三段正弦加速度曲线与两段匀加速度匀减速度曲线共五段曲线组合而成，AB段($0\sim\delta_0/8$)和EF段($7\delta_0/8\sim\delta_0$)为周期等于$\delta_0/2$的第一和第四象限正弦曲线，CD段($3\delta_0/8\sim5\delta_0/8$)为周期等于$\delta_0/2$的第二和第三象限正弦曲线，$BC$段($\delta_0/8\sim3\delta_0/8$)为匀加速曲线，$DE$段($5\delta_0/8\sim7\delta_0/8$)为匀减速曲线。该组合运动规律具有较好的综合动力特性指标。

3. 改进型正弦加速度运动规律

由前所述，正弦加速度运动规律在始末两点的加速度均为零，在其附近运动非常缓慢，必然提高从动件在行程中间的最大速度。为了改进这一点，可以在其行程始末两段及中间部分各用不同周期的正弦加速度曲线光滑连接，成为改进型正弦加速度运动规律。如图5-14所示，它实际上是由三段正弦加速度曲线组合而成，通常取$\delta_1=\delta_3=\delta_0/8$，$\delta_2=3\delta_0/4$，$AB$段($0\sim\delta_0/8$)和$CD$段($7\delta_0/8\sim\delta_0$)为周期等于$\delta_0/2$的第一和第四象限正弦曲线，$BC$段($\delta_0/8\sim7\delta_0/8$)为周期等于$3\delta_0/2$的第二和第三象限正弦曲线，该组合规律也具有较好的综合动力特性指标。因此，上述改进型运动规律广泛应用于中、高速凸轮机构的廓线设计。

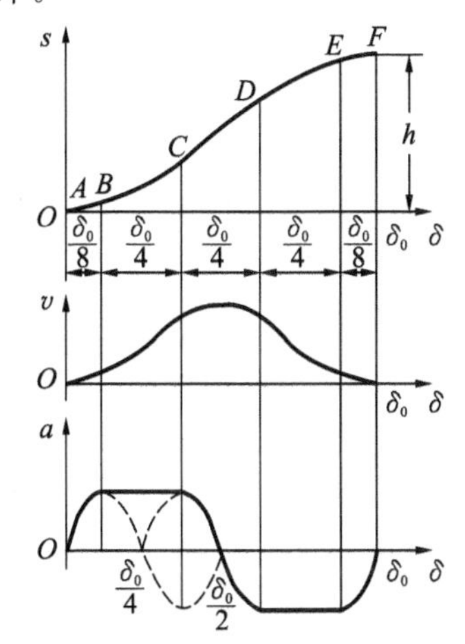

图5-13 改进型梯形加速度运动线图

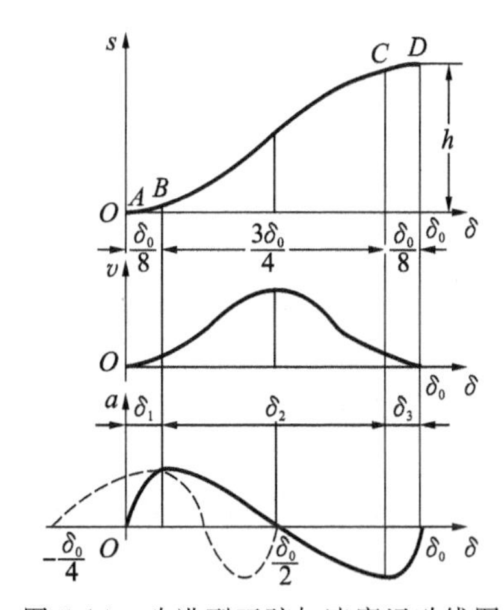

图5-14 改进型正弦加速度运动线图

5.2.3 从动件运动规律的选择

选择或设计从动件的运动规律，需考虑多方面的因素。首先需要满足机械的具体工作要求，其次还应使凸轮具有较好的动力特性，同时还要使设计的凸轮便于加工等。而这些要求又往往是相互制约的。因此，在选择或设计从动件的运动规律时，必须综合考虑使用场合、工作条件、工作要求、运动和动力特性要求以及加工工艺等因素。在满足主要因素的前提下，尽量兼顾其他因素。除考虑避免刚性和柔性冲击外，还应对各种运动规律所具有的最大速度v_{max}、最大加速度a_{max}甚至最大跃度j_{max}及其影响加以比较。因为这些值也会从不同角度影响凸轮机构的动力性能。跃度j是加速度的一阶导数，它反映了惯性力的变化率。

(1) 最大速度 v_{max} 与从动件的最大动量 mv_{max} 有关，v_{max} 越大，动量越大。若从动件被突然阻止，过大的动量会导致极大的冲击力，危及设备和人身安全。因此，当从动件质量较大时，为了减小动量，应选择 v_{max} 值较小的运动规律。

(2) 最大加速度 a_{max} 与从动件的最大惯性力 ma_{max} 有关。而惯性力是影响机构动力学性能的主要因素，惯性力越大，作用在从动件与凸轮之间的接触应力越大，对构件的强度和耐磨性要求也越高。对于高速凸轮，为了减小惯性力的危害，应选择 a_{max} 较小的运动规律。

(3) 最大跃度 j_{max} 与惯性力的变化率密切相关，它直接影响到从动件系统的振动稳定性和工作平稳性，特别是对于高速凸轮机构，最大跃度 j_{max} 越小越好。

表 5-1 给出了前述几种运动规律的 v_{max}、a_{max}、j_{max} 冲击情况及适用场合，供选择从动件运动规律时参考。

表 5-1　从动件常用运动规律特性比较及适用场合

运动规律	冲击特性	v_{max} $(h\omega/\delta_0)\times$	a_{max} $(h\omega^2/\delta_0^2)\times$	j_{max} $(h\omega^3/\delta_0^3)\times$	适用场合
等速	刚性	1.00	—	—	低速、轻载
等加速等减速	柔性	2.00	4.00	—	中速、轻载
五次多项式	无	1.88	5.77	60.0	高速、中载
余弦加速度	柔性	1.57	4.93	—	中低速、重载
正弦加速度	无	2.00	6.28	39.5	中高速、轻载
改进型等速(正弦)	—	1.28	8.01	201.4	低速、重载
改进型梯形加速度	—	2.00	4.89	61.4	高速、轻载
改进型正弦加速度	—	1.76	5.53	69.5	中高速、重载

最后必须指出，上述各种运动规律方程式都是以直动从动件为对象来推导的，如为摆动从动件，则应将式中的 h、s、v、a 分别更换为行程角 φ_{max}、角位移 φ、角速度 ω_2 和角加速度 α_2。

5.3　作图法设计盘形凸轮轮廓

5.3.1　凸轮轮廓曲线设计的基本原理

凸轮机构工作时，凸轮和从动件都在运动，为了在图纸上绘制出凸轮轮廓曲线，应该使凸轮相对图纸平面保持静止不动，为此，可采用反转法。下面以图 5-15 所示凸轮机构为例来说明此种方法的原理。

如图 5-15 所示为一对心移动尖顶从动件盘形凸轮机构，当凸轮以等角速度 ω_1 绕轴心 O 逆时针转动时，将推动从动件沿其导路作往复移动。为便于绘制凸轮轮廓曲线，设想给整个凸轮机构(含机架、凸轮及从动件等)加上一个绕凸轮轴心的公共角速度 $-\omega_1$，根据相对运动原理，这时凸轮与从动件之间的相对运动关系并不发生改变，但此时凸轮将静止不动，而从动件则一方面和机架一起以角速度 $-\omega_1$ 绕凸轮轴心 O 转动，同时又以原有运动规律相对于机架，沿导路作预期的往复运动。由于从动件尖顶在这种复合运动中始终与凸轮轮廓保持接触，所以其尖顶的轨迹就是凸轮轮廓曲线。这种利用相对运动原理设计凸轮轮廓曲线的方法称为“反转法”。反转法的原理适用于各种凸轮轮廓曲线的设计。

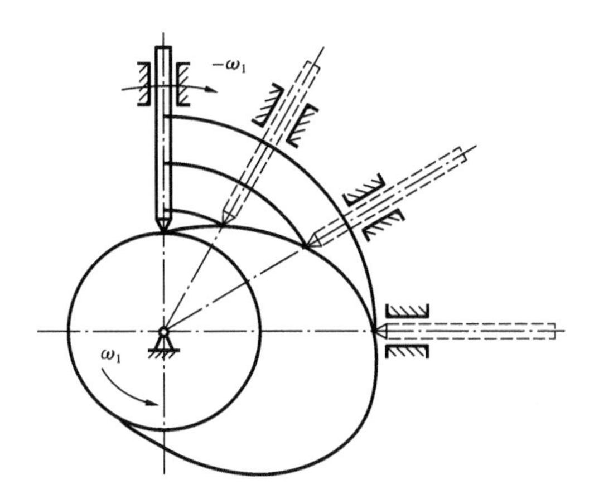

图 5-15　凸轮与从动件的相对运动(反转原理)

5.3.2　移动从动件盘形凸轮轮廓曲线设计

1. 对心移动尖顶从动件盘形凸轮轮廓曲线的绘制

如图 5-16 所示的凸轮机构中，已知凸轮以等角速度 ω_1 顺时针转动，凸轮基圆半径为 r_b，从动件的运动规律为：凸轮转过推程运动角 δ_0 时，从动件等速上升一个行程 h 到达最高位置；凸轮转过远休止角 δ_s，从动件在最高位置停留不动；凸轮继续转过回程运动角 δ'_0，从动件以匀加速匀减速运动回到最低位置；最后凸轮转过近休止角 δ'_s，从动件在最低位置停留不动(此时凸轮正好转动一周)。

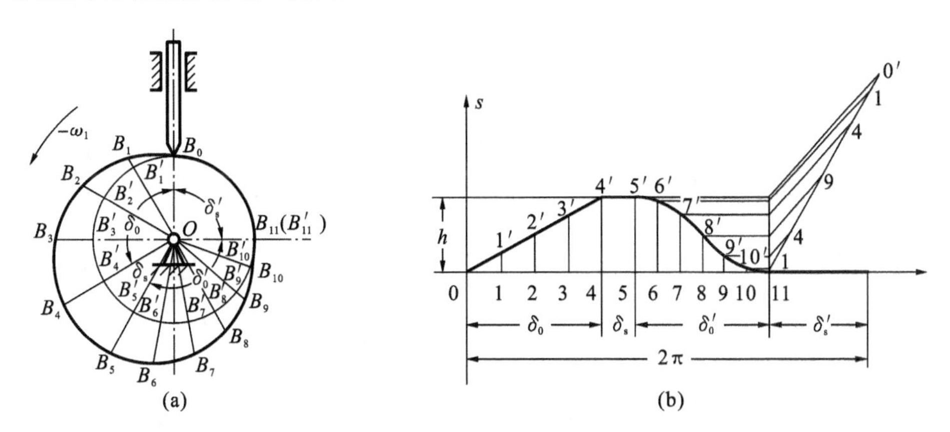

图 5-16　对心移动尖顶从动件盘形凸轮机构的设计

根据上述“反转法”，则该凸轮轮廓曲线可按如下步骤作出。

(1) 选取长度比例尺 μ_s (实际线性尺寸/ 图样线性尺寸)和角度比例尺 μ_δ (实际角度/图样线性尺寸)，作从动件位移曲线 $s=s(\delta)$，如图 5-16 (b)所示。

(2) 将位移曲线的推程运动角 δ_0 和回程运动角 δ'_0 分段等分，并通过各等分点作垂线，与位移曲线相交，即得相应凸轮各转角时从动件的位移 11′，22′，…。等分运动角的原则是“陡密缓疏”，即位移曲线中斜率大的线段等分数量多一些，斜率小的线段等分数量相对少一些，以提高作图精度。

(3) 用同样比例尺 μ_S 以 O 为圆心，以 $OB_0=r_b/\mu_s$ 为半径画基圆，如图 5-16(a)所示。此基圆与从动件导路线的交点 B_0 即为从动件尖顶的起始位置。

(4) 自 OB_0 沿 ω_1 的相反方向取角度 δ_0、δ_S、δ'_0、δ'_s，并将它们各分成与图 5-16(b)对应的若干等份，得 B'_1，B'_2，B'_3，…。连接 OB'_1，OB'_2，OB'_3，…，并延长各径向线，它们便是反转后从动件导路线的各个位置。

(5) 在位移曲线中量取各个位移量，并取 $B'_1B_1=11'$，$B'_2B_2=22'$，$B'_3B_3=33'$，…，得反转后从动件尖顶的一系列位置 B_1，B_2，B_3，…。

(6) 将 B_0，B_1，B_2，…连成光滑的曲线，即是所要求的凸轮轮廓曲线。

2. 对心移动滚子从动件盘形凸轮轮廓曲线的绘制

设计对心移动滚子从动件盘形凸轮轮廓时，应在前述尖顶从动件盘形凸轮的基础上增加一个已知条件即滚子半径 r_T。在这种类型的凸轮机构中，由于凸轮转动时滚子与凸轮的相切点不一定在从动件的导路线上，但滚子中心位置始终处在该线上，从动件的运动规律与滚子中心的运动规律一致，所以其凸轮轮廓曲线的设计需要分两步进行。

(1) 将滚子中心看作尖顶从动件的尖顶，按前述方法设计出轮廓曲线 β_0，这一曲线称为凸轮的理论轮廓曲线。

(2) 以理论轮廓曲线上的各点为圆心、以滚子半径 r_T 为半径作一系列的圆，这些圆的内包络线 β 即为凸轮上与从动件直接接触的轮廓，称为凸轮的工作轮廓曲线，如图 5-17 所示。在滚子从动件盘形凸轮机构中，以凸轮轴心为圆心，凸轮理论轮廓最小向径值为半径所作的圆，称为凸轮理论轮廓基圆，后面提到的基圆除非特别说明，均指理论轮廓基圆；而以凸轮轴心为圆心，凸轮工作轮廓最小向径值为半径所作的圆，称为凸轮工作轮廓基圆。

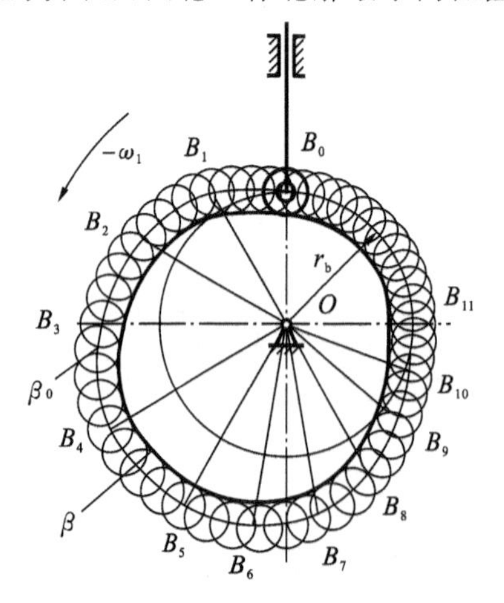

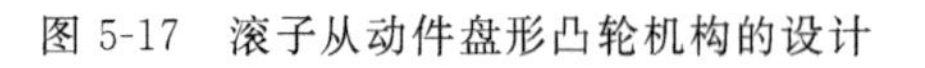
图 5-17 滚子从动件盘形凸轮机构的设计

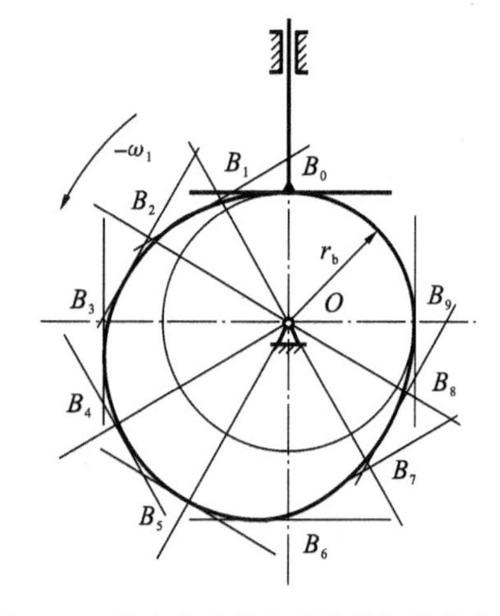

图 5-18 平底从动件盘形凸轮机构的设计

3. 对心移动平底从动件盘形凸轮轮廓曲线的绘制

平底从动件盘形凸轮工作轮廓曲线(见图 5-18)的绘制与滚子从动件相仿，也要按两步进行：

(1) 把平底与从动件的导路中心线的交点 B_0 看作尖顶从动件的尖顶，按照尖顶从动件凸轮轮廓曲线的画法，求出导路中心线与平底的各交点 $B_1, B_2, B_3, \cdots$

(2) 过以上各交点 $B_1, B_2, B_3, \cdots$ 作一系列表示平底的直线，然后作此直线族的包络线，即得到该凸轮的工作轮廓曲线。

4. 偏置移动尖顶从动件盘形凸轮轮廓曲线的绘制

偏置移动尖顶从动件盘形凸轮机构（见图 5-19）从动件导路的轴线不通过凸轮的回转轴心 O，而是有一偏距 e。从动件在反转运动过程中依次占据的位置不再是由凸轮回转轴心 O 作出的径向线，而是始终与 O 保持一偏距 e 的直线。此时，若以凸轮回转中心 O 为圆心，以偏距 e 为半径作圆（称为偏距圆），则从动件在反转运动过程中其导路的轴线始终与偏距圆相切，因此，从动件的位移应沿这些切线量取。现将作图方法叙述如下。

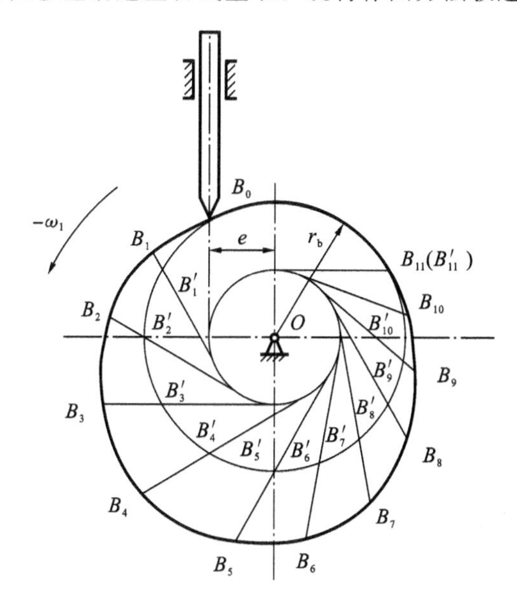

图 5-19 偏置移动尖顶从动件盘形凸轮机构的设计

(1) 选取适当长度比例尺 μ_S 和角度比例尺 μ_d，作从动件位移曲线，并将横坐标分段等分，如图 5-16(b)所示。

(2) 以同样的长度比例尺 μ_S，并以 O 为圆心作偏距圆和基圆。基圆与从动件导路中心线的交点 B_0 即为从动件升程的起始位置。

(3) 过点 B_0 作偏距圆的切线，该切线即为从动件导路线的起始位置。

(4) 自点 B_0 开始，沿 ω_1 的相反方向将基圆分成与位移线图相同的等份，得各分点 B'_1，$B'_2, B'_3, \cdots$。过 $B'_1, B'_2, B'_3, \cdots$ 各点作偏距圆的切线并延长，则这些切线即为从动件在反转过程中所依次占据的位置。

(5) 在各切线上自 $B'_1, B'_2, B'_3, \cdots$ 截取 $B'_1B_1 = 11'$，$B'_2B_2 = 22'$，$B'_3B_3 = 33'$，…，得 B_1，$B_2, B_3, \cdots$ 各点。将 B_0、B_1、B_2、…连成光滑的曲线，即是所要求的凸轮轮廓曲线。

5.3.3 摆动从动件盘形凸轮轮廓曲线设计

尖底摆动从动件盘形凸轮机构，如图 5-20 所示，当凸轮等速转动时，从动件绕轴 A 作往复摆动。因此，在反转过程中，从动件一方面随其轴 A 以角速度 $-\omega_1$ 绕凸轮轴心 O 转动，同时还绕其轴 A 按预定的运动规律作往复摆动。此时，从动件尖顶在复合运动中的轨迹，即为该凸轮的轮廓曲线。

若已知基圆半径为 r_b，凸轮回转中心与从动件摆动轴心之间的距离为 l_{OA}，摆动从动件的长度为 l_{AB}，凸轮以等角速度 ω_1 顺时针转动，从动件角位移线图如图 5-20(b)所示，则该凸轮轮廓曲线的画法如下。

(1) 选取适当长度比例尺 μ_s，并以 O 为圆心，分别以 r_b/μ_s 和 l_{OA}/μ_s 为半径作基圆和轴心距圆(见图 5-20(a))。

(2) 在轴心距圆上任取一点 A_0 作为摆动从动件的转轴位置。沿 ω_1 的相反方向将该圆分成与角位移图中转角 δ 相同的等份，得 $A_1, A_2, A_3, \cdots$ 各点。

(3) 分别以 $A_0, A_1, A_2, \cdots$ 各点为圆心，l_{AB}/μ_s 为半径作圆弧交基圆于 $B_0, B_1, B_2, \cdots$ 各点，连接 $A_0B_0, A_1B_1, A_2B_2, \cdots$。

(4) 根据角位移线图，分别取 $\angle B_1A_1B'_1 = 11' \cdot \mu_\varphi = \varphi_1$，$\angle B_2A_2B'_2 = 22' \cdot \mu_\varphi = \varphi_2$，$\angle B_3A_3B'_3 = 33' \cdot \mu_\varphi = \varphi_3, \cdots$($\mu_\varphi$ 为 φ 轴的比例尺，$\varphi_1, \varphi_2, \varphi_3, \cdots$ 分别为摆动从动件 AB 相对其初始位置 $A_0B'_0$ 的相对摆角)，由此得 $B'_1, B'_2, B'_3, \cdots$ 各点，将这些点连成光滑曲线，即为该凸轮轮廓曲线。

若采用滚子或平底从动件，与移动从动件作法相似。先作理论轮廓曲线，再在理论轮廓曲线的基础上作一系列的滚子圆或平底直线族，最后作此滚子圆族或平底直线族的包络线，即得凸轮的工作轮廓曲线。

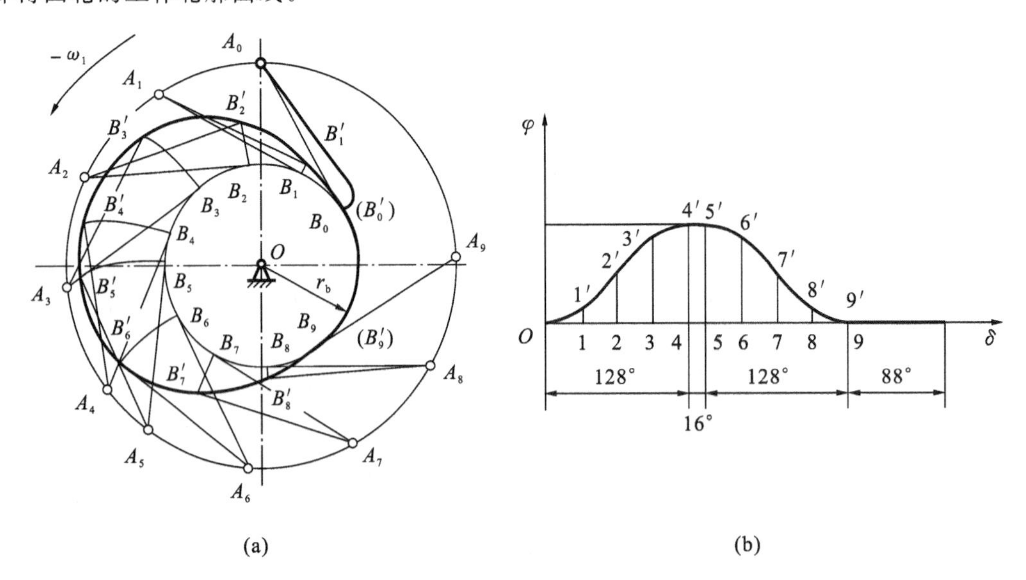

图 5-20 摆动从动件盘形凸轮机构

5.4 解析法设计盘形凸轮轮廓

用作图法设计凸轮轮廓曲线，概念清晰、简单易行，但设计烦琐、精度较低。对于高速、精密、自动化机械上的凸轮机构，必须用解析法设计凸轮轮廓曲线。所谓解析法，就是根据已知的从动件运动规律和凸轮机构参数，求出凸轮轮廓曲线的方程式，使用计算机精确计算出凸轮轮廓曲线上各点的坐标值。解析法不仅计算精度高、速度快、易实现可视化，更适合用数控机床进行加工，有利于实现 CAD/CAM 一体化。下面介绍几种盘形凸轮轮廓曲线解析设计方法。

5.4.1 移动滚子从动件盘形凸轮轮廓设计

如图 5-23 所示为用解析法设计偏置移动滚子从动件盘形凸轮轮廓曲线。已知凸轮以等角 ω 逆时针方向转动，凸轮基圆半径为 r_b，滚子半径为 r_T，已知从动件导路相对凸轮的位置及偏距 e，及从动件的运动规律等。

1. 理论轮廓曲线方程

以凸轮回转轴心 O 为坐标原点，从动件推程运动方向为 y 轴，建立右手直角坐标系 Oxy，如图 5-21(a)所示。为了获得统一的计算公式，引入凸轮转向系数 β 和从动件偏置方向系数 γ，并规定：当凸轮转向为逆时针时，$\beta=1$，顺时针时，$\beta=-1$；经过滚子中心的导路线偏于 x 轴正侧时，$\gamma=1$，偏于 x 轴负侧时，$\gamma=-1$，与 y 轴重合时，$\gamma=0$。图中点 B_0 为从动件处于起始位置时滚子中心的位置，当凸轮自起始位置转过 δ 角后，从动件的位移为 s，根据反转原理作图。由图 5-21(a)可以看出，此时滚子中心将处于点 B，点 B 即为理论轮廓曲线上的点，该点的坐标为

$$\begin{cases} x=\overline{KN}+\overline{HK}=(s_0+s)\sin(\beta\delta)+e\gamma\cos(\beta\delta) \\ y=\overline{BN}-\overline{OH}=(s_0+s)\cos(\beta\delta)-e\gamma\sin(\beta\delta) \end{cases} \tag{5-16}$$

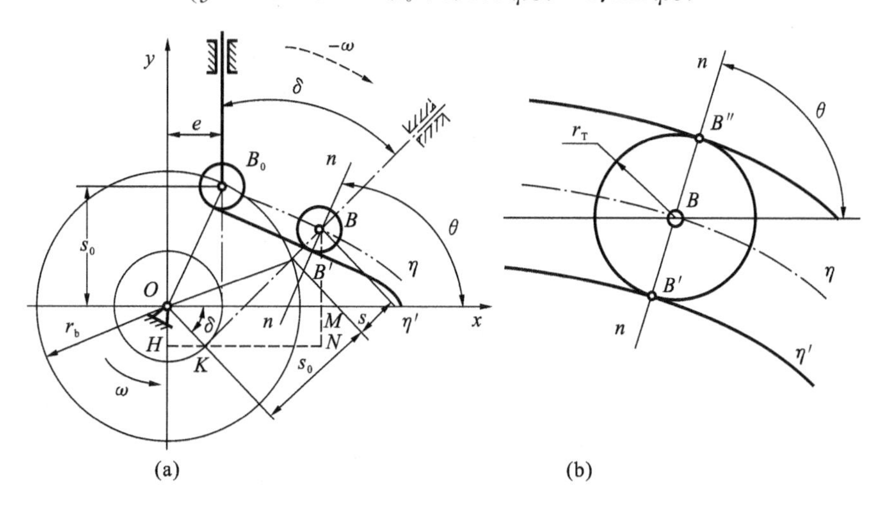

图 5-21　用解析法设计偏置滚子直动从动件盘形凸轮轮廓曲线

式(5-16)即为凸轮理论廓线的直角坐标参数方程。其中，$s_0=\sqrt{r_b^2-e^2}$。若令 $e=0$，则式(5-16)可变为对心移动滚子从动件凸轮的理论轮廓曲线方程，此时 $s_0=r_b$。

2. 实际轮廓曲线方程

由作图法可知，滚子从动件盘形凸轮的理论轮廓曲线与实际轮廓曲线互为法向等距曲线，这两条曲线的法向距离等于滚子半径 r_T。设凸轮理论轮廓曲线上点 B 处的法线为 n-n，如图 5-21(b)所示，它与 x 轴正向之间的夹角为 θ。法线 n-n 与滚子圆的两个交点 $B'(x',y')$，$B''(x'',y'')$即为凸轮实际轮廓曲线上与理论轮廓曲线上的点 B 相对应的点，则凸轮实际廓线上 B'、B''两点的坐标为

$$\begin{cases}x'=x\mp r_T\cos\theta\\ y'=y\mp r_T\sin\theta\end{cases}\tag{5-17}$$

式中："－"号用于滚子的内等距曲线点 $B'(x',y')$；"＋"号用于滚子的外等距曲线点$B''(x'',y'')$。

由高等数学知识可知，曲线上任一点的法线斜率与该点的切线斜率互为负导数，故凸轮理论廓线上点 B 处的法线 n-n 的斜率为

$$\tan\theta=-\frac{dx}{dy}=-\frac{dx/d\delta}{dy/d\delta}\tag{5-18}$$

式中：$dx/d\delta$ 和 $dy/d\delta$ 可根据式(5-16)求导得出，即

$$\begin{cases}\dfrac{dx}{d\delta}=\left(\dfrac{ds}{d\delta}-\beta\gamma e\right)\sin(\beta\delta)+\beta(s+s_0)\cos(\beta\delta)\\ \dfrac{dy}{d\delta}=\left(\dfrac{ds}{d\delta}-\beta\gamma e\right)\cos(\beta\delta)-\beta(s+s_0)\sin(\beta\delta)\end{cases}$$

因此，式(5-17)中的 $\sin\theta$、$\cos\theta$ 可由式(5-18)求得

$$\begin{cases}\sin\theta=\dfrac{dx/d\delta}{\sqrt{(dx/d\delta)^2+(dy/d\delta)^2}}\\ \cos\theta=\dfrac{dy/d\delta}{\sqrt{(dx/d\delta)^2+(dy/d\delta)^2}}\end{cases}$$

将 $\sin\theta$、$\cos\theta$ 的表达式代入式(5-17)可得

$$\begin{cases}x'=x\pm r_T\dfrac{dy/d\delta}{\sqrt{(dx/d\delta)^2+(dy/d\delta)^2}}\\ y'=y\mp r_T\dfrac{dx/d\delta}{\sqrt{(dx/d\delta)^2+(dy/d\delta)^2}}\end{cases}\tag{5-19}$$

式(5-19)即为凸轮实际轮廓曲线的方程式。式中：上面一组加减号表示一条滚子的内包络曲线 η'，下面一组减加号表示一条滚子的外包络曲线 η''。

应用式(5-18)、式(5-19)计算凸轮的实际轮廓曲线时，须注意角 θ 的取值范围可能在0°～360°之间变化。当式(5-18)中的分子与分母均大于 0 时，θ 角的取值在 0°～90°之间；当分子与分母均小于 0 时，θ 角的取值在180°～270°之间；如果 $dx/d\delta>0$，$-dy/d\delta<0$ 时，θ 角取值在90°～180°之间；如果 $dx/d\delta<0$，$-dy/d\delta>0$ 时，θ 角取值在270°～360°之间。

3. 刀具中心轨迹方程

在数控机床上加工凸轮时，通常需给出刀具中心的直角坐标。若刀具半径与滚子半径

完全相等，那么理论轮廓曲线的坐标值即为刀具中心的坐标值。但当用数控铣床加工凸轮或用砂轮磨削凸轮时，刀具半径 r_c 往往大于滚子半径 r_T。由图 5-22(a)可以看出，这时刀具中心的运动轨迹 η_c 为理论轮廓线 η 的法向等距曲线，相当于以 η 上的各点为圆心和以 r_c-r_T 为半径所作一系列滚子圆的外包络线；反之，当用钼丝在线切割机床上加工凸轮时，$r_c<r_T$，如图 5-22(b)所示，这时刀具中心运动轨迹 η_c 相当于以 η 上各点为圆心和以 r_c-r_T 为半径所作一系列滚子圆的内包络线。所以只要用 $|r_c-r_T|$ 代替 r_T 便可由式(5-19)得到刀具中心轨迹方程为

$$\begin{cases} x' = x \pm |r_c - r_T| \dfrac{dy/d\delta}{\sqrt{(dx/d\delta)^2 + (dy/d\delta)^2}} \\ y' = y \mp |r_c - r_T| \dfrac{dx/d\delta}{\sqrt{(dx/d\delta)^2 + (dy/d\delta)^2}} \end{cases} \tag{5-20}$$

式中：当 $r_c > r_T$ 时，取下面一组减加号；当 $r_c < r_T$ 时，取上面一组加减号。

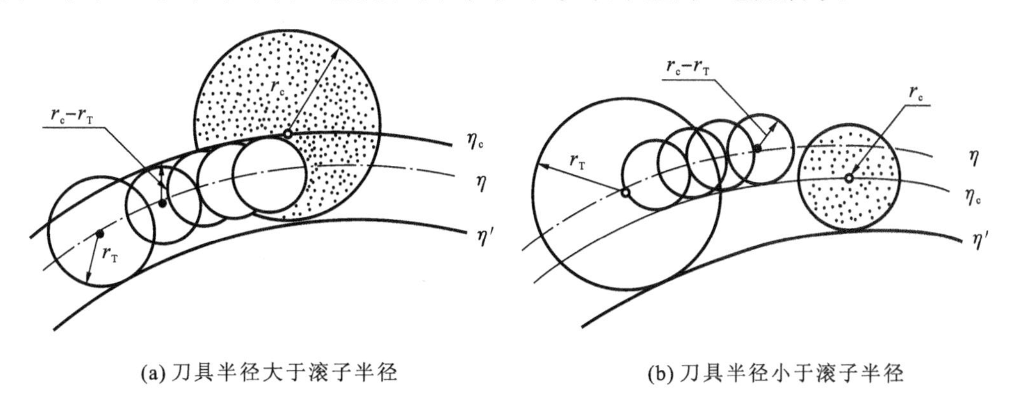

(a) 刀具半径大于滚子半径　　(b) 刀具半径小于滚子半径

图 5-22　刀具中心轨迹

5.4.2　对心平底从动件盘形凸轮轮廓设计

1. 实际轮廓曲线方程

平底从动件盘形凸轮的实际轮廓曲线是反转后一系列平底所构成的直线的包络线。图 5-23 所示为一对心直动平底从动件盘形凸轮机构轮廓曲线，基圆半径 r_b 和从动件的运动规律均为已知。以凸轮回转轴心 O 为坐标原点，从动件推程运动方向为 y 轴正向，建立右手直角坐标系 Oxy，并取从动件导路中心线与 y 轴重合，引入凸轮转向系数 β，并规定：当凸轮转向为逆时针时 $\beta=1$，顺时针时 $\beta=-1$。推程开始时从动件的平底与凸轮基圆在点 B_0 相切处于起始位置，当凸轮自起始位置转过 δ 角时，根据反转原理，从动件与导路一方面沿 $-\omega$ 反转 δ 角，同时导路中心线与平底的交点自点 A_0 外移 s 到达点 A，平底与凸轮廓线在点 B 相切。由速度瞬心法可知，图中点 P_{12} 为凸轮 1 与平底从动件 2 的相对速度瞬心，故 $\overline{OP_{12}}$ 的表达式为

$$\overline{OP_{12}} = \frac{v}{\omega} = \frac{ds/dt}{d\delta/dt} = \frac{ds}{d\delta} \tag{5-21}$$

由图 5-23 可得点 B 的坐标(x' , y')分别为

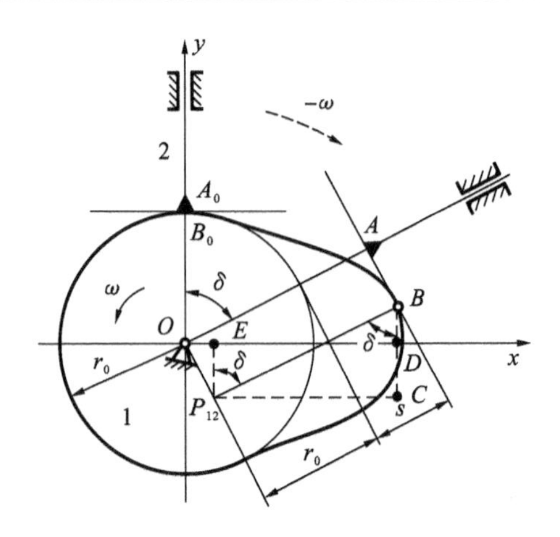

图 5-23 对心直动平底从动件盘形凸轮轮廓曲线

$$\begin{cases} x' = \overline{P_{12}C} + \overline{OE} = (r_b + s)\sin(\beta\delta) + \dfrac{ds}{d\delta}\cos(\beta\delta) \\ y' = \overline{BC} - \overline{DC} = (r_b + s)\cos(\beta\delta) - \dfrac{ds}{d\delta}\sin(\beta\delta) \end{cases} \tag{5-22}$$

式(5-22)即为移动平底从动件盘形凸轮的实际轮廓曲线方程式。

2. 刀具中心轨迹方程

平底从动件盘形凸轮的轮廓曲线可以用砂轮的端面磨削，也可以用砂轮、铣刀或钼丝的外圆加工。当用砂轮的端面磨削凸轮轮廓曲线时，图 5-23 中平底上的点 A 即为刀具的中心，由图可知，其轨迹方程为

$$\begin{cases} x_A = (r_b + s)\sin(\beta\delta) \\ y_A = (r_b + s)\cos(\beta\delta) \end{cases} \tag{5-23}$$

当用砂轮、铣刀或钼丝的外圆加工时，刀具中心的轨迹 η_c 是凸轮实际轮廓曲线的法向等距曲线，这时刀具中心的轨迹 η_c 就是以式(5-22)表示的曲线上各点为圆心、以刀具半径 r_c 为半径所作一系列圆的外包络线。其参数方程可根据式(5-19)求得

$$\begin{cases} x_c = x' + r_c \dfrac{dy'/d\delta}{\sqrt{(dx'/d\delta)^2 + (dy'/d\delta)^2}} \\ y_c = y' - r_c \dfrac{dx'/d\delta}{\sqrt{(dx'/d\delta)^2 + (dy'/d\delta)^2}} \end{cases} \tag{5-24}$$

式中的 $dx'/d\delta$ 和 $dy'/d\delta$ 可根据式(5-22)求导得出。

5.4.3 摆动滚子从动件盘形凸轮轮廓设计

图 5-24 所示为用解析法设计滚子摆动从动件盘形凸轮轮廓曲线。已知凸轮以等角速度 ω 逆时针方向转动、凸轮基圆半径为 r_b 、从动件长度 l 、中心距 a 、滚子半径 r_T 和从动件运动规律。以凸轮回转轴心 O 为坐标原点，使点 O 至从动件摆轴中心 A_0 的连线为 y 轴正向，建立右手直角坐标系 xOy 。为了获得统一的计算公式，引入凸轮转向系数 β 和从动件推程摆动方向系数 γ ，并规定：当凸轮转向为逆时针时 $\beta=1$ ，顺时针时 $\beta=-1$ ；从动件推程摆动方向为顺时针时 $\gamma=1$ ，逆时针时 $\gamma=-1$ 。

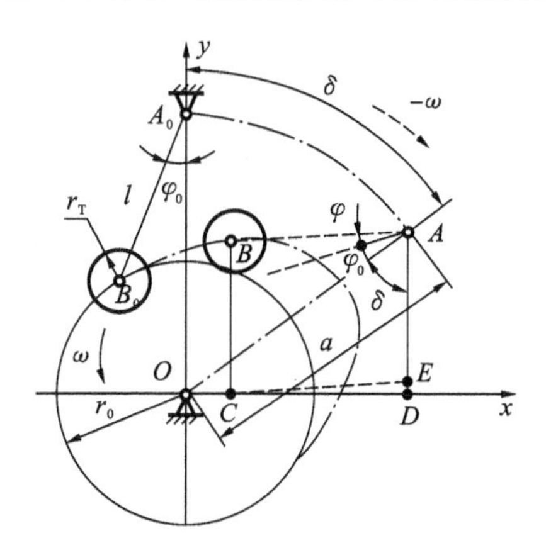

图 5-24　解析法设计滚子摆动从动件盘形凸轮轮廓曲线

当从动件处于起始位置时，滚子中心处于点 B_0，摆杆与连心线 OA_0 之间的夹角为 φ_0；当凸轮转过 δ 角后，从动件摆过 φ 角。根据反转法原理作图可知，此时滚子中心将处于点 B，由图 5-24 可知，点 B 的坐标为

$$\begin{cases} x = \overline{OD} - \overline{CD} = a\sin(\beta\delta) - l\sin[\gamma(\varphi_0 + \varphi) + \beta\delta] \\ y = \overline{AD} - \overline{ED} = a\cos(\beta\delta) - l\cos[\gamma(\varphi_0 + \varphi) + \beta\delta] \end{cases} \tag{5-25}$$

式(5-25)即为凸轮理论轮廓曲线的坐标参数方程。式中 φ_0 为摆杆的初始位置角，其值为

$$\varphi_0 = \arccos\frac{a^2 + l^2 - r_b^2}{2al} \quad (\varphi_0 > 0) \tag{5-26}$$

至于凸轮实际轮廓曲线方程和刀具轨迹中心方程，其推导思路与直动从动件盘形凸轮机构相同，可根据式(5-19)、式(5-20)导出。

5.5　凸轮机构基本参数的确定

本章 5.3 小节在讨论凸轮轮廓曲线的图解法或解析法设计时，凸轮的基圆半径 r_b、直动从动件的偏距 e 或摆动从动件与凸轮的中心距 a、滚子半径 r_T 以及平底从动件的平底尺寸等基本参数都是预先给定的。本节将从凸轮机构的传力性能好坏、传动效率高低、运动是否失真、结构是否紧凑等方面讨论上述基本参数的确定方法。

5.5.1　凸轮机构压力角

1. 压力角

同连杆机构一样，压力角是衡量凸轮机构传力性能好坏的一个重要参数。所谓凸轮机构的压力角，是指在不考虑凸轮机构摩擦的情况下，凸轮对从动件作用力的方向与从动件上力作用点绝对速度方向之间所夹的锐角。对于图 5-25 所示的滚子移动从动件盘形凸轮机构来讲，过滚子中心 B 所作凸轮轮廓曲线的法线 n-n 与从动件的运动方向线之间的夹角 α 就是其压力角。

需要注意的是，由于凸轮轮廓曲线各点处的法线方向不同，因此，一般情况下压力角的大小随凸轮的转角而变化。

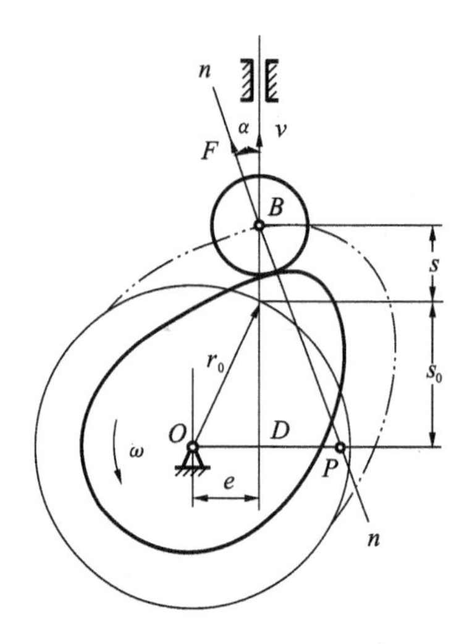

图 5-25　滚子直动从动件盘形凸轮机构的压力角

图 5-26 所示为几种常见的盘形凸轮机构的压力角。图 5-26(b)、(d)所示的平底从动件盘形凸轮机构，在运动过程中由于从动件在任一位置都与凸轮轮廓曲线相切，因此这类凸轮机构的压力角 α 在凸轮机构整个运动周期中为常数。

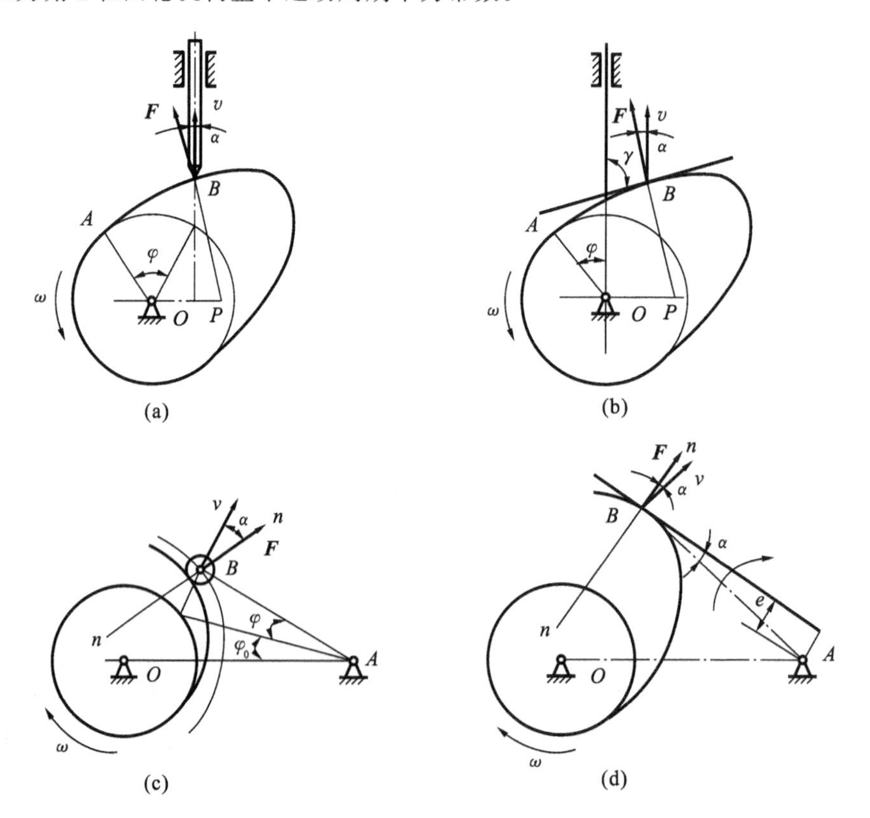

图 5-26　几种常见的盘形凸轮机构的压力角

2. 压力角与作用力的关系

如图 5-27 所示，$\boldsymbol{F}$ 为凸轮对从动件的作用力；$\boldsymbol{G}$ 为从动件所受的载荷（包括工作阻力、重力、弹簧力和惯性力）；$\boldsymbol{F}_{R1}$、$\boldsymbol{F}_{R2}$ 为导轨两侧作用于从动件上的总反力；φ_1、φ_2 为摩擦角。

根据力的平衡条件，分别由 $\sum F_x = 0$，$\sum F_y = 0$，$\sum M_B = 0$ 可得

$$\begin{cases} -F\sin(\alpha+\varphi_1)+(F_{R1}-F_{R2})\cos\varphi_2 = 0 \\ -G+F\cos(\alpha+\varphi_1)-(F_{R1}+F_{R2})\sin\varphi_2 = 0 \\ F_{R2}\cos\varphi_2(l+b)-F_{R1}b\cos\varphi_2 = 0 \end{cases}$$

由以上三式消去 F_{R1}、F_{R2}，经整理得

$$F = \frac{G}{\cos(\alpha+\varphi_1)-\left(1+\dfrac{2b}{l}\right)\sin(\alpha+\varphi_1)\tan\varphi_2} \tag{5-27}$$

由式(5-27)可知，在其他条件相同的情况下，压力角 α 越大，则分母越小，推动从动件所需的作用力 $\boldsymbol{F}$ 将越大；当压力角 α 大到使分母趋于零时，理论上作用力 F 将趋于无穷大，此时机构将发生自锁，此时的压力角称为临界压力角 α_c，其值为

$$\alpha_c = \arctan\left[\frac{1}{\left(1+\dfrac{2b}{l}\right)\tan\varphi_2}\right]-\varphi_1 \tag{5-28}$$

从减小接触力，避免自锁，使凸轮机构具有良好的受力状况来讲，压力角 α 越小，凸轮机构的传力性能就越好，运动越轻巧。一般来说，凸轮轮廓曲线上各点的压力角大小是不同的，为保证凸轮机构能正常运转，应使其最大压力角 α_{max} 小于临界压力角 α_c。同时由式(5-27)可知，增大导轨长度 l 或减小悬臂长度 b 可以提高临界压力角 α_c 的数值。

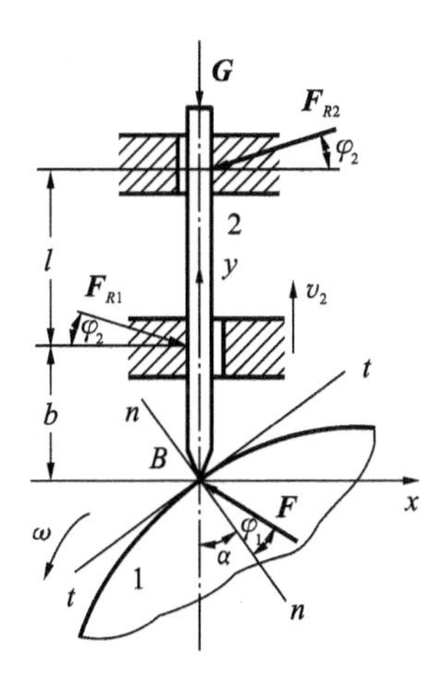

图 5-27　直动从动件受力分析

3. 许用压力角

在生产实际中，为了提高凸轮机构的效率、改善受力情况，不但要使其最大压力角 α_{max} 小于临界压力角 α_c，还要其最大压力角 α_{max} 小于等于某一许用压力角 $[\alpha]$，即 $\alpha_{max} \leqslant [\alpha] \leqslant \alpha_c$，而许用压力角 $[\alpha]$ 远小于临界压力角 α_c。根据实践经验，对于推程（工作行程）推荐的许用压力角：直动从动件，$[\alpha]=30°\sim40°$；摆动从动件，$[\alpha]=35°\sim45°$；对于回程（空回行

程)时的力封闭凸轮机构,由于这时使从动件运动的封闭力较小且一般无自锁问题,故可采用较大的许用压力角,通常取 $[\alpha]=70°\sim80°$。

5.5.2 滚子半径的选择

设计滚子从动件盘形凸轮轮廓曲线时,需要合理确定滚子的半径。滚子的半径不仅与其结构和强度有关,而且还与凸轮的轮廓曲线形状有关。下面结合图 5-28 所示的四种可能情况进行分析。图 5-28 中 η'、η 曲线分别为实际轮廓曲线和理论轮廓曲线,ρ_a、ρ 分别是实际轮廓曲线和理论轮廓曲线的曲率半径。

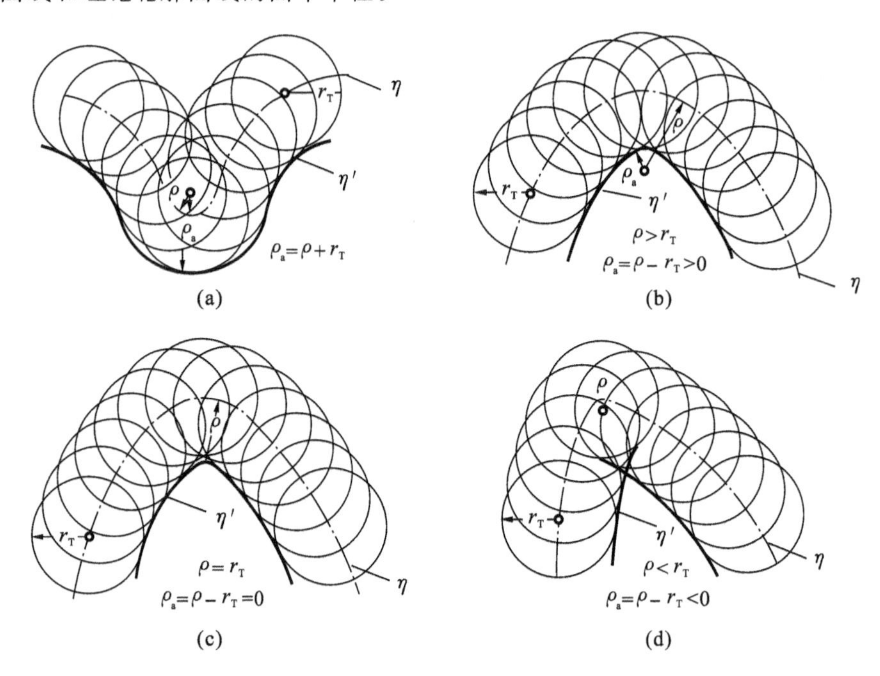

图 5-28 滚子半径大小对凸轮实际轮廓曲线的影响

1. 滚子半径对凸轮实际轮廓曲线的影响

1) 凸轮理论轮廓曲线内凹的情况

当凸轮理论轮廓曲线内凹时,如图 5-28(a)所示,实际轮廓曲线的曲率半径等于理论轮廓曲线的曲率半径与滚子半径之和,即 $\rho_a=\rho+r_T$。因此,无论滚子半径的大小如何选取,总可以平滑地作出凸轮的实际轮廓曲线。滚子半径 r_T 可根据具体结构进行选取。

2) 凸轮理论轮廓曲线外凸的情况

当凸轮理论轮廓曲线外凸时,如图 5-28(b)、(c)、(d)所示,实际轮廓曲线的曲率半径等于理论轮廓曲线的曲率半径与滚子半径之差,即 $\rho_a=\rho-r_T$,此时有三种情况分述如下。

(1) 当 $\rho>r_T$ 时,$\rho_a>0$,此时可以平滑地作出凸轮的实际轮廓曲线,如图 5-28(b)所示。

(2) 当 $\rho=r_T$ 时,$\rho_a=0$,即实际轮廓曲线出现尖点(见图 5-28(c)),这种现象称为变尖现象。凸轮实际轮廓曲线在尖棱处极易磨损,磨损后无法实现从动件预期的运动规律,导致运动失真,因此在设计中必须避免。

(3) 当 $\rho<r_T$ 时,$\rho_a<0$,此时根据理论轮廓曲线作出的实际轮廓曲线出现了交叉的包

络线(见图 5-28(d)),交点以外的这部分交叉轮廓曲线在加工凸轮时将被切去,也会导致运动失真。

2. 滚子半径的确定方法

通过上述分析可知,为了避免出现运动失真,对凸轮轮廓曲线外凸的情况来说,应使理论轮廓曲线的最小曲率半径 $\rho_{\min}$ 大于滚子半径 r_T ,即 $\rho_a = \rho_{\min} - r_T > 0$,但实际中还要考虑减小凸轮轮廓曲线与滚子的接触应力,应使实际轮廓曲线的最小曲率半径 $\rho_{\min}$ 大于等于某一许用值 $[\rho_a]$,一般取 $[\rho_a] = 3 \sim 5$ mm 。即

$$\rho_{a\min} = \rho_{\min} - r_T > [\rho_a] \tag{5-29}$$

由式(5-29)可知,一旦给定实际轮廓曲线的最小曲率半径的许用值 $[\rho_a]$,然后求出理论轮廓曲线的最小曲率半径 $\rho_{\min}$,就可以确定滚子半径可取的最大值,即 $r_T \leqslant \rho_{\min} - [\rho_a]$ 。

由高等数学可知,由参数方程表示的曲线上任一点曲率半径的计算式为

$$\rho = \frac{[(\mathrm{d}x/\mathrm{d}\delta)^2 + (\mathrm{d}y/\mathrm{d}\delta)^2]^{\frac{3}{2}}}{(\mathrm{d}x/\mathrm{d}\delta)(\mathrm{d}^2x/\mathrm{d}\delta^2) - (\mathrm{d}y/\mathrm{d}\delta)(\mathrm{d}^2y/\mathrm{d}\delta^2)} \tag{5-30}$$

用计算机编程对凸轮理论轮廓曲线逐点计算,即可得到 $\rho_{\min}$,进而得到

$$r_{T\max} \leqslant \rho_{\min} - [\rho_a] \tag{5-31}$$

需要指出的是,按式(5-31)求出的滚子半径只是保证 $\rho_{a\min} \geqslant [\rho_a]$ 时滚子半径所允许的最大值,但实际上由于滚子的尺寸还受到其结构和强度等方面的限制,因此滚子半径也不能取得太小,如按式(5-31)确定的滚子半径仍不能满足其结构和强度等方面的要求,则应增大滚子半径。此时,为了保证 $\rho_{a\min} \geqslant [\rho_a]$ 的要求,则需相应增大基圆半径。

用计算机对凸轮机构进行设计时,先根据结构和强度等方面的条件选择滚子半径 r_T ,通常取滚子半径 $r_T = (0.1 \sim 0.5) r_0$,然后校核 $\rho_{a\min} \geqslant [\rho_a]$,不满足时,增大基圆半径 r_b 重新设计。

5.5.3 平底从动件平底长度的选择

在设计平底从动件盘形凸轮机构时,为了保证机构在运动过程中,从动件平底与凸轮轮廓曲线始终正常接触,还必须正确确定平底的宽度。由图 5-18 和图 5-23 可知,平底与凸轮轮廓曲线的切点位置及切点偏离凸轮轴心的距离在凸轮整个运动周期中是变化的。

当用作图法时,由图 5-23 可近似找出切点偏离凸轮轴心在推程时的最大距离 b' (切点偏离凸轮轴心右侧)及在回程时的最大距离 b'' (切点偏离凸轮轴心左侧),并考虑留有一定的余量时,即可确定平底的宽度尺寸 l 为

$$l = b' + b'' + (5 \sim 7)\ \mathrm{mm} \tag{5-32}$$

当用解析法时,由图 5-23 及式(5-21),可精确求出切点偏离凸轮轴心在推程时的最大距离 $b' = \overline{AB}_{\max} = (\overline{OP}_{12})_{\max} = (\mathrm{d}s/\mathrm{d}\delta)_{\max}$ 及在回程时的最大距离 $b'' = |(\mathrm{d}s/\mathrm{d}\delta)_{\min}|$,并考虑留有一定的余量时,即可确定平底的宽度尺寸 l 为

$$l = 2\max\left[\left(\frac{\mathrm{d}s}{\mathrm{d}\delta}\right)_{\max},\quad \left|\left(\frac{\mathrm{d}s}{\mathrm{d}\delta}\right)_{\min}\right|\right] + (5 \sim 7)\ \mathrm{mm}$$

即 $l = 2\max(b', b'') + (5 \sim 7)$ mm 。

习　题

5-1　简要说明凸轮廓线设计的反转法原理。

5-2　简要说明从动件运动规律选择与设计的原则。

5-3　什么是凸轮的理论廓线和实际廓线，二者有何联系？

5-4　凸轮机构的压力角对机构的受力和尺寸有何影响？

5-5　什么是凸轮机构的运动失真现象？为避免失真，应当如何设计或选择凸轮的滚子半径？

5-6　如图 5-29 所示的凸轮机构，已知凸轮为一偏心圆盘，凸轮的回转方向如图所示。

(1) 给出此凸轮机构的名称；

(2) 画出此凸轮机构的基圆和凸轮的理论轮廓曲线；

(3) 标出从动件的行程 h，及在图示位置时推杆的位移 s；

(4) 标出此凸轮机构在图示位置时的压力角 α 。

5-7　如图 5-30 所示的凸轮机构，凸轮为偏心圆盘，圆盘半径 $R = 30\ \text{mm}$，圆盘几何中心到回转中心的距离 $l_{OA} = 15\ \text{mm}$，滚子半径 $r_T = 10\ \text{mm}$。当凸轮逆时针方向转动时，试用图解法：

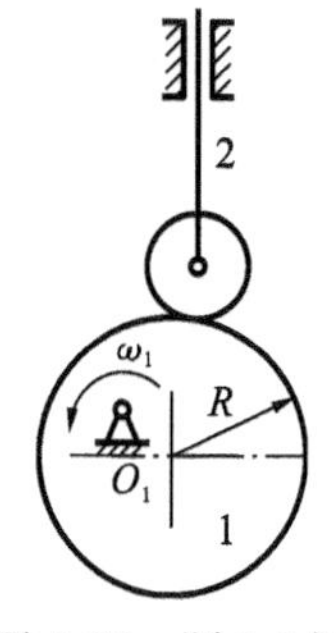

图 5-29　题 5-6 图

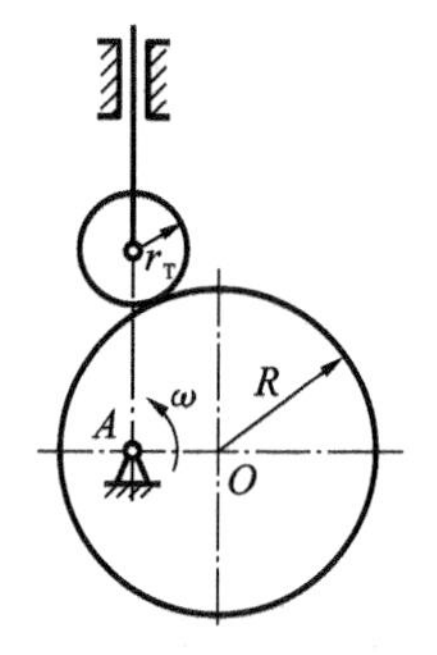

图 5-30　题 5-7 图

(1) 给出该凸轮机构的名称，按比例作出机构图；

(2) 画出此凸轮机构的基圆和凸轮的理论轮廓曲线；

(3) 标出从动件的行程 h；

(4) 图示位置时凸轮机构的压力角；

(5) 凸轮由图示位置转过 90°时从动件的实际位移 s。

5-8　如图 5-31 所示为一偏置滚子直动从动件盘形凸轮机构，已知凸轮轮廓由四段圆弧组成，圆弧的圆心分别为 C_1、C_2、C_3 及 O。试用反转法求解：

(1) 凸轮的基圆 r_b；

(2) 凸轮在初始位置以及回转 45°、90°、135°和 180°时凸轮机构的位移及压力角。

5-9　如图 5-32 所示为一尖底摆动从动件盘形凸轮机构的运动简图。已知凸轮轮廓如图所示，试用反转法求解：

(1) 从动件的最大摆角 ψ；

(2) 凸轮在初始位置以及回转 90°及 180°时凸轮机构的压力角。

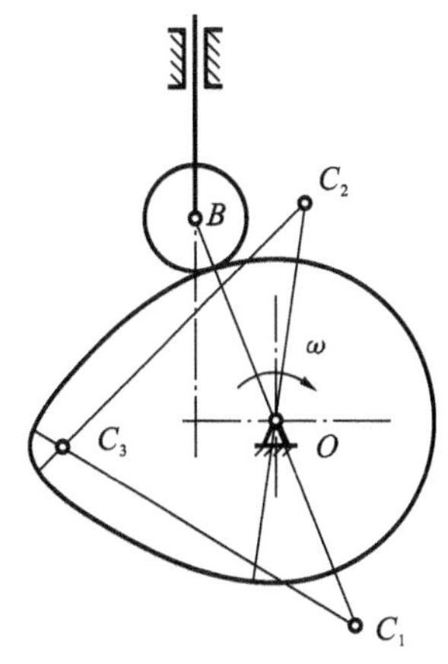

图5-31　题5-8图

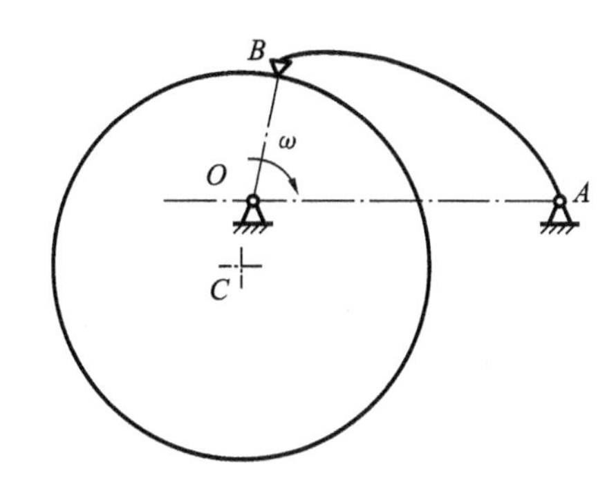

图5-32　题5-9图

5-10　如图5-33所示为一摆动滚子从动件盘形凸轮机构。凸轮为偏心圆盘，转向如图所示。已知$R=30$ mm，$l_{OA}=10$ mm，$r_T=10$ mm，$l_{OB}=50$ mm，$l_{BC}=40$ mm。E、F为凸轮与滚子的两个接触点。试在图上标出：

(1) 从点E接触到点F接触凸轮所转过的角度；

(2) 点F接触时的从动件压力角α_F；

(3) 由点E接触到点F接触从动件的位移s；

(4) 画出凸轮理论轮廓曲线η，并求基圆半径r_b。

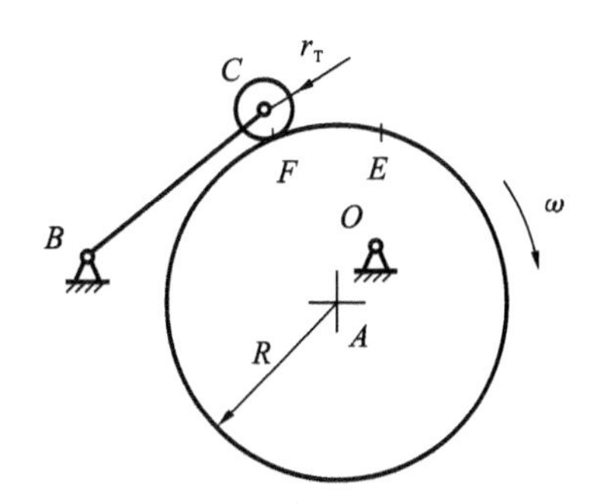

图5-33　题5-10图

第6章 齿轮机构

内容提要

本章主要介绍齿轮机构的类型、特点及其应用；齿廓啮合的基本定律及渐开线齿廓的形成与性质；渐开线标准直齿圆柱齿轮的基本参数与几何尺寸；渐开线齿廓的加工及变位齿轮与变位齿轮传动；斜齿圆柱齿轮、圆锥齿轮与蜗杆传动机构，并简单介绍了其他类型的齿轮传动机构。重点内容是齿轮的啮合原理与几何设计。

6.1 概述

齿轮传动机构是机械传动中最主要、应用最为广泛的一种传动机构，可用来传递任意两轴之间的运动和动力。

6.1.1 齿轮传动的应用和特点

齿轮传动广泛地应用在工程机械、矿山机械、冶金机械、各种机床及仪器、仪表工业等行业，齿轮传动可用来传递回转运动，同时还可以用来转换直线与回转运动。与带传动、链传动等比较，齿轮传动具有如下主要优点。

(1) 齿轮传动能保证瞬时传动比的恒定，传动平稳，传动比准确。

(2) 结构紧凑、工作可靠、效率高、寿命长。

(3) 传动的功率、速度和尺寸范围大。传递功率可以从不足一瓦至几十万千瓦；线速度可达 300 m/s；齿轮直径可以从几毫米至几十米。

齿轮传动也存在一些缺点，主要有：齿轮的齿数为整数，不能实现无级变速；啮合传动有一定的噪声；需要有专门制造齿轮的设备，要求较高的制造和安装精度，加工成本高；中心距过大时齿轮传动机构结构庞大、笨重，不适宜远距离传动。

6.1.2 齿轮传动机构的类型

齿轮传动机构的类型很多，按照齿廓曲线的种类可分为：渐开线齿轮传动机构、摆线齿轮传动机构和圆弧齿轮传动机构等。按照齿轮的形状可分为：圆形齿轮传动机构和非圆形齿轮传动机构。本章将讨论渐开线圆形齿轮传动机构。

在圆形齿轮机构中，根据两个传动轴线的相对位置可分为：平行轴齿轮传动机构、相交轴齿轮传动机构和交错轴齿轮传动机构。

1. 平行轴齿轮传动机构

两齿轮轴线相互平行的齿轮传动机构属于平行齿轮传动机构。常见的类型有直齿圆柱齿轮、斜齿圆柱齿轮、人字齿轮传动和齿轮齿条传动。

1）直齿圆柱齿轮传动（spur gears）

直齿圆柱齿轮轮齿的方向与齿轮的轴线方向一致。当齿轮的轮齿在圆柱的外表面上时称为外齿轮，如图 6-1(a)所示中的两个齿轮和图 6-1(b)所示中的小齿轮；当轮齿在圆柱内表面上时称为内齿轮，如图 6-1(b)所示中的大齿轮。图 6-1(a)所示的两个外齿轮啮合称为外啮合，外啮合传动时，两齿轮转动方向相反；图 6-1(b)所示的一个内齿轮与一个外齿轮的啮合称为内啮合，内啮合传动时，两齿轮的转动方向相同。直齿圆柱齿轮只能用于相互平行的两轴之间的传动。

2）斜齿圆柱齿轮传动（helical gears）

斜齿圆柱齿轮的轮齿方向与其轴线方向倾斜一个角度，这个角度称为螺旋角（helix angle）。当两齿轮的螺旋角大小相同时，两齿轮轴线相互平行，称这种传动形式为斜齿轮传动。如图 6-2(a)所示为外啮合斜齿圆柱齿轮传动（两齿轮螺旋角大小相同、方向相反）；如图 6-2(b)所示为内啮合斜齿轮传动（两齿轮螺旋角大小与方向均相同）。

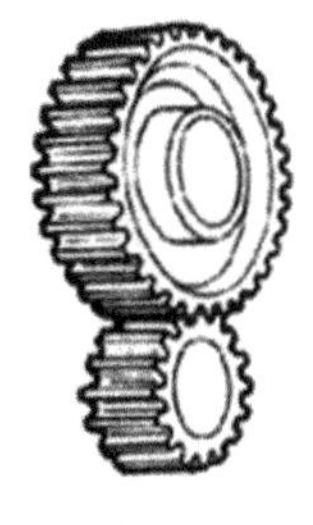

(a) 外啮合

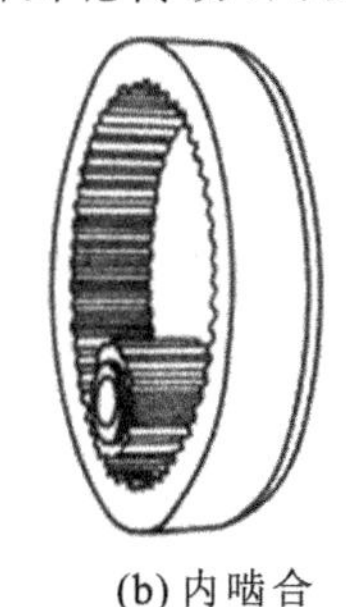

(b) 内啮合

图 6-1　直齿圆柱齿轮传动

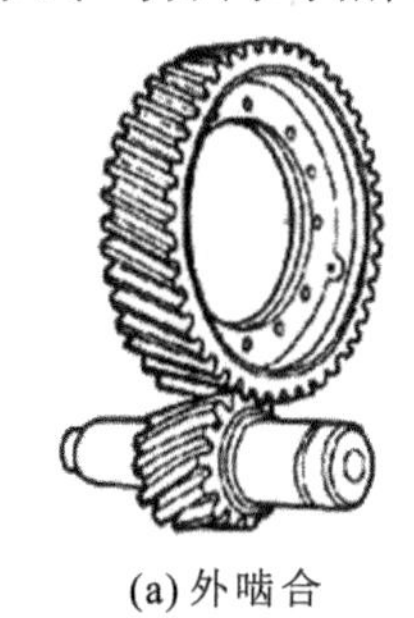

(a) 外啮合

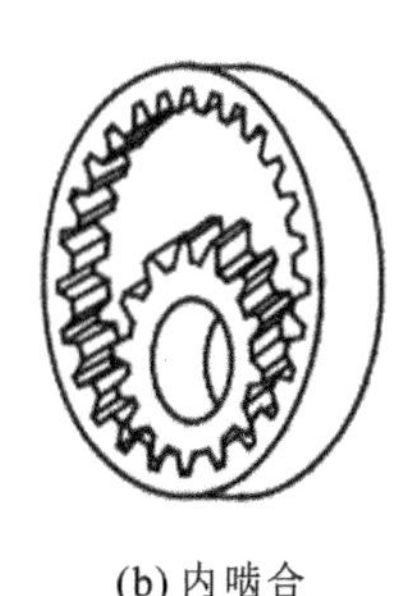

(b) 内啮合

图 6-2　斜齿圆柱齿轮传动

3）人字齿轮传动（herringbone gears）

如图 6-3 所示的这种齿轮轮齿的方向呈人字形，可以看成是由两个螺旋角大小相等、旋向相反的斜齿轮对称组合而成，故称为人字齿轮传动。

4）齿轮齿条传动（pinion and rack drive）

当齿轮的齿数趋于无穷多时，外齿轮就演变成齿条（rack），如图 6-4 所示。啮合时，齿轮转动，齿条直线移动。

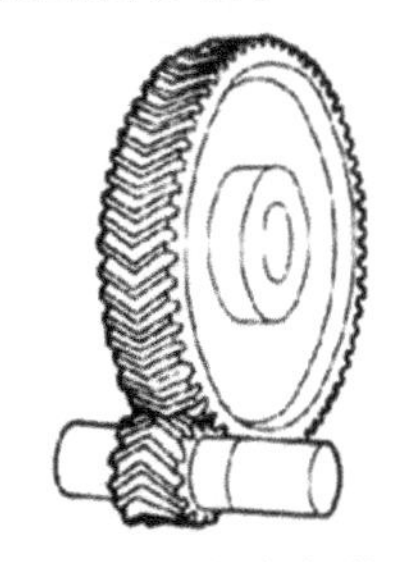

图 6-3　人字齿轮传动

图 6-4　齿轮齿条传动

2. 相交轴齿轮传动机构

这种齿轮传动机构的两齿轮轴线相交于一点，轴线交角通常为 90°，如图 6-5 所示的圆锥齿轮传动（bevel gears）就属于这一种，其轮齿分布在圆锥表面上，有直齿（见图 6-5(a)）、斜齿（见图 6-5(b)）和曲线齿（见图 6-5(c)）等。直齿圆锥齿轮由于其结构简单，得到广泛应用，本章将主要介绍直齿圆锥齿轮传动。

(a) 直齿

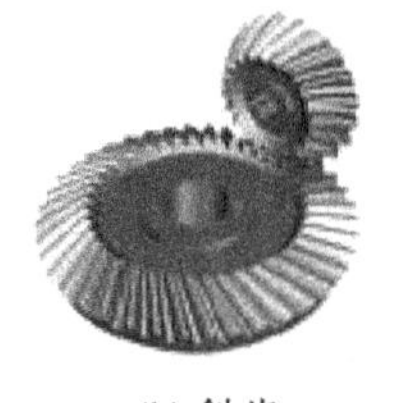
(b) 斜齿

(c) 曲线齿

图 6-5 圆锥齿轮传动

3. 交错轴齿轮传动机构

这种齿轮传动机构的两齿轮轴线在空间呈交错状，常见的类型如下。

1）螺旋齿轮传动机构(spiral gears)

如图 6-6(a)所示，当一对斜齿轮传动的轴线不平行而是交错状时，则称该传动为螺旋齿轮传动。此时两斜齿轮螺旋角的大小和方向根据两交错轴的夹角确定。

2）蜗杆传动机构(worm and worm gears)

如图 6-6(b)所示，蜗杆传动机构中两齿轮轴线的交错角通常为 90°。蜗杆(worm)的齿数很少(通常为 1～6)，其齿通常可绕圆柱一周以上，呈螺旋状。与蜗杆配对的齿轮称为蜗轮(worm gear)。

3）准双曲面齿轮传动机构(hypoid gears)

如图 6-6(c)所示，准双曲面齿轮的轮齿分布在一个近似双曲面体的表面上，它能实现两轴线中心距较小的交错轴传动，但制造相对困难。

(a) 螺旋齿轮传动

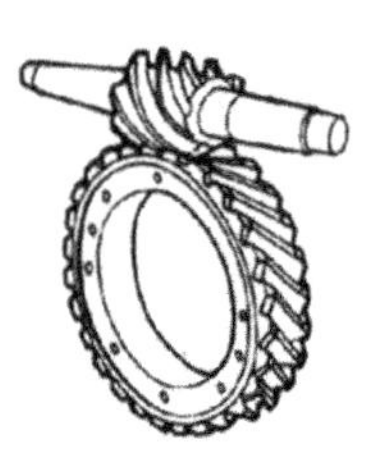
(b) 蜗杆传动

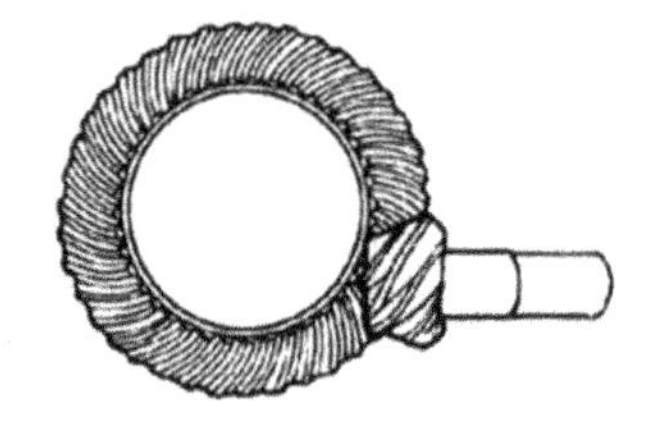
(c) 准双曲面齿轮传动

图 6-6 交错轴齿轮传动

6.2 齿廓啮合基本定律

齿轮传动是靠主动轮的齿廓依次推动从动轮的齿廓来实现的，齿廓曲线形状直接影响两齿轮的瞬时传动比及轮齿的抗破坏能力，因此需要研究齿廓形状与齿轮机构传动之间的关系，即齿廓啮合基本定律。

图 6-7 所示为两齿廓啮合的情况，两齿廓在点 K 相切。过点 K 作两齿廓的公法线 n-n 与两齿轮中心连线 O_1O_2 相交于点 P。由瞬心的概念可知，点 P 为两齿廓的瞬心，即

$$v_{P_1} = v_{P_2} = \omega_1 \overline{O_1P} = \omega_2 \overline{O_2P}$$

若将一对相互啮合齿轮的转速(或角速度)之比称为传动比,则齿轮1与齿轮2的传动比

$$i_{12}=\frac{n_1}{n_2}=\frac{\omega_1}{\omega_2}=\frac{\overline{O_2P}}{\overline{O_1P}} \tag{6-1}$$

图6-7所示中的点 P 称为两齿轮的啮合节点,简称节点(pitch point)。式(6-1)表明,一对齿轮在任意位置啮合时的传动比,都与中心连线 O_1O_2 被节点 P 分成的两段长度成反比。这一规律称为齿廓啮合的基本定律。

如果一对相互啮合齿轮的齿廓在不同的位置上啮合时,其节点 P 的位置是变化的,则两齿轮的传动比就是变化的;若节点 P 的位置是固定的,则两个齿轮的传动比就是恒定的。齿轮传动的最基本的要求是在啮合的过程中传动比 i 保持恒定,满足这一要求的一对齿廓称为共轭齿廓。

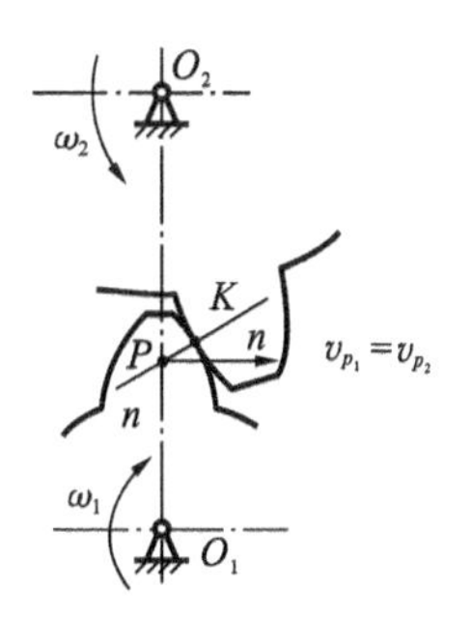

图6-7　齿廓啮合基本定律

理论上,只要给出两个齿轮的中心距、传动比和其中一个齿轮的齿廓曲线,就能求出组成一对共轭齿廓的另一个齿轮的齿廓曲线。但考虑到设计、制造、安装和使用等因素,目前,应用最多的齿廓曲线是渐开线,其次是摆线,也有圆弧和抛物线等。

6.3　渐开线齿廓

6.3.1　渐开线的形成与性质

如图6-8所示,假想有一绳子缠绕在半径为 r_b 的圆周上,当从某一点 A 将绳子拉离圆周表面时,其端点 A 的运动轨迹 AK 即称为该圆周的渐开线。该圆称为渐开线的基圆,直线 $\overline{BK}$ 为渐开线的发生线,角 θ_K 称为 AK 段渐开线的展角。

从渐开线的形成过程可知,渐开线具有以下性质。

(1) 发生线沿基圆滚过的长度 $\overline{BK}$ 等于基圆上被滚过的弧长 $\overset{\frown}{AB}$,即 $\overline{BK}=\overset{\frown}{AB}$。

(2) 渐开线上任意一点 K 的法线 $\overline{BK}$ 一定与其基圆相切。也就是说,切于基圆的直线必为渐开线上某点的法线。

(3) 发生线与基圆的切点 B 为渐开线在点 K 的曲率中心,而线段 $\overline{BK}$ 是渐开线在点 K 处的曲率半径。渐开线越接近于基圆的部分,其曲率半径越小、曲率越大。渐开线起点 A 处的曲率半径为零。

(4) 渐开线的形状取决于基圆的大小。如图6-9所示,基圆越大,渐开线越平直;当基圆半径趋于无穷大时,渐开线将变成一条直线,直线齿廓(如齿条)是渐开线齿廓的一种特例。

(5) 基圆内无渐开线。

(6) 齿廓上不同位置上的压力角不同。如图6-8所示,若以点 O 为齿轮的转动中心,AK 为齿廓曲线,$\boldsymbol{F}$ 为作用于点 K 的正压力,$\boldsymbol{v}_K$ 为点 K 的速度。根据压力角的定义,$\boldsymbol{F}$ 与 $\boldsymbol{v}_K$ 所夹的锐角 α_K 称为渐开线上任一点 K 的压力角。由图可知,$\angle BOK=\alpha_K$,所以

$$\alpha_K = \angle BOK = \arccos \frac{r_b}{r_K} \tag{6-2}$$

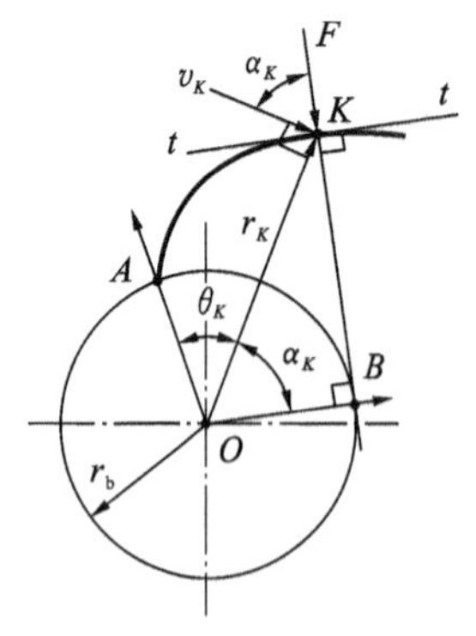

图 6-8 渐开线形成与特点

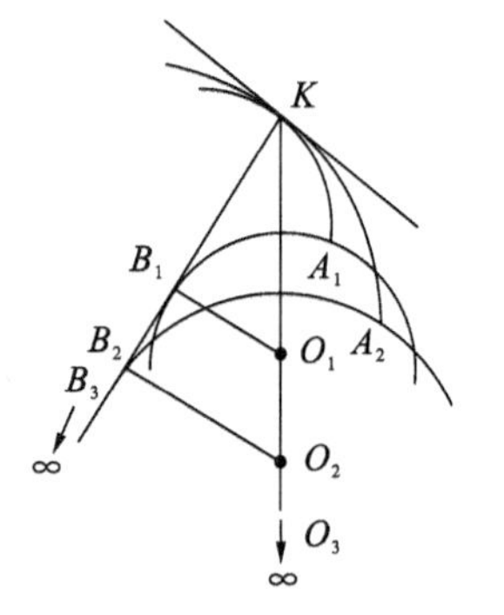

图 6-9 基圆与渐开线形状的关系

式(6-2)表明,渐开线齿廓上各点的压力角是不同的。基圆上的压力角(α_b)为零,越远离基圆,压力角越大。

(7) 同一基圆上任意两条渐开线之间的公法线长度处处相等。如图 6-10 所示的 C 和 C' 为同一基圆上的两条反向渐开线,$\overline{A_1B_1}$ 和 $\overline{A_2B_2}$ 为 C 和 C' 之间的任意两条公法线,根据性质 1 和性质 2 可知:$\overline{A_1B_1} = \overline{A_2B_2} = \widehat{AB}$;同理,两条同向渐开线 C' 和 C'' 之间的任意两条公法线长度也相等,即 $\overline{B_1E_1} = \overline{B_2E_2} = \widehat{BE}$ 。

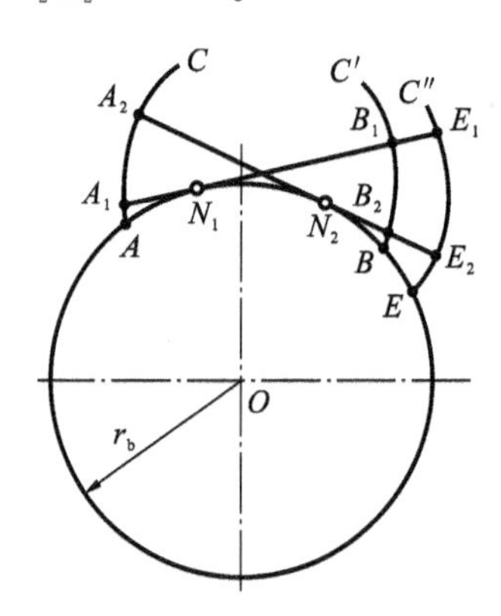

图 6-10 同一基圆上任意两条渐开线之间的公法线长度处处相等

6.3.2 渐开线方程

研究渐开线齿轮的啮合原理和几何尺寸计算时,常用到渐开线的方程,下面介绍用极坐标表示的渐开线方程。

根据渐开线的性质,在图 6-8 中,由△ BOK 的几何关系可知

$$r_K = \frac{r_b}{\cos\alpha_K} \tag{6-3}$$

$$\tan\alpha_K = \frac{BK}{OB} = \frac{\widehat{AB}}{OB} = \frac{r_b(\theta_K + \alpha_K)}{r_b}$$

即

$$\theta_K = \tan\alpha_K - \alpha_K \tag{6-4}$$

式(6-4)表明，展角 θ_K 是压力角 α_K 的函数，故称 θ_K 是压力角 α_K 的渐开线函数，工程上用 $\mathrm{inv}\alpha_K$ 表示 θ_K，即 $\mathrm{inv}\alpha_K = \theta_K$。

因此，得渐开线的极坐标方程为

$$\begin{cases} \mathrm{inv}\alpha_K = \theta_K = \tan\alpha_K - \alpha_K \\ r_K = \dfrac{r_b}{\cos\alpha_K} \end{cases} \tag{6-5}$$

6.4 渐开线标准直齿圆柱齿轮的基本参数与几何尺寸

6.4.1 齿轮各部分的名称

如图 6-11 所示为标准直齿外圆柱齿轮各部分的名称和符号。

(1) 基圆(base circle) 用于生成齿廓渐开线的圆，称为齿轮的基圆，其半径用 r_b 表示，直径用 d_b 表示。

(2) 齿顶圆(addendum circle) 过齿轮齿顶端所作的圆，称为齿顶圆，其半径用 r_a 表示，直径用 d_a 表示。

(3) 齿根圆(dedendum circle) 过轮齿槽底所作的圆，称为齿根圆，其半径用 r_f 表示，直径用 d_f 表示。

(4) 分度圆(reference circle) 为便于齿轮几何尺寸的表达和计算，在齿轮上规定一个圆作为基准，将该圆称为分度圆，半径用 r 表示，直径用 d 表示。分度圆上具有标准的模数和压力角(见后续章节介绍)。

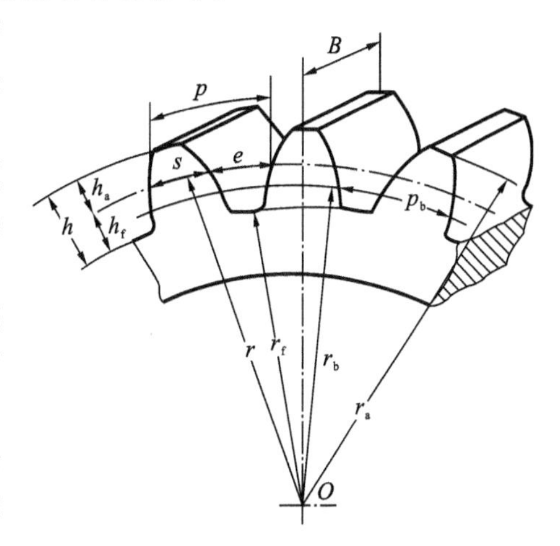

图 6-11 齿轮各部分的名称和符号

(5) 齿顶高(addendum) 分度圆和齿顶圆之间的部分称为齿顶，其径向距离称为齿顶高，用 h_a 表示。

(6) 齿根高(dedendum) 分度圆和齿根圆之间的部分称为齿根，其径向距离称为齿根高，用 h_f 表示。

(7) 全齿高 齿顶圆和齿根圆之间的径向距离称为全齿高，用 h 表示，$h = h_a + h_f$。

(8) 齿厚(tooth thickness) 沿任意圆周所量取的、轮齿两侧齿廓间的弧长，称为该圆周上的齿厚，用 s_K 表示。不同圆周上的齿厚是不同的，分度圆上的齿厚用 s 表示。

(9) 齿槽宽(space width) 沿任意圆周所量取的、相邻两齿之间的弧长，称为该圆周上的齿槽宽，用 e_K 表示。不同圆周上的齿槽宽是不同的，分度圆上的齿槽宽用 e 表示。

(10) 齿距(pitch) 在任意圆周上所量取的、相邻两齿同侧齿廓之间的弧长，称为该圆周上的齿距，用 p_K 表示，$p_K = s_K + e_K$。不同圆周上的齿距是不同的，分度圆上的齿距用 p 表示，$p = s + e$，且 $s = e$；基圆的齿距用 p_b 表示。

(11) 齿宽　齿轮轮齿沿轴线方向的宽度称为齿宽，用 B 表示。

6.4.2　齿轮的基本参数

齿轮的基本参数包括：齿轮的齿数 z、模数 m、齿顶高系数 h_a^* 、齿顶隙系数 c^* 和分度圆压力角 α ，它们决定着齿轮的基本尺寸。

(1) 齿数(number of teeth)　齿轮在整个圆周上轮齿的总数，用 z 表示。

(2) 模数(module)　当已知齿轮齿数 z 和分度圆齿距 p 时，分度圆周长 $\pi d = zp$ ，即 $d = zp/\pi$，可见，计算得出的分度圆直径 d 与无理数 π 有关。为了便于计算、制造和检测，规定比值 p/π 为一标准的数值，称作模数，用 m 表示，单位为 mm，即 $m = p/\pi$，由此可得分度圆齿距

$$p = \pi m \tag{6-6}$$

因此，分度圆直径 d 为

$$d = \frac{周长}{\pi} = \frac{pz}{\pi} = \frac{\pi mz}{\pi} = mz \tag{6-7}$$

模数是齿轮计算中的基本参数，齿轮的模数越大，齿距与齿厚越大，相同齿数时分度圆直径也越大。模数与齿厚及分度圆大小之间的关系见图 6-12 所示，图中三个齿轮的齿数 z 相等。

为便于齿轮的设计和制造加工，齿轮的模数已经标准化，见表 6-1。选用模数时，应优先选用第一系列，其次是第二系列，而括号内的模数则尽可能不选用。

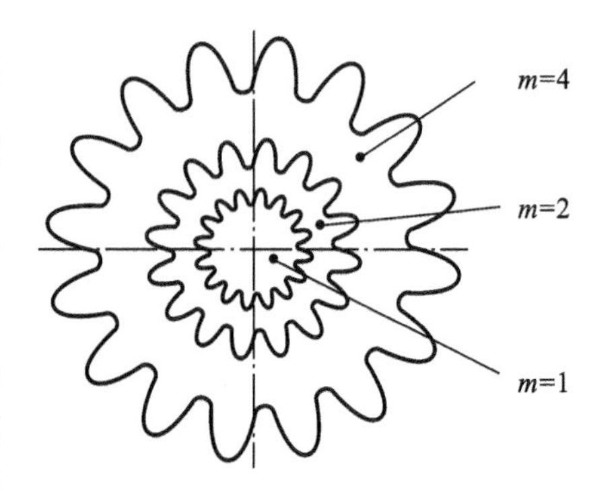

图 6-12　不同模数的齿轮

表 6-1　标准模数系列(GB/T 1357—2008)　(mm)

系列	模数
第一系列	0.1　0.12　0.15　0.2　0.25　0.5　0.4　0.5　0.6　0.8　1　1.25　1.5　2　2.5　3　4 5　6　8　10　12　16　20　25　32　40　50
第二系列	0.35　0.7　0.9　1.75　2.25　2.75　(3.25)　3.5　(3.75)　4.5　5.5　(6.5)　7 9　(11)　14　18　22　(30)　36　45

(3) 压力角(pressure angle)　通常将分度圆上的压力角称为齿轮压力角，用 α 表示。

因为齿轮在任意点啮合时 $\cos\alpha_K = r_b/r_K$ ，对于确定的齿轮，r_b 不变，r_K 随啮合点 K 的不同而改变，所以不同点上啮合时的压力角是不相等的。国标(GB 1356—2001)规定分度圆上的压力角 α 为标准值，一般情况下其值为 20°。

(4) 齿顶高系数(coefficient of addendum)　对于标准齿轮，其各部分尺寸都是用模数来表达和计算的。国标规定齿轮的齿顶高

$$h_a = h_a^* m \tag{6-8}$$

式中：h_a^* 称为齿顶高系数。

(5) 顶隙系数(coefficient of clearance)　两齿轮在啮合传动时，一个齿轮的齿顶圆与另一个齿轮的齿根圆之间要留有一定的间隙，此间隙的径向高度称为顶隙(bottom clear-

ance)，用 c 表示。标准顶隙也是模数 m 的倍数，表示为

$$c = c^{*} m \tag{6-9}$$

式中：c^{*} 称为顶隙系数。

渐开线标准直齿圆柱齿轮的基本参数均为标准值，其中齿顶高系数 h_{a}^{*} 和顶隙系数 c^{*} 也已标准化，对于正常齿制的齿轮：$h_{a}^{*}=1$，$c^{*}=0.25$；短齿制的齿轮：$h_{a}^{*}=0.8$，$c^{*}=0.3$。

6.4.3　渐开线标准直齿圆柱齿轮几何尺寸的计算

m、α、h_{a}^{*} 和 c^{*} 均为标准值，且 $s=e$ 的齿轮，称为标准齿轮。表 6-2 所示为外啮合渐开线标准直齿圆柱齿轮几何尺寸的计算公式。

表 6-2　渐开线标准直齿圆柱齿轮几何尺寸计算公式

名　称	符号	小　齿　轮	大　齿　轮
齿数	z	z_1	z_2
分度圆直径	d	$d_1 = mz_1$	$d_2 = mz_2$
齿顶高	h_a	$h_a = h_a^{*} m$	
齿根高	h_f	$h_f = (h_a^{*} + c^{*})m$	
齿全高	h	$h = h_a + h_f$	
齿顶圆直径	d_a	$d_{a_1} = d_1 + 2h_a$	$d_{a_2} = d_2 + 2h_a$
齿根圆直径	d_f	$d_{f_1} = d_1 - 2h_f$	$d_{f_2} = d_2 - 2h_f$
基圆直径	d_b	$d_{b_1} = d_1 \cos\alpha$	$d_{b_2} = d_2 \cos\alpha$
齿距	p	$p = \pi m$	
齿宽	s	$s = p/2$	
齿槽宽	e	$e = p/2$	
基圆齿距	p_b	$p_b = p\cos\alpha$	
法向齿距	p_n	$p_n = p_b$	
任意圆上的压力角	α_K	$\cos\alpha_K = r_b/r_K$	
任意圆上的齿厚	s_K	$s_K = s\dfrac{r_K}{r} - 2r_K(\mathrm{inv}\alpha_K - \mathrm{inv}\alpha)$，其中 $\mathrm{inv}\alpha_K = \theta_K = \tan\alpha_K - \alpha_K$	
标准中心距	a	$a = \dfrac{1}{2}(d_1 + d_2)$	
传动比	i_{12}	$i_{12} = \dfrac{\omega_1}{\omega_2} = \dfrac{n_1}{n_2} = \dfrac{z_2}{z_1}$	

1. 基圆齿距

任一圆周上的齿距都等于其圆周长与齿轮齿数的比值，即 $p_K = \dfrac{2\pi r_K}{z}$ ，所以 $p_b = \dfrac{2\pi r_b}{z}$ 。将 $r_b = r\cos\alpha$ 代入即得

$$p_b = \frac{2\pi r\cos\alpha}{z} = p\cos\alpha \tag{6-10}$$

2. 法向齿距

在齿廓的法线方向上测得的相邻两同向齿廓间的距离，称为法向齿距，用 p_n 表示。

如图 6-13 所示，在基圆上任选一点 N，作基圆的切线 NB ，由渐开线的性质可知，该线是渐开线 A_1B_1 和 A_2B_2 所在齿廓的公法线，则将 $\overline{B_1B_2}$ 称为两轮齿的法向齿距。

因为 $\overline{NB_1} = \overset{\frown}{NA_1}$ ，$\overline{NB_2} = \overset{\frown}{NA_2}$ ，所以

$$p_n = \overline{B_1B_2} = \overline{NB_2} - \overline{NB_1} = \overset{\frown}{NA_2} - \overset{\frown}{NA_1} = \overset{\frown}{A_1A_2} = p_b \tag{6-11}$$

可见，法向齿距与切点 N 的选择无关，与基圆齿距相等。

3. 任意圆上的齿厚

齿轮在不同圆周上的齿厚是不同的，如图 6-14 所示为齿轮的一个轮齿，其中 r、s、α、θ 分别表示齿轮分度圆半径、齿厚、压力角及渐开线展角；r_K、s_K、α_K 及 θ_K 分别表示齿轮任意圆上的半径、齿厚、压力角及展角；φ 为任意圆上齿厚所对应的圆心角。

由图可知

$$s_K = r_K\varphi = r_K(\angle COC' - 2\angle C'OK')$$

将$\angle COC' = \dfrac{s}{r}$、$\angle C'OK' = \theta_K - \theta$、$\mathrm{inv}\alpha_K = \theta_K$ 代入可得

$$s_K = r_K\left[\frac{s}{r} - 2(\mathrm{inv}\alpha_K - \mathrm{inv}\alpha)\right] = s\frac{r_K}{r} - 2r_K(\mathrm{inv}\alpha_K - \mathrm{inv}\alpha) \tag{6-12}$$

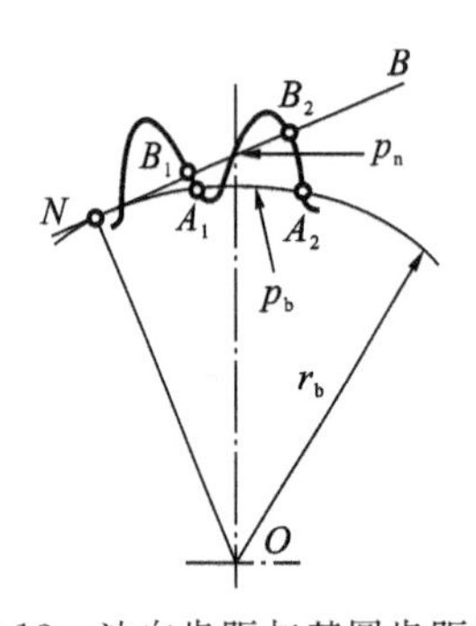

图 6-13 法向齿距与基圆齿距相等

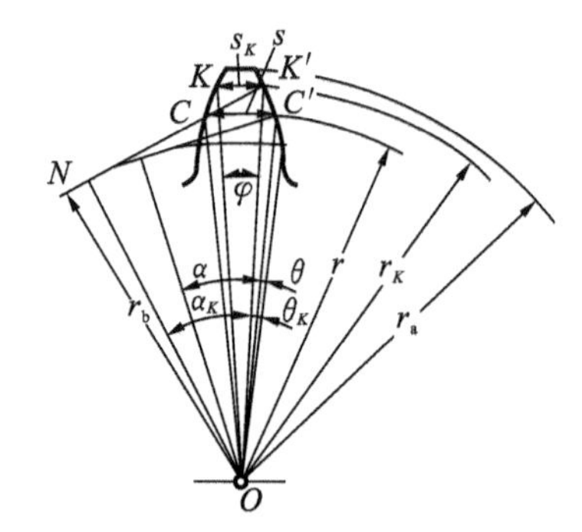

图 6-14 任意圆齿厚

4. 公法线

齿轮在加工、检验时，常用测量公法线长度的方法来判断和保证齿轮的加工精度。如图 6-15 所示，卡尺在任意位置上卡住齿轮的两条反向渐开线，则卡尺之间的距离就是两齿廓的公法线长度 W_k ，其中 k 为测量时卡尺跨过的齿数。

由式(6-11)可知，公法线长度应该等于基圆上的弧长，即 $W_k = (k-1)p_b + s_b$ 。跨测齿数 k 的选取应保证卡尺的卡脚与渐开线齿廓相切。跨测齿数太多，卡尺将顶住齿顶圆，不能保证卡尺与齿廓相切；跨测齿数太少，卡尺将顶在齿轮的齿根圆上，也不能保证卡尺与齿

轮相切。一般跨测齿数为 $k = z\alpha/180° + 0.5$ 。当 $\alpha = 20°$ 时，$k = 0.111z + 0.5$ 。

5. 节圆和标准中心距

根据渐开线的性质，两个齿轮啮合点的公法线一定与两个齿轮的基圆同时相切。如图 6-16 所示，当两个齿轮的基圆与中心位置确定后，两基圆的公切线（同一侧）只有一条 n-n，所以两个齿轮所有啮合点的公法线都是同一条直线 n-n，将 n-n 称为啮合线。

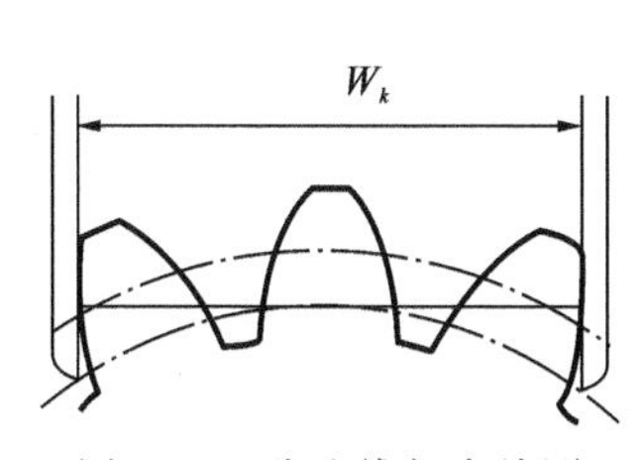

图 6-15　公法线长度检测

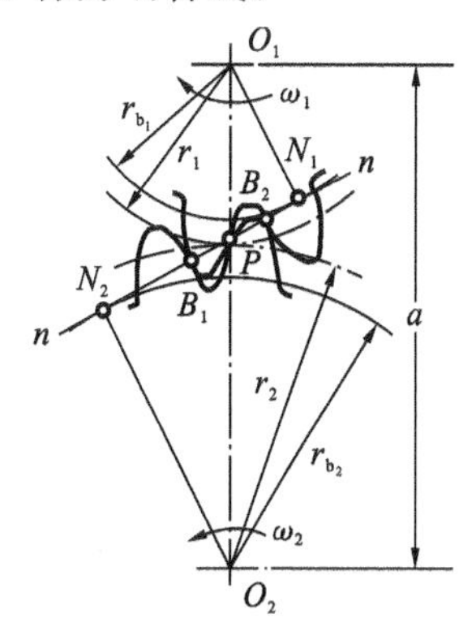

图 6-16　啮合线

啮合线 n-n 与两齿轮中心连线的交点称为节点(pitch point)，则以 O_1 和 O_2 为圆心，过节点所作的两个圆称为两齿轮的节圆(pitch circle)，节圆的直径和半径分别用 d' 和 r' 表示。当节圆的直径与分度圆直径相同时，即 $d' = d$ 时，两齿轮的分度圆相切，称之为标准中心距安装。此时

$$a = \frac{1}{2}(d_1 + d_2) = \frac{1}{2}m(z_1 + z_2) \tag{6-13}$$

6.4.4　齿条和内齿轮的尺寸

1. 齿条

如图 6-17 所示，齿条相当于基圆无穷大时的齿轮。齿轮的分度圆、齿顶圆、齿根圆变成了齿条的分度线、齿顶线和齿根线。齿条与齿轮相比，有以下几个特点。

(1) 渐开线齿廓变成了直线齿廓，压力角 α 处处相等，且等于其齿形角。

(2) 齿距处处相等，$p = \pi m$ ，$p_n = p\cos\alpha$ 。

齿条的其他参数与基本尺寸的计算可参照外齿轮进行。

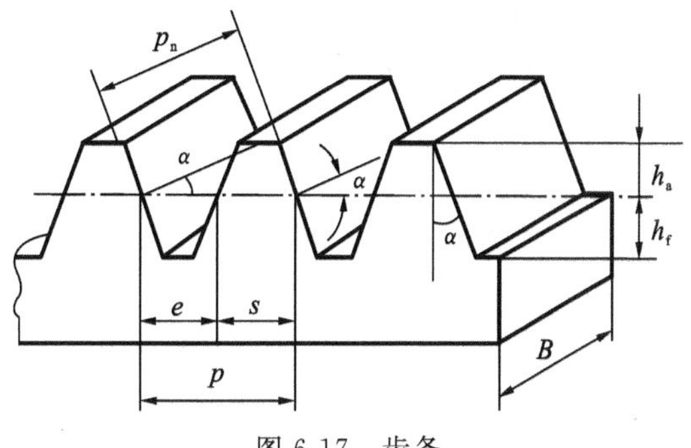

图 6-17　齿条

2. 内齿轮

如图 6-18(a)所示，内齿轮的轮齿分布在空心圆柱的内表面上。与外齿轮相比，内齿轮有以下几个特点。

(1) 轮齿与齿槽的形状刚好与外齿轮相反。

(2) 齿顶圆的直径小于齿根圆的直径，$r_a = r - h_a$，$r_f = r + h_f$。

(3) 为保证内齿轮的齿顶部分齿廓为渐开线，其齿顶圆的直径应该大于基圆直径，即 $r_a \geqslant r_b$。

(4) 一个内齿轮与一个外齿轮的啮合称为内啮合，如图 6-18(b)所示，这时两齿轮的标准中心距 a 为两齿轮分度圆半径之差，即 $a = r_2 - r_1$。

内齿轮的其他参数与基本尺寸的计算也可参照外齿轮进行。

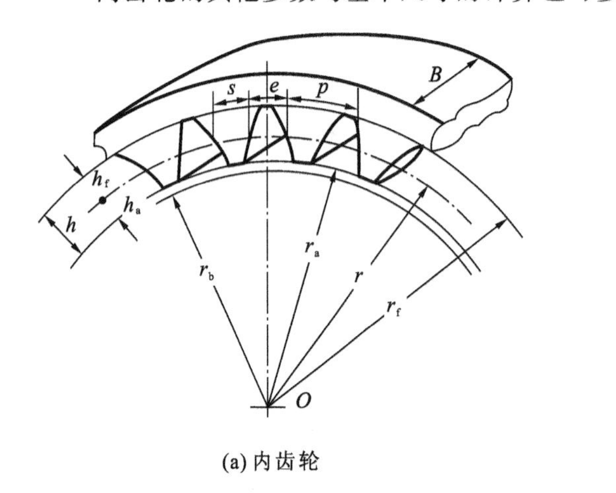

(a) 内齿轮

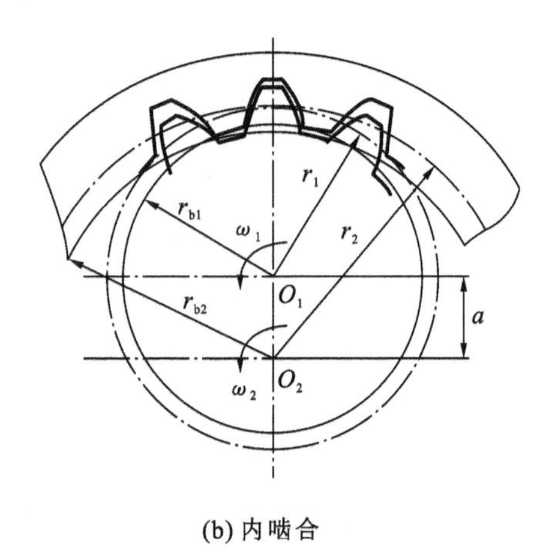

(b) 内啮合

图 6-18　内齿轮与内啮合

6.5 渐开线标准圆柱齿轮的啮合传动

6.5.1 渐开线齿轮的传动特性

如图 6-19 所示为一对齿轮的啮合情况，其中 O_1、O_2 分别为齿轮 1 和齿轮 2 的圆心，ω 是齿轮的角速度，K 是两齿轮的啮合点，v_{K1} 和 v_{K2} 是两齿轮在点 K 的线速度。由前所述，渐开线上任意点 K 的法线，一定与其基圆相切，所以，两齿轮啮合时，其公法线 n—n 一定同时与两个齿轮的基圆 r_{b_1} 和 r_{b_2} 相切，切点分别为 N_1 和 N_2。

根据渐开线的性质可知：$v_{K_1} \perp r_{K_1}$，$N_1K \perp N_1O_1$，所以

$$\angle N_2Kv_{K_1} = \angle N_1O_1K = \alpha_{K_1}$$

同理，$\angle N_2Kv_{K_2} = \angle N_2O_2K = \alpha_{K_2}$。

因为两齿轮在点 K 的公法线 n-n 方向上的速度是相同的，所以

$$v_{K_1}\cos\alpha_{K_1} = v_{K_2}\cos\alpha_{K_2}$$

又因为 $v_{K_1} = \omega_1 r_{K_1}$，$v_{K_2} = \omega_2 r_{K_2}$，所以

$$r_{K_1}\omega_1\cos\alpha_{K_1} = r_{K_2}\omega_2\cos\alpha_{K_2}$$

将 $r_{K_1}\cos\alpha_{K_1} = r_{b_1}$，$r_{K_2}\cos\alpha_{K_2} = r_{b_2}$ 代入上式可得

$$r_{b_1}\omega_1 = r_{b_2}\omega_2$$

再将这一结果代入式(6-1)得

$$i_{12} = \frac{\omega_1}{\omega_2} = \frac{r_{b_2}}{r_{b_1}} \tag{6-14}$$

综合上述分析过程，可见渐开线齿轮具有如下传动特性。

1) 传动比恒定

由式(6-14)可知，渐开线齿廓的齿轮在任意点 K 处啮合时，其传动比 i 都等于两齿轮基圆半径的反比，是个常量，所以在传动过程中，传动比是个恒定值。

2) 中心距具有可分性

由于渐开线齿轮的传动比只与两齿轮的基圆半径相关，而一对齿轮加工完成后，两齿轮的基圆半径就确定了，所以其传动比也就确定了。如果由于制造、安装或磨损等原因造成中心距发生了变动，传动比也不会随之变化。这一特性称为渐开线齿轮的中心距可分性，它为齿廓的加工和齿轮的安装等带来很大的方便，是渐开线齿轮得到广泛应用的原因之一。

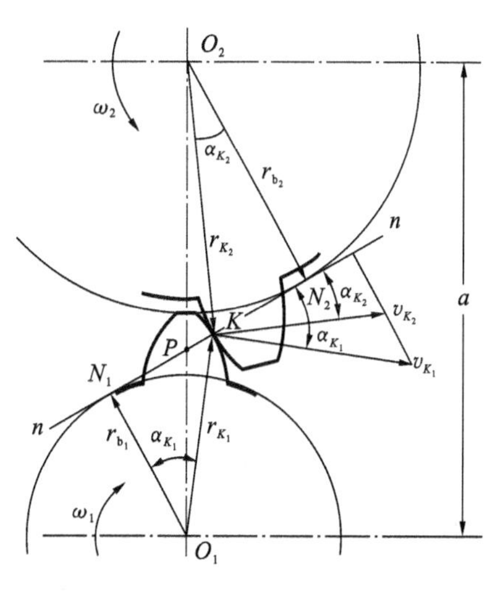

图 6-19 渐开线的啮合特点

3) 传力方向不变

两齿廓的接触点 K 的公法线始终与两个齿轮的基圆相切(为两基圆的公切线)，而当两个齿轮安装好之后，基圆的公切线 n-n 的位置也随之确定。这也就是说，两齿廓啮合时的正压力方向(沿 n-n)始终不变，这个特点对于齿轮传动过程中的平稳性是非常有利的。

6.5.2 渐开线齿轮的正确啮合条件

如图 6-20 所示为一对渐开线齿轮的啮合情况。如前所述，一对渐开线齿廓在任意位置啮合时，其接触点都应在啮合线 $\overline{N_1N_2}$ 上。因此，当上一对轮齿在啮合线上的点 B_1 接触时，下一对轮齿的啮合点 B_2 也应该在 $\overline{N_1N_2}$ 上。由此可以看出，两齿轮能够正确啮合的条件应该是：两齿轮的法向间距相等，即

$$p_{n_1} = p_{n_2} = \overline{B_1B_2} \tag{6-15}$$

由式(6-10)和式(6-11)可知

$$\begin{cases} p_{n_1} = p_{b_1} = p_1\cos\alpha_1 = \pi m_1\cos\alpha_1 \\ p_{n_2} = p_{b_2} = p_2\cos\alpha_2 = \pi m_2\cos\alpha_2 \end{cases} \tag{6-16}$$

将式(6-16)代入式(6-15)得

$$m_1\cos\alpha_1 = m_2\cos\alpha_2 \tag{6-17}$$

因为模数和压力角均已标准化，所以要满足上式成立的条件是：两个齿轮的模数和压力角分别相等，即两齿轮正确啮合的条件为

$$\begin{cases} m_1 = m_2 = m \\ \alpha_1 = \alpha_2 = \alpha \end{cases} \tag{6-18}$$

这样，一对齿轮的传动比可写成 $i_{12} = \dfrac{\omega_1}{\omega_2} = \dfrac{r_{b_2}}{r_{b_1}} = \dfrac{r_2}{r_1} = \dfrac{z_2}{z_1}$ (6-19)

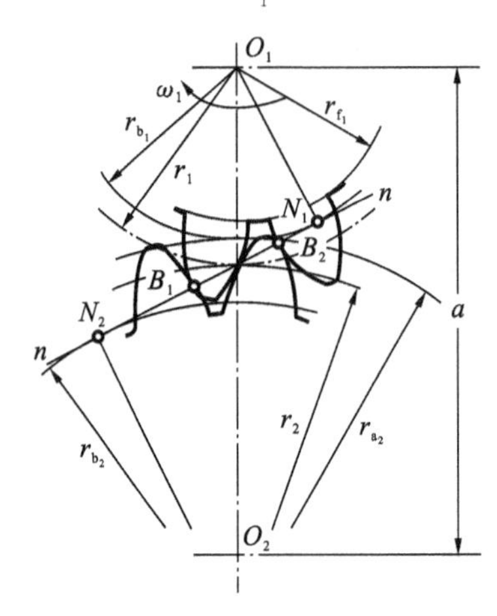

图 6-20　两齿轮正确啮合的条件

6.5.3　一对齿轮的标准安装

1. 齿轮传动

按标准中心距安装一对齿轮时，两齿轮的分度圆相切，此时

1）两轮齿的顶隙为标准值

$$c = a - r_{f_1} - r_{a_2} = r_1 + r_2 - (r_1 - h_a^* m - c^* m) - (r_2 + h_a^* m) = c^* m \tag{6-20}$$

标准的齿顶隙，即可保证两齿廓只在渐开线的范围内啮合，又可在空隙内存储润滑油，保证齿轮润滑的需要。

2）两轮齿的侧隙为零

按标准中心距安装时，两齿轮的分度圆相切，而分度圆上的齿厚和齿槽宽是相等的，因此

$$\begin{cases} s_1 = e_1 = \dfrac{1}{2}\pi m_1 \\ s_2 = e_2 = \dfrac{1}{2}\pi m_2 \end{cases}$$

因两齿轮模数相等，所以

$$s_1 = e_1 = s_2 = e_2 \tag{6-21}$$

也就是说，一个齿轮的齿厚等于另一个齿轮的齿槽宽度，所以可以实现无侧隙啮合。

在实际使用时，两齿轮的非受力齿侧间是需要有一些间隙的。但这个间隙量很小，是通过制造公差来实现的。

按标准中心距安装后，齿侧间隙为零，所以实际安装的中心距 a' 不可能小于标准中心距 a。当实际中心距 a' 大于标准中心距 a 时，两个齿轮的分度圆将不再相切，齿顶隙大于标准值，齿侧存在间隙，过节点的节圆的半径 r' 大于分度圆的半径 r，如图 6-21 所示。

因 $r_b = r\cos\alpha = r'\cos\alpha'$，所以 $r_{b_1} + r_{b_2} = (r_1 + r_2)\cos\alpha = (r'_1 + r'_2)\cos\alpha'$，即

$$a'\cos\alpha' = a\cos\alpha \tag{6-22}$$

式(6-22)表明了节圆上的压力角 α'（也称啮合角）随中心距变化的关系。

需要注意的是：节圆是两齿轮啮合传动时才有的，其大小与中心距的变化有关，单个齿轮没有节圆；但是不论齿轮是否参与啮合传动，分度圆是单个齿轮所固有的、大小确定的圆，与传动中心距的变化无关。当标准齿轮按照标准中心距安装时，节圆与分度圆重合；而当两齿轮实际中心距 a' 大于标准中心距 a 时，两齿轮的节圆虽相切，但分度圆却相互分离。

2. 齿轮与齿条传动

齿轮齿条的标准安装与齿轮传动标准中心距安装类似，即安装后齿条的分度线与齿轮的分度圆相切。

如图 6-22 所示，当齿轮与齿条的距离加大时，因为齿条的压力角处处相等，所以啮合点的公法线 n-n 的方向仍然保持不变，即 O_1P 的距离不变，所以齿轮的节点位置仍然在分度圆上，但齿条的分度线位置已经改变，齿条节圆上的齿槽宽大于其分度圆上的齿槽宽。

由此得到齿轮齿条传动的特点。

(1) 无论是否按标准中心距安装，齿轮的节圆恒与分度圆重合。

(2) 啮合角 α' 恒等于分度圆压力角 α 。

(3) 当实际安装距离大于标准安装距离时，齿顶隙大于标准值，齿侧存在间隙。

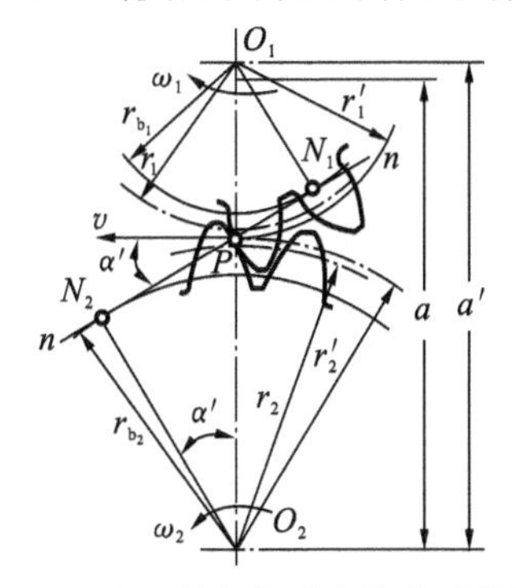

图 6-21　中心距变化对齿轮传动的影响

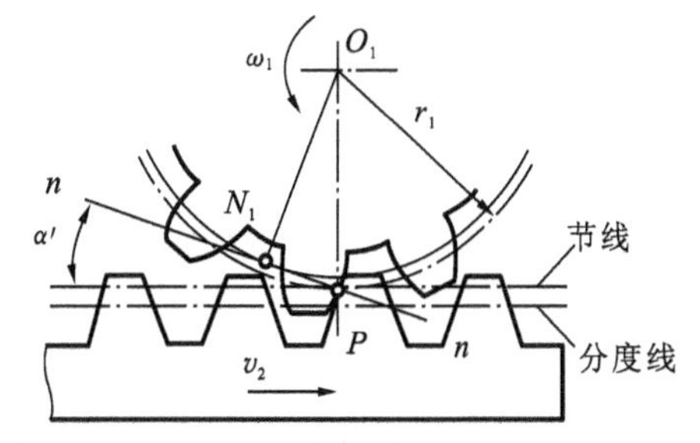

图 6-22　中心距变化对齿轮齿条传动的影响

6.5.4　渐开线齿轮连续传动的条件

1. 渐开线齿轮连续传动的条件

如图 6-23 所示，齿轮 1 为主动齿轮，齿轮 2 为被动齿轮，$\overline{N_1N_2}$ 为啮合线。当齿轮 1 沿 ω_1 的方向顺时针转动时，首先与齿轮 2 上的点 B_2 接触(见图 6-23(a))，进入啮合状态，此时齿轮 1 的齿根推动齿轮 2 的齿顶，带动齿轮 2 逆时针旋转。随着齿轮的不断转动，啮合点沿啮合线 $\overline{N_1N_2}$ 由点 B_2 沿啮合线逐渐向点 B_1 移动，当齿轮 1 的齿顶转动到点 B_1 时(见图 6-23(b))，两轮齿脱离啮合。由此可见，从动轮的齿顶圆与啮合线 $\overline{N_1N_2}$ 的交点 B_2 为一对轮齿的啮合起始点，而主动轮的齿顶圆与啮合线的交点 B_1 为该对轮齿的啮合终止点，故线段 $\overline{B_2B_1}$ 为一对轮齿的实际啮合线。

当两轮的齿顶圆增大时，实际啮合线将随之增长，点 B_1、B_2 将逐渐趋近于点 N_2、N_1，但

由于基圆以内没有渐开线，所以啮合线$\overline{N_1N_2}$是理论上可能达到的最长啮合线段，称之为理论啮合线，而将点 N_1、N_2 称为啮合极限点。

由上述齿轮的啮合过程可以看出，两齿轮若要连续传动，必须保证在前一对轮齿尚未脱离啮合时，后一对轮齿已经开始进入啮合状态，由图 6-23(a)中可以看出，此时实际啮合线$\overline{B_2B_1}$大于等于齿轮的法向齿距 p_n。因为 $p_n=p_b$，故渐开线连续传动的条件可表示为

$$\overline{B_2B_1}\geqslant p_b \quad 或 \quad \frac{\overline{B_2B_1}}{p_b}\geqslant 1$$

通常，称 $\overline{B_2B_1}/p_b$ 为重合度，用 ε_α 表示。理论上讲，重合度等于 1 就能保证齿轮的连续传动，但考虑制造、安装误差等因素，实际工作中为确保齿轮的连续传动，要求重合度大于或等于一定的许用值 $[\varepsilon_\alpha]$，即

$$\varepsilon_\alpha=\frac{\overline{B_2B_1}}{p_b}\geqslant[\varepsilon_\alpha] \tag{6-23}$$

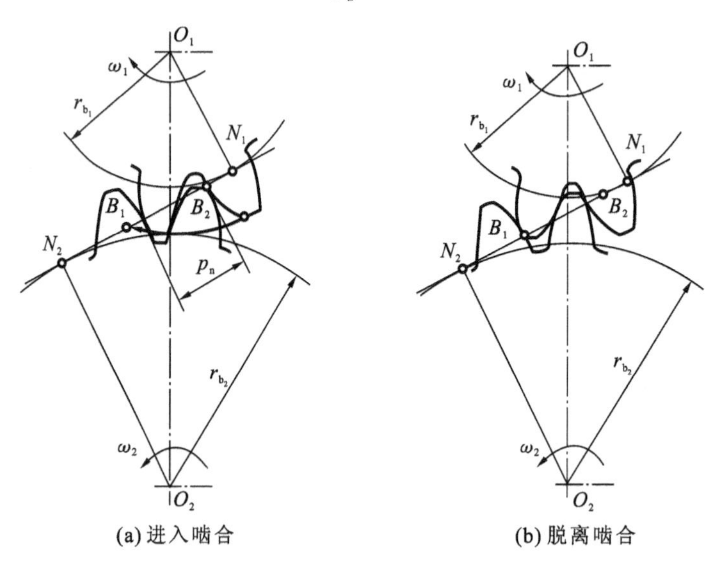

图 6-23 轮齿的啮合过程及连续传动的条件

常用重合度的许用值见表 6-3。

表 6-3 重合度的许用值$[\varepsilon_\alpha]$

使 用 场 合	一般机械制造业	汽车、拖拉机	金属切削机床
$[\varepsilon_\alpha]$	1.4	1.1～1.2	1.3

2. 重合度的计算

1) 两齿轮外啮合重合度的计算

由图 6-24(a)可知

$$\begin{aligned}\overline{B_1B_2}&=\overline{B_1P}+\overline{PB_2}=(\overline{B_1N_1}-\overline{PN_1})+(\overline{B_2N_2}-\overline{PN_2})\\&=(r_{b_1}\tan\alpha_{a_1}-r_{b_1}\tan\alpha')+(r_{b_2}\tan\alpha_{a_2}-r_{b_2}\tan\alpha')\\&=r_1\cos\alpha(\tan\alpha_{a_1}-\tan\alpha')+r_2\cos\alpha(\tan\alpha_{a_2}-\tan\alpha')\end{aligned}$$

$$= \frac{1}{2} m\cos\alpha [z_1(\tan\alpha_{a_1} - \tan\alpha') + z_2(\tan\alpha_{a_2} - \tan\alpha')]$$

式中：α'为啮合角，z_1、z_2 和 α_{a_1}、α_{a_2}分别为齿轮 1、齿轮 2 的齿数及齿顶圆压力角。根据重合度定义，有

$$\varepsilon_\alpha = \frac{\overline{B_1B_2}}{p_b} = \frac{\overline{B_1B_2}}{\pi m\cos\alpha} = \frac{1}{2\pi}[z_1(\tan\alpha_{a_1} - \tan\alpha') + z_2(\tan\alpha_{a_2} - \tan\alpha')] \tag{6-24}$$

2）齿轮齿条啮合重合度的计算

由图 6-24(b)可知，齿轮的齿根从点 B_2 开始进入啮合，其齿顶在点 B_1 结束啮合，实际啮合长度为 $\overline{B_1B_2}$，其中 $\overline{B_1P}$ 的计算方法与两齿轮啮合时相同，即

$$\overline{B_1P} = (\overline{B_1N_1} - \overline{PN_1}) = (r_{b_1}\tan\alpha_{a_1} - r_{b_1}\tan\alpha') = \frac{1}{2}mz_1\cos\alpha(\tan\alpha_{a_1} - \tan\alpha')$$

而 $\overline{PB_2} = \frac{h_a}{\sin\alpha'} = \frac{h_a^* m}{\sin\alpha}$，（齿轮齿条传动的啮合角等于压力角，即 $\alpha' = \alpha$），此时，重合度为

$$\varepsilon_\alpha = \frac{\overline{B_1B_2}}{p_b} = \frac{\overline{B_1B_2}}{\pi m\cos\alpha} = \frac{1}{2\pi}\left[z_1(\tan\alpha_{a_1} - \tan\alpha) + \frac{2h_a^*}{\sin\alpha\cos\alpha}\right] \tag{6-25}$$

3）内啮合重合度计算

内啮合传动的重合度，也可用类似的方法推出

$$\varepsilon_\alpha = \frac{1}{2\pi}[z_1(\tan\alpha_{a_1} - \tan\alpha') + z_2(\tan\alpha' - \tan\alpha_{a_2})] \tag{6-26}$$

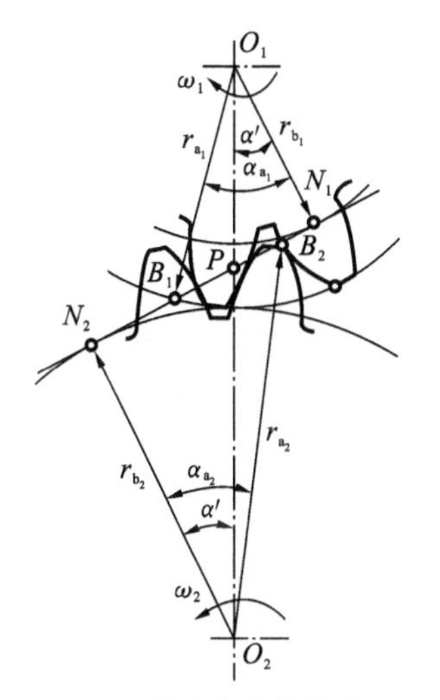

(a) 外啮合齿轮传动

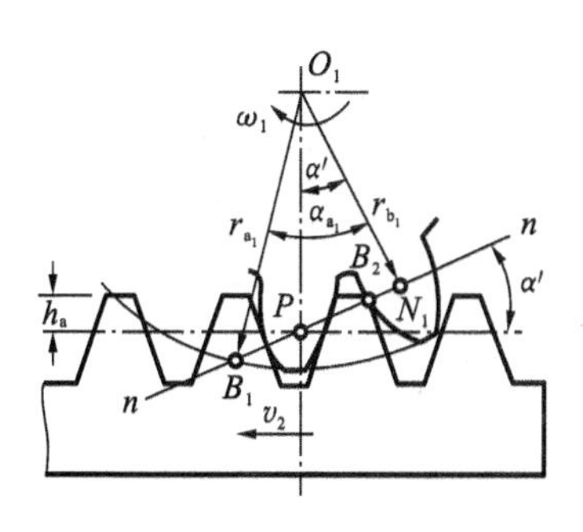

(b) 齿轮齿条传动

图 6-24　齿轮与齿条啮合的重合度

由式(6-24)、式(6-25)和式(6-26)可以看出：

(1) 重合度 ε_α 随着齿数 z 的增多而增大。当两齿轮的齿数增加至无穷大时，ε_α 将趋向于一个极限值 $\varepsilon_{\alpha\max}$。此时 $\overline{PB_1} = \overline{PB_2} = \frac{h_a}{\sin\alpha'} = \frac{h_a^* m}{\sin\alpha}$，所以

$$\varepsilon_{\alpha\max} = \frac{\overline{B_1B_2}}{p_b} = 2\frac{\overline{PB_2}}{P_b} = 2\times\frac{h_a^* m}{\pi m\cos\alpha\sin\alpha} = \frac{4h_a^*}{\pi\sin2\alpha} \tag{6-27}$$

当 $h_a^* = 1$，$\alpha = 20°$时，$\varepsilon_{\alpha\max} = 1.981$。

(2) 重合度 ε_α 随着节圆压力角 α' 增大(即中心距 a 增大)而减小。

(3) 重合度 ε_α 随着齿顶圆压力角 α_a 增大而增大。

(4) 重合度 ε_α 与模数 m 无关。

3. 重合度的物理意义

重合度 ε_α 的大小反映了齿轮传动中同时参与啮合的齿对数的多少。

如图 6-25(a)所示，当齿廓 2 由点 B_2 开始进入啮合时，齿廓 1 的啮合位置在点 A_2 处，这时有 2 个齿廓参与啮合传动；当齿轮由图 6-25(a)位置转动到图 6-25(b)位置时，齿廓 1 的啮合点由点 A_2 移至点 B_1 并脱离啮合，齿廓 2 的啮合点由点 B_2 移至点 A_1，开始单齿啮合，可见 $\overline{A_2B_1} = \overline{B_2A_1}$；齿轮继续转动到图 6-25(c)位置时，只有齿廓 2 单齿啮合；继续转至图 6-25(d)位置时，齿廓 3 开始进入啮合，两齿轮又从单齿啮合逐渐进入两齿啮合的状态，开始重复图 6-25(a)的动作。

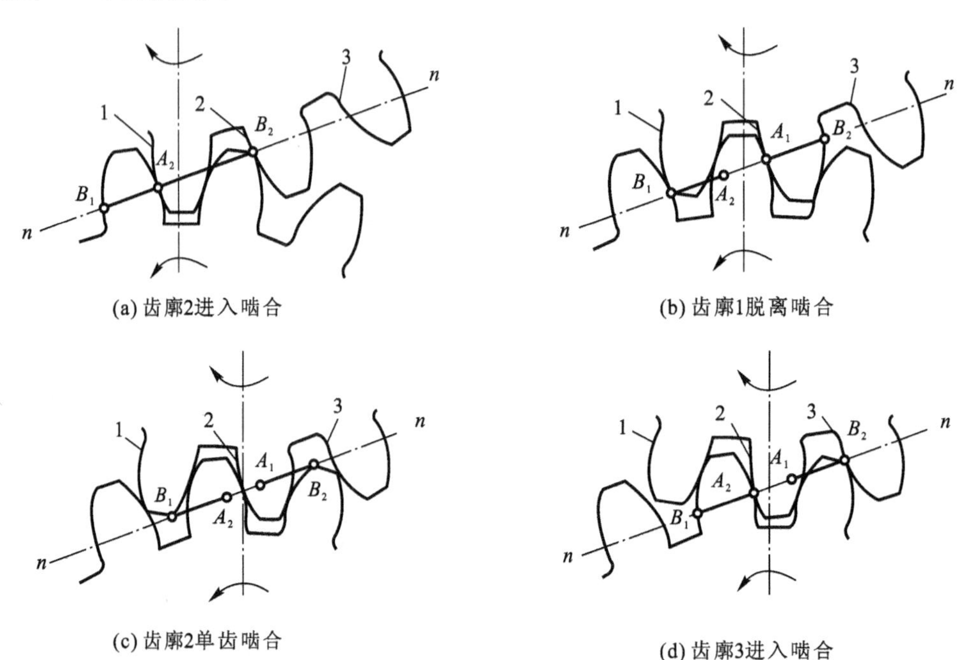

图 6-25 重合度的物理意义

由图 6-25 可以看出，$\overline{B_2B_1}$ 为实际啮合线长度，在 $\overline{A_2B_1}$ 和 $\overline{B_2A_1}$ 区间是双齿啮合区，$\overline{A_1A_2}$ 区间为单齿啮合区。

设重合度 $\varepsilon_\alpha = \overline{B_2B_1}/p_b = 1.6$，由图 6-25(d)可知 $\overline{A_2B_2} = p_b$，因为 $\overline{B_2B_1} = \overline{B_2A_2} + \overline{A_2B_1}$，所以 $\overline{A_2B_1} = \overline{B_2A_1} = 0.6p_b$。又因为 $\overline{B_2B_1} = \overline{B_2A_1} + \overline{A_2B_1} + \overline{A_1A_2}$，故 $\overline{A_1A_2} = 0.4p_b$。由上述分析可知，对于重合度为 1.6 的齿轮传动，在齿轮转过一个基圆齿距的过程中，单齿啮合区间占 40%，双齿啮合区间占 60%。重合度越大，双齿啮合区间所占比例越大，这对提高齿轮传动的承载能力和传动平稳性都有重要意义。

【例 6-1】 已知一对外啮合渐开线标准直齿圆柱齿轮，$z_1 = 24$、$i = 3.5$、$\alpha = 20°$、$m = 3$、

$h_a^*=1$，试求：(1)按标准中心距安装时的重合度 ε_α；(2)可保证齿轮连续传动的最大中心距 a'。

解

1. 按标准中心距安装时的重合度 ε_α

(1) 求分度圆及齿顶圆半径。

$$r_1=\frac{1}{2}mz_1=\frac{1}{2}\times 3\times 24\ \text{mm}=36\ \text{mm}$$

由 $i=\dfrac{z_2}{z_1}$，得

$$z_2=i\times z_1=84$$

$$r_2=\frac{1}{2}mz_2=\frac{1}{2}\times 3\times 84\ \text{mm}=126\ \text{mm}$$

$$r_{a_1}=r_1+h_a^*m=(36+3)\ \text{mm}=39\ \text{mm}$$

$$r_{a_2}=r_2+h_a^*m=(126+3)\ \text{mm}=129\ \text{mm}$$

(2) 求齿顶圆压力角与重合度。

$$\alpha_{a_1}=\arccos\frac{r_1\cos\alpha}{r_{a_1}}=\arccos\frac{36\times\cos 20^\circ}{39}=29.84^\circ$$

$$\alpha_{a_2}=\arccos\frac{r_2\cos\alpha}{r_{a_2}}=\arccos\frac{126\times\cos 20^\circ}{129}=23.39^\circ$$

$$\varepsilon_\alpha=\frac{\overline{B_1B_2}}{p_b}=\frac{\overline{B_1B_2}}{\pi m\cos\alpha}=\frac{1}{2\pi}[z_1(\tan\alpha_{a_1}-\tan\alpha)+z_2(\tan\alpha_{a_2}-\tan\alpha)]$$

$$=\frac{1}{2\pi}[24\times(\tan 29.84^\circ-\tan 20^\circ)+84\times(\tan 23.39^\circ-\tan 20^\circ)]=1.72$$

2. 保证齿轮连续传动的最大中心距 a'

增大中心距会降低重合度，保证齿轮连续传动要求重合度 $\varepsilon_\alpha\geqslant 1$，即

$$\varepsilon_\alpha=\frac{1}{2\pi}[z_1(\tan\alpha_{a_1}-\tan\alpha')+z_2(\tan\alpha_{a_2}-\tan\alpha')]\geqslant 1$$

$$\alpha'\leqslant\arctan\frac{z_1\tan\alpha_{a_1}+z_2\tan\alpha_{a_2}-2\pi}{z_1+z_2}$$

$$=\arctan\frac{24\tan 29.84^\circ+84\tan 23.39^\circ-2\pi}{24+84}$$

$$=22.08^\circ$$

由式(6-22)可得保证连续传动的最大中心距

$$a'=\frac{\cos\alpha}{\cos\alpha'}a=\frac{\cos\alpha}{\cos\alpha'}(r_1+r_2)=\frac{\cos 20^\circ}{\cos 22.08^\circ}\times(36+126)\ \text{mm}=164.28\ \text{mm}$$

6.6　渐开线齿轮加工

齿轮的生产加工方法很多，可铸造、模锻、热轧、冲压、粉末冶金与切制等。其中最常用的是切削加工的方法，切削加工的原理可分为仿形法和范成法两类。

6.6.1　仿形法

仿形法是指用与齿槽形状相同的成形刀具，直接将轮坯齿槽的材料切除而加工出齿轮

齿廓的方法，常用的方法有铣削法和拉削法。铣削加工中，常用的刀具有指状铣刀和圆盘形铣刀等。

如图 6-26(a)所示是用圆盘铣刀切削加工齿轮的示意图。铣刀在轴向剖面内的切削刃形状与被切齿廓的齿槽形状完全相同。铣削加工时，铣刀绕自身轴线旋转实现切削主运动，同时，工件沿轴线方向移动实现进给。当切削完成一个齿槽后，工件沿轴线方向退回初始位置，齿轮毛坯旋转一个齿的角度(称为分度，分度角为 $360°/z$)，进行下一个齿槽的切削，如此循环直至齿廓全部切削完毕为止。

(a) 圆盘铣刀加工齿廓

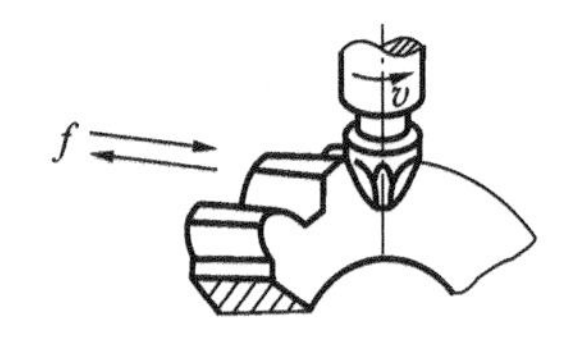

(b) 指状铣刀加工齿廓

图 6-26　圆盘铣刀和指状铣刀切削加工齿轮

图 6-26(b)所示为用指状铣刀加工齿轮的示意图，加工过程与圆盘铣刀相似。指状铣刀多用于加工大模数齿轮和人字齿轮。

由渐开线性质 4 可知，渐开线齿廓的形状是随基圆的大小不同而变化的，而基圆半径 $r_b = r\cos\alpha = \frac{1}{2}mz\cos\alpha$，所以当模数 m 和压力角 α 一定时，齿廓的形状将随齿轮齿数 z 的变化而变化。

如果要切出完全准确的齿廓，就必须为每一种模数、每一个齿数的齿轮配备一把对应的刀具，实际上这是不可能做到的。工程上通常为同样模数 m 和压力角 α 的齿轮配备 8 把或 15 把刀具(一套)，每一把铣刀都用来切削一定范围内齿数的齿轮。因此，用这种方法加工出来的齿廓形状存在误差，精度较低，同时其加工过程不连续，生产率低，所以主要用于修配和小批量生产。

6.6.2　范成法

范成法也称展成法，是目前齿轮加工中最常用的一种切削加工方法，它是利用一对齿轮作无侧隙啮合传动时，两轮齿廓互为包络线的原理来加工齿轮的，如图 6-27 所示。加工时，将相互啮合的一对齿轮中的一个作为刀具(实际刀具的齿顶圆直径要大一些，以便在工件的基圆内切制出两齿轮啮合的顶隙部分)，另一个作为被加工齿轮，并使两者按工作时的传动比相对转动，同时刀具作切削运动，切制出与刀具齿廓共轭的齿轮齿廓。

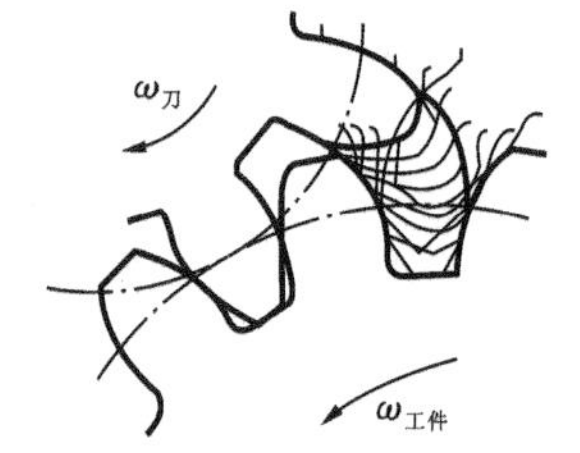

图 6-27　范成法原理

常用范成法加工齿轮的方法有插齿加工与滚齿加工方法等。

如图 6-28 所示是插齿加工的示意图，插齿刀与工件按设定的传动比相对转动，同时插齿刀上下往复运动进行切削。

如图 6-29 所示是用滚齿刀具加工齿轮的示意图。滚刀的基本形状是一个螺旋线，为形成切削刃，在螺旋线上分布有若干个轴向的槽，滚刀齿在齿坯端面的投影相当于直线齿形的齿条。滚齿加工原理与用齿条插刀加工时基本相同，当滚刀转动时，刀刃的螺旋运动代替了齿条插刀的展成运动和切削运动。滚刀回转的同时沿齿轮毛坯轴向方向缓慢进给，以使完成全齿宽的切削。

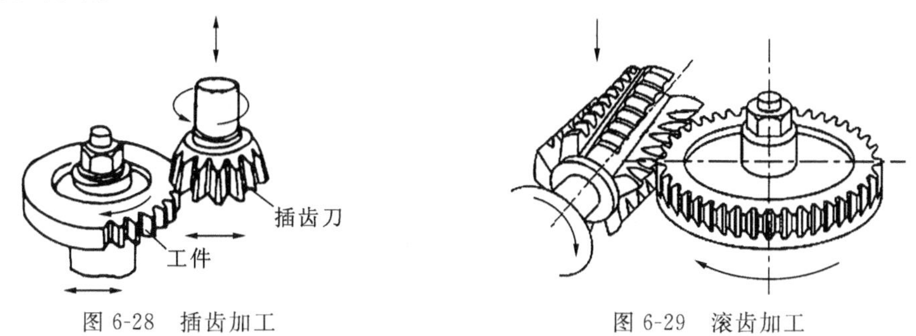

图 6-28　插齿加工　　　　图 6-29　滚齿加工

在上述的几种加工方法中，仿形法每加工一个齿廓后，要进行分度后，再加工下一个齿廓，生产率相对最低；插齿刀的切削运动为往复直线运动，速度较低且不连续；而滚刀的切削运动为连续转动，所以生产率最高。

由于模数相等、压力角相等的两个齿轮即可实现正确的啮合传动，所以用范成法加工齿轮时，使用同一把刀具可切制模数和压力角相等的所有齿数的齿轮，且理论上不存在齿形误差，所以加工精度较高、应用广泛、适用于批量生产。

6.6.3　渐开线齿廓的根切

如图 6-30(a)所示，渐开线齿轮的齿廓从基圆开始到齿顶是渐开线，是参与啮合传动的区域。而基圆内到齿根部分不是渐开线，是过渡的曲线。用范成法加工齿轮时，有时会出现刀具将接近轮齿根部的齿廓多切去一部分的现象，形成图 6-30(b)的形状，这种现象称为轮齿的根切。

根切既削弱了齿根抗弯强度，使齿轮的承载能力降低，又切掉了部分渐开线齿廓，减小了齿廓啮合的长度，使重合度变小、传动平稳性降低，所以在设计制造中应力求避免根切现象的产生。

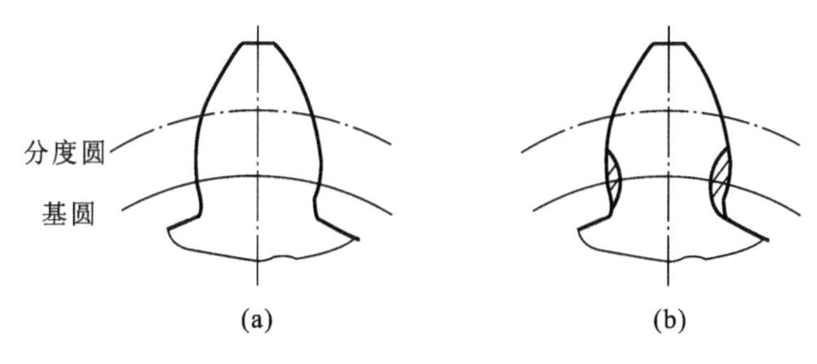

图 6-30　根切现象

1. 产生根切的原因

如图 6-31 所示为齿轮根切产生的原因分析过程。图中的齿条刀具齿顶上面的圆弧部分没有画出，只画了用于切制齿轮渐开线齿廓的直线部分，n-n 为啮合线。当齿条刀具从左向右移动时，先由刀具的齿根部分接触并切削齿轮毛坯的齿顶，最后是刀具的齿顶切削齿轮毛坯的齿根部分，才结束轮齿的切削。

如图 6-31(a)所示，齿条刀具结束切削的点刚好在齿轮的基圆上，齿轮从齿顶到基圆之间的齿廓均被齿条刀具加工成渐开线形状。

如图 6-31(b)所示，齿条刀具的齿顶在 1 点结束切削，而齿轮的基圆是在 2 点，则该齿轮只在 1 点至齿顶之间被切制成渐开线齿廓，1、2 点之间的曲线不是渐开线。

如图 6-31(c)所示，当齿条刀具切至 1 点时，已经切到了齿轮基圆处的齿廓，此时齿轮基圆至齿顶部分已经完全被切制成了渐开线。但刀具还没有结束切削，在刀具继续向右移动时，1、2 点之间的刀具将继续切削基圆附近的齿廓(见图 6-31(d))，结果是在 3、4 点之间，将齿轮的齿根部分多切掉了一块，基圆至 4 点之间已经切制好的渐开线齿廓也被切掉，产生了根切。

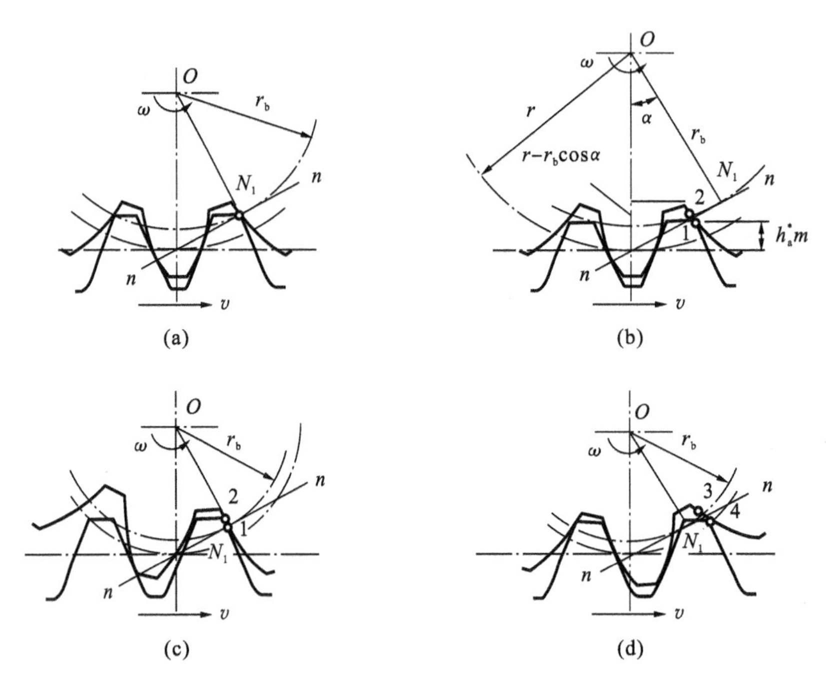

图 6-31 齿轮根切现象分析

2. 齿轮不发生根切的最少齿数

比较图 6-31 中的 4 个图可以看出，当刀具结束切削处齿顶上的点与啮合点 N_1 重合时(见图 6-31(a))，刚好切制出完整渐开线齿廓，无根切；当该点没到点 N_1(见图 6-31(b))，也不产生根切；但如果该点越过了点 N_1(见图 6-31(c))，则将产生根切现象(见图 6-31(d))。所以不产生根切的条件是：齿条刀具的齿顶线不越过啮合极限点 N_1。如图 6-31(b)所示，齿轮不根切应满足

$$h_a^* m \leqslant r - r_b\cos\alpha$$

将 $r_b = r\cos\alpha$，$r = mz/2$ 代入得

$$h_a^* m \leqslant \frac{1}{2}mz(1-\cos^2\alpha)$$

整理后得

$$z \geqslant \frac{2h_a^*}{\sin^2\alpha} \tag{6-28}$$

因此，用范成法加工渐开线标准齿轮不根切的最少齿数为

$$z_{\min} = \frac{2h_a^*}{\sin^2\alpha} \tag{6-29}$$

当 $\alpha = 20°$，$h_a^* = 1$ 时，$z_{\min} = 17$。即当标准齿轮的 $z \geqslant 17$ 时，不会产生根切现象。

6.7 渐开线变位齿轮传动

6.7.1 标准齿轮的局限性

标准齿轮计算简便、互换性好，但也存在如下不足。

(1) 用范成法加工时，当齿数小于 $z \leqslant z_{\min}$ 时，将产生根切现象。

(2) 实际中心距 a' 小于标准中心距 a 时，无法安装；实际中心距大于标准中心距时，虽可啮合传动且保证传动比不变，但齿侧间隙增大、重合度减小，传动平稳性降低。

(3) 在一对相互啮合的齿轮中，小齿轮的齿廓渐开线曲率半径小、齿根厚度相对较薄、参与啮合的次数多，所以强度相对较低，小齿轮比大齿轮容易损坏。

为了改善和解决标准齿轮的这些不足，工程上广泛使用变位齿轮，可有效地解决上述问题。

6.7.2 齿轮的变位修正

在实际生产中，常常需要用到 $z \leqslant z_{\min}$ 的齿轮，为避免根切，应该设法减小最小齿数 $z_{\min}$。由式(6-29)可以看出，增大压力角 α 或减小齿顶高系数 h_a^* 都可以使最小根切齿数 $z_{\min}$ 减少。但减小齿顶高系数 h_a^* 会降低重合度，而增大压力角 α 会使齿廓间的受力增大及功率损耗，且不能选用标准齿轮刀具切制齿轮。

由前面的分析可知，产生根切的原因是工具齿条的齿顶超出了啮合极限点 N_1，如图6-32中虚线所示齿条。如果在加工时将齿条刀具向下移动，当移动量足够大时(见图中实线齿条)，就可以使齿条刀具的齿顶降到点 N_1 以下，不再发生根切现象。

这种通过改变刀具与齿轮轮坯相对位置来切制齿轮的方法，称为变位修正法(modifying method)。用这种方法加工出来的齿轮，称为变位齿轮(modified gear)。以切削标准齿轮的位置为基准，齿条刀具沿齿轮坯径向移动的距离称为变位量，用 xm 表示，其中 m 是模数，x 称为变位系数(modification coefficient)。齿条刀具向远离轮坯的方向移动，变位系数 $x>0$，称为正变位，由此加工出来的齿轮称为正变位齿轮；反之，当齿条刀具向靠近轮坯的方向移动，变位系数 $x<0$，称为负变位，由此加工出来的齿轮称为负变位齿轮。

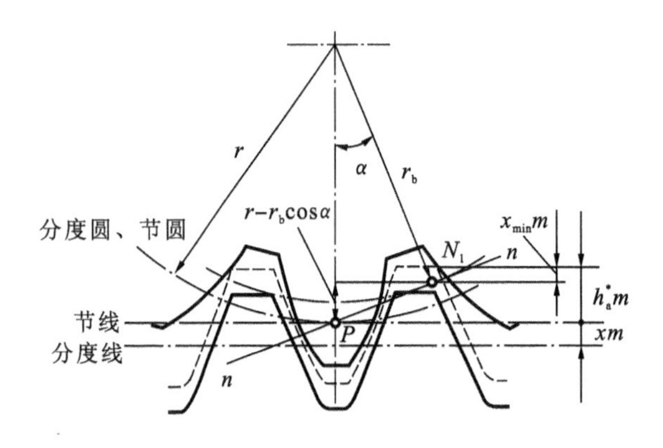

图 6-32　变位齿轮

由图 6-32 可知，当刀具的齿顶线通过啮合极限点 N_1 时，轮坯刚好不根切，此时刀具的变位量为最小值 $x_{\min}m$，$x_{\min}$ 称为不产生根切的最小变位系数。所以，当满足 $xm \geqslant x_{\min}m$ 时，齿轮将不产生根切。其中

$$x_{\min}m = h_a^* m - (r - r_b\cos\alpha)$$

将上式进行整理后得

$$x_{\min} = \frac{h_a^* m - (r - r_b\cos\alpha)}{m} = \frac{h_a^* m - r\sin^2\alpha}{m} = h_a^* - \frac{1}{2}z\sin^2\alpha$$

将式(6-29) $z_{\min} = \dfrac{2h_a^*}{\sin^2\alpha}$ 代入上式，整理后得

$$x_{\min} = \frac{h_a^*(z_{\min} - z)}{z_{\min}} \tag{6-30}$$

当 $h_a^* = 1, z_{\min} = 17$ 时可得

$$x_{\min} = \frac{17 - z}{17} \tag{6-31}$$

由式(6-31)可知，当被切齿轮的齿数 $z < 17$ 时，不产生根切的最小变位系数 $x_{\min} > 0$，可使用正变位齿轮；当被切齿轮的齿数大于 17 时，最小变位系数 $x_{\min} < 0$，可使用负变位齿轮。

6.7.3　变位齿轮的几何形状

如图 6-32 所示为不同变位方式的齿廓形状。由前所述(参见图 6-22 及相关说明)，当齿条刀具的位置改变后，齿轮啮合点的公法线 n-n 的位置和方向及节点 P 的位置均保持不变，故变位后的齿轮与标准齿轮相比，其分度圆和基圆仍然不变，齿廓曲线的形状也一样，但是截取的部位发生变化。

以图 6-32 所示的正变位为例，刀具向下移动，使齿轮分度圆上的齿厚增加，而齿槽宽减小。同时，加工出的轮齿从分度圆到齿根的距离变短为 $h_f - xm$。为保证齿全高不变，在设计轮坯时，会将齿顶圆直径增加 xm。变位后，齿廓形状变化情况如图 6-33 所示。

采用变位齿轮，不仅可以在加工小于最小齿数齿轮时避免根切，还可以通过调整变位系数的大小来改变齿廓的形状，以改善齿轮的传动质量和满足其他方面的不同要求，因此被广泛应用。

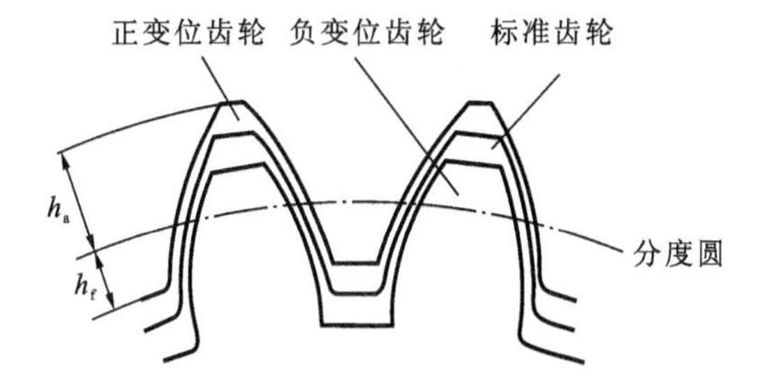

图 6-33 变位齿轮的齿廓形状

6.7.4 变位齿轮传动简介

1. 变位齿轮传动的类型

根据一对啮合齿轮变位系数之和 x_1+x_2 的不同，将齿轮传动分为三种类型。

1) 标准齿轮传动

$$x_1+x_2=0 \quad 且 \quad x_1=x_2=0$$

这种传动设计简单，便于互换，但是当 $z<z_{min}$ 时会产生根切。为避免根切，两齿轮的齿数都需要大于等于最少齿数。

2) 等变位齿轮传动

$$x_1+x_2=0 \quad 且 \quad x_1=-x_2\neq 0$$

等变位齿轮传动也称为高度变位齿轮传动。一般为了使大、小齿轮的强度趋于接近，提高齿轮传动副的承载能力，小齿轮采用正变位，大齿轮采用负变位。

等变位齿轮传动的特点如下。

(1) 可减小齿轮机构的尺寸。采用正变位，可减少小齿轮的齿数而不发生根切。当传动比一定时，大齿轮的齿数也将随之减少，从而可减小齿轮机构的尺寸。

(2) 小齿轮强度得到提高。正变位齿轮的轮齿整体向外圆移动，各处齿厚均有增大，同时齿根处渐开线的起点远离基圆，使该点的曲率半径有所增加，齿根处的齿厚也有所增加，从而提高了小齿轮轮齿的强度。

(3) 由于变位使轮齿分度圆上的齿厚和齿槽宽度产生变化，而且由于两齿轮变位系数的绝对值相同，所以分度圆上齿厚齿槽的变化量相同，在分度圆上 $e_1=s_2$，$s_1=e_2$，两齿轮无侧隙啮合时分度圆相切，节圆与分度圆重合，啮合角 α' 等于标准压力角 α，中心距 a' 等于标准中心距 a。

(4) 两齿轮需要成对设计、制造和使用，互换性较差，重合度也有所降低。

为避免根切，两个齿轮的变位系数均应满足 $x\geqslant h_a^*(z_{min}-z)/z_{min}$。

3) 不等变位齿轮传动

$$x_1+x_2\neq 0$$

不等变位齿轮传动也称为角度变位齿轮传动。

当 $x_1+x_2>0$ 时，称为正传动；当 $x_1+x_2<0$ 时，称为负传动。由于两个齿轮的变位系数不同，所以在分度圆上齿厚与齿槽的变化量不再相同，所以两个齿轮分度圆相切时，已经不是无侧隙啮合。为使两齿轮保证无侧隙啮合，就需要增大或减小两齿轮的中心距。当两

个正变位齿轮啮合时要增大中心距，当两个负变位齿轮啮合时要减小中心距。中心距改变后，节点的位置将发生变化，如图 6-34 所示。此时节圆与分度圆不再重合，节圆半径 r' 不等于分度圆半径 r，啮合角 α' 不等于分度圆上的压力角 α，中心距 a' 不等于标准中心距 a。

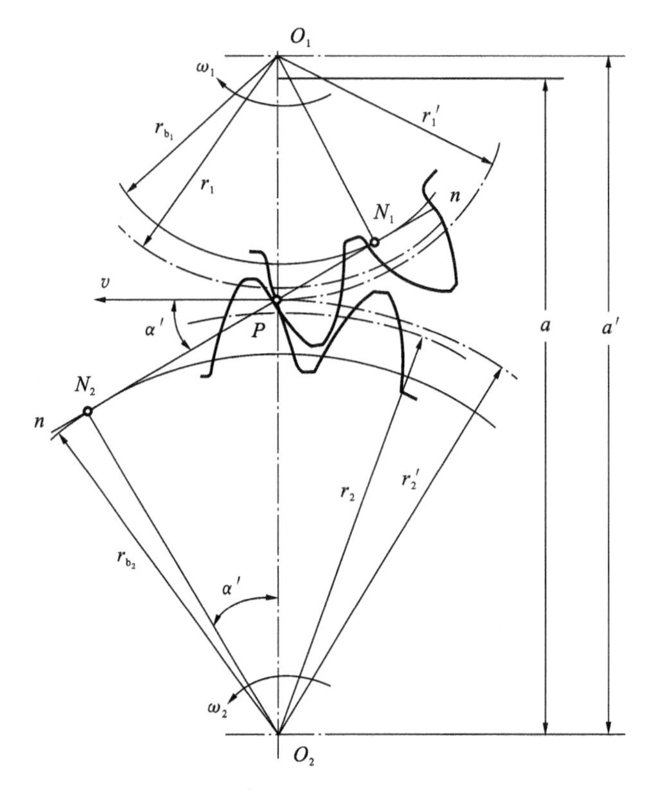

图 6-34　不等变位齿轮传动

变化后的中心距 a' 与标准中心距 a 的差值称为中心距变动量，用 ym 表示，则 $ym=a'-a$，其中 y 称为中心距变动系数(center distance modifying coefficient)。

当中心距变化后，为保证齿顶的间隙量，在加工齿轮时，会将齿轮的齿顶圆直径相应地增大或减小一定值，通常将这个变化量用 Δym 表示，其中 Δy 称为齿顶高变动系数。

变位齿轮传动也要满足无侧隙啮合和顶隙为标准值这两方面的要求。经分析计算所得相应公式参见表 6-4。

表 6-4　外啮合直齿圆柱齿轮的计算公式

名　称	符号	标准齿轮传动	等变位齿轮传动	不等变位齿轮传动
变位系数	x	$x_1=x_2=0$	$x_1=-x_2\neq 0$	$x_1+x_2\neq 0$
节圆直径	d'	$d'=d=mz$		$d'\cos\alpha'=d\cos\alpha$
啮合角	α'	$\alpha'=\alpha$		$a'\cos\alpha'=a\cos\alpha$
齿顶高	h_a	$h_a=h_a^* m$	$h_a=(h_a^*+x)m$	$h_a=(h_a^*+x-\Delta y)m$
齿根高	h_f	$h_f=(h_a^*+c^*)m$	$h_f=(h_a^*+c^*-x)m$	

续表

名　　称	符号	标准齿轮传动	等变位齿轮传动	不等变位齿轮传动
齿顶圆直径	d_a	$d_a = d + 2h_a$		
齿根圆直径	d_f	$d_f = d - 2h_f$		
中心距	a	$a = \frac{1}{2}(d_1 + d_2)$		$a' = \frac{1}{2}(d'_1 + d'_2)$
中心距变动系数	y	$y = 0$		$y = \frac{a' - a}{m}$
齿顶高变动系数	Δy	$\Delta y=0$		$\Delta y=x_1+x_2-y$
分度圆上齿厚	s	$s = (\frac{\pi}{2} + 2x\tan\alpha)m$		
任意圆周上齿厚	s_K	$s_K = s\frac{r_K}{r} - 2r_K(\mathrm{inv}\alpha_K - \mathrm{inv}\alpha)$ 其中：$\mathrm{inv}\alpha_K = \tan\alpha_K - \alpha_K$，$\cos\alpha_K = \frac{r_b}{r_K}$		
啮合角	α'	$\alpha' = \alpha$		$\mathrm{inv}\alpha' = \frac{2\tan\alpha(x_1 + x_2)}{z_1 + z_2} + \mathrm{inv}\alpha$
变位系数选择	x	$x \geqslant \frac{h_a^*(z_{\min} - z)}{z_{\min}}$		$x_1 + x_2 = \frac{(z_1 + z_2)(\mathrm{inv}\alpha' - \mathrm{inv}\alpha)}{2\tan\alpha}$

当 $x_1+x_2>0$ 时，$a'>a$，$\alpha'>\alpha$，$y>0$，$\Delta y>0$。也就是说，正传动中心距大于标准中心距，啮合角大于分度圆压力角，两齿轮的齿顶高都需要减低 Δym。正传动可以使两齿轮都采用正变位，也可以使小齿轮采用较大的正变位，大齿轮采用较小的负变位，这两种方式均能提高齿轮机构的承载能力。但由于齿顶减低，重合度将减小，使传动平稳性降低。

当 $x_1+x_2<0$ 时，$a'<a$，$\alpha'<\alpha$，$y<0$，$\Delta y>0$。也就是说，负传动中心距小于标准中心距，啮合角小于分度圆压力角，两齿轮的齿顶高都需要减少 Δym。负传动可以使两轮都采用负变位，或小齿轮采用较小的正变位，大齿轮采用较大的负变位。其传动特点为重合度略有提高，传动平稳性好，但强度降低，磨损增大。一般情况下负传动只用于配凑中心距。

2. 变位齿轮传动的设计步骤

(1) 已知两齿轮的齿数 z、模数 m、压力角 α 及实际中心距 a'。

第一步：计算中心距 $a=\frac{1}{2}(d_1+d_2)=\frac{1}{2}m(z_1+z_2)$。

第二步：由 $a'\cos\alpha'=a\cos\alpha$ 计算啮合角 α'。

第三步：由 $x_1+x_2=\frac{(z_1+z_2)(\mathrm{inv}\alpha'-\mathrm{inv}\alpha)}{2\tan\alpha}$ 与 $\mathrm{inv}\alpha_K=\tan\alpha_K-\alpha_K$，求出变位系数和$x_1+x_2$。

第四步：由 $y=\frac{a'-a}{m}$ 计算中心距变动系数 y。

第五步：由 $\Delta y=x_1+x_2-y$ 计算齿顶高变动系数 Δy。

第六步：分配变位系数，并按表 6-4 中的公式计算齿轮的几何尺寸。

(2) 已知两齿轮的齿数 z、模数 m、压力角 α 及变位系数。

第一步：由 $\mathrm{inv}\alpha'=\frac{2\tan\alpha(x_1+x_2)}{z_1+z_2}+\mathrm{inv}\alpha$ 确定啮合角 α'。

第二步：由 $a'\cos\alpha'=a\cos\alpha$ 与 $a=\frac{1}{2}(d_1+d_2)=\frac{1}{2}m(z_1+z_2)$ 计算实际中心距 a'。

第三步：由 $y=\frac{a'-a}{m}$ 计算中心距变动系数 y。

第四步：由 $\Delta y=x_1+x_2-y$ 计算齿顶高变动系数 Δy。

第五步：按表 6-4 中的公式计算齿轮的几何尺寸。

【例 6-2】 已知一对外啮合变位齿轮的 $z_1=15$，$z_2=41$，$m=3$ mm，$\alpha=20°$，$a'=85$ mm，试设计这对齿轮。

解

第一步：计算标准中心距 a。

$$a=\frac{1}{2}(d_1+d_2)=\frac{1}{2}m(z_1+z_2)=\frac{1}{2}\times 3\times(15+41)\ \text{mm}=84\ \text{mm}$$

第二步：计算啮合角 α'。

$$\alpha'=\arccos\frac{a\cos\alpha}{a'}=\frac{84\cos 20°}{85}=21.777°$$

第三步：求变位系数和 x_1+x_2。

$$\text{inv}\alpha=\tan\alpha-\alpha=\tan 20°-\frac{20°\times\pi}{180°}=0.0151$$

$$\text{inv}\alpha'=\tan\alpha'-\alpha'=\tan 21.777°-\frac{21.777°\times\pi}{180°}=0.0196$$

$$x_1+x_2=\frac{(z_1+z_2)(\text{inv}\alpha'-\text{inv}\alpha)}{2\tan\alpha}=\frac{(15+41)(0.0196-0.0151)}{2\tan 20°}=0.346$$

第四步：计算中心距变动系数 y。

$$y=\frac{a'-a}{m}=\frac{85-84}{3}=0.333$$

第五步：计算齿顶高变动系数 Δy。

$$\Delta y=x_1+x_2-y=0.346-0.333=0.013$$

第六步：分配变位系数，并按表 6-4 中的公式计算齿轮的几何尺寸。

考虑小齿轮齿数小于 17，为避免根切，小齿轮的最小变位系数应为

$$x_{1\min}=\frac{17-z}{17}=\frac{17-15}{17}=0.118$$

考虑大小齿轮工作情况，取 $x_1=0.2$，$x_2=0.146$（不是唯一解）。

其他几何尺寸按表 6-4 中的公式计算（略）。

6.8 斜齿圆柱齿轮传动

直齿圆柱齿轮的轮齿方向与齿轮的轴线方向是平行的，而斜齿圆柱齿轮的轮齿方向与轴线之间存在一个角度，如图 6-35(a)所示。如图 6-35(b)所示，斜齿轮的齿廓与其分度圆柱面相交形成一螺旋线，所以斜齿轮也称为螺旋齿轮。将圆柱面展成平面后，轮齿与轴线之间所夹锐角称为斜齿轮的螺旋角(helix angle)，用符号 β 表示。沿着齿轮的轴线方向观察轮齿，如果轮齿向右上方倾斜，则称为右旋齿轮，如图 6-35(c)所示；反之称为左旋齿轮，如图 6-35(d)所示。在图 6-35(a)中，上边的齿轮是右旋齿轮，而下边的齿轮是左旋齿轮。

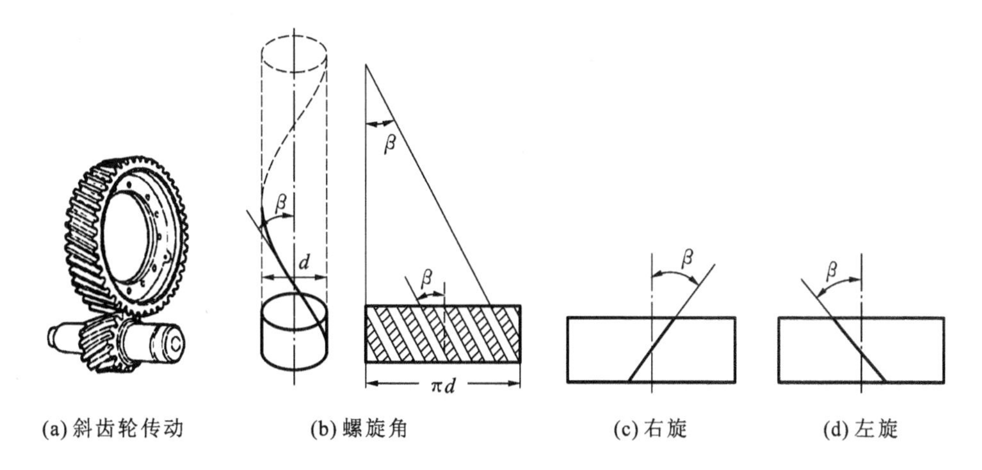

(a) 斜齿轮传动　(b) 螺旋角　(c) 右旋　(d) 左旋

图 6-35　斜齿轮

加工斜齿轮时，刀具会随齿轮的螺旋角转过相应的角度，使刀具的齿向与斜齿轮的齿向平行，如图6-36所示。与轴线垂直的平面 t-t 称为端面，用 t-t 平面截得的齿廓形状称为端面齿廓；与齿向垂直的平面 n-n 称为法向平面，简称法面，用 n-n 平面截得的齿廓形状称为法向齿廓。

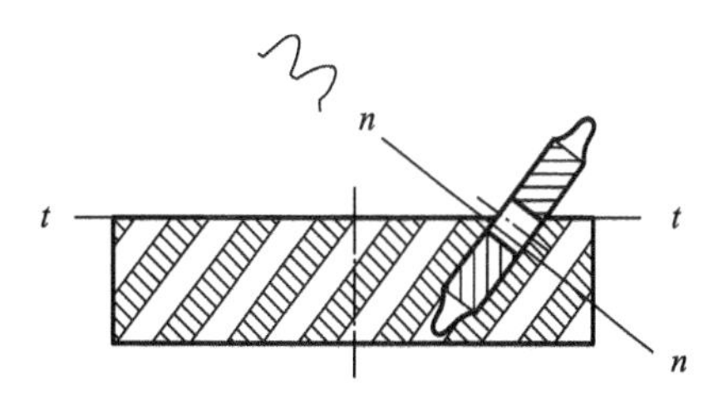

图 6-36　斜齿轮的加工

一对斜齿轮能够正确啮合的条件是法向平面内的模数和压力角相同，即

$$\begin{cases} m_{n_1} = m_{n_2} \\ \alpha_{n_1} = \alpha_{n_2} \end{cases} \tag{6-32}$$

1. 斜齿轮传动的特点

1）传动平稳

直齿轮传动时，轮齿沿着整个齿宽同时进入和退出啮合，轮齿上的载荷是突然加上和卸掉的，如图 6-37(a)所示；而斜齿轮传动时，轮齿是逐渐进入和退出啮合的，如图 6-37(b)所示，所以传动平稳，噪声小。

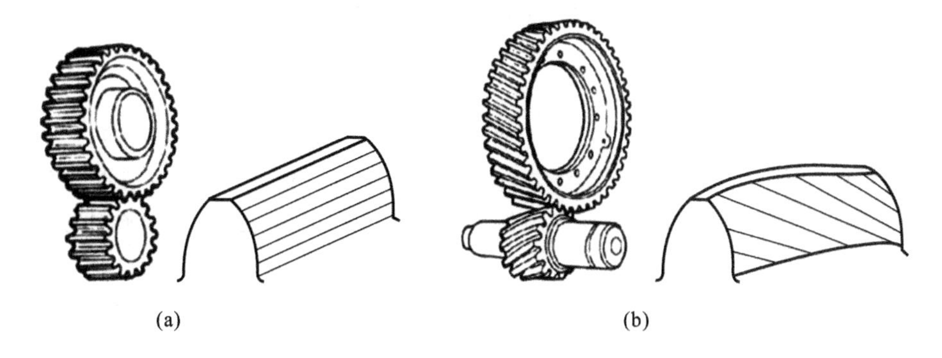

(a)　(b)

图 6-37　直齿轮与斜齿轮加、卸载的区别

2）重合度大

如图 6-38 所示的 B_1、B_2 分别表示轮齿进入和退出啮合的位置。对于直齿圆柱齿轮传动，齿轮从点 B_1 进入啮合，在点 B_2 处结束啮合，啮合区间（实际啮合线长）为 L。而对于端面参数相等的斜齿圆柱齿轮来说，同样从点 B_1 进入啮合区，但到点 B_2 时，轮齿并没有完全脱开啮合，而是在点 B'_2 才全部脱开啮合，啮合区长度为 $L+\Delta L$，总重合度则为

$$\varepsilon=\frac{L+\Delta L}{p_{\mathrm{bt}}}=\frac{L}{p_{\mathrm{bt}}}+\frac{\Delta L}{p_{\mathrm{bt}}}=\varepsilon_\alpha+\varepsilon_\beta \tag{6-33}$$

式中：ε_α 称为端面重合度，与直齿圆柱齿轮类似，计算公式为

$$\varepsilon_\alpha=\frac{1}{2\pi}\left[z_1(\tan\alpha_{\mathrm{at}_1}-\tan\alpha'_{\mathrm{t}})+z_2(\tan\alpha_{\mathrm{at}_2}-\tan\alpha'_{\mathrm{t}})\right] \tag{6-34}$$

ε_β 称为轴面重合度，计算公式为

$$\varepsilon_\beta=\frac{\Delta L}{p_{\mathrm{bt}}}=\frac{B\sin\beta}{\pi m_{\mathrm{n}}} \tag{6-35}$$

所以斜齿轮传动总的重合度为

$$\varepsilon=\frac{1}{2\pi}\left[z_1(\tan\alpha_{\mathrm{at}_1}-\tan\alpha'_{\mathrm{t}})+z_2(\tan\alpha_{\mathrm{at}_2}-\tan\alpha'_{\mathrm{t}})\right]+\frac{B\sin\beta}{\pi m_{\mathrm{n}}} \tag{6-36}$$

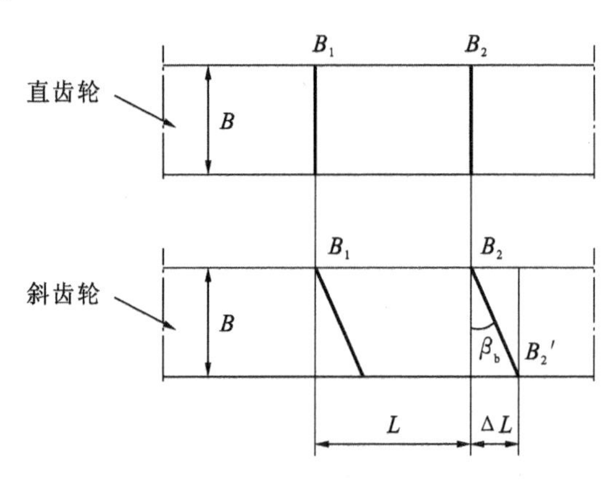

图 6-38　齿轮啮合区域

3）结构紧凑

斜齿标准齿轮的最少不根切齿数比直齿轮少，相对而言，在同样的条件下，斜齿轮传动结构更紧凑。

4）轴向推力大

如图 6-39 所示，斜齿轮传动时将产生轴向分力 $\boldsymbol{F}_{\mathrm{a}}$，其大小为 $F_{\mathrm{a}}=F_{\mathrm{t}}\tan\beta$。可见，当圆周力一定时，轴向推力随 β 角的增大而增大。为了控制过大的轴向力，一般取 β 角为 8°～12°；采用人字齿轮或同时使用两个反向斜齿轮，轴向力可相互抵消；人字齿轮的 β 角可取到 25°～30°，但齿轮制造相对麻烦。

综上所述，斜齿圆柱齿轮传动比直齿圆柱齿轮传动平稳性好，冲击振动和噪声小，承载能力强，故适宜高速、重载传动。

2. 斜齿圆柱齿轮的基本参数和几何尺寸计算

因为斜齿轮是用标准齿条型刀具范成或用盘铣刀铣削而成的，加工时，刀具沿轮齿的螺

旋线方向进刀，所以其法面参数（如 m_n、α_n、h_{an}^*、c_n^* 等）与刀具的参数相同，取为标准值。但计算斜齿轮的几何尺寸时，却需要按端面参数进行，因此需要在法面参数与端面参数之间进行换算。

1）模数

如图6-40所示为一斜齿轮沿分度圆柱面的展开图，图中阴影线部分表示斜齿轮轮齿与分度圆柱面的交线，空白部分表示齿槽，由图示的几何关系可知

$$p_n = \pi m_n = p_t \cos\beta = \pi m_t \cos\beta$$

整理后得

$$m_n = m_t \cos\beta \tag{6-37}$$

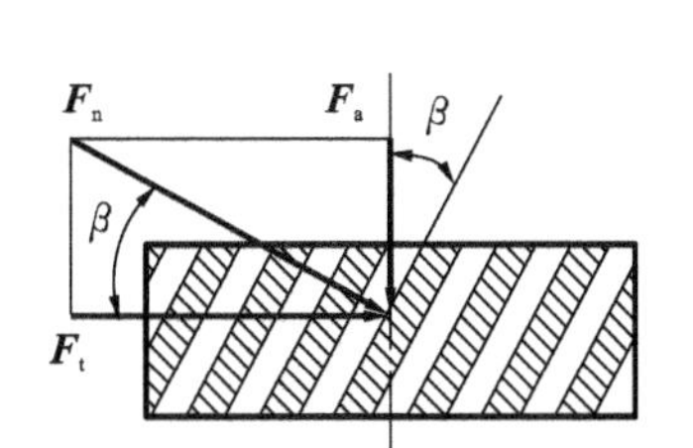

图6-39 斜齿轮受力分析

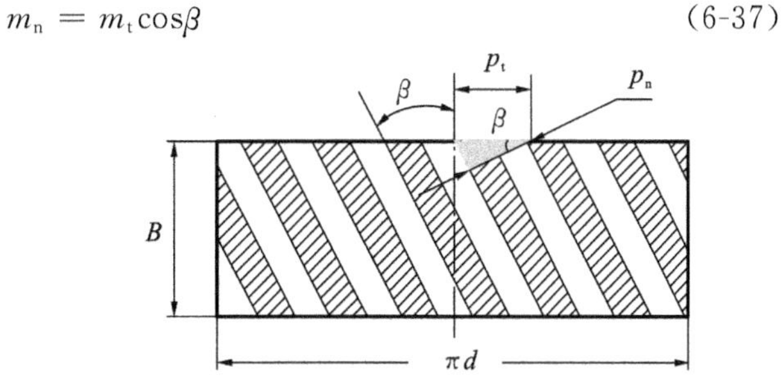

图6-40 端面与法向平面模数之间的关系

2）压力角

如图6-41所示为斜齿条的一个轮齿，△abc 所在平面为端面，△$a'b'c$ 所在平面为法面，由图示几何关系可知，在△$a'b'c$ 中有

$$\angle a'b'c = \alpha_n, \quad \tan\alpha_n = \frac{a'c}{a'b'}$$

在△abc 中有

$$\angle abc = \alpha_t, \quad \tan\alpha_t = \frac{ac}{ab}$$

因为 $ab=a'b'$，$a'c=ac\cos\beta$，所以

$$\tan\alpha_n = \tan\alpha_t \cos\beta \tag{6-38}$$

3）齿顶高系数和顶隙系数

由图6-41可以看出，无论在法面内还是在端面内，斜齿条的齿顶高和径向顶隙都相同，所以

$$h_a = h_{at}^* m_t = h_{an}^* m_n, \quad c = c_t^* m_t = c_n^* m_n$$

因为 $m_n = m_t \cos\beta$，所以齿顶高系数和顶隙系数满足如下关系：

$$h_{at}^* = h_{an}^* \frac{m_n}{m_t} = h_{an}^* \cos\beta, \quad c_t^* = c_n^* \frac{m_n}{m_t} = c_n^* \cos\beta \tag{6-39}$$

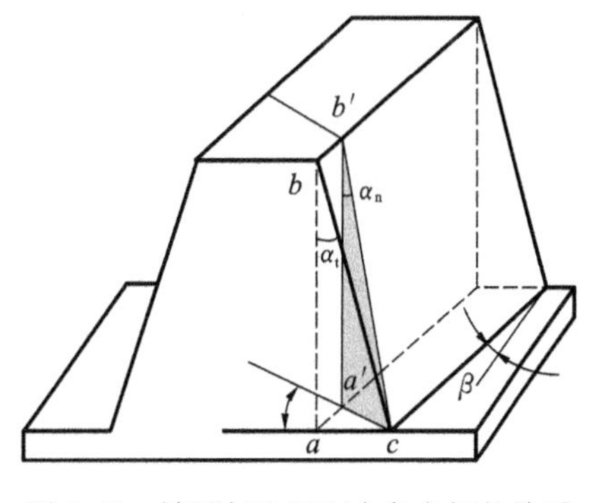

图6-41 端面与法面压力角之间的关系

4）变位系数

变位时，刀具相对轮齿高度方向上的移动量在法面与端面内是相同的，所以

$$x = x_t^* m_t = x_n^* m_n$$

整理后得

$$x_t = x_n \cos\beta \tag{6-40}$$

5）当量齿数

用范成法加工斜齿圆柱齿轮时，按齿轮的法向模数选用刀具即可。但用仿形法加工斜齿轮时，不仅需要模数，还需要法面的齿数。另外，传动力是作用在法面内的，在计算齿轮强度时，也需要对其法面齿形进行研究。因此，应找出一个与斜齿轮法面齿形相当的直齿轮，这个直齿轮称为该斜齿轮的当量齿轮(virtual gear)，其齿数称为当量齿数，用 z_v 表示。仿形法加工时铣刀的刀号按照 z_v 来选取。

如图 6-42 所示，过斜齿轮分度圆上一点 c 作轮齿的法面，将斜齿轮剖开，得到一椭圆，椭圆上点 c 附近的齿形与这个斜齿轮的齿形十分接近，可以视为斜齿轮的法面齿形。该椭圆的短轴半径 $b=d/2$，长轴半径 $a=d/(2\cos\beta)$。根据椭圆的性质可知，椭圆对应点 c 的曲率半径 $\rho=a^2/b=d/(2\cos^2\beta)$。也就是说，斜齿轮在法面内的齿廓形状相当于半径为 ρ 的直齿圆柱齿轮上的齿廓形状，且该直齿轮的模数和压力角也与斜齿轮的法面模数和压力角相同。这个虚拟的直齿圆柱齿轮即为该斜齿轮的当量齿轮，根据分度圆半径与齿轮模数及齿数之间的关系，得

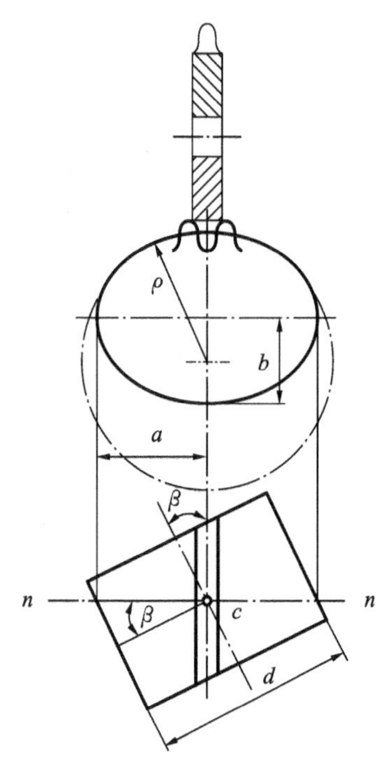

图 6-42　斜齿轮的当量齿数

$$\rho = m_n z_v/2 \tag{6-41}$$

将 $\rho=a^2/b=d/(2\cos^2\beta)$，$d=m_t z=m_n z/\cos\beta$ 代入式(6-41)，整理后得

$$z_v = \frac{2\rho}{m_n} = \frac{d}{\cos^2\beta}\cdot\frac{1}{m_n} = \frac{z}{\cos^3\beta} \tag{6-42}$$

当量齿数 z_v 可用于在仿形法加工斜齿轮时选择刀具的型号、在计算斜齿轮轮齿的弯曲应力时查取齿形系数、作斜齿轮径向变位计算时查取变位系数及用于确定斜齿轮不根切的最少齿数。根据式(6-42)可得

$$z_{min} = z_{vmin}\cos^3\beta \tag{6-43}$$

由式(6-43)可知，当 $\beta>0$ 时，$z_{min}<z_{vmin}$，即斜齿轮不发生根切的最少齿数小于直齿轮不发生根切的最少齿数。斜齿圆柱齿轮的其他参数和几何尺寸参见表 6-5。

表 6-5　斜齿圆柱齿轮的参数及几何尺寸计算公式

法　面		端　面	
名称	计算公式	名称	计算公式
螺旋角	β 一般取 8°～20°		
法面模数	m_n 取标准值	端面模数	$m_t = m_n/\cos\beta$
法面压力角	$\alpha_n = 20°$	端面压力角	$\tan\alpha_t = \tan\alpha_n/\cos\beta$
法面齿距	$p_n = \pi m_n$	端面齿距	$p_t = \pi m_t$

续表

法面		端面	
名称	计算公式	名称	计算公式
法面基圆齿距	$p_{bn}=p_n\cos\alpha_n$	端面基圆齿距	$p_{bt}=p_t\cos\alpha_t$
法面齿顶高系数	h_{an}^* 取标准值	端面齿顶高系数	$h_{at}^*=h_{an}^*\cos\beta$
法面顶隙系数	c_n^* 取标准值	端面顶隙系数	$c_t^*=c_n^*\cos\beta$
法面变位系数	x_n 根据当量齿数选取	端面变位系数	$x_t=x_n\cos\beta$
齿顶高	$h_a=m_n(h_{an}^*+x_n)$		
齿根高	$h_f=m_n(h_{an}^*+c_n^*-x_n)$		
分度圆直径	$d=m_tz$		
基圆直径	$d_b=d\cos\alpha_t=d_K\cos\alpha_K$		
齿顶圆直径	$d_a=d+2h_a$		
齿根圆直径	$d_f=d+2h_f$		
当量齿数	$z_v=z/\cos^3\beta$		
最少齿数	$z_{min}=z_{vmin}\cos^3\beta$		
法面齿厚	$s_n=\left(\frac{\pi}{2}+2x_n\tan\alpha_n\right)m_n$		
端面齿厚	$s_t=\left(\frac{\pi}{2}+2x_t\tan\alpha_t\right)m_t$		
标准中心距	$a=\frac{1}{2}(d_1+d_2)=\frac{m_n}{2\cos\beta}(z_1+z_2)$		
实际中心距	$a'\cos\alpha'=a\cos\alpha$		
重合度	$\varepsilon=\frac{1}{2\pi}[z_1(\tan\alpha_{at_1}-\tan\alpha'_t)+z_2(\tan\alpha_{at_2}-\tan\alpha'_t)]+\frac{B\sin\beta}{\pi m_n}$		

3. 轴线位置与螺旋角的关系

1) 两轴轴线平行

如图6-43所示为一平行轴斜齿轮传动机构，可以看出，当两齿轮的轴线平行时，两个齿轮的螺旋角一定大小相等、方向相反，即 $\beta_1=-\beta_2$ 。结合式(6-32)，得到两平行轴斜齿轮传动正确啮合的条件为

$$\begin{cases}m_{n_1}=m_{n_2}=m\\ \alpha_{n_1}=\alpha_{n_2}=\alpha\\ \beta_1=\pm\beta_2\end{cases}\tag{6-44}$$

式中：β 前的"+"号用于内啮合，表示两齿轮旋向相同；"−"号用于外啮合，表示两齿轮旋向相反。m、α 取为标准值。

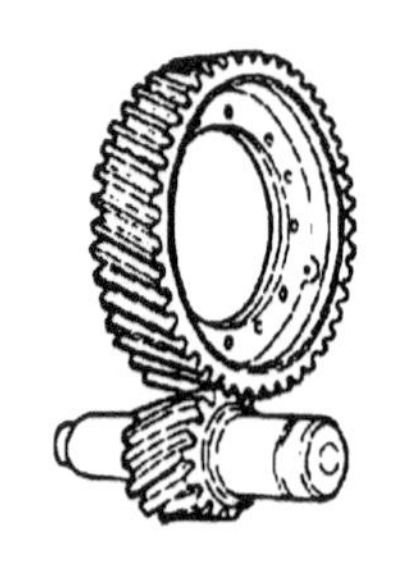

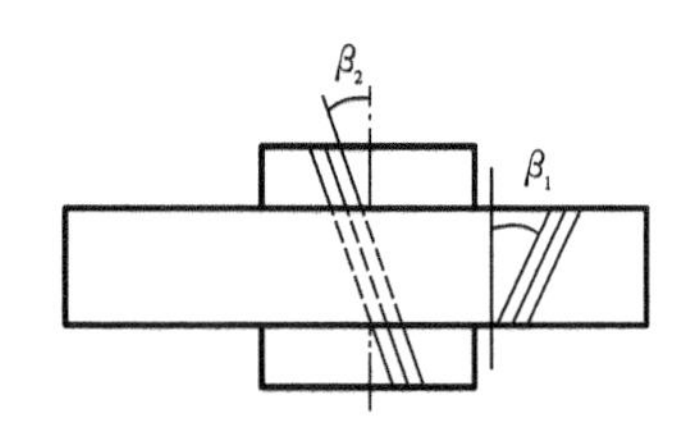

图 6-43　两平行轴间斜齿轮传动

2）两轴轴线交错

如图 6-44 所示为空间交错、螺旋线方向相同的斜齿轮传动机构，称为螺旋齿轮传动机构。图 6-44(b)中的两个斜齿轮均是右旋齿轮，图 6-44(c)中两个斜齿轮均是左旋齿轮，两齿轮的分度圆相切于点 P。齿轮 1 的螺旋角是 β_1，齿轮 2 的螺旋角是 β_2，两齿轮轴线之间的夹角，称为交错角，用Σ表示，由图 6-44(b)和图 6-44(c)中可以看出

$$\Sigma=\beta_1+\beta_2 \tag{6-45}$$

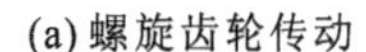

(a) 螺旋齿轮传动

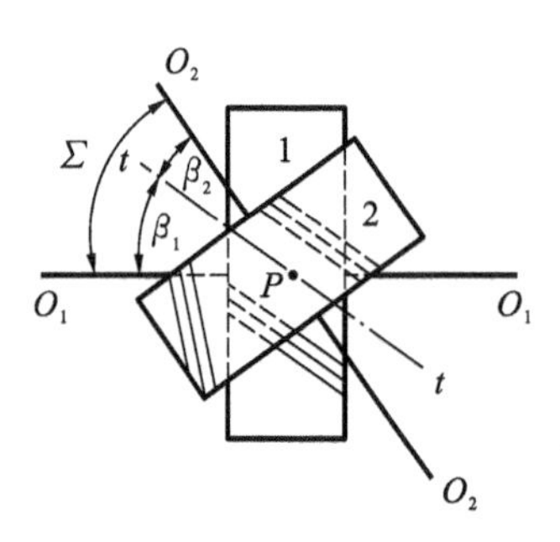

(b) 两右旋齿轮传动

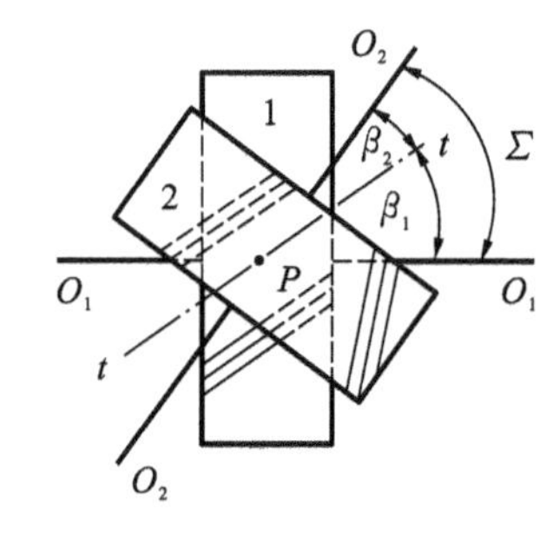

(c) 两左旋齿轮传动

图 6-44　交错轴相同旋向的螺旋齿轮传动

如图 6-45 所示为空间交错、螺旋线方向相反的螺旋齿轮传动机构。齿轮 1 右旋，螺旋角是 β_1，齿轮 2 左旋，螺旋角是 β_2，可以看出两齿轮轴线之间的交错角Σ为

$$\Sigma=\beta_1-\beta_2 \tag{6-46}$$

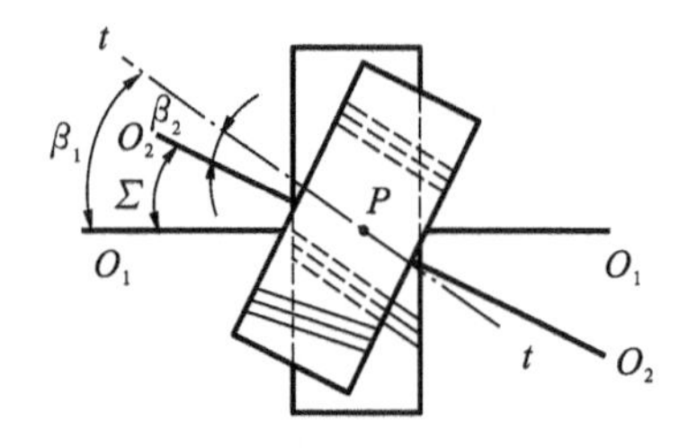

图 6-45　交错轴相反旋向的螺旋齿轮传动

一对螺旋齿轮传动机构仅在法面内啮合，故其正确啮合的条件为

$$\begin{cases} m_{n_1}=m_{n_2}=m_n=m \\ \alpha_{n_1}=\alpha_{n_2}=\alpha_n=\alpha \\ \Sigma=\beta_1\pm\beta_2 \end{cases} \tag{6-47}$$

【例 6-3】 已知一对标准平行轴斜齿圆柱齿轮传动，$z_1=25$，$i_{12}=4$，$m_n=3\ \mathrm{mm}$，$\alpha_n=20°$，$h_{an}^*=1$，$a=195\ \mathrm{mm}$，齿宽 $B=50\ \mathrm{mm}$，$[\varepsilon]=1.4$，试确定斜齿轮的螺旋角 β 与两齿轮的当量齿数 z_v，并验算重合度。

解

第一步：计算螺旋角

由 $i_{12}=4$ 得 $\quad z_2=i_{12}z_1=4\times25=100$

由中心距 $a=\frac{1}{2}(d_1+d_2)=\frac{m_n}{2\cos\beta}(z_1+z_2)=\frac{3}{2\cos\beta}(25+100)$，求得

$$\cos\beta=0.962,\quad \beta=15.94°=15°56'33''$$

第二步：计算当量齿数

$$z_{v1}=z_1/\cos^3\beta=25/\cos^3 15.94°=28.12$$

$$z_{v2}=z_2/\cos^3\beta=100/\cos^3 15.94°=112.49$$

第三步：验算重合度

由表 6-5，重合度计算公式为

$$\varepsilon=\frac{1}{2\pi}[z_1(\tan\alpha_{at_1}-\tan\alpha'_t)+z_2(\tan\alpha_{at_2}-\tan\alpha'_t)]+\frac{B\sin\beta}{\pi m_n}$$

其中 $\quad \tan\alpha_t=\tan\alpha_n/\cos\beta=\tan 20°/\cos 15.94°=0.378$，得 $\alpha_t=20.707°$

对于标准斜齿轮有 $\quad \alpha_t=\alpha'_t=20.707°$

因为

$$\begin{cases} d_1=\dfrac{z_1 m_n}{\cos\beta}=\dfrac{25\times3}{0.962}\ \mathrm{mm}=77.963\ \mathrm{mm} \\ d_2=\dfrac{z_2 m_n}{\cos\beta}=\dfrac{100\times3}{0.962}\ \mathrm{mm}=311.850\ \mathrm{mm} \end{cases}$$

所以

$$\begin{cases} d_{a_1}=d_1+2h_a=d_1+2m_n h_a^*=(77.963+2\times3\times1)\ \mathrm{mm}=83.963\ \mathrm{mm} \\ d_{a_2}=d_2+2h_a=d_1+2m_n h_a^*=(311.850+2\times3\times1)\mathrm{mm}=317.850\ \mathrm{mm} \end{cases}$$

又因为 $d_a\cos\alpha_{at}=d\cos\alpha_t$，所以

$$\cos\alpha_{at_1}=\frac{d_1\cos\alpha_t}{d_{a_1}}=\frac{77.963}{83.963}\times\cos 20.707°=0.869$$

进一步计算后得 $\quad \tan\alpha_{at_1}=0.571$

同理，$\cos\alpha_{at_2}=\frac{d_2}{d_{a_2}}\cos\alpha_t=\frac{311.850}{317.850}\times\cos 20.707°=0.918$，计算后得

$$\tan\alpha_{at_2}=0.433$$

由此可以计算出重合度

$$\varepsilon=\frac{1}{2\pi}[z_1(\tan\alpha_{at_1}-\tan\alpha'_t)+z_2(\tan\alpha_{at_2}-\tan\alpha'_t)]+\frac{B\sin\beta}{\pi m_n}$$

$$= \frac{1}{2\pi}[25 \times (0.571 - 0.378) + 100 \times (0.433 - 0.378)] + \frac{50 \times \sin 15.94^\circ}{\pi \times 3}$$

$$= 3.100 > [\varepsilon] = 1.4$$

结论：重合度合格。

6.9 直齿圆锥齿轮传动

圆锥齿轮的轮齿分布在圆锥表面上，按齿形可分为直齿、斜齿和曲线齿等。圆锥齿轮用于两相交轴之间的传动，较多使用在两垂直轴之间的传动。由于直齿圆锥齿轮的设计、制造和安装均较简便，故应用的最为广泛。曲齿圆锥齿轮由于传动平稳、承载力较高，常用于高速重载的传动场合，如汽车、拖拉机中的差速器齿轮等。本节主要介绍直齿圆锥齿轮传动。

圆锥齿轮的轮齿大小是变化的，小直径端轮齿的齿厚与齿槽宽小于大直径端的齿厚与齿槽宽度，为计算和测量方便，通常取大端的参数为标准值，模数的标准值参见表 6-6。其压力角一般为20°，齿顶高系数 $h_a = 1$，顶隙系数 $c = 0.2$。

表 6-6 锥齿轮标准模数系列(摘自 GB/T 12368—1990)

…	1	1.125	1.25	1.375	1.5	1.75	2	2.25	2.5	2.75	3	3.25
3.5	3.75	4	4.5	5	5.5	6	6.5	7	8	9	10	…

1. 几何参数与基本尺寸

图 6-46 标注了圆锥齿轮的基本参数。其中：R 为分度圆锥锥顶到齿轮大端的距离，称为锥距(cone distance)；δ 是分度圆圆锥角，简称分锥角；δ_a 为齿顶圆锥角；δ_f 为齿根圆锥角；b 为齿宽；θ_a 为齿顶角；θ_f 为齿根角。

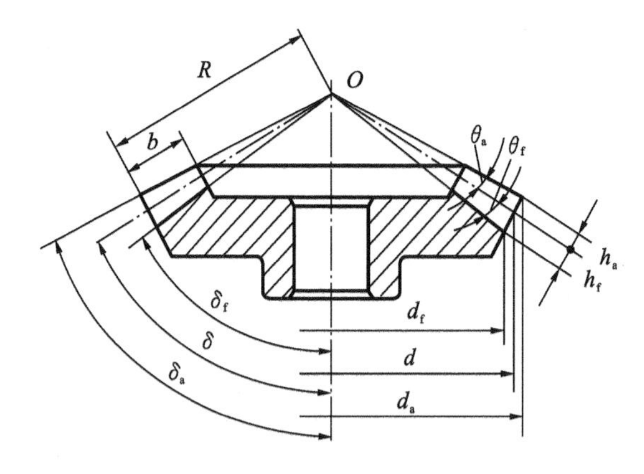

图 6-46 圆锥齿轮几何参数

由图中几何关系可以看出

$$d = mz = 2R\sin\delta$$

$$d_f = d - 2h_f\cos\delta$$

$$d_a = d + 2h_a\cos\delta$$

$$\delta_a = \delta + \theta_a$$

$$\delta_f = \delta + \theta_f$$

2. 圆锥齿轮正确啮合的条件

一对直齿圆锥齿轮正确啮合的条件是：大端的模数和压力角分别相等，且要保证分度圆锥相切，锥距 R 相等、锥顶重合（见图 6-47(a)），即

$$\begin{cases} m_1 = m_2 = m \\ \alpha_1 = \alpha_2 = \alpha \\ \Sigma = \delta_1 + \delta_2 \end{cases} \tag{6-48}$$

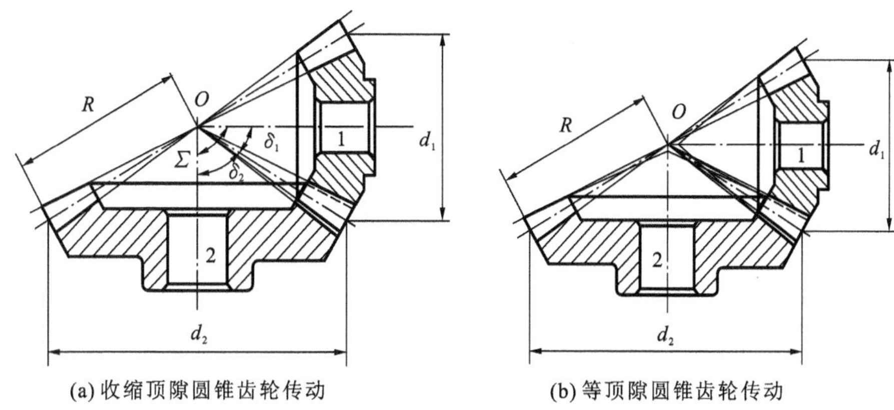

图 6-47 圆锥齿轮的正确啮合条件

由图 6-47(a)中可以看出，两轮齿啮合区的齿顶隙是变化的，越接近小端，齿顶隙越小，这种圆锥齿轮传动称为缩顶隙圆锥齿轮传动，在这种传动中，两齿轮的齿顶圆锥、分度圆锥、齿根圆锥的锥顶都重合于一点。

图 6-47(b)所示为等顶隙圆锥齿轮传动，在这种传动中，齿顶隙是相等的，两齿轮的分度圆锥和齿根圆锥的锥顶还是重合于一点，但齿顶圆锥的锥顶与分度圆锥的锥顶不再重合。齿轮的齿顶圆锥母线分别与另一个齿轮的齿根圆锥母线平行，$\theta_{a1} = \theta_{f2}$，$\theta_{a2} = \theta_{f1}$。啮合区的图形对称，所以 $\theta_a = \theta_f$。等顶隙圆锥齿轮传动降低了轮齿小端的高度，从而可将小端齿根的圆角半径适当加大，可减少应力集中，提高承载能力。另外，等顶隙传动也有利于储油润滑。因此，这种传动形式被广泛应用。

3. 当量齿轮

为方便圆锥齿轮的设计与制造，引用了背锥的概念。如图 6-48 所示，所谓背锥（back cone）是指过圆锥齿轮大端上的点 P 作分度圆锥母线 OP 的垂线，与中心线交于点 O_1，以 O_1P 为母线作出的圆锥。将圆锥齿轮大端的齿廓向背锥上投影，可得到近似渐开线齿廓；将背锥展成扇形，则圆锥齿轮大端的齿廓就相当于一个半径为 r_v 的圆柱齿轮的齿廓，该圆柱齿轮称为圆锥齿轮的当量齿轮。

当量齿轮的齿数称为圆锥齿轮的当量齿数，用 z_v 表示。其齿形与圆锥齿轮大端齿形相当，模数和压力角与圆锥齿轮大端的模数和压力角一致，所以可利用当量齿轮对圆锥齿轮的啮合传动进行分析和计算。

由图 6-48 的几何关系可知

$$\tan\delta = r_v/R, \quad \sin\delta = r/R$$

整理后得

$$r_v = r/\cos\delta \tag{6-49}$$

将 $r = mz/2$ ，$r_v = mz_v/2$ 代入，即得圆锥齿轮的当量齿数为

$$z_v = z/\cos\delta \tag{6-50}$$

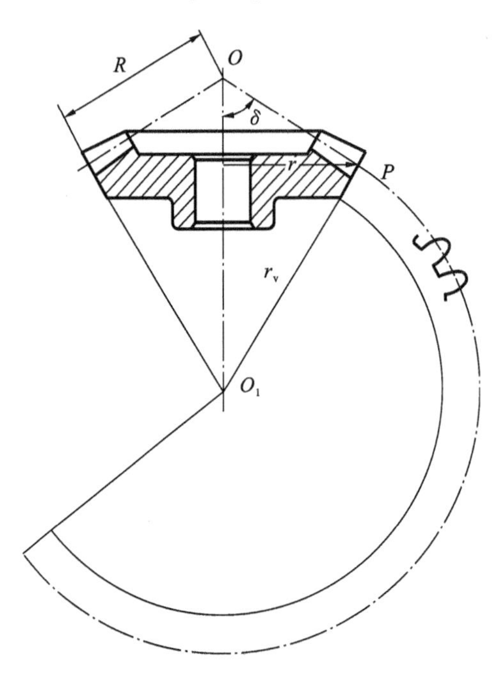

图 6-48　圆锥齿轮的当量齿数

圆锥齿轮的其他参数和计算参见表 6-7。

表 6-7　标准直齿圆锥齿轮传动的几何参数及尺寸($\Sigma=90°$)

名　　称	代号	计算公式	
		小　齿　轮	大　齿　轮
分度圆锥角	δ	$\delta_1 = \arctan(z_1/z_2)$	$\delta_2 = 90° - \delta_1$
齿顶高	h_a	$h_a = h_a^* m$	
齿根高	h_f	$h_f = (h_a^* + c^*)m$	
分度圆直径	d	$d_1 = mz_1$	$d_2 = mz_2$
齿顶圆直径	d_a	$d_{a_1} = d_1 + 2h_a\cos\delta_1$	$d_{a_2} = d_2 + 2h_a\cos\delta_2$
齿根圆直径	d_f	$d_{f_1} = d_1 - 2h_f\cos\delta_1$	$d_{f_2} = d_2 - 2h_f\cos\delta_2$
锥距	R	$R = \dfrac{mz}{2\sin\delta} = \dfrac{m\sqrt{z_1^2 + z_2^2}}{2}$	

续表

名　　称	代号	计算公式	
		小　齿　轮	大　齿　轮
齿顶角	θ_a	收缩顶隙传动：$\tan\theta_a = h_a/R$ 等顶隙传动：$\theta_a = \theta_f$	
齿根角	θ_f	$\tan\theta_f = h_f/R$	
齿顶圆锥角	δ_a	收缩顶隙传动	
		$\delta_{a_1} = \delta_1 + \theta_{a_1}$	$\delta_{a_2} = \delta_2 + \theta_{a_2}$
		等顶隙传动	
		$\delta_{a_1} = \delta_1 + \theta_f$	$\delta_{a_2} = \delta_2 + \theta_f$
齿根圆锥角	δ_f	$\delta_{f_1} = \delta_1 - \theta_f$	$\delta_{f_2} = \delta_2 - \theta_f$
顶隙	c	$c = c^* m$（一般取 $c^* = 0.2$）	
分度圆齿厚	s	$s = \pi m/2$	
当量齿数	z_v	$z_{v_1} = z_1/\cos\delta_1$	$z_{v_2} = z_2/\cos\delta_2$
不根切最小齿数	z_{min}	$z_{min} = z_{vmin}\cos\delta$	
齿宽	b	$b \leqslant R/3$（取整）	
传动比	i_{12}	$i_{12} = \frac{\omega_1}{\omega_2} = \frac{z_2}{z_1} = \frac{\sin\delta_2}{\sin\delta_1}$	
重合度	ε	$\varepsilon = \frac{1}{2\pi}[z_{v_1}(\tan\alpha_{va_1} - \tan\alpha) + z_{v_2}(\tan\alpha_{va_2} - \tan\alpha)]$	

6.10 蜗杆传动机构

1. 蜗杆传动的组成

蜗杆传动机构由蜗杆和蜗轮组成，常用于两交错轴之间的减速传动，两轴的交错角通常为90°。

蜗杆传动机构是由交错轴斜齿轮机构演化而来的，如图 6-49 所示。其中小齿轮的齿数减少到一个或几个，同时减小分度圆直径、增大螺旋角、增大轴向长度，使其轮齿在分度圆上绕 1 周以上，形成完整的螺旋齿。因其外形像一根螺杆，所以称为蜗杆(worm)。由于交错轴斜齿轮传动为点接触，为了增大两齿轮的接触面积，提高传动的平稳性，将大齿轮的外圆柱母线改为圆弧形，部分地包住蜗杆，改进后的、用于与蜗杆啮合的大齿轮称为蜗轮(worm gear)。蜗轮的加工采用与蜗杆参数一样的蜗轮滚刀，这样加工出来的蜗轮与蜗杆啮合时为线接触，可以提高承载能力。

如图 6-50 所示蜗杆分度圆柱面上的螺旋线的切线与蜗杆轴线的所夹的锐角，称为螺旋角，用 β 表示。螺旋角的余角 γ 称为导程角。

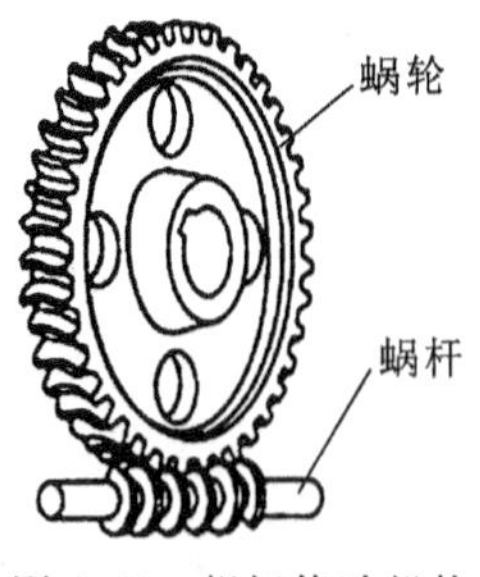

图 6-49　蜗杆传动机构

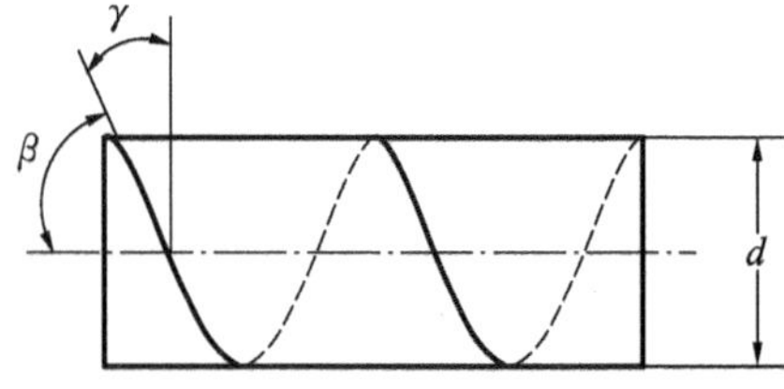

图 6-50　蜗杆的螺旋角和导程角

2. 蜗杆传动的类型

按照蜗杆的形状不同，将蜗杆传动分为：圆柱蜗杆传动（见图 6-51(a)）、环面蜗杆传动（见图 6-51(b)）和锥面蜗杆传动（见图 6-51(c)）。圆柱蜗杆传动是蜗杆传动的基本类型，也是应用最为广泛的类型；环面蜗杆传动同时啮合的齿数比普通圆柱蜗杆多，承载能力也高，同时其润滑性能好，传动效率高，但其加工相对困难，且对安装要求也比较高；锥面蜗杆传动的重合度大、同时参与啮合的齿数多，所以其承载能力也高于普通圆柱蜗杆传动。

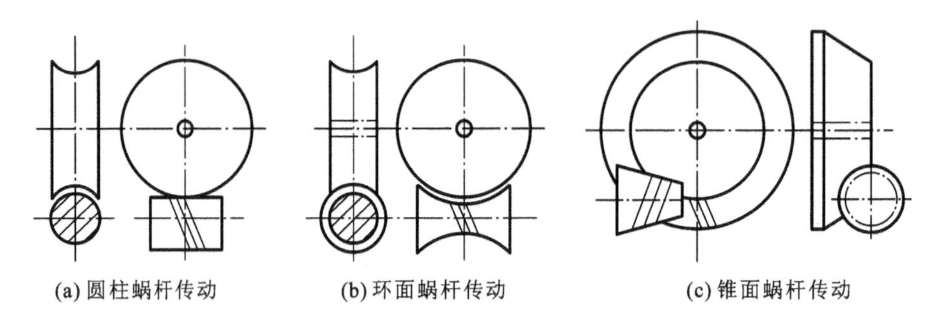

(a) 圆柱蜗杆传动　(b) 环面蜗杆传动　(c) 锥面蜗杆传动

图 6-51　蜗杆传动的类型

常见蜗杆的齿廓形状有阿基米德曲线（见图 6-52(a)）、渐开线（见图 6-52(b)）和圆弧曲线（见图 6-52(c)）三种。其中，阿基米德蜗杆在其轴剖面内的齿形是直线，便于加工，目前应用最为广泛。

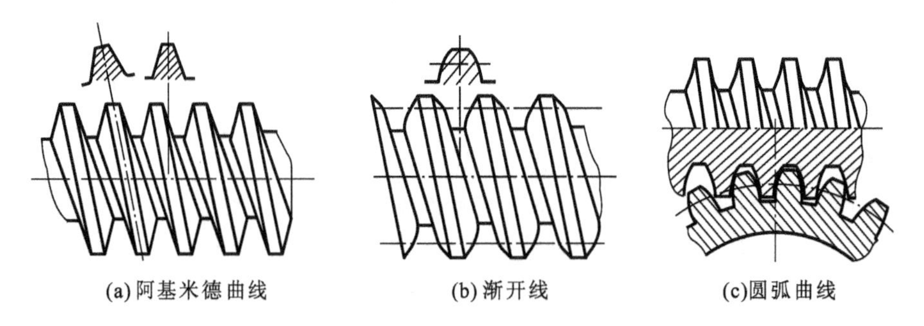

(a) 阿基米德曲线　(b) 渐开线　(c)圆弧曲线

图 6-52　蜗杆齿廓的形状

3. 蜗杆传动的正确啮合条件

如图 6-53 所示为蜗轮与阿基米德蜗杆啮合时的情况。通过蜗杆的轴线，作一平行于蜗轮端面的平面，该平面垂直于蜗轮的轴线，是蜗杆的轴面，称为中间平面。在中间平面内，蜗杆的齿廓相当于齿条，蜗轮的齿廓相当于齿轮，蜗杆和蜗轮的啮合相当于齿条与齿轮的啮合。因此，蜗杆蜗轮正确啮合的条件是蜗杆的轴面模数 m_{a_1}、压力角 α_{a_1} 分别等于蜗轮的端面模数 m_{t_2} 和压力角 α_{t_2}，并将此平面内的 m 和 α 规定为标准值，标准压力角 $\alpha = 20°$。同时，对于两轴垂直的蜗杆传动，还应保证蜗杆和蜗轮旋向相同，蜗杆的导程角与蜗轮的螺旋角相等，如图 6-53(b)所示。所以两轴垂直的蜗杆传动正确啮合的条件为

$$\begin{cases} m_{a_1} = m_{t_2} = m \\ \alpha_{a_1} = \alpha_{t_2} = \alpha \\ \gamma_1 = \beta_2 \end{cases} \tag{6-51}$$

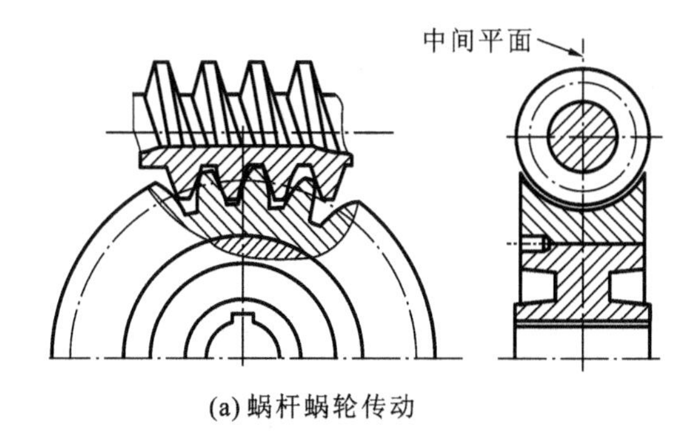

(a) 蜗杆蜗轮传动

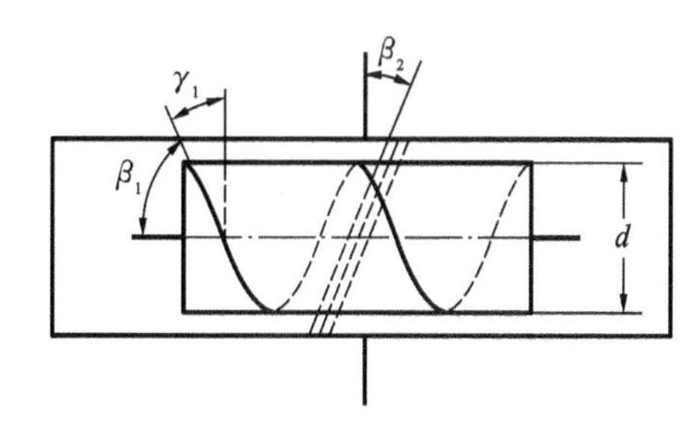

(b) 蜗杆的导程角与蜗轮的螺旋角相等

图 6-53　蜗杆传动的正确啮合条件

4. 主要参数与几何尺寸计算

1) 齿数

蜗杆的齿数也称为头数用 z_1 表示。蜗杆头数主要依据传动比和效率来选定，通常取为 1～6，头数越少，传动效率越低，自锁性越好，当需要较大传动比或需要自锁时，可取 $z_1 = 1$。蜗轮齿数 $z_2 = iz_1$，对于动力传动，一般可取 27～80。

2) 模数

蜗杆的模数已标准化，如表 6-8 所示。

表 6-8　蜗杆模数系列(GB/T 10088—1988)　(mm)

第一系列	1　1.25　1.6　2　2.5　3.15　4　5　6.3　8　10　12.5　16　20　25　31.5　40
第二系列	1.5　3　3.5　4.5　5.5　6　7　12　14

注：优选采用第一系列。

3) 蜗杆的直径系数

蜗杆的分度圆直径与模数的比值称为蜗杆的直径系数 q，即

$$q = \frac{d_1}{m} \tag{6-52}$$

4) 分度圆直径与中心距

在用蜗轮滚刀切制蜗轮时，滚刀的分度圆直径必须与工作蜗杆的分度圆直径相同。为了限

制蜗轮滚刀的数目，蜗杆的分度圆直径 d_1 也已标准化，并与其模数 m 相匹配，如表 6-9 所示。

表 6-9　蜗杆分度圆直径系列(GB/T 10085—1988)　(mm)

模数 m	1	1.25	1.6	2	2.5	3.15	4	5	6.3	8	10
分度圆直径 d_1	18	20 22.4	20 28	(18) 22.4 (28) 35.5	(22.4) 28 (35.5) 45	(28) 35.5 (45) 56	(31.5) 40 (50) 71	(40) 50 (63) 90	(50) 63 (80) 112	(63) 80 (100) 140	(71) 90 …

注：括号中的数字尽可能不用。

蜗轮的分度圆直径 d_2 的计算方法与斜齿轮相同，即

$$d_2 = m_{t_2} z_2 = m z_2 \tag{6-53}$$

蜗杆蜗轮传动的标准中心距为

$$a = \frac{1}{2}(d_1 + d_2) = \frac{1}{2}m(q + z_2) \tag{6-54}$$

蜗杆蜗轮的齿顶高、齿根高、齿顶圆直径及齿根圆直径可仿照直齿圆柱齿轮公式计算，但其齿顶高系数 $h_a^* = 1$，顶隙系数 $c^* = 0.2$。

5. 蜗杆传动的特点

(1) 蜗杆的齿数(头数)少，可获得较大的单级传动比，且结构紧凑。

(2) 蜗杆为连续的螺旋齿，啮合冲击小、噪声小、传动平稳。

(3) 当蜗杆的导程角小于一定值时可自锁。

(4) 轮齿间的相对滑动速度较大，摩擦损耗大、容易发热、传动效率低。

6.11　其他齿轮传动简介

1. 圆弧齿轮传动

渐开线齿轮传动虽然应用广泛，但由于自身几何属性的固有缺点，使其无法满足现代机器高速、重载、小型、轻量化的发展趋势。渐开线齿轮传动的主要缺点如下。

(1) 渐开线圆柱齿轮的齿面接触强度随着齿廓综合曲率半径的增大而增大，而综合曲率半径又取决于齿轮的几何尺寸。因此，要提高齿面接触强度就必须增大齿轮的尺寸。

(2) 渐开线齿廓是线接触，对齿轮的加工、安装精度及传动系统的刚度等都十分敏感。如果齿轮的精度低或变形大，就会出现轮齿接触不均衡的现象。

(3) 渐开线齿轮齿面间的相对滑动速度是啮合点的位置函数，因此齿廓上各处的磨损不均匀。即影响承载能力和使用寿命，又降低传动效率。

为弥补上述缺点，20 世纪 50 年代苏联的诺维科夫等人提出以圆弧作为齿廓曲线。

圆弧齿轮传动通常有两种啮合形式。

1) 单圆弧齿轮传动

如图 6-54(a)所示，小齿轮为凸圆弧齿廓，大齿轮为凹圆弧齿廓。

2) 双圆弧齿轮传动

如图 6-54(b)所示，大、小齿轮在各自的节圆以外部分都做成凸圆弧齿廓，在节圆以内

的部分都做成凹圆弧齿廓。双圆弧齿轮传动工作时，先是主动轮齿的凹部推动从动轮齿的凸部，然后再以它的凸部推动从动轮的凹部，实现啮合传动。

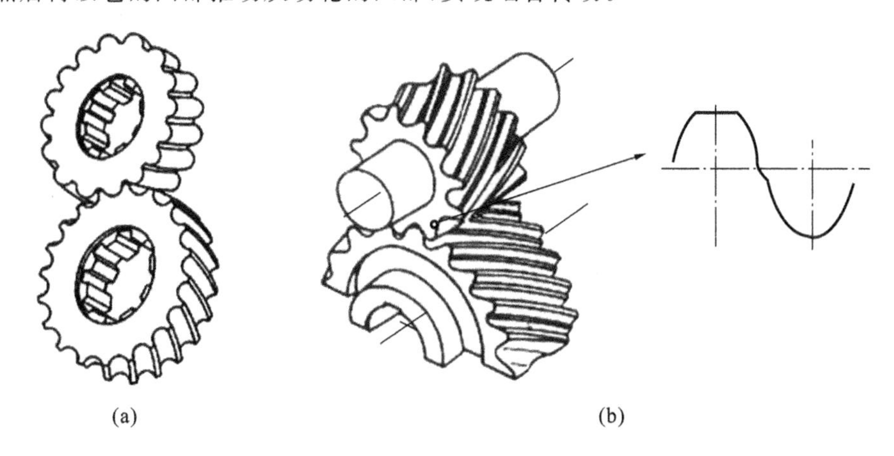

图 6-54　圆弧齿轮传动

圆弧齿轮传动制造工艺简单、成本低，承载能力比渐开线齿轮高，是一种很有发展前途的齿轮传动形式，目前，圆弧齿轮传动已被广泛应用于矿山、冶金、化工、电力和建筑等行业中。

2. 摆线齿轮传动

如图 6-55 所示，当滚圆 S_1 分别沿节圆 O_1 的内表面和节圆 O_2 的外表面作纯滚动时，其上与点 P 向重合的点将在轮 1 和轮 2 的平面上分别展出一条内摆线 PD_1 和一条外摆线 PA_2 。其中内摆线 PD_1 就是轮 1 齿根部分的齿廓曲线，外摆线 PA_2 就是轮 2 齿廓部分的齿廓曲线。同理，当滚圆 S_2 分别沿节圆 O_2 的内表面和节圆 O_1 的外表面作纯滚动时，所形成的内摆线 PD_2 为轮 2 齿根部分的齿廓曲线，外摆线 PA_1 就是轮 1 齿廓部分的齿廓曲线。可见，一对外啮合的摆线齿轮传动中两轮齿廓曲线都是由内外摆线所组成的，而且总是外摆线与内摆线啮合。

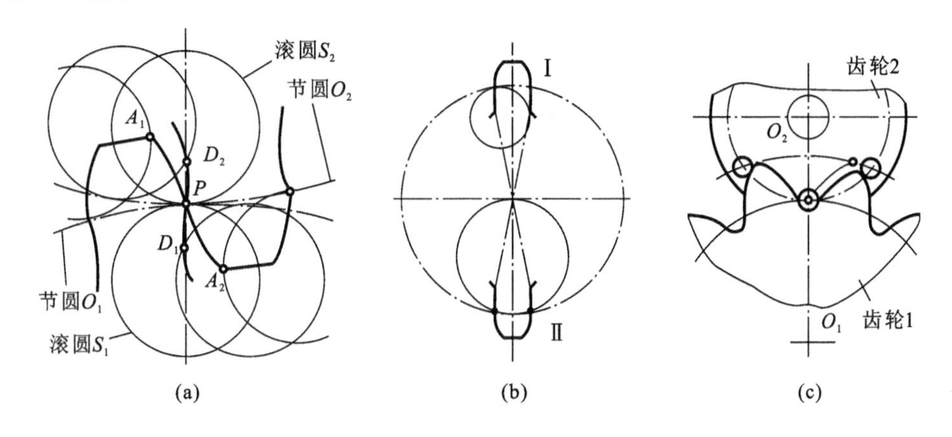

图 6-55　摆线齿廓的形成

摆线齿轮传动可用于钟表、仪器及国防、冶金、矿山、化工及造船工业等机械设备上。其主要优点如下。

(1) 无根切现象，最小齿数不受限制，可使传动机构更为紧凑，也可获得较大的传动比。

(2) 两齿轮啮合时总是一个齿外凸轮廓(外摆线)与另一个齿的内凹轮廓(内摆线)接触，接触应力较小，磨损均匀，承载能力强，使用寿命长。

(3) 摆线齿轮传动的重合度较大。

(4) 传动过程中啮合角是变化的，齿轮承受的是交变作用力。

因为摆线齿轮加工工艺较复杂，尺寸精度要求高，需采用专用机床和刀具进行加工。故其运用又受到一定限制。

除上述介绍的齿轮传动外，还有钟表齿轮传动、简易啮合齿轮传动、面齿轮传动、球面齿轮传动、永磁齿轮传动等多种形式，因其各自的特点和适用性而应用于各行各业，读者可通过参考资料或网络资源进行了解和研究。

习　　题

6-1　已知图 6-56 所示渐开线的基圆半径 $r_b=60$ mm，当 $r_K=65$ mm 时，求渐开线展角 θ_K、渐开线的压力角 α_K 和曲率半径 ρ_K。

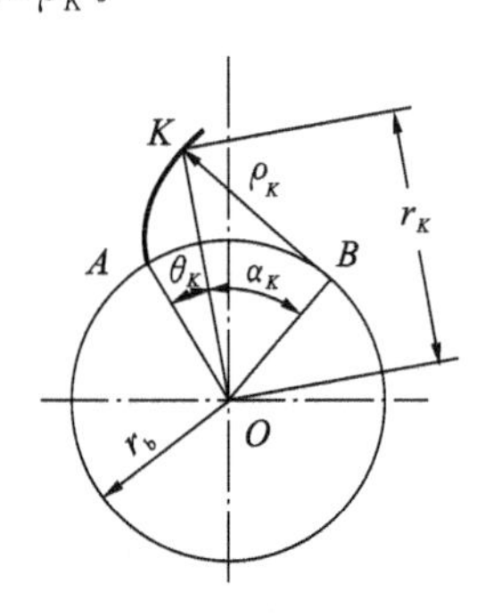

图 6-56　题 6-1 图

6-2　已知一对标准外啮合直齿圆柱齿轮 $i_{12}=3$，$z_1=30$，$m=4$ mm，$\alpha=20°$，$h_a^*=1$，$c^*=0.25$，求两齿轮的分度圆直径 d_1 和 d_2、齿顶圆直径 d_{a_1} 和 d_{a_2}、齿根圆直径 d_{f_1} 和 d_{f_2} 及基圆直径 d_{b_1} 和 d_{b_2}。

6-3　已知一标准直齿圆柱外齿轮，因轮齿磨损需要更换，已测得齿顶圆直径 $d_a=80.95$ mm，齿数 $z=25$，试求该齿轮的模数 m 及分度圆直径 d。

6-4　一对外啮合直齿轮，其 $m=4$ mm，中心距 $a'=136$ mm，传动比 $i_{12}=3$，求两齿轮齿数 z_1 和 z_2、齿顶圆直径 d_{a_1} 和 d_{a_2} 及啮合角 α'。

6-5　已知一对标准直齿圆柱齿轮的参数为 $z_1=20$，$z_2=35$，$\alpha=20°$，$m=2.5$ mm，两轮的安装中心距比标准中心距大 1 mm。求这对齿轮传动的节圆直径 d'_1 和 d'_2 及啮合角 a'。

6-6　一对标准外啮合渐开线直齿轮传动，已知两轮的齿数分别为 $z_1=24$，$z_2=71$，$\alpha=20°$，$m=3$ mm。试求：

(1) 正确安装时的重合度 ε；

(2) 实际中心距为 $a'=143$ mm 时的重合度 ε'。

6-7　已知一对外啮合变位齿轮的 $z_1=16$，$z_2=63$，$\alpha=20°$，$m=3$ mm，$h_a^*=1$，$a'=$

120 mm，试设计这对齿轮。

6-8 为修配A、B两个损坏的标准直齿圆柱齿轮，现测得：齿轮A的齿高$h=9$ mm，齿顶圆直径$d_a=324$ mm，齿轮B的$d_a=88$ mm，齿距$p=12.56$ mm。试计算两齿轮的模数m和齿数z_A、z_B。

6-9 已知一对标准斜齿圆柱齿轮传动的$a=230$ mm，$z_1=25$，$i_{12}=3.4$，$m=4$ mm，求：螺旋角β、各齿轮的分度圆直径d_1和d_2、当量齿数z_{v_1}和z_{v_2}及齿顶圆直径d_{a_1}和d_{a_2}。

6-10 已知一对斜齿轮传动，$m_n=4$ mm、$z_1=20$、$z_2=80$，试问β应为多少时才能满足中心距为205 mm的设计要求。

6-11 已知一对标准斜齿圆柱齿轮传动的$z_1=20$，$z_2=60$，$m_n=3$ mm，$\beta=15°$，$\alpha_n=20°$，$h_a^*=1$，齿宽$B=40$ mm。试计算两齿轮啮合的重合度ε。

6-12 某设备传动系统中有一对直齿圆柱齿轮，因强度与传动平稳性不足，现计划用斜齿圆柱齿轮代替，试设计这对斜齿圆柱齿轮。已知原直齿齿轮的$z_1=31$，$z_2=55$，$d_{a1}=99$ mm，$d_{a2}=171$ mm，$a=129$ mm。

6-13 有一标准直齿圆柱齿轮机构，已知$z_1=20$，$z_2=40$，$m=4$ mm，$h_a^*=1$。为提高齿轮机构传动的平稳性，求在传动比i、模数m和中心距a都不变的前提下，把标准直齿圆柱齿轮机构改换成标准斜齿圆柱齿轮机构。试设计这对齿轮的齿数z_1、z_2和螺旋角β(z_1应小于20)。

6-14 已知一对正常齿渐开线标准直齿圆锥齿轮机构的$\Sigma=90°$，$z_1=20$，$z_2=60$，$m=6$ mm，求两轮的分度圆直径d_1和d_2、齿顶圆直径d_{a_1}和d_{a_2}、锥距R、齿顶圆锥角δ_{a_1}和δ_{a_2}及当量齿数z_{v_1}和z_{v_2}。

6-15 已知齿数$z_2=46$，直径$d_2=230$ mm的蜗轮与一单头蜗杆相啮合，试求：蜗轮的端面模数m_{t_2}、蜗杆的轴面模数m_{a_1}、蜗杆的直径系数q和两轮的中心距a。

第7章 轮　　系

内容提要

本章简要介绍了轮系的功用和分类，重点介绍定轴轮系、周转轮系和复合轮系的传动比计算，并介绍了行星轮系的设计，最后简单介绍了其他常见的行星轮系机构。

7.1 概述

就传动而言，齿轮机构无疑是现代机械中最重要的一种传动装置，但在实际机械中，为了满足不同的工作需要，仅用一对齿轮组成的齿轮机构往往是不够的。因此常常需要采用由一系列互相啮合的齿轮组成的传动系统来满足不同的工作需要，这种由一系列的齿轮所组成的齿轮传动系统称为齿轮系，简称轮系(gear train)。

7.1.1 轮系的功用

轮系在机械传动中的应用非常广泛，可以用来实现分路传动、换向传动、变速传动、大传动比传动及运动的合成与分解等。

如图 7-1(a)所示为某航空发动机附件传动系统，通过轮系将主轴的运动分成六路传出，带动各附件同时工作。

如图 7-1(b)所示为车床上走刀丝杠的三星轮换向机构，在主动轮 1 转向不变的条件下，通过改变手柄的位置，使齿轮 2 参与啮合或不参与啮合，以改变外啮合的次数，使从动轮 4 与主动轮 1 转向相反或相同。

如图 7-1(c)所示，利用双联齿轮的滑移使主动轴在转速不变的情况下，从动轴可获得两种不同的转速。

如图 7-1(d)所示，如果仅采用一对齿轮传动(如图中虚线所示)，必然会使两齿轮的尺寸相差很大，这样不仅会使传动机构尺寸庞大，而且因小齿轮工作次数过多容易失效，所以一般情况下，一对齿轮传动的传动比要求 $i\leqslant 8$。而由图中实线可知，传动同样距离、同样大小的传动比，若采用轮系，则各齿轮尺寸明显减小，结构也更紧凑。

如图 7-1(e)所示，当以齿轮 1 和齿轮 3 为原动机，并且齿数满足某种关系时，则构件 **H** 的转速是齿轮 1、3 转速的合成。这种特性在机床、计算机装置及补偿装置中具有广泛的应用。而在汽车后桥差速器中却利用它作为运动分解装置，它将发动机传递过来的运动，通过构件 H 分解为与左右车轮固联的齿轮 1、3 的独立运动。

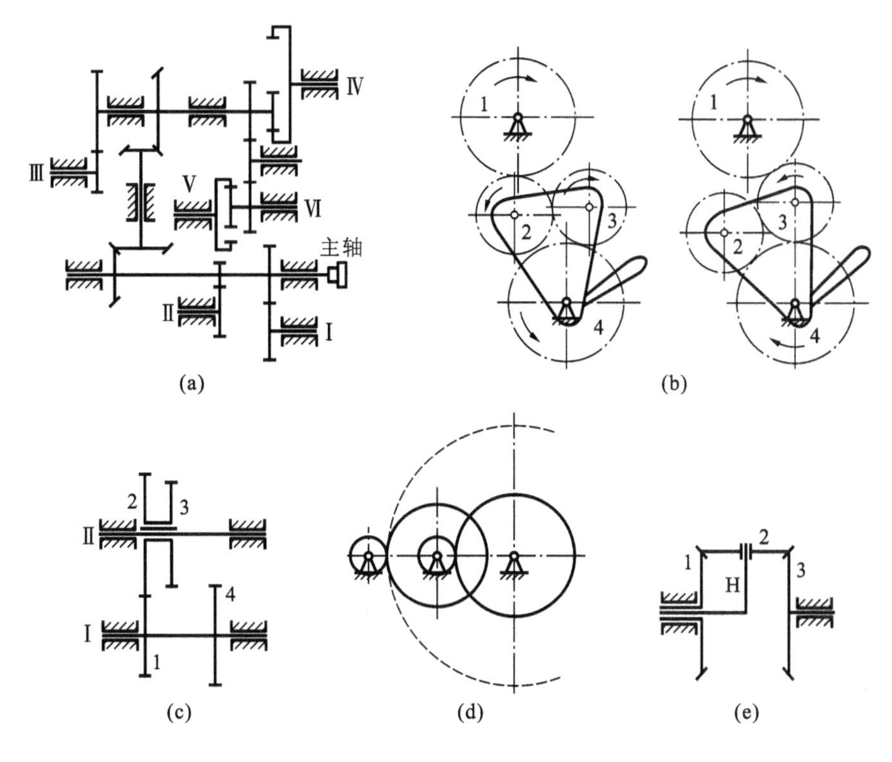

(c) (d) (e)

图 7-1 轮系的功用

7.1.2 轮系的分类

根据轮系运转时各个齿轮的轴线相对于机架的位置是否固定,可将轮系分为定轴轮系、周转轮系和复合轮系三大类。

1. 定轴轮系

如图 7-2 所示,在运转时,轮系中所有齿轮的轴线相对于机架的位置都是固定不变的,称为定轴轮系(fixed axis gear train)。

定轴轮系中,如果各轮的轴线相互平行,则称之为平面定轴轮系(planar fixed axis gear train),如图 7-2(a)所示,该类轮系主要由圆柱齿轮构成。如果定轴轮系中各轮的轴线不完全平行,则称之为空间定轴轮系(spatial fixed axis gear train),如图 7-2(b)所示,该类轮系可由圆柱齿轮、圆锥齿轮或蜗杆蜗轮等组成。平面定轴轮系是工程实际中最为常见的轮系。

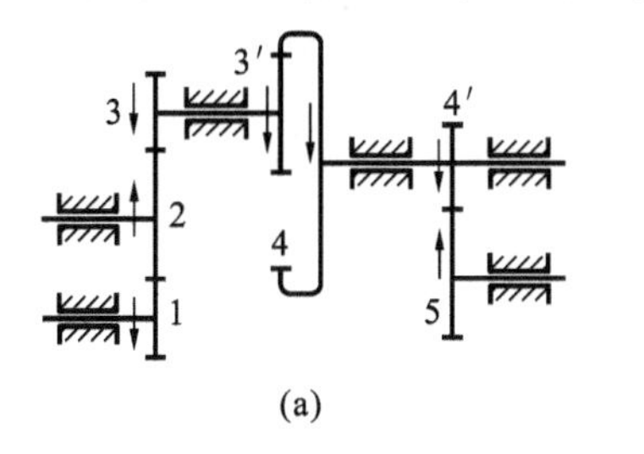

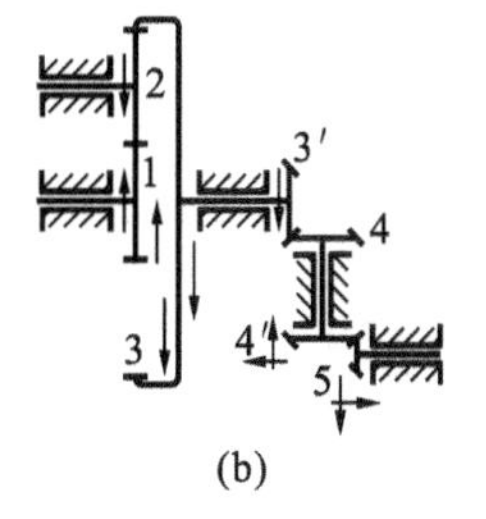

(a) (b)

图 7-2 定轴轮系

2. 周转轮系

如果在轮系运转时，至少有一个齿轮的轴线相对于机架的位置是变化的，且绕着其他齿轮的固定轴线转动，这样的轮系则称为周转轮系(epicyclic gear train)。如图 7-3 所示，齿轮 2 既绕自身轴线 O_2 转动，又随构件 H 绕几何轴线 O_H 转动。

周转轮系可根据自由度的不同分为行星轮系和差动轮系。当轮系的自由度为 1，即需向轮系输入一个独立运动时，该周转轮系称为行星轮系(planetary gear train)，如图 7-3(a)所示。当轮系的自由度为 2，即需向轮系输入两个独立运动时，该周转轮系称为差动轮系(differential gear train)，如图 7-3(b)所示。

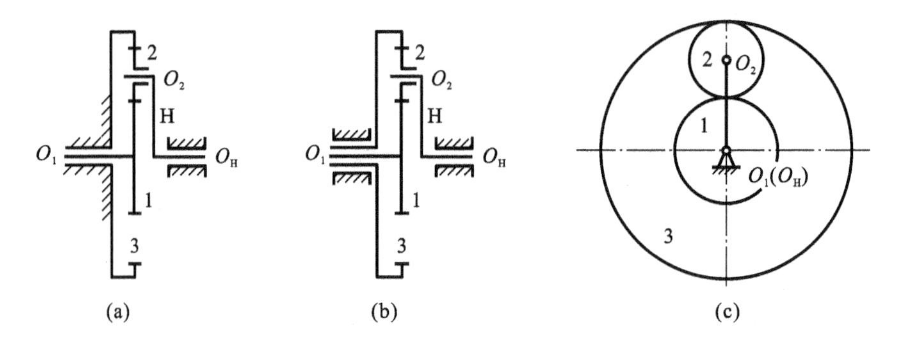

图 7-3　周转轮系

3. 复合轮系

在实际机械中所用的轮系，往往既包含定轴轮系，又包含周转轮系，或者是由几部分周转轮系组成的，这种轮系称为复合轮系(compound gear train)。图 7-4(a)所示的轮系是由 1 和 2 组成的定轴轮系与 2′、3(3′)、4 和 H 组成的周转轮系组成复合轮系；图 7-4(b)是 1、2、3 和 H 组成的周转轮系与 4、5、6 和 H′ 组成的周转轮系所组成的复合轮系。

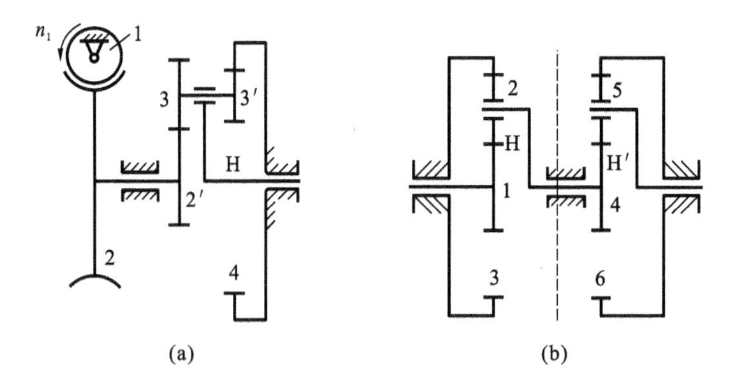

图 7-4　复合轮系

7.2　定轴轮系传动比

定轴轮系的传动比是指轮系中输入轴与输出轴的角速度(或转速)之比，用 i 表示。设轮系的输入轴为 a，输出轴为 b，则轮系的传动比为 $i_{ab}=\omega_a/\omega_b=n_a/n_b$，其中 ω 和 n 分别为轴的角速度与转速。定轴轮系的传动比包括传动比的大小计算和输入轴与输出轴的相对转向关系的判定两方面。

7.2.1 定轴轮系传动比大小的计算

如图7-5所示的定轴轮系，其中1为输入轴，5为输出轴，各轮齿数分别为z_1、z_2、$z_{2'}$、z_3、$z_{3'}$、z_4和z_5，显然该轮系中各对齿轮副的传动比分别为

$$i_{12}=\frac{\omega_1}{\omega_2}=\frac{z_2}{z_1}$$

$$i_{2'3}=\frac{\omega_{2'}}{\omega_3}=\frac{z_3}{z_{2'}}$$

$$i_{3'4}=\frac{\omega_{3'}}{\omega_4}=\frac{z_4}{z_{3'}}$$

$$i_{45}=\frac{\omega_4}{\omega_5}=\frac{z_5}{z_4}$$

上述各式两边连乘后得

$$i_{12}\cdot i_{2'3}\cdot i_{3'4}\cdot i_{45}=\frac{\omega_1}{\omega_2}\cdot\frac{\omega_{2'}}{\omega_3}\cdot\frac{\omega_{3'}}{\omega_4}\cdot\frac{\omega_4}{\omega_5}=\frac{z_2}{z_1}\cdot\frac{z_3}{z_{2'}}\cdot\frac{z_4}{z_{3'}}\cdot\frac{z_5}{z_4}$$

对上式整理后，可以求得

$$i_{15}=\frac{\omega_1}{\omega_5}=i_{12}\cdot i_{2'3}\cdot i_{3'4}\cdot i_{45}=\frac{z_2}{z_1}\cdot\frac{z_3}{z_{2'}}\cdot\frac{z_4}{z_{3'}}\cdot\frac{z_5}{z_4}=\frac{z_2z_3z_4z_5}{z_1z_{2'}z_{3'}z_4} \tag{7-1}$$

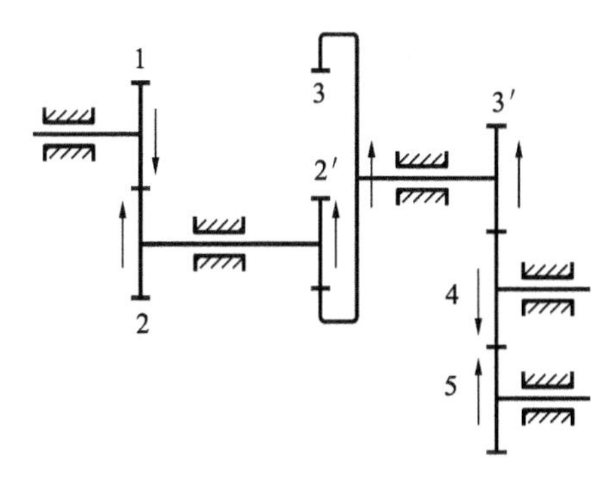

图7-5 平面定轴轮系

式(7-1)表明，定轴轮系的传动比等于轮系中各对齿轮的传动比的乘积，也等于轮系中所有从动轮齿数的乘积与所有主动轮齿数的乘积之比，即

$$\text{定轴轮系的传动比}=\frac{\text{所有从动轮齿数的乘积}}{\text{所有主动轮齿数的乘积}} \tag{7-2}$$

7.2.2 首、末轮转向关系的确定

1. 一对齿轮转向关系的判定

如图7-6所示为平行轴齿轮传动。由图可知一对平行轴齿轮传动时，外啮合传动时两齿轮转向相反(见图7-6(a))，内啮合传动时两齿轮转向相同(见图7-6(b))。

如图7-7所示为直齿圆锥齿轮传动。由图可知，圆锥齿轮的转动方向满足“同进同出”

原则。

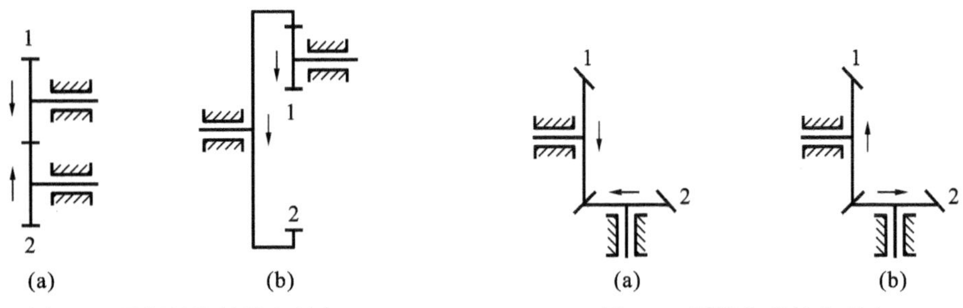

图 7-6 平行轴齿轮转向判定 图 7-7 圆锥齿轮转向判定

如图 7-8 所示为蜗杆传动。蜗杆传动机构中，通常蜗杆为主动件，转向已知。蜗轮转向可根据“主动轮左右手法则”判定，即左旋用左手，右旋用右手环握主动轮蜗杆的轴线，弯曲的四指顺着蜗杆的转向，大拇指指向的反方向即为蜗轮在接触点的运动方向。如图 7-8(a)所示的蜗杆为右旋，故用右手法则可以判定蜗轮逆时针旋转。同理，可以判定图 7-8(b)所示的蜗轮顺时针旋转。

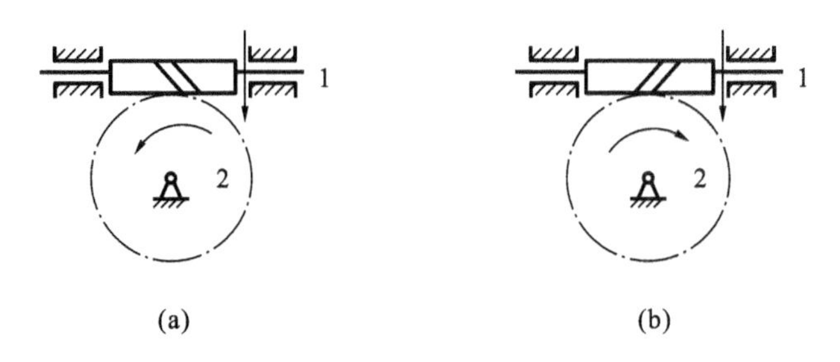

图 7-8 蜗杆传动转向判定

2. 首末轮转向关系的判定

1) 轮系中各齿轮几何轴线均互相平行

如图 7-2(a)所示的轮系，各齿轮轴线互相平行。由图 7-6 可知平行轴齿轮每经过一次外啮合，齿轮转向就发生一次改变。故可用轮系中外啮合的对数来确定轮系中主、从动轮的转动方向关系。若轮系中外啮合齿轮对数为 m，则可用 $(-1)^m$ 来确定轮系传动比的正负号。如计算结果为正，说明输入轴与输出轴的转向相同；若结果为负，说明输入轴与输出轴的转向相反。所以当轮系中各齿轮的几何轴线互相平行时，可通过传动比前的正负号表示输入轴与输出轴的相对转向，即

$$\text{定轴轮系的传动比} = (-1)^m \frac{\text{所有从动轮齿数的乘积}}{\text{所有主动轮齿数的乘积}} \tag{7-3}$$

由图 7-5 也可看出，齿轮 4 同时与齿轮 3′ 和齿轮 5 啮合，对于齿轮 3′ 来说，它是从动轮，对齿轮 5 而言，它又是主动轮。因此，其齿数同时出现于式(7-1)的分子和分母中，可以约去。这表明齿轮 4 的齿数并不影响该轮系传动比的大小，这样的齿轮称为惰轮或过桥轮(idler)，它只起增大传动距离和改变转向的作用。

2) 轮系中所有各齿轮的几何轴线不都平行，但首、末两轮的轴线互相平行

如图 7-2(b)所示的定轴轮系中，首、末两轮轴线互相平行，但由于包含圆锥齿轮传动，故不能通过正负号直接判断首、末两轮的相对转向，所以只能通过在图上用箭头标注的方法

确定，但在传动比计算结果中可加上“＋”或“－”号。

3）轮系中首、末两轮几何轴线不平行

如图 7-9 所示的当定轴轮系中首、末两轮轴线不平行的时候，用公式计算出的传动比只是绝对值大小，其转向由在运动简图上依次标箭头的方法来确定。

【例 7-1】 如图 7-9(a)所示的轮系中，已知双头右旋蜗杆的转速 $n_1 = 900$ r/min，转向如图所示，其中 $z_2 = 60$，$z_{2'} = 25$，$z_3 = 20$，$z_{3'} = 25$，$z_4 = 20$。求 n_4 的大小和方向。

解

(1) 各齿轮转向的判定。

图 7-9(a)所示为一空间定轴轮系，输出轴的转向需要通过在图上标注箭头的方法确定，标注结果如图 7-9(b)所示。

(2) 传动比大小的计算。

此轮系为定轴轮系，按照式(7-1)计算传动比，有

$$i_{14} = \frac{n_1}{n_4} = \frac{z_2 z_3 z_4}{z_1 z_{2'} z_{3'}} = \frac{60 \times 20 \times 20}{2 \times 25 \times 25} = 19.2$$

所以

$$n_4 = \frac{n_1}{19.2} = 46.875 \text{ r/min}$$

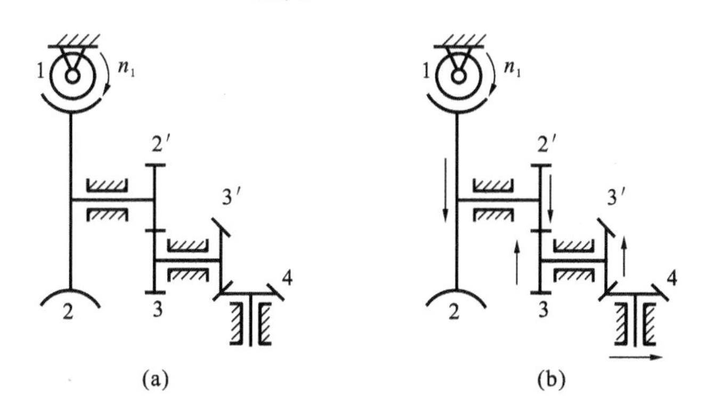

图 7-9 空间定轴轮系传动比计算

7.3 周转轮系传动比

7.3.1 周转轮系的组成

如图 7-3 所示，齿轮 2 既绕自身轴线 O_2 回转，又随构件 H 绕 O_H 转动，它的运动像太阳系中的行星运行一样，既有自转又有公转，故这种齿轮称为行星轮(planetary gear)。齿轮 1 和齿轮 3 绕固定轴线转动，称为太阳轮(sun gear)。安装行星轮的可转动构件 H 称为行星架、转臂或系杆(planet carrier)。一个系杆上的行星轮可以是一个也可以是多个。一个或多个相互啮合的行星轮和安装这些行星轮的系杆，以及与这些行星轮相啮合的太阳轮就构成了一个周转轮系。周转轮系的太阳轮与系杆的回转轴线必须共线，否则轮系不能运转。

由于太阳轮与系杆的回转轴均安装在机架上，便于运动和动力的输入与输出，故周转轮

系一般都以太阳轮和系杆作为运动和动力输入或输出的构件，因此，它们称为周转轮系的基本构件(basic link)。通常用 K 表示太阳轮，用 H 表示系杆。

周转轮系可以按基本构件的不同分为 2K-H 型周转轮系和 3K 型的周转轮系。如图 7-3 所示的周转轮系中由于有两个太阳轮，则称为 2K-H 型周转轮系；如图 7-10 所示的周转轮系中由于有三个太阳轮，则称为 3K 型的周转轮系。在实际生产中，应用最多的是 2K-H 型的周转轮系。

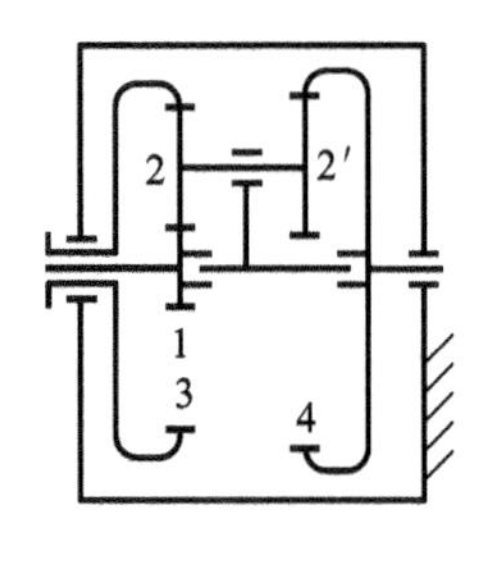

图 7-10　3K 型周转轮系

7.3.2　周转轮系传动比的计算

由于周转轮系中不是所有的齿轮都做定轴转动，所以其传动比不能直接按照定轴轮系的传动比来计算。要根据相对运动原理把它转化成定轴轮系再求其传动比。

如图 7-11 所示，若给整个周转轮系加上一个公共角速度“$-\omega_H$”，使之绕行星架的固定轴线回转，这时各构件之间的相对运动仍将保持不变，而行星架的角速度变为 $\omega_H-\omega_H=0$，这样周转轮系就转化成了定轴轮系。这种采用反转法原理转化所成的定轴轮系称为原周转轮系的转化轮系(inverted gear train)。转化轮系为定轴轮系，其传动比可以按照求定轴轮系传动比的方法来求。于是可得该转化轮系中各个构件的角速度为

$$\omega_1^H=\omega_1-\omega_H$$
$$\omega_2^H=\omega_2-\omega_H$$
$$\omega_3^H=\omega_3-\omega_H$$
$$\omega_H^H=0$$

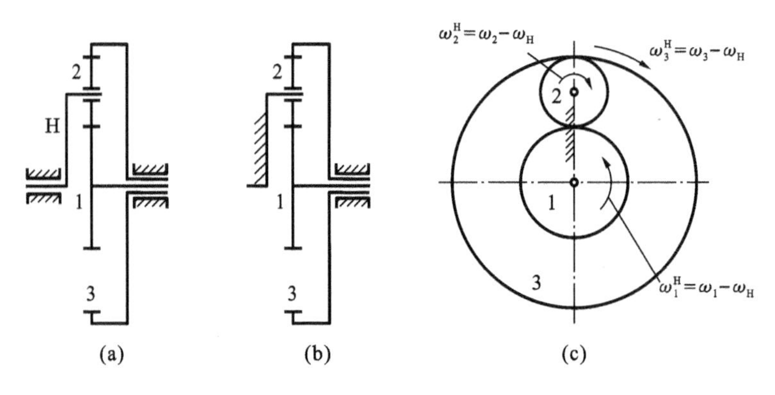

图 7-11　周转轮系的转化

转化轮系的传动比

$$i_{13}^H=\frac{\omega_1^H}{\omega_3^H}=\frac{\omega_1-\omega_H}{\omega_3-\omega_H}=-\frac{z_3}{z_1}$$

其中的“−”表示在转化轮系中轮 ω_1^H 与轮 ω_3^H 的转向相反。上式包含了周转轮系中三个基本构件的角速度与各齿轮数之间的关系。当已知 ω_1、ω_3 和 ω_H 中任意两个角速度矢量的大小、方向和轮系中各齿轮的齿数时，就可以确定出第三个角速度矢量的大小和方向，从而可以进一步求出任意两个基本构件之间的传动比。

根据上述原理，可以得出周转轮系传动比的一般关系式。设周转轮系中的两个太阳轮分别为 m 和 n，行星架为 H，则其转化轮系的传动比为

$$i_{mn}^{H}=\frac{\omega_{m}^{H}}{\omega_{n}^{H}}=\frac{\omega_{m}-\omega_{H}}{\omega_{n}-\omega_{H}}$$
$$=\pm\frac{\text{转化轮系中齿轮 m 至齿轮 n 间各从动轮齿数的乘积}}{\text{转化轮系中齿轮 m 至齿轮 n 间各主动轮齿数的乘积}} \tag{7-4}$$

特别注意：

(1) 式(7-4)中的"＋"、"－"号与两太阳轮的真实转向无关，即"＋"号，并不表示两太阳轮的真实转向一定相同，"－"号也并不表示两太阳轮的真实转向一定相反，它仅表示在转化轮系中，两个构件 m、n 的相对运动关系，可以称为是周转轮系的"结构特征"符号。

(2) $i_{mn}^{H}\neq i_{mn}$，i_{mn}^{H} 为转化轮系中轮 m 和轮 n 的转速之比，其大小和正负号由定轴轮系传动比计算方法确定；而 i_{mm}则是周转轮系中轮 m 和轮 n 的转速之比，其大小和正负号必须由计算结果确定。

(3) 式(7-4)中的 ω_{m}、ω_{n} 和 ω_{H} 必须为平行矢量时才能进行代数相加减，也就是说必须是轴线相互平行或重合的齿轮、系杆的角速度。

(4) 将 ω_{m}、ω_{n} 和 ω_{H} 的已知量代入式(7-4)进行计算时，必须代入正负号。所以在计算前往往应先假定某一方向的转速为正，则其他转速与其相同者为正，反之为负。

若所研究的轮系为具有固定轮的行星轮系，设固定轮为 n，则 $\omega_{n}=0$，可得

$$i_{mn}^{H}=\frac{\omega_{m}^{H}}{\omega_{n}^{H}}=\frac{\omega_{m}-\omega_{H}}{\omega_{n}-\omega_{H}}=\frac{\omega_{m}-\omega_{H}}{-\omega_{H}}=1-\frac{\omega_{m}}{\omega_{H}}=1-i_{mH}$$

整理后得

$$i_{mH}=1-i_{mn}^{H} \tag{7-5}$$

【例 7-2】 如图 7-11(a)所示的 2K-H 轮系中，已知 $z_{1}=z_{2}=20$，$z_{3}=60$。求

(1) 若轮 3 固定，求 i_{1H}；(2)若 $n_{1}=1$，$n_{3}=-1$，求 n_{H} 和 i_{1H}。

解 (1)当轮 3 固定，该轮系为自由度等于 1 的行星轮系，对该轮系转化后，按式(7-4)求得

$$i_{13}^{H}=\frac{\omega_{1}^{H}}{\omega_{3}^{H}}=\frac{\omega_{1}-\omega_{H}}{\omega_{3}-\omega_{H}}=-\frac{z_{3}}{z_{1}}=-\frac{60}{20}=-3$$

将上述结论代入式(7-5)求得

$$i_{1H}=1-i_{13}^{H}=1-(-3)=4$$

结果为正值，表明齿轮 1 和系杆 H 转向相同。也就是说，当太阳轮 1 转 1 圈时，系杆 H 同向转 4 圈。

(2) 若轮 1、3 均不固定，此时该轮系为差动轮系，仍然按照转化轮系公式(7-4)进行计算。并把已知条件带入

$$i_{13}^{H}=\frac{n_{1}^{H}}{n_{3}^{H}}=\frac{n_{1}-n_{H}}{n_{3}-n_{H}}=\frac{1-n_{H}}{-1-n_{H}}=-\frac{z_{3}}{z_{1}}=-\frac{60}{20}=-3$$

整理后可以求得

$$n_{H}=-\frac{1}{2}$$

进一步求得
$$i_{1H} = \frac{n_1}{n_H} = -2$$

结果为负值，表明齿轮 1 和系杆 H 转向相反。也就是说，当太阳轮 1 转 1 圈时，系杆 H 反向转 1/2 圈。

【例 7-3】 如图 7-12 所示的双排 2K-H 型周转轮系，试求：

(1) 已知 $z_1 = z_{2'} = 100, z_2 = 101, z_3 = 99$ 时的 i_{1H}；

(2) 已知 $z_1 = z_{2'} = 100, z_2 = 101, z_3 = 100$ 时的 i_{1H}。

解 (1)由图 7-12 可知，太阳轮 3 固定，所以该轮系为行星轮系，对该轮系转化后，按式(7-4)求得

$$i_{13}^{H} = \frac{\omega_1^{H}}{\omega_3^{H}} = \frac{\omega_1 - \omega_H}{\omega_3 - \omega_H} = (-1)^2 \frac{z_2 z_3}{z_1 z_{2'}} = \frac{101 \times 99}{100 \times 100} = \frac{9999}{10000}$$

将上述结论代入式(7-5)求得

$$i_{1H} = 1 - i_{13}^{H} = 1 - \frac{9999}{10000} = \frac{1}{10000}$$

该结果表明太阳轮 1 转 1 圈，系杆 H 同向转 10000 圈。

(2) 同理，当 $z_1 = z_{2'} = 100$，$z_2 = 101$，$z_3 = 100$ 时，可以求得

$$i_{13}^{H} = \frac{\omega_1^{H}}{\omega_3^{H}} = \frac{\omega_1 - \omega_H}{\omega_3 - \omega_H} = (-1)^2 \frac{z_2 z_3}{z_1 z_{2'}} = \frac{101 \times 100}{100 \times 100} = \frac{10100}{10000}$$

$$i_{1H} = 1 - i_{13}^{H} = 1 - \frac{10100}{10000} = -\frac{1}{100}$$

该结果表明太阳轮 1 转 1 圈，系杆 H 反向转 100 圈。

由上述对比可见，周转轮系中的齿数对轮系传动比的影响非常明显。

【例 7-4】 如图 7-13 所示的空间周转轮系，已知：$z_1 = z_3 = 33$，$z_2 = 12$，试求 i_{3H}。

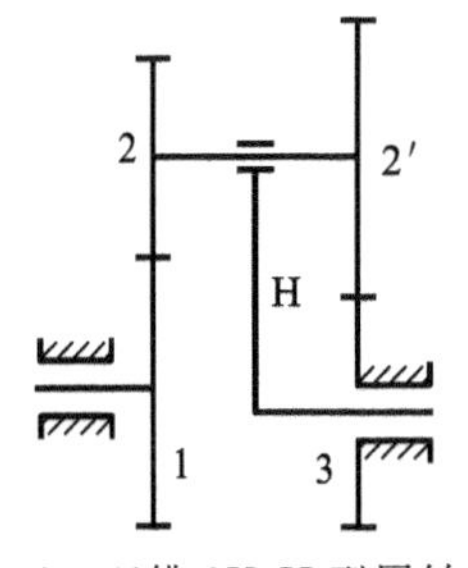

图 7-12 双排 2K-H 型周转轮系

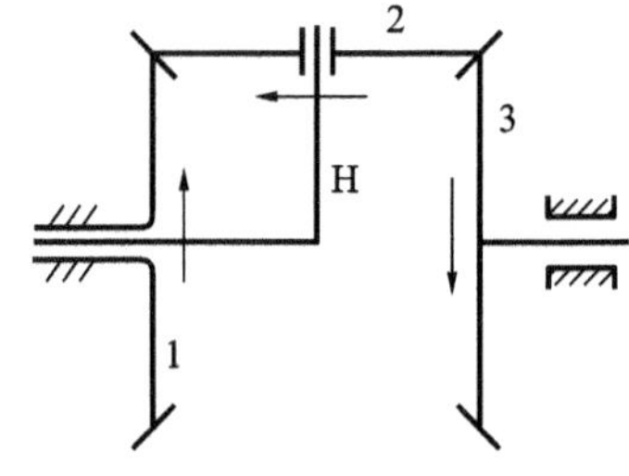

图 7-13 空间周转轮系

解 由图 7-13 中可知 $\omega_1 = 0$，所以该轮系为行星轮系。转化后该轮为一空间定轴轮系，其首、末两轮的方向需通过标注箭头的方式确定，标注结果如图 7-13 所示，可判断齿轮 1、3 转向相反。然后根据式(7-4)求得

$$i_{31}^{H} = \frac{\omega_3^{H}}{\omega_1^{H}} = \frac{\omega_3 - \omega_H}{\omega_1 - \omega_H} = -\frac{z_2 z_3}{z_1 z_2} = -\frac{12 \times 33}{33 \times 12} = -1$$

代入式(7-5)求得

$$i_{3H} = 1 - i_{31}^{H} = 1 - (-1) = 2$$

注意：由于齿轮 2 与系杆 H 的回转轴线不重合，所以在计算时，有

$$i_{21}^{H} = \frac{\omega_2^{H}}{\omega_1^{H}} \neq \frac{\omega_2 - \omega_H}{\omega_1 - \omega_H}$$

7.4　复合轮系传动比

复合轮系中往往既包含定轴轮系部分，又包含周转轮系部分，或由几个单一的周转轮系组成，所以既不能将其视为定轴轮系来计算其传动比，也不能将其视为单一周转轮系来计算传动比。为了计算复合轮系的传动比，必须将轮系中的定轴轮系和周转轮系分开，然后分别应用定轴轮系和周转轮系的传动比来计算各轮系的传动比，最后再进行联立，从中求解出复合轮系的传动比。因此，计算复合轮系的传动比的关键是将轮系中的定轴轮系和周转轮系正确地划分开，而分解组合轮系的关键步骤是找出周转轮系。

周转轮系的特点是具有行星轮和行星架，还有太阳轮，所以在划分时一般先要找到行星轮和行星架，再找出与行星轮相啮合的太阳轮，这样就可以确定一个基本的周转轮系，在一个复合轮系中可能有几个基本的周转轮系，将周转轮系一一找出后，剩下的就是定轴部分了。下面以实例对复合轮系的传动比进行讲解分析。

【例 7-5】　如图 7-14(a)所示的复合轮系，已知 $z_a = 2$（右旋），$z_b = 40$，$z_1 = 20$，$z_2 = 18$，$z_3 = 20$，$z_{3'} = 18$，$z_4 = 94$，$n_a = 1000$ r/min，求 n_H 的大小及方向。

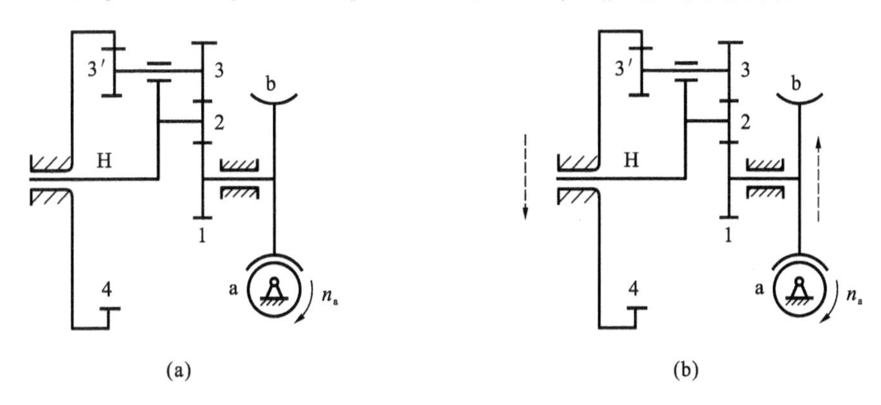

图 7-14　复合轮系传动比计算

解

(1) 划分轮系。

这是一个复合轮系。一般可按照传动顺序（即从主动轮开始）进行基本轮系的划分，轮系的传动路径为 a-b(1)-2-3(3′)-4。其中 H 为行星架（系杆），也为齿轮 2 和 3(3′)的回转轴线。可以判断，a-b(1)为定轴轮系，1-2-3(3′)-4-H 为周转轮系。

(2) 计算各轮系传动比。

对于定轴轮系 a-b 有

$$i_{ab} = \frac{n_a}{n_b} = \frac{z_b}{z_a} = \frac{40}{2} = 20 \tag{a}$$

根据“主动轮左右手法则”，可判断蜗轮转动方向向上，如图 7-13(b)所示。

对于周转轮系 1-2-3(3′)-4-H 有

$$i_{14}^{H} = \frac{n_1 - n_H}{n_4 - n_H} = (-1)^2 \frac{z_2 z_3 z_4}{z_1 z_2 z_{3'}} = \frac{18 \times 20 \times 94}{20 \times 18 \times 18} = \frac{47}{9} \tag{b}$$

整理后得
$$\frac{n_1}{n_H}=1-i_{14}^H=1-\frac{47}{9}=-\frac{38}{9}$$

(3) 联立求解。

根据题目已知条件,可知

$$n_a=1000\ \text{r/min} \tag{c}$$

$$n_1=n_b \tag{d}$$

$$n_4=0 \tag{e}$$

联立式(a)、(b)、(c)、(d)和式(e),可以求得

$$n_H=-11.84\ \text{r/min}$$

式中的负号表明系杆 H 与蜗轮的转向相反,转向向下。

7.5 行星轮系的设计

行星轮系主要运用于减速器中,与普通定轴轮系减速器相比,在同样的体积和重量的条件下,可以传递较大的功率,而且工作可靠,所以越来越广泛地应用于各个领域,特别是 2K-H 型的行星轮系应用更加广泛。本章主要讨论 2K-H 行星轮系的设计。

行星轮系设计的主要内容包括,选择轮系的类型和布置方案,确定各轮的齿数、计算传动比、选择适当的均衡装置等。行星轮系在进行设计时需要特别注意以下几个问题。

1. 行星轮系类型的选择

行星轮系的类型很多,选择其类型时主要应从传动比所能实现的范围、传动效率的高低、结构的复杂程度、外形尺寸的大小以及传递功率的能力等几个方面综合考虑确定。

选择轮系的类型时,首先考虑的是能否满足传动比的要求。2K-H 行星轮系按照转化机构中传动比的正负值分为正号机构和负号机构。当 $i_{1n}^H>0$,即转化机构中的 ω_1^H 与 ω_n^H 方向相同时,称为正号机构(positive sign mechanism);当 $i_{1n}^H<0$ 时,即转化机构中的 ω_1^H 与 ω_n^H 方向相反时,称为负号机构(negative sign mechanism)。

对于每一种行星轮系其传动比均有一定的实用范围。如图 7-15 所示的 2K-H 轮系中的四种负号机构中,图 7-15(a)所示类型的传动比 i_{1H} 的实用范围为 2.8～13;图 7-15(b)所示类型的传动比 i_{1H} 的实用范围为 1.14～1.56;图 7-15(c)所示类型由于采用了双联行星轮,传动比 i_{1H} 可达到 8～16;如图 7-15(d)所示类型,当 1、3 齿轮齿数相同时,传动比为 2。

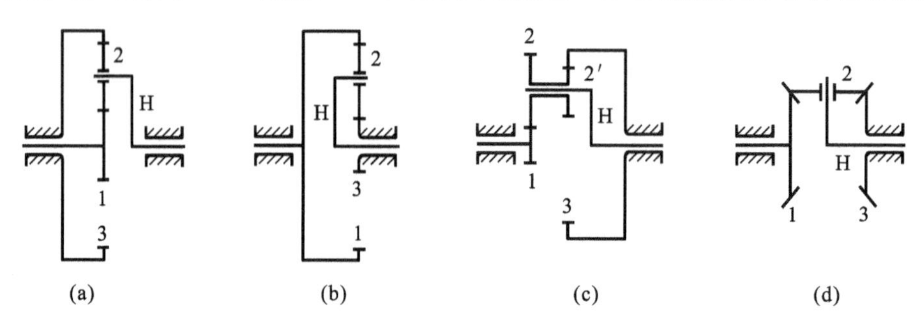

图 7-15 负号机构

如图 7-16 所示为 2K-H 的三种正号机构，当 $0 < i_{1n}^{\mathrm{H}} < 2$ 时是增速传动，当 i_{1n}^{H} 趋近于 1 时，增速比理论上趋于无穷大。

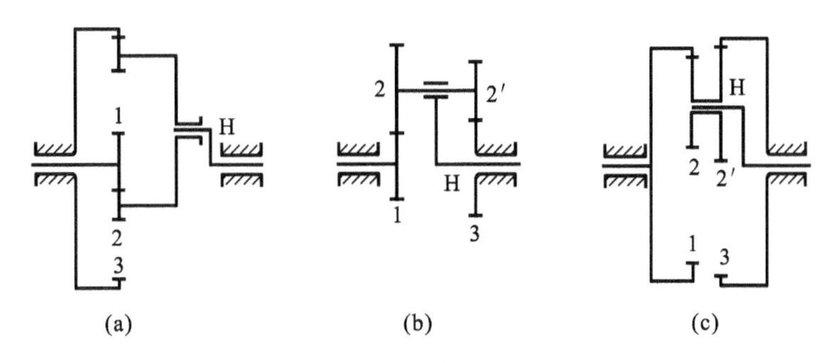

图 7-16　正号机构

如果设计要求有较大的传动比，而一个轮系又不能满足设计要求时，可将几个轮系串联起来。如图 7-17 所示是由两个轮系串联组成的轮系，其传动比可达 10～60。

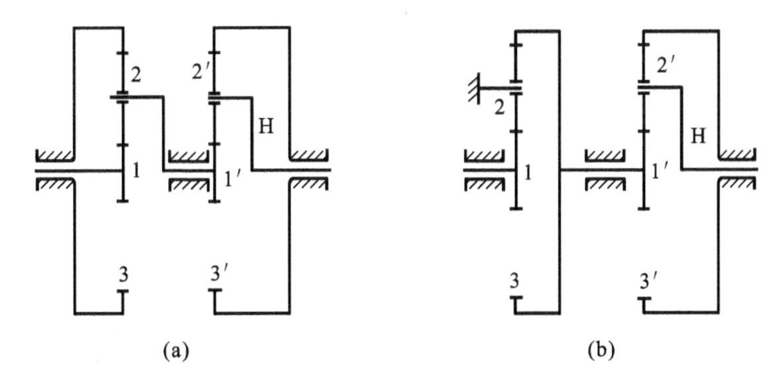

图 7-17　大传动比串联式轮系

从行星轮系的效率方面考虑，减速传动的效率总是高于增速传动；负号机构的传动效率又总是高于正号机构的传动效率。因此，如果所设计的轮系是用作动力传动，则应选择负号机构。正号机构一般多用于要求传动比较大而对效率要求不高的辅助机构中，例如磨床的进给机构、轧钢机指示器中的机构等。当行星轮系用于增速传动时，随着增速比的增大，其传动效率将迅速降低，当达到一定值时，正号机构将更容易发生自锁。

从结构和外形尺寸方面考虑，由行星轮系传动比的计算公式 $i_{1\mathrm{H}} = 1 - i_{1n}^{\mathrm{H}}$ 可知，如果采用太阳轮为主动的单一行星轮系来实现大减速比的传动要求，即希望设计的行星轮系 $i_{1\mathrm{H}} = n_1/n_{\mathrm{H}}$ 之值较大，则必须使 i_{1n}^{H} 之值较大。因为 $i_{1n}^{\mathrm{H}} = z_2 \cdots z_n/(z_1 \cdots z_{n-1})$，故轮系的齿数比值应设计得较大。这将导致轮系结构较复杂，轮系的外形尺寸将变得较大。如果采用以系杆 H 为主动的单一行星轮系来实现大减速比的传动要求，即希望设计的行星轮系 $i_{\mathrm{H}1} = n_{\mathrm{H}}/n_1$ 之值较大。由公式 $i_{1n}^{\mathrm{H}} = 1 - i_{1\mathrm{H}} = 1 - 1/i_{\mathrm{H}1}$ 可知，i_{1n}^{H} 之值应接近于 1，这样由于轮系齿数比较小，其外形尺寸将不会很大。但这时轮系的传动效率却很低。因此，在对行星轮系进行设计时，存在着传动比、效率、轮系外形尺寸与结构复杂程度相互制约的矛盾，设计者这时应根据设计要求和轮系的工作条件进行全面综合考虑，以获得最理想的设计效果。

2. 行星轮系各轮齿数的确定

多数行星轮系的基本构件是共轴线的，而且行星轮一般有多个且均匀分布在太阳轮的周围，这样既可以使惯性力得以平衡，又可以减小主轴承内的反作用力和减轻齿面上的载荷。因此，在设计行星轮系时，轮系中各齿轮的齿数应满足四个条件，才能准确安装和正常运转，实现给定的传动比。现以图 7-18 所示的 2K-H 行星轮系为例，具体说明如下。

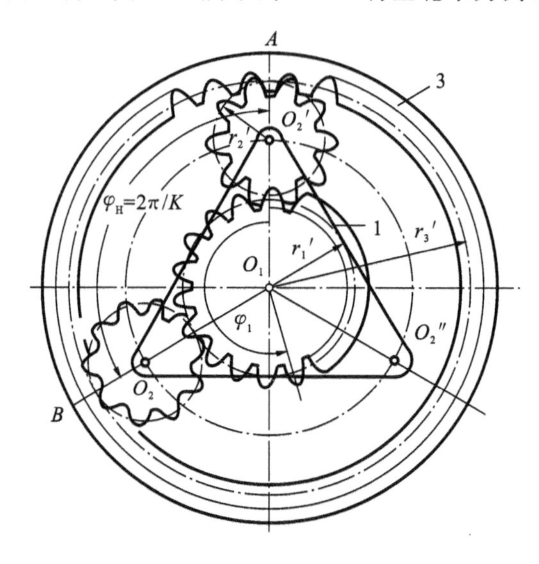

图 7-18　2K-H 行星轮系的设计

1）保证轮系能实现给定的传动比

因为
$$i_{1H}=1-i_{13}^{H}=1-\left(-\frac{z_3}{z_1}\right)=1+\frac{z_3}{z_1}$$

所以
$$z_3=(i_{1H}-1)z_1 \tag{7-6}$$

2）保证三个基本构件回转轴线满足同心条件

同心条件是指，行星轮系三个基本构件的回转轴线重合。根据这一条件，图 7-18 中的 3 个齿轮必须满足如下条件

$$r_{3'}=r_{1'}+2r_{2'}$$

当轮系中的齿轮采用标准齿轮或高度变位齿轮传动时，则其同心条件为

$$r_3=r_1+2r_2$$

即
$$z_3=z_1+2z_2$$

或
$$z_2=\frac{z_3-z_1}{2} \tag{7-7}$$

式(7-7)表明行星轮系满足同心的条件为：两太阳轮的齿数应同时为偶数或同时为奇数。

3）保证在采用多个行星轮时，各行星轮能够满足均布的安装条件

为了使行星轮系在运转过程中的惯性力得以平衡，又可以减小主轴承内反作用力和减轻齿面上的载荷，往往采用多个行星轮，且使个行星轮均匀布置在太阳轮的周围。

如图 7-18 所示，设需要在太阳轮 1、3 之间均匀装入 K 个行星轮，则安装相邻两个行星轮的轴心在系杆上的夹角满足 $\varphi_H=360°/K$ 。设先在 A 位置装入第一个行星轮(这总是可以装入的),则两个太阳轮1、3之间的相对形位关系就被确定了。为了在相隔夹角为 φ_H 的 B 位置处能装入第二个行星轮,假设将太阳轮3固定起来,系杆逆时针转过 φ_H ,使第一个行星轮随着系杆与太阳轮1、3的啮合到达 B 位置。若在已空出的 A 位置处,太阳轮1、3的位形关系与装入第一个行星轮时完全相同,则就一定可以在该处再装入第二个行星轮。此时太阳轮1相应转过 φ_1 。也就是说,只要太阳轮1转过相应角度 φ_1 后的位形与装第一个行星轮时的位形相同即可。由传动比关系可知

$$i_{1H}=\frac{\omega_1}{\omega_H}=\frac{\varphi_1}{\varphi_H}=1+\frac{z_3}{z_1}$$

所以

$$\varphi_1=\left(1+\frac{z_3}{z_1}\right)\varphi_H=\left(1+\frac{z_3}{z_1}\right)\cdot\frac{360°}{K} \tag{a}$$

显然,若想行星轮既满足均布,又能正常装配,就要求第二个行星轮在 A 位置处装入时,能和第一个行星轮装入时与太阳轮1、3的位形完全相同。这就要求太阳轮1转过角 φ_1 时,必须刚好是 n 个整数倍轮齿所对应的中心角,即

$$\varphi_1=\frac{360°}{z_1}n \quad (n\text{ 为正整数}) \tag{b}$$

联立式(a)、(b),整理后得

$$n=\frac{z_1+z_3}{K} \tag{7-8}$$

式(7-8)表明欲保证均布安装的必要条件是:两太阳轮的齿数和应能被行星轮的个数 K 整除。

4) 保证多个均布的行星轮相互间不发生干涉的邻接条件

行星轮的数量 K 值选择不合适,会造成相邻两行星轮齿廓发生干涉而无法装入,应保证两行星轮的中心距 $O_2O_{2'}$ 大于两行星轮齿顶圆半径 r_{a2} 之和,即

$$O_2O_{2'}>d_{a2}$$

对于标准齿轮传动有

$$2(r_1+r_2)\sin\frac{180°}{K}>2(r_{a2}+h_a^* m)$$

整理后得

$$(z_1+z_2)\sin\frac{180°}{K}>z_2+2h_a^* \tag{7-9}$$

为了设计时便于选择各轮齿数,常把前三个条件合并为一个总的配齿公式。将式(7-6)、式(7-7)和式(7-8)整合后得

$$z_1:z_2:z_3:n=z_1:\frac{i_{1H}-2}{2}z_1:(i_{1H}-1)z_1:\frac{i_{1H}}{K}z_1 \tag{7-10}$$

在设计2K-H行星轮系时,可先用式(7-10)初步定出 z_1、z_2 和 z_3 后,再用式(7-9)进行检验。若发生干涉则应重新进行设计。例如:设计一个2K-H行星轮系,要求 $i_{1H}=20/3$,$K=3$。从式(7-10)中的最后一项得 $n=z_1i_{1H}/K=20/9$,n 应为正整数,故 z_1 可取9、18、27、…。若行星轮系中各轮齿采用标准齿轮,为了不产生根切,初选 $z_1=18$,则从式(7-10)中

可求出 $z_2=42$，$z_3=102$。

3. 行星轮系的均载装置

周转轮系的一个重要优点，就是能在两太阳轮间采用多个均布的行星轮来共同分担载荷。一般来说，随着行星轮数量的增多每个行星轮所受载荷减少，其几何尺寸可以设计得较小，结构更加紧凑，重量相对减轻。例如：在相同功率和转速的条件下，四个行星轮的轮系中，每个行星轮的径向尺寸仅为单一行星轮的轮系中行星轮径向尺寸的一半。因此，具有四个行星轮的轮系，其几何尺寸也相应变小。同时，采用多个行星轮对称布置，对平衡轮系运动时行星轮及系杆运动产生的离心惯性力、减小轮齿上的应力也有一定的好处。但实际上，由于零件制造误差、安装误差等因素的影响，往往会出现各个行星轮负荷不匀的现象，啮合传动间隙小的行星轮承受的负荷大、啮合传动间隙大的行星轮承受的负荷小，甚至个别行星轮还会出现不承受负荷的现象，从而降低了轮系的承载能力，影响了轮系运转的可靠性。此外，各轮受载的不均匀性也是轮系运转时产生振动和噪声的重要原因之一。为了尽可能减小各行星轮受载不匀的现象，消除多个行星轮因过约束引起的过约束力对轮系的不利影响，提高轮系的承载能力，必须在结构上采取一定的措施来保证每个行星轮上所受的载荷及轮齿在齿宽方向的分布载荷尽可能均匀。

在行星轮系的设计中常采用“柔性浮动”的方法，把轮系中的某些构件设计成没有固定支承，或用弹性材料连接，允许它们能在一个范围内作径向位移的结构形式来减轻上述不利影响，当构件受载不均匀时，“柔性”或“浮动”构件便会作柔性自位运动（即自动定位），至几个行星轮的载荷自动调节趋于均匀分配为止。这种能自动调节各行星轮载荷的装置，称为均载装置。

均载装置的类型很多，有使主动太阳轮浮动的结构形式，如图 7-19(a)所示，这种装置采用鼓形齿的齿形联轴器连接太阳轮；有将不转动的内齿轮用弹性材料悬挂定位在机壳上的结构形式，如图 7-19(b)所示；有将行星轮装在弹性心轴上的结构形式，如图 7-19(c)所示，等等。上述几种均载装置和措施均能不同程度地降低各行星轮受载不均的现象，它们各具优缺点，设计时可参见有关专著。

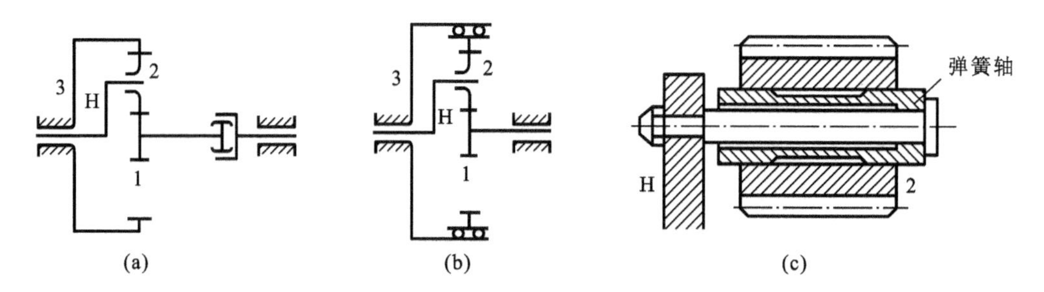

图 7-19 行星轮系的均载装置

4. 常用行星轮轮系的传动形式与特点

为便于行星轮轮系的设计与选型，常用行星轮轮系的传动形式与特点如表 7-1 所示。

按组成传动机构的齿轮啮合方式，可分为 NGW、NW、NN、NGWN 和 N 类型。其中 N 表示内啮合，W 表示外啮合，G 表示共用齿轮，K 表示太阳轮，H 表示行星架，V 表示回转件。

表 7-1 常用行星轮系的传动形式与特点

传动形式	简图	传动比	效率	最大功率/kW	特点
		概略值			
NGW（2K-H的负号机构）	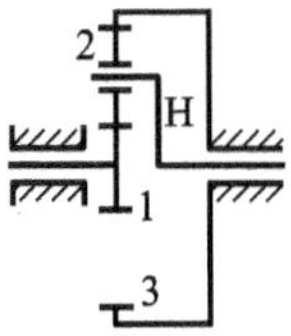	1.13～13.7	0.97～0.99	不限	效率高，体积小，重量轻。结构简单，制造方便，传动功率范围大，轴向尺寸小，可用于各种工作条件，在机械传动中应用最广。但单级传动比范围较小
NW（双联行星轮的2K-H负号机构）	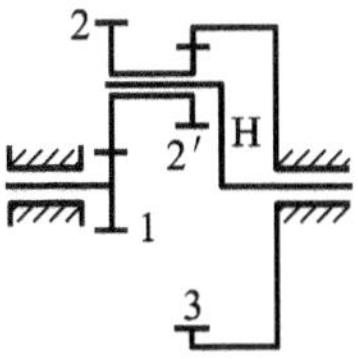	1～50			效率高，径向尺寸比NGW型小，传动比范围比NGW型大，可用于各种工作条件。但双联行星轮的制造、安装复杂
WW（双联行星轮外啮合的2K-H正号机构）	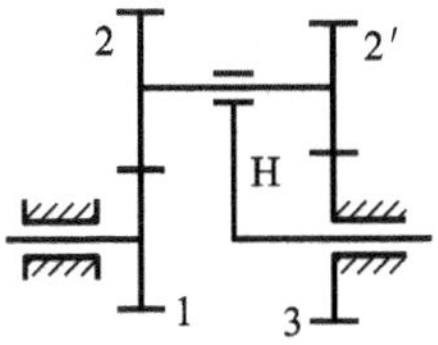	1.2～10000	随传动比增加而下降	≤20	传动比范围大，但外形尺寸及重量较大，效率很低，制造困难，一般不用于动力传动。当行星架从动时，传动比从某一数值起会发生自锁
NGWN（3K-H）	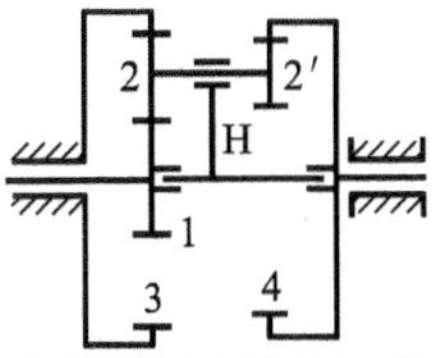	≤500		≤100	结构紧凑，体积小，传动比范围大，但效率低于NGW型，工艺性差，适用于中小功率或短期工作
N(K-H-V)	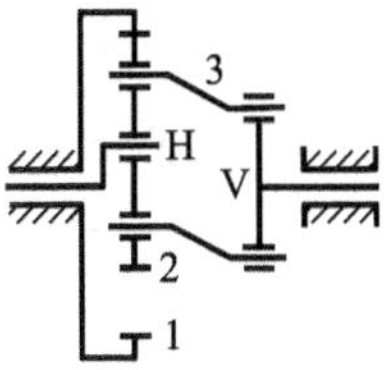	7～100	0.8～0.94	≤75	传动比范围较大，结构紧凑，体积及重量小，但效率低于NGW型，且内啮合变位后径向力较大，使轴承径向载荷加大，适用于小功率或短期工作
NN（双联行星轮内啮合的2K-H正号机构）	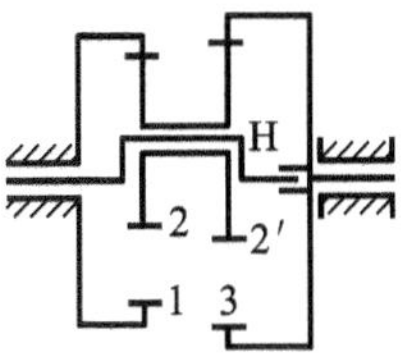	≤1700	随传动比的增加而下降	≤40	传动比范围较大，效率比WW型高，但仍然很低，适用于短期工作。当行星架从动时，传动比从某一数值起会发生自锁

7.6 其他类型的行星传动简介

1. 渐开线少齿差行星齿轮传动

如图 7-20 所示的行星轮系，当行星轮 1 与内齿轮 2 的齿数差 $\Delta z = z_2 - z_1 = 1 \sim 4$ 时，就称为少齿差行星齿轮传动。这种轮系用于减速时，行星架 H 为主动件，行星轮 1 为从动件。因行星轮有公转，需采用特殊输出装置，才能输出行星轮的转动。

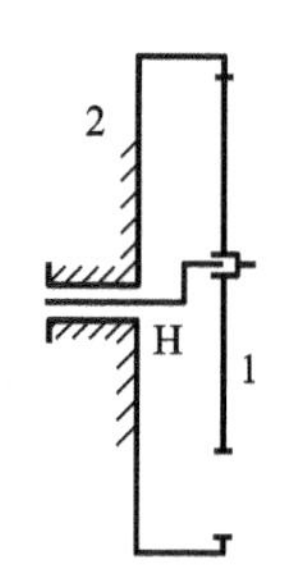

图 7-20 少齿差行星齿轮传动

目前用得最广泛的是孔销式输出机构。如图 7-21 所示，在行星轮的辐板上沿圆周均布有若干个销孔，而在输出轴的圆盘的半径相同的圆周上则均布有同样数量的圆柱销，这些圆柱销对应地插入行星轮的上述销孔中。设齿轮 1、2 的中心距为 a，即行星架的偏心距为 a，行星轮上销孔的直径为 d_h，输出轴上销套的外径为 d_s，要保证销轴和销孔在轮系运转过程中始终保持接触，这三个尺寸必须满足如下关系

$$d_h = d_s + 2a$$

这时内齿轮的中心 O_2、行星轮的中心 O_1、销孔中心 O_h 和销轴中心 O_s 刚好构成一个平行四边形，因此输出轴将随着行星轮而同步同向转动。

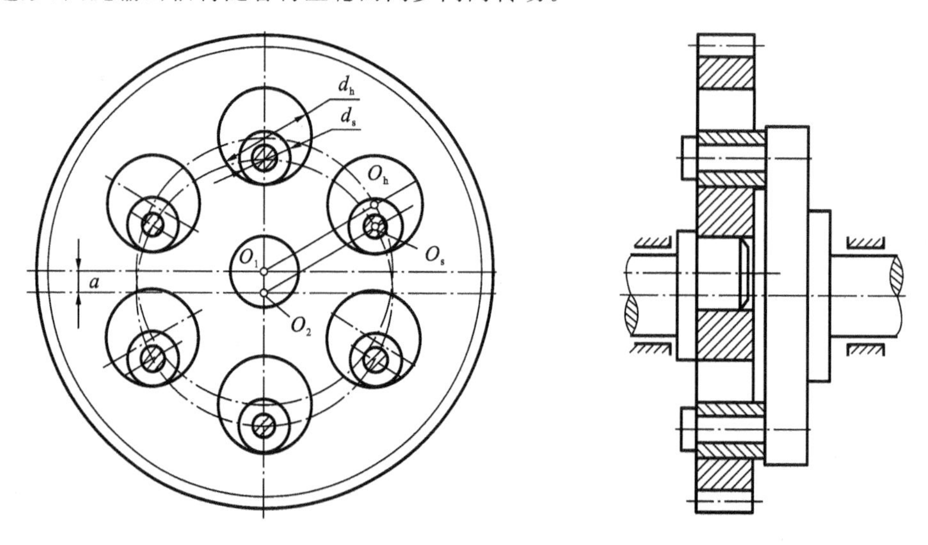

图 7-21 孔销式输出机构

在这种少齿差行星齿轮传动中，只有一个太阳轮(用 K 表示)，一个行星架(用 H 表示)和一根带输出机构的输出轴(用 V 表示)，故称这种轮系为 K-H-V 型行星轮系。其传动比为

$$i_{1H} = 1 - i_{12}^{H} = 1 - z_2/z_1$$

整理后得

$$i_{H1} = -z_1/(z_2 - z_1) \tag{7-11}$$

由式(7-11)可知，如齿数差 $z_2 - z_1$ 很小，就可以获得较大的单级减速比，如当 $z_2 - z_1 = 1$，

即一齿差时，则 $i_{H1}=-z_1$。由此可知，渐开线少齿差行星减速器由于所用齿数不多，就可获得很大的传动比，所以这种减速器体积小、重量轻、结构紧凑。鉴于以上优点，常用渐开线少齿差行星减速器代替蜗轮减速器或多级减速器。渐开线少齿差行星传动适用于中小型的动力传动（一般≤45 kW），其传动效率为0.8～0.94。

图7-22所示为带电动机的渐开线二齿差行星传动减速器。其传递功率 $P=18.5$ kW，传动比 $i=30.5$，采用了两个互成180°的行星轮，以改善它的平衡性能和受力状态。输出机构为孔销式。又为了减小摩擦磨损及使磨损均匀，在销轴上装有活动的销套。

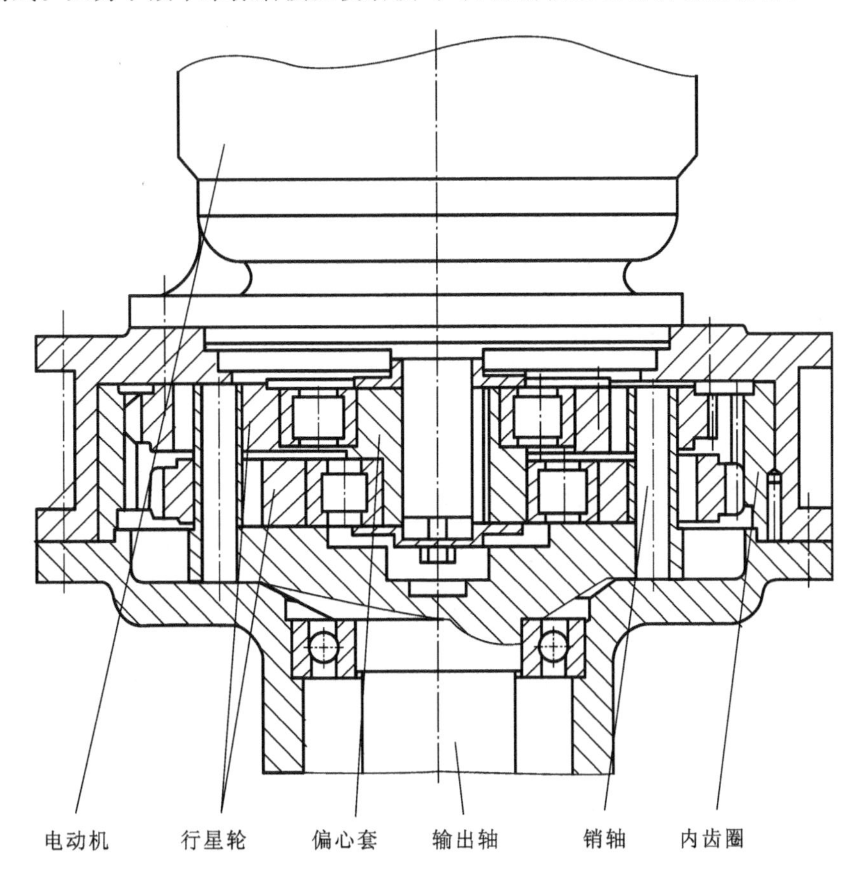

图7-22　渐开线二齿差行星减速器

2. 摆线针轮行星齿轮传动

如图7-23(a)所示为一摆线针轮传动机构简图，它也是一个一齿差行星齿轮传动结构，但和渐开线一齿差行星齿轮传动的主要区别，在于其轮齿的齿廓不是渐开线而是摆线。

针轮为固定在机壳上的太阳轮，是由装在机壳上的许多带套筒的小圆柱针齿销所组成的内齿轮。摆线轮是行星轮，其齿形是延长线外摆线的等距曲线。针轮齿数与摆线轮的齿数相差为1。如图7-23(b)所示，转动过程中，转臂将输入运动传递给摆线轮。由于固定针轮的作用，摆线轮产生于输入运动相反的低速自转运动，再通过W机构输出。

摆线针轮行星齿轮传动的主要特点如下。

1）减速比大，效率高

一级传动减速比为 9～87，双级传动减速比为 121～5133，多级组合可达数万，且针齿啮合系套式滚动摩擦，啮合表面无相对滑动，故一级减速效率达 94%。

2）运转平稳，噪声低

在运转中同时接触的齿对数多，重合度大，运转平稳，过载能力强，振动和噪声低，各种规格的机型噪声小。

3）使用可靠，寿命长

因主要零件是采用高碳合金钢淬火处理（HRC58～62），再精磨而成，且摆线齿与针齿套啮合传递至针齿形成滚动摩擦副，摩擦因数小，使啮合区无相对滑动，磨损极小，所以经久耐用。

4）结构紧凑，体积小

与同功率的其他减速机相比，其重量体积小 1/3 以上，由于是行星传动，输入轴和输出轴在同一轴线上，以获得尽可能小的尺寸。

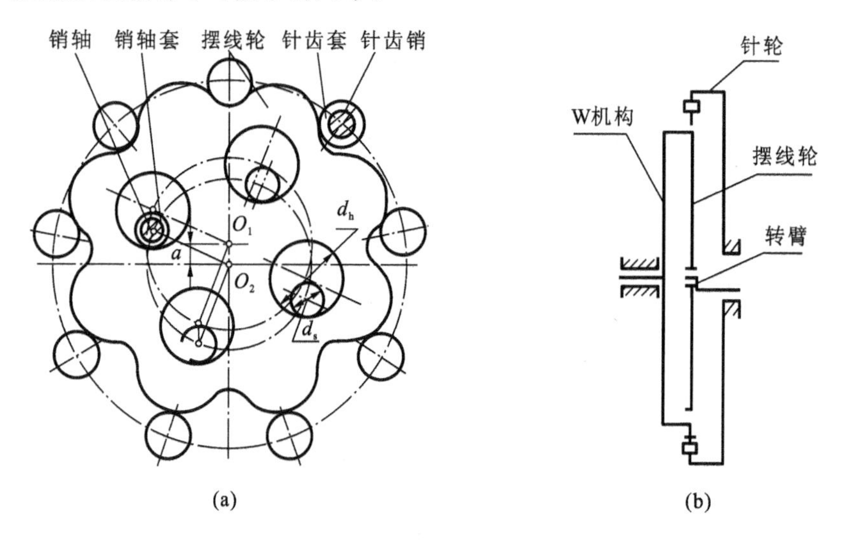

图 7-23　摆线针轮行星齿轮传动

3. 谐波齿轮传动

谐波齿轮传动是谐波齿轮行星齿轮传动的简称，它也是一种少齿差行星传动，主要是利用机械波使薄壁齿圈产生弹性变形，从而达到传动的目的。如图 7-24 所示，谐波齿轮传动由波发生器、刚轮和柔轮三个基本构件组成。传动时，波发生器、刚轮和柔轮中的任何一个均可固定，其余两个一个为主动件，另一个为从动件。

当波发生器装入柔轮后，迫使柔轮由原来的圆形变为椭圆形，其长轴两端附近的齿与刚轮的齿完全啮合，短轴两端附近的齿则与刚轮的齿完全脱开。当波发生器转动时，柔轮的变形部位也随之转动，使柔轮的齿依次进入啮合再退出啮合，以实现啮合传动。由于在传动过程中，柔轮的弹性变形波近似于谐波，故称之为谐波齿轮传动。波发生器上的凸起部位数称为波数，用 n 来表示。根据波数 n 的多少，谐波齿轮传动分为单波、双波和三波等，目前应用最多的是双波传动。图 7-24 所示的就是一双波传动机构。

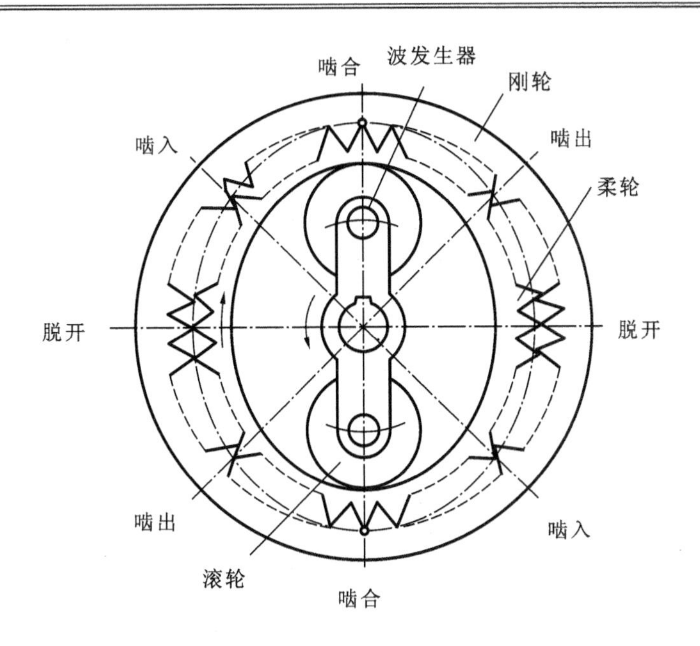

图 7-24 谐波齿轮传动

刚轮与柔轮的齿数差通常等于波数，即 $z_R - z_S = n$。谐波齿轮传动的传动比可按周转轮系来计算，当刚轮固定时，有

$$i_{SH} = 1 - i_{SR}^{H} = 1 - z_R/z_S$$

即

$$i_{HS} = -z_S/(z_R - z_S) \tag{7-12}$$

谐波齿轮传动的优点是：单级传动比大且范围宽；同时啮合的齿数多，承载能力高；传动平稳，传动精度高，磨损小；在大的传动比下，仍有较高的传动效率；零件数少，重量轻，结构紧凑；具有通过密封壁传递运动的能力等。其缺点是：启动力矩较大，且速比越小越严重；柔轮易发生疲劳破坏；啮合刚度较差；装置发热量较大等。

习 题

7-1 什么是定轴轮系？什么是周转轮系？它们有哪些特点？

7-2 什么是行星轮系？什么是差动轮系？二者有何区别？

7-3 如何计算定轴轮系的传动比？如何确定平面定轴轮系及空间定轴轮系传动比的符号？传动比的符号代表什么意思？

7-4 “转化机构”是什么意思？如何确定周转轮系中输出轴的转动方向？

7-5 如何从复合轮系中区别哪些构件组成定轴轮系？哪些构件组成周转轮系？

7-6 如图 7-25 所示的双级行星齿轮减速器，各齿轮的齿数为：$z_1 = z_4 = 20$，$z_2 = z_5 = 10$，$z_3 = z_6 = 40$，试求：(1)固定齿轮 6 时的传动比 i_{1H}；(2)固定齿轮 3 时的传动比 i_{1H}。

7-7 如图 7-26 所示的轮系，已知各齿轮的齿数为：$z_1 = 32$，$z_2 = 34$，$z_{2'} = 36$，$z_3 = 64$，$z_4 = 32$，$z_5 = 17$，$z_6 = 24$。若轴 A 按图示方向以 1250 r/min 的转速回转，轴 B 按图示方向以 600 r/min 的转速回转，试确定轴 C 的转速大小和方向。

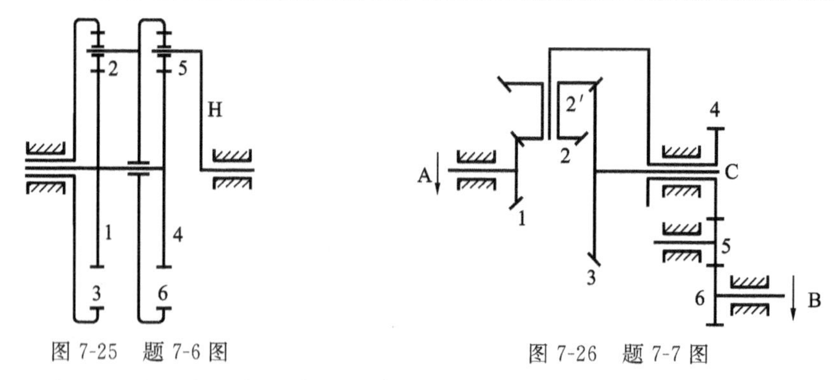

图 7-25 题 7-6 图　　　　图 7-26 题 7-7 图

7-8 如图 7-27 所示为一自行车里程表的机构，C 为车轮轴。已知各轮的齿数为 $z_1=17$，$z_3=23$，$z_4=19$，$z_{4'}=20$，$z_5=24$。设轮胎受压变形后使 28 in 车轮的有效直径为 0.7 m。当车行 1 km 时，表上的指针 P 刚好回转一周，求齿轮 2 的齿数 z_2。

7-9 如图 7-28 所示的轮系中，已知 $z_a=2$（右旋），$z_b=40$，$z_1=20$，$z_2=18$，$z_3=20$，$z_{3'}=18$，$z_4=94$，$n_a=1000$ r/min，求轴 c 转速的大小及方向。

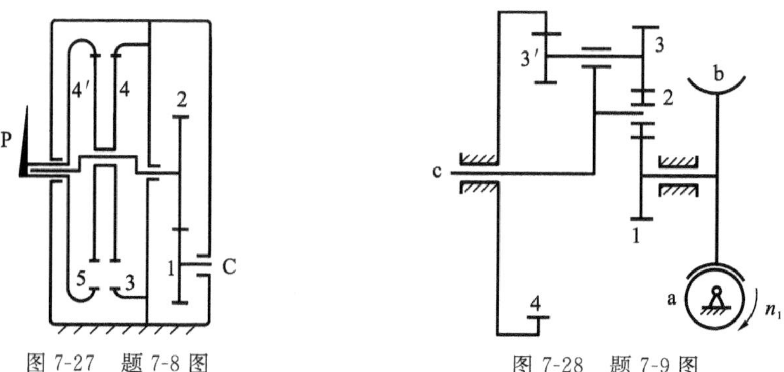

图 7-27 题 7-8 图　　　　图 7-28 题 7-9 图

7-10 如图 7-29 所示的提升机构，已知各轮齿数 $z_1=15$，$z_2=25$，$z_{2'}=23$，$z_3=69$，$z_4=30$，$z_5=40$，绳轮半径 $R=0.2$ m，重物 $Q=1000$ N，该机械总效率 $\eta=0.9$，重物匀速提升速度 $v=3$ m/min。试求：(1)该机构的总传动比 i；(2)轴 1 的转速 n_1 及转向；(3)轴 1 的输入功率 N_1。

7-11 如图 7-30 所示的轮系，已知蜗杆 $z_1=1$（左旋），蜗轮 $z_2=32$，蜗杆 $z_{2'}=2$（左旋），蜗轮 $z_3=50$，其余各轮齿数 $z_{3'}=z_{4'}=40$，$z_4=z_5=30$，试求该轮系的传动比 i_{1H}。

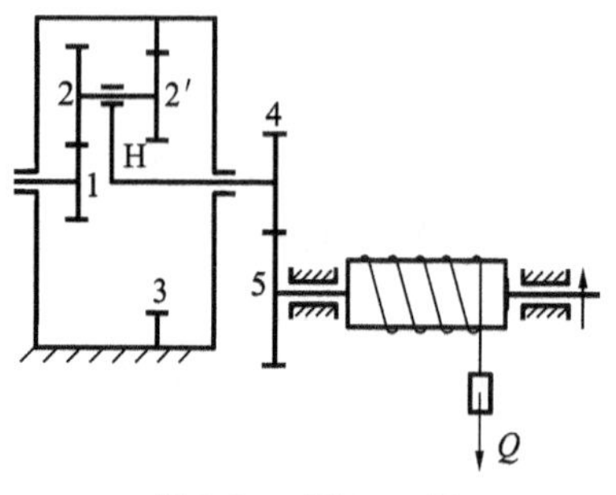

图 7-29 题 7-10 图

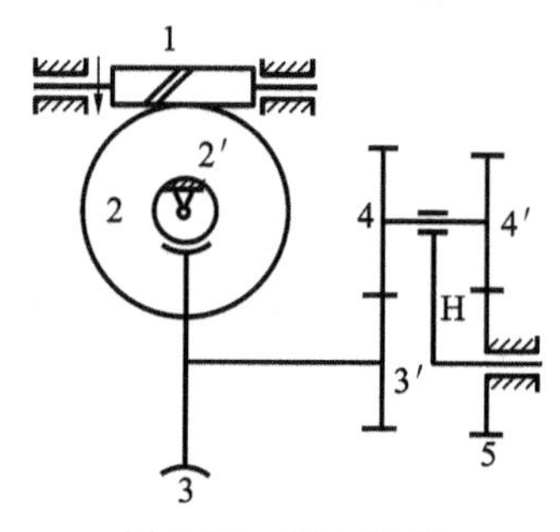

图 7-30 题 7-11 图

7-12　如图7-31所示的万能刀具磨床工作台横向微动进给装置，已知 $z_1=z_2=19$，$z_3=18$，$z_4=20$，运动经手柄输入，由丝杆传给工作台。已知丝杆螺距 $L=5$ mm，且单头。试计算手柄转一周时工作台的进给量 S。

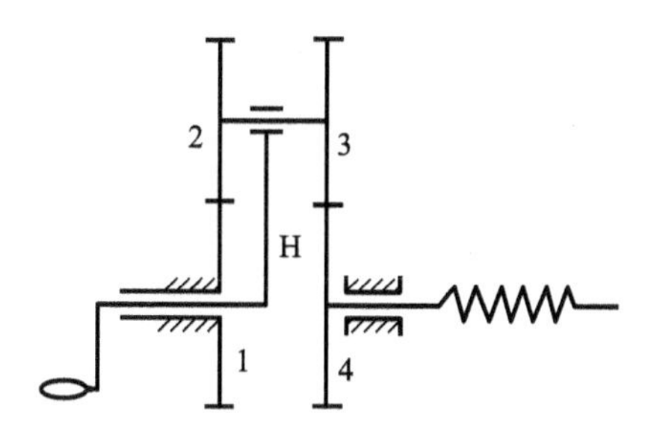

图7-31　题7-12图

第8章　其他常用机构

内容提要

在许多机器中，除了采用前面介绍的平面连杆机构、凸轮机构、齿轮机构外，还经常采用其他类型的机构，如间歇运动机构、螺旋机构、万向联轴节机构等。其中间歇运动机构的功能是当主动件作连续运动时，从动件产生周期性的运动和停歇。常见的间歇运动机构有棘轮机构、槽轮机构、不完全齿轮机构等。

本章主要介绍棘轮机构、槽轮机构、不完全齿轮机构、凸轮式间歇运动机构、螺旋机构和万向联轴节机构等常用机构，重点描述了这些机构的工作原理、类型、特点、应用实例及设计要点。

8.1　棘轮机构

8.1.1　棘轮机构的工作原理、应用和特点

如图8-1所示为一棘轮机构(ratchet mechanism)，主动件1是一个可以连续往复摆动的摇杆。当摇杆1逆时针摆动时，驱动棘爪2卡在棘轮的齿槽中(图中A处)，拨动棘轮逆时针转过一个角度，此时止动棘爪4在棘轮的齿背上滑过；当摇杆1顺时针摆动时，驱动棘爪2在棘轮的齿背上滑过，而止动棘爪则卡在棘轮的齿槽中(图中B处)，阻止棘轮顺时针转动，故此时棘轮静止不动。弹簧5的作用是保证止动棘爪4和棘轮3始终接触。由此可见，当摇杆1作连续摆动时，棘轮3则作单向间歇运动。

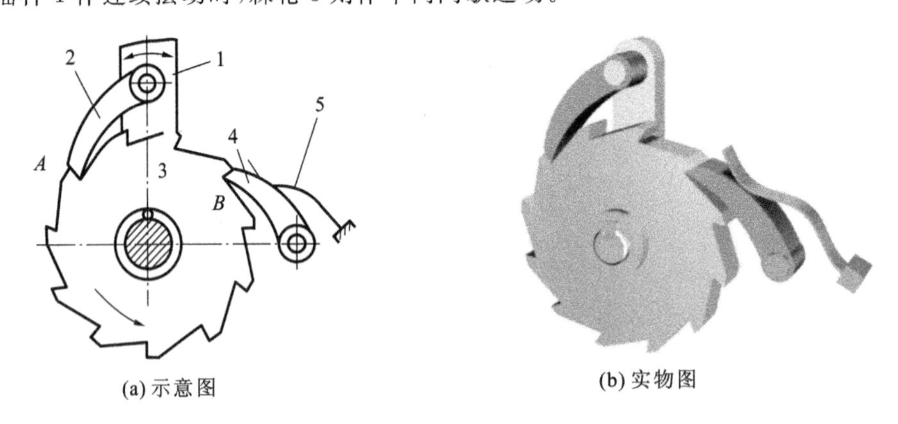

(a) 示意图　　(b) 实物图

图8-1　棘轮机构工作原理

1—摇杆；2—驱动棘爪；3—棘轮；4—止动棘爪；5—弹簧

棘轮机构一般用作机床及自动机械的进给机构、送料机构、刀架的转位机构、精纺机的

成形机构、牛头刨床的进给机构等。如图 8-2 所示为牛头刨床的进给机构，当齿轮 1 转动后，经连杆 2 带动摇杆 3 作往复摆动，摇杆 3 上的棘爪推动棘轮 4 作间歇转动，与之固连的丝杠 5 也作同样的间歇转动，从而实现牛头刨床工作台的间歇进给运动。

棘轮机构也广泛应用于卷扬机、提升机及牵引设备中，用它作为防止机械逆转的止动器。如图 8-3 所示的起重止动器，机构工作时，驱动力使轴 2 逆时针转动，通过键 3 带动棘轮 1 及卷筒 5 逆时针转动，从而提起重物，此时棘爪 4 在棘轮的齿背上滑动。当撤掉驱动力后，卷筒 5 与棘轮 1 在重物的作用下有顺时针转动的趋势，此时棘爪 4 卡在棘轮的齿槽中，防止机构逆转。

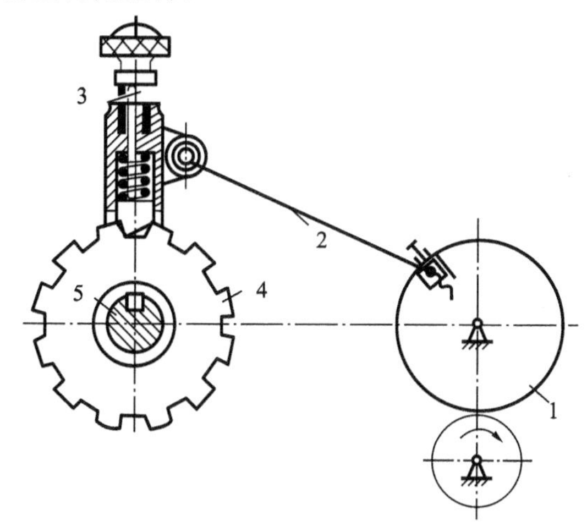

图 8-2 牛头刨床的进给机构

1—齿轮；2—连杆；3—摇杆；4—棘轮；5—丝杠

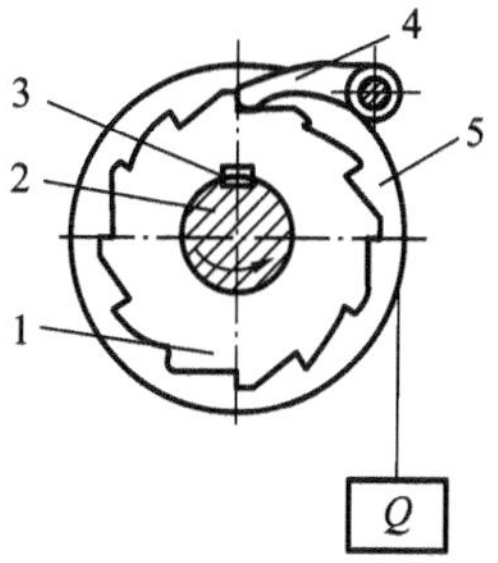

图 8-3 起重止动器

1—棘轮；2—轴；3—键；4—棘爪；5—卷筒

棘轮机构结构简单，制造方便，运动可靠，且棘轮轴每次转过的角度的大小可以在较大的范围内调节。但棘轮机构不能传递大的动力，而且传动平稳性较差，工作时有较大的冲击和噪声，不适于高速传动。

8.1.2 棘轮机构的类型

在基本的棘轮机构的基础上作些改变，即可得到不同的棘轮机构。按其工作原理可分为齿式棘轮机构和摩擦式棘轮机构两大类。

1. 齿式棘轮机构

齿式棘轮机构的特点是棘轮上分布着若干刚性的棘齿，由棘爪推动棘齿使棘轮作间歇运动。齿式棘轮机构可按以下方式分类。

1）按轮齿分布方式分类

棘轮机构可分为外棘轮机构（见图 8-4(a)）、内棘轮机构（见图 8-4(b)）和棘爪棘条机构（见图 8-4(c)）。棘爪棘条机构可将棘爪的连续摆动变为棘条的间歇移动。

2）按工作方式分类

按照工作方式分类，棘轮机构可分为单动式棘轮机构（见图 8-4）和双动式棘轮机构（见图 8-5）。

单动式棘轮机构的特点是当主动摆杆向一个方向摆动时，棘轮沿同一方向转过某一角度，而当主动摆杆反向摆动时，棘轮静止不动，即主动摆杆往复摆动一次，只能使棘轮沿一个方向间歇转动一次。

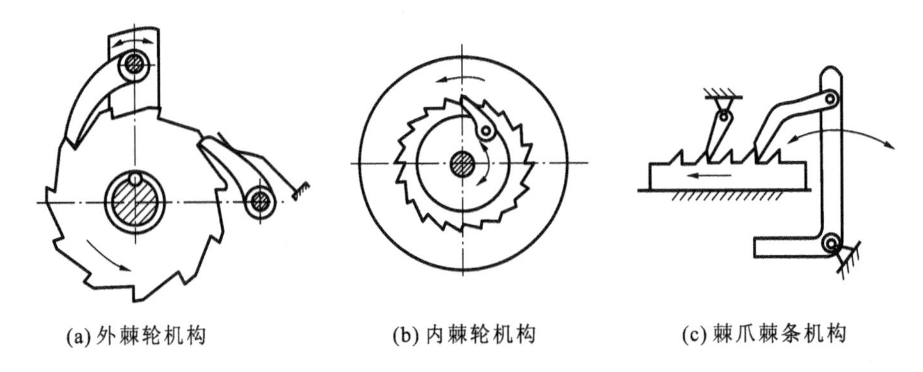
(a) 外棘轮机构　(b) 内棘轮机构　(c) 棘爪棘条机构

图 8-4　单动式棘轮机构

双动式棘轮机构的棘爪既可以制成钩头的，又可以制成平头的。图 8-5(a)所示为钩头棘爪棘轮机构。工作时，摆杆 1 往复摆动，棘爪 2 和 3 交替钩动棘轮 4 的棘齿，带动棘轮 4 顺时针间歇转动两次。当一个棘爪驱动棘轮转动时(如图 8-5(a)中的棘爪 2)，另一个棘爪在棘轮的齿背上滑过(如图 8-5(a)中的棘爪 3)。图 8-5(b)所示为平头棘爪棘轮机构，与钩头棘爪棘轮机构不同的是摆杆 1 往复摆动时靠棘爪 2 和 3 推动棘轮 4 逆时针间歇转动两次。

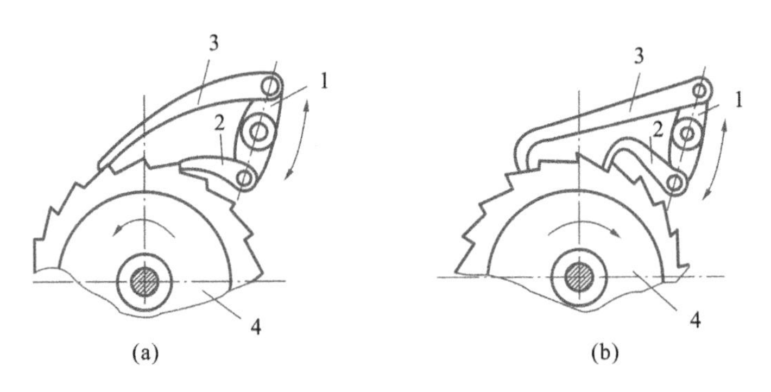

(a)　(b)

图 8-5　双动式棘轮机构

1—摆杆；2，3—棘爪；4—棘轮

3）按棘轮转向是否可调分类

按照棘轮转向是否可调分类，棘轮机构可分为单向运动棘轮机构(见图 8-4、图 8-5)和可变向运动棘轮机构(见图 8-6)。

单向运动棘轮机构只能实现棘轮沿一个方向的单向转动，而可变向运动棘轮机构可通过改变驱动棘爪的位置，实现棘轮分别沿两个方向单向转动，其棘轮必须采用对称齿形，常用的有梯形齿和矩形齿。图 8-6(a)所示的可变向运动棘轮机构中，棘爪具有对称的爪端，可绕其转动中心 A 翻转至虚线位置，从而实现棘轮不同转向的间歇运动。图 8-6(b)所示为另一种可变向运动棘轮机构，其棘爪具有单侧的工作面。在图示位置时，棘爪推动棘轮齿槽的左侧，使棘轮作逆时针方向的间歇转动；若将棘爪提起绕其自身轴线转 180°后放下，棘爪则推动棘轮齿槽的右侧，使棘轮作顺时针方向的间歇转动；若将棘爪提起绕其自身轴线转动

90°，棘爪将被架在壳体的平面上，使棘轮与棘爪脱开，当棘爪往复摆动时，棘轮静止不动。

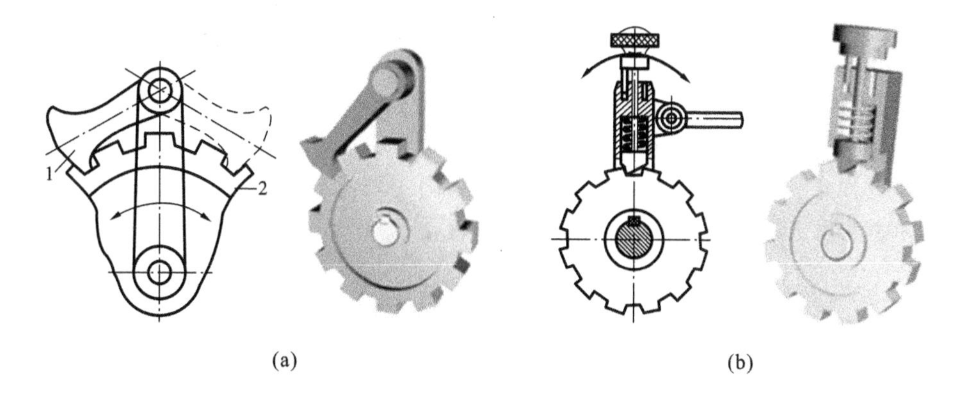

图 8-6　可变向运动棘轮机构

2. 摩擦式棘轮机构

齿式棘轮机构中棘轮转角可在较大范围内调节，但是只能进行有级调整，其大小为一个棘齿所对中心角的整数倍。如果需要无级调整棘轮的转角，则可采用摩擦式棘轮机构（见图8-7），其传动过程与齿式棘轮机构相似，用楔块代替齿式棘轮机构的棘爪，用没有棘齿的摩擦轮代替棘轮。

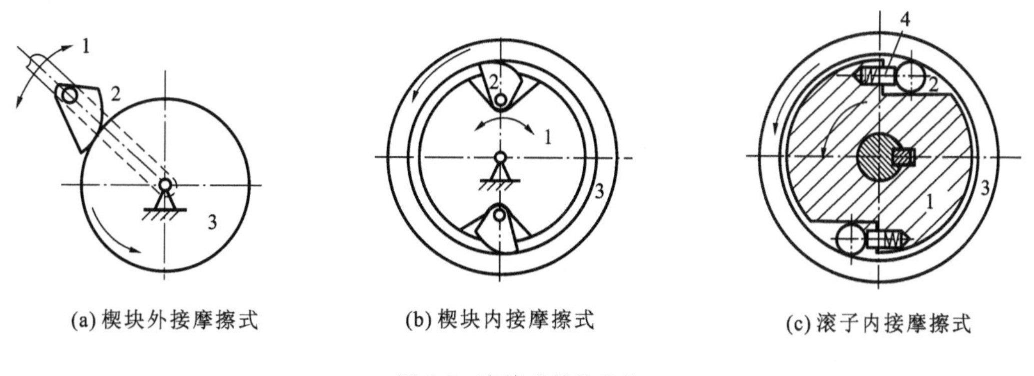

图 8-7　摩擦式棘轮机构

8.1.3　棘轮机构的设计要点

棘轮机构的设计主要应考虑：棘轮齿形的选择、模数齿数的确定、齿面倾斜角的确定、行程和动停比的调节方法。现以齿式棘轮机构为例，说明其设计方法。

1. 棘轮齿形的选择

如图 8-8 所示为棘轮常用齿形。图 8-8(a)所示的不对称梯形棘轮齿形主要用于承受载荷较大的单向式棘轮；当棘轮机构承受的载荷较小时，可采用图 8-8(b)所示的不对称三角形齿形或图 8-8(c)所示的圆弧形齿形；图 8-8(d)所示的对称梯形齿形和图 8-8(e)所示的对称矩形齿形用于双向式棘轮机构。

2. 棘轮模数 m、齿数 z 的确定

与齿轮相同，棘轮轮齿的有关尺寸也用模数 m 作为计算的基本参数，但棘轮的标准模

数要按棘轮的顶圆直径 d_a 来计算，即

$$d_a = mz \tag{8-1}$$

为了方便设计和制造，应使齿顶圆直径 d_a 为整数，模数 m 应标准化。常用的模数 m（单位为 mm）值有 1、1.25、1.5、2、2.5、3、4、5、6、8、10 等。

棘轮齿数 z 一般由棘轮机构的使用条件和运动要求选定。对于一般进给和分度所用的棘轮机构，可根据所要求的棘轮最小转角 θ_{min} 来确定棘轮的齿数，即 $z \geqslant 2\pi/\theta_{min}$，一般取 $z=8\sim30$，然后选定模数，确定棘轮的齿顶圆直径 d_a。

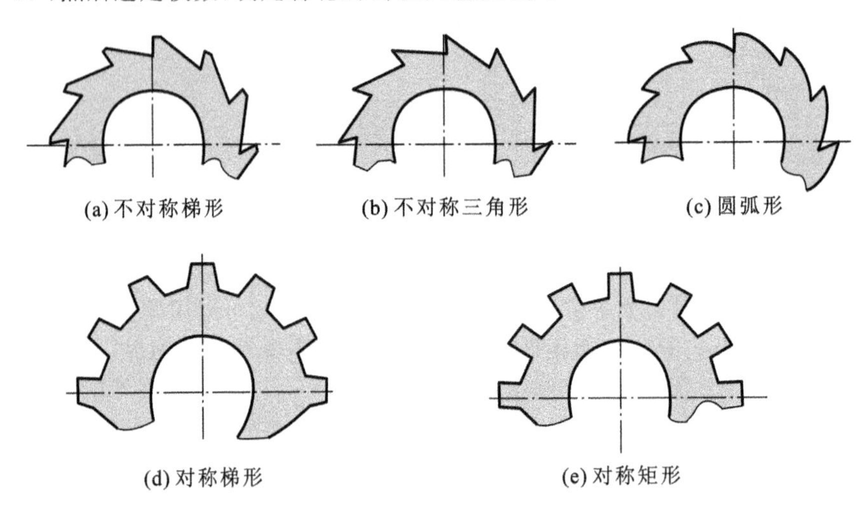

图 8-8 棘轮齿形

3. 棘轮齿面偏斜角 α 的确定

如图 8-9 所示为棘爪与棘轮齿尖 A 处接触时棘爪受力分析图。为了使在传递相同转矩时棘爪受力最小，棘爪转动中心 O_2 与棘轮齿尖 A 处的连线 O_2A（设长度为 L）应垂直于过棘轮齿尖 A 处的向径 O_1A。棘轮的轮齿工作面与齿尖向径间的夹角 α 为齿面偏斜角，其作用是使棘爪受力时能自动滑向棘轮齿根面，保证棘轮机构可靠工作。棘爪进入棘轮齿槽时，棘轮对棘爪的作用力有正压力 $\boldsymbol{P}$ 和摩擦力 $\boldsymbol{F}$。

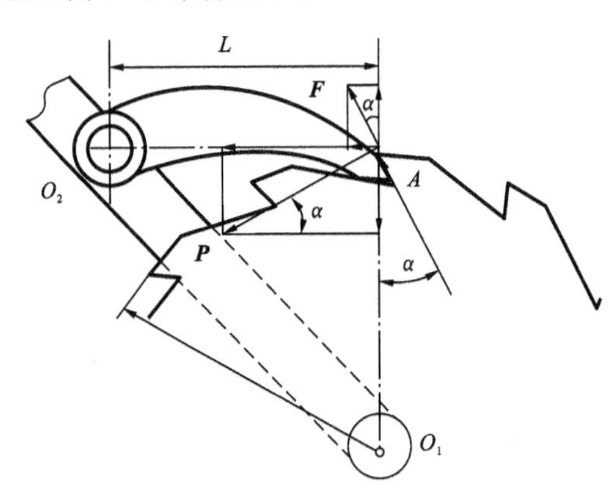

图 8-9 棘爪受力分析

为了使棘爪能顺利进入棘轮齿槽，应使正压力 **P** 对棘爪转动中心 O_2 产生的力矩大于摩擦力 **F** 对其产生的力矩，即

$$PL\sin\alpha > FL\cos\alpha$$

由于 $F = fP$（f 为摩擦因数），则　$\tan\alpha > f$

若取摩擦角 $\varphi = \arctan f$，即

$$\alpha > \varphi \tag{8-2}$$

从以上分析可知，棘爪能顺利滑入棘轮的齿根面并自动啮紧的条件为：棘轮齿面偏斜角 α 应大于棘爪与棘轮齿面间的摩擦角 φ。

8.2　槽轮机构

8.2.1　槽轮机构的工作原理、特点和应用

1. 槽轮机构的工作原理

如图 8-10 所示为一典型的槽轮机构(geneva mechanism)，主要由带有圆柱销的主动拨盘 1、带有径向槽的从动槽轮 2 及机架组成。

工作时，主动拨盘 1 匀速转动，其上的圆柱销嵌入从动槽轮 2 的径向槽内，随后槽轮 2 与拨盘 1 的锁止弧逐渐脱离，圆柱销带动槽轮沿相反的方向转动。当拨盘上的圆柱销离开槽轮的径向槽时，两锁止弧相互配合，确保槽轮不再转动，保持静止状态。如此循环，拨盘作匀速转动时，槽轮作时转时停的单向间歇运动。

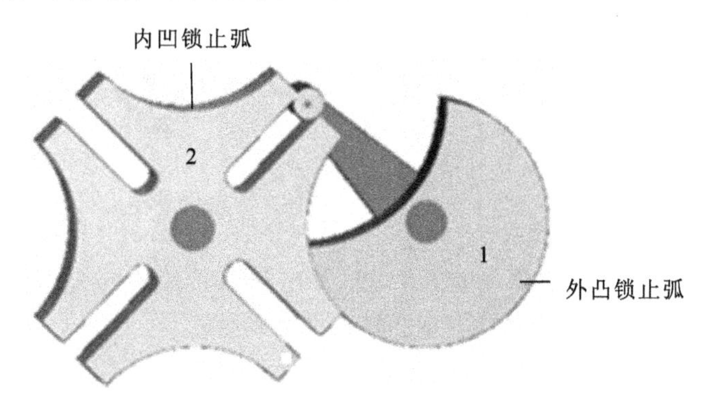

图 8-10　槽轮机构

1—主动拨盘；2—从动槽轮

槽轮机构的类型很多，按其结构形式可分为外啮合槽轮机构、内啮合槽轮机构、槽条机构和球面槽轮机构等。图 8-11(a)所示为双圆柱销外啮合槽轮机构，拨盘转一周，槽轮作两次间歇运动；图 8-11(b)所示为内啮合槽轮机构；图 8-11(c)所示为齿条槽轮机构，齿条槽轮类似齿条，拨盘转动 1 周，下边的槽条间歇移动一次；图 8-11(d)所示为球面槽轮机构，拨盘转动一周，球面槽轮间歇转过一个角度。

2. 槽轮机构的工作特点及应用

槽轮机构的优点是结构简单、制造容易、外形尺寸小，工作可靠，机械效率高，在进入和

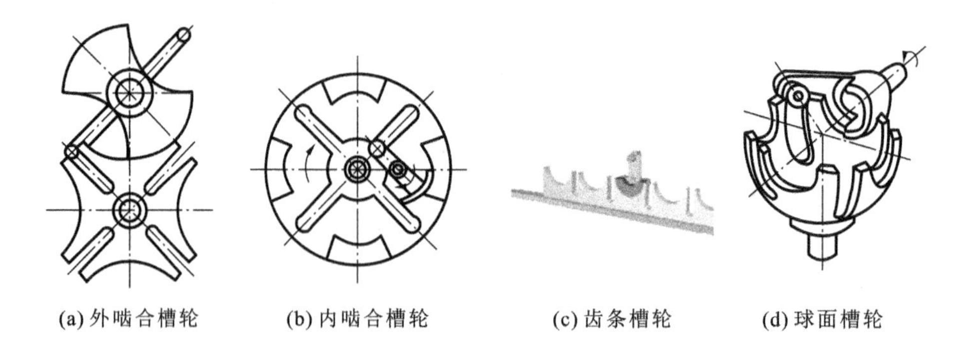

图 8-11 常见槽轮机构

脱离接触时的运动比较平稳，能准确控制转动的角度。不足之处是槽轮的转角不可调节，所以只适用于定转角的间歇运动机构中，如自动机床、电影机械、包装机械等。

如图 8-12 所示为某一六角车床的刀架转位机构。刀架 3 上装有六种刀具，与刀架固连的槽轮 2 上开有六个径向槽，拨盘 1 上装有一圆销 A，每当拨盘转动一周，圆柱销 A 就进入槽轮一次，驱使槽轮转过 60°，刀架也随之转动 60°，从而将下一工序的刀具换到工作位置上。

如图 8-13 所示为某一电影放映机构中的槽轮机构。为了适应人眼的视觉暂留现象，采用了槽轮机构，使影片作间歇运动。

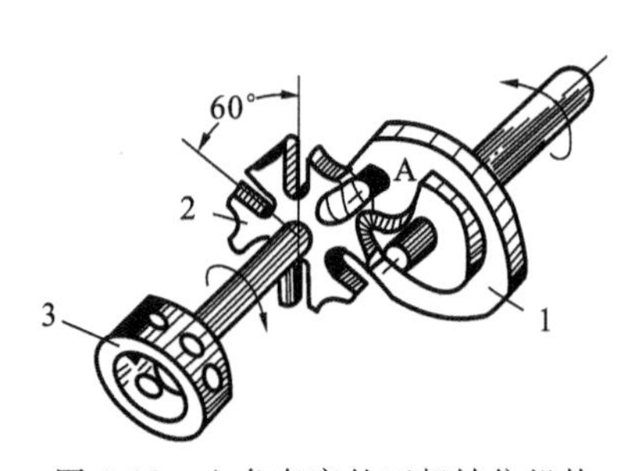

图 8-12 六角车床的刀架转位机构

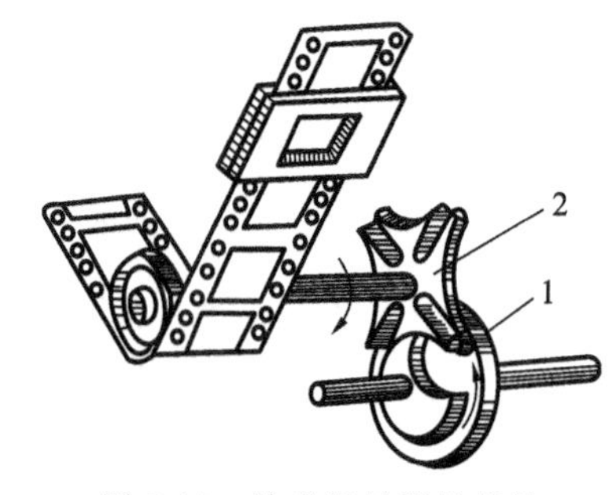

图 8-13 放映机的卷片机构

如图 8-14 所示为某一蜂窝煤制作机，该机器的模盘转位机构采用了单销四槽槽轮机构，可满足模盘完成制煤四道工序的停歇和转位的运动要求。

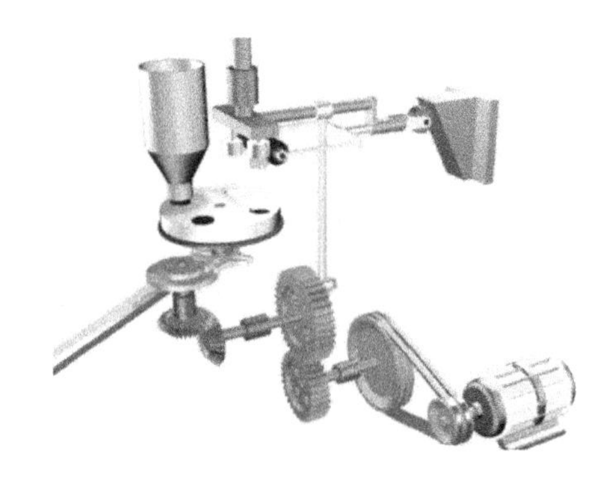

图 8- 14 蜂窝煤制作机

8.2.2　槽轮机构的运动特性

1. 槽轮机构的基本参数

1）槽轮的槽数

如图8-15所示，为使槽轮开始和终止转动的瞬时角速度为零，以避免圆柱销与槽轮发生冲击，圆销进入径向槽或退出径向槽时，径向槽的中心线应切于圆销中心的轨迹。设径向槽的数目为z，当槽轮2转过$2\varphi_2$时，拨盘1的转角$2\varphi_1$为

$$2\varphi_1 = \pi - 2\varphi_2 = \pi - \frac{2\pi}{z} \tag{8-3}$$

2）运动系数和圆柱销数

槽轮每次运动的时间t_m对主动件回转一周的时间t之比称为运动系数，以τ表示。当构件1等速回转时，τ可用构件1的转角之比来表示，即

$$\tau = \frac{t_m}{t} = \frac{2\varphi_1}{2\pi}$$

因此

$$\tau = \frac{2\pi - 2\varphi_2}{2\pi} = \frac{z-2}{2z} \tag{8-4}$$

因为运动系数τ必须大于零，所以由式(8-4)可知，槽轮的槽数应等于或大于3。对于图8-15所示的单圆销外槽轮机构，槽轮的运动系数τ总小于1/2，即槽轮的运动时间总小于静止时间。如需得到$\tau > 1/2$的槽轮机构则须在构件1上安装多个圆销。设k为均匀分布的圆销数，则一个循环中槽轮的运动时间比只有一个圆销时增加k倍，故有

$$\tau = \frac{k(z-2)}{2z} < 1$$

$\tau = 1$表示槽轮作连续转动，故τ应小于1，即

$$k < \frac{2z}{z-2} \tag{8-5}$$

由式(8-5)可知：当$z = 3$时，k可取$1 \sim 5$；当$z = 4$或5时，k可取$1 \sim 3$；当$z \geqslant 6$，则k可取$1 \sim 2$。

由于$z = 3$时，工作过程中槽轮的角速度变化大，而$z \geqslant 9$时，槽轮的尺寸将变得较大，转动时的惯性力矩也较大，但对τ的变化却不大，因此槽数z常取为$4 \sim 8$。

2. 槽轮机构的运动特性

如图8-16所示为外槽轮机构在转动过程中的某一瞬时位置，其拨盘1和槽轮2的转角分别为φ_1和φ_2。由图可得

$$\tan\varphi_2 = \frac{\sin\varphi_1}{a - R\cos\varphi_1} \tag{8-6}$$

令$\lambda = \dfrac{R}{a}$，并代入式(8-6)得

$$\varphi_2 = \arctan\frac{\lambda\sin\varphi_1}{1 - \lambda\cos\varphi_1} \tag{8-7}$$

将式(8-7)对时间t求导，便得槽轮的角速度ω_2为

$$\omega_2 = \frac{\mathrm{d}\varphi_2}{\mathrm{d}t} = \frac{\lambda(\cos\varphi_1 - \lambda)}{1 - 2\lambda\cos\varphi_1 + \lambda^2} \tag{8-8}$$

当拨盘角速度 ω_1 为常数时，槽轮的角加速度为 α_2 ，有

$$\alpha_2 = \frac{\mathrm{d}\omega_2}{\mathrm{d}t}\ \frac{\lambda(\lambda^2 - 1)\sin\varphi_1}{(1 - 2\lambda\cos\varphi_1 + \lambda^2)^2}\omega_1^2 \tag{8-9}$$

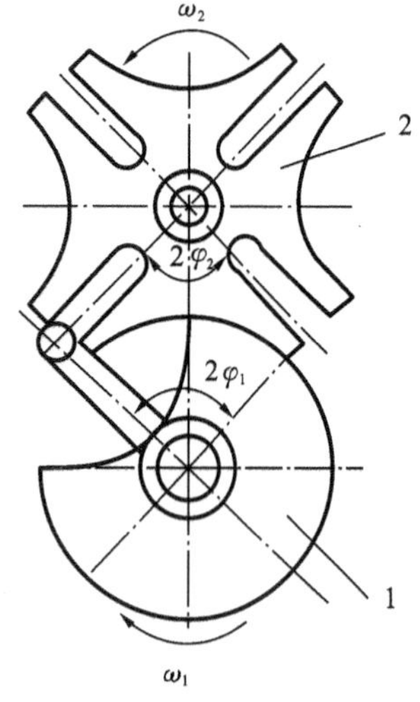

图 8-15　单圆销外槽轮机构

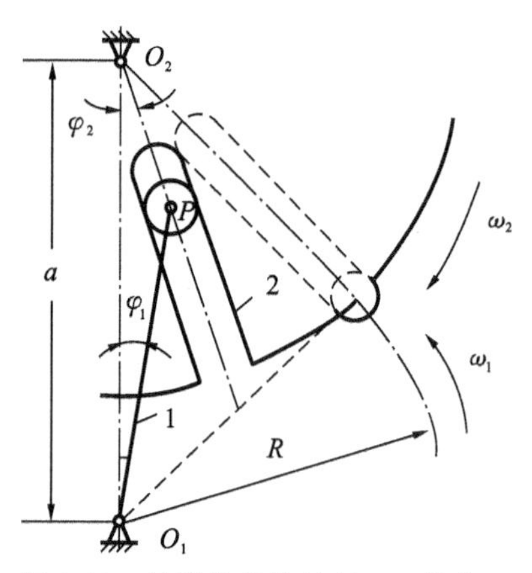

图 8-16　外槽轮机构的任一工作位置

由式(8-8)和式(8-9)可知，当拨盘的角速度 ω_1 一定时，槽轮的角速度和角加速度的变化取决于槽轮的槽数 z 。图 8-17 所示为不同槽数的外槽轮角速度和角加速度的变化曲线。由图可看出，槽轮角速度和角加速度的最大值随槽数 z 的增大而减小。此外，当圆销开始进入和退出径向槽的瞬时，由于角加速度有突变，故存在柔性冲击，且冲击的大小，随槽轮槽数 z 的减少而增大。

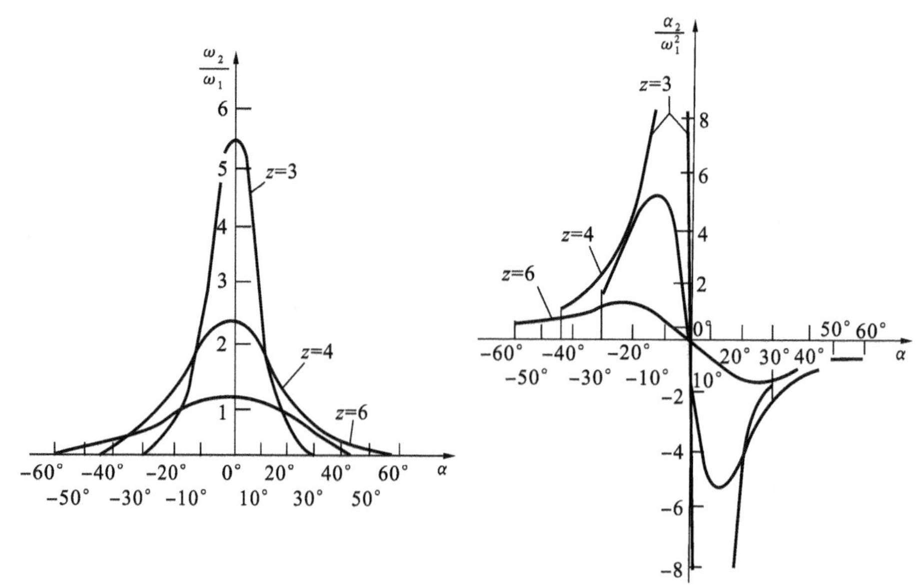

图 8-17　外槽轮角速度和角加速度的变化曲线

8.3　不完全齿轮机构

8.3.1　不完全齿轮机构的工作原理和特点

不完全齿轮机构是由普通渐开线齿轮机构演化而成的一种间歇运动机构，它与普通渐开线齿轮机构的不同之处是轮齿没有布满整个圆周，如图 8-18 所示，主动轮上只有一个或几个轮齿，其余部分为锁止弧。而从动轮上的轮齿分布则视机构运动时间与静止时间的要求而定，图 8-18 所示的两不完全齿轮机构中，主动轮连续转动一周，从动轮分别转八分之一周（见图 8-18(a)）和四分之一周（见图 8-18(b)），在主动轮没有轮齿的位置，两轮的锁止弧互相配合锁住，保证从动轮停歇在预定的位置，从而实现了主动轮连续转动，从动轮作间歇转动的目的。

不完全齿轮机构结构简单、容易制造、工作可靠，且只要适当地选取齿轮的齿数、锁止弧的段数和锁止弧之间的齿数，就能使从动轮得到预期的停歇次数、停歇时间及每次转过的角度。

但不完全齿轮机构在轮齿开始进入啮合与脱离啮合时，因速度突变，会引起刚性冲击，故一般只用于低速轻载场合，常在多工位、多工序的自动机和半自动机工作台的间歇转位机构，以及在要求具有间歇运动的计数机构、进给机构中采用。

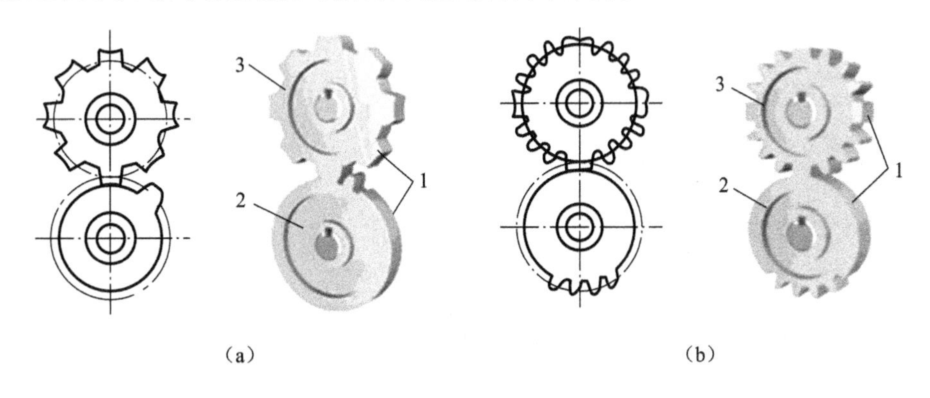

图 8-18　不完全齿轮机构

1—锁止弧；2—从动轮；3—主动轮

8.3.2　不完全齿轮机构的设计要点

1. 改善从动齿轮的动力特性

不完全齿轮机构在开始和终止接触时，由于速度突变而产生刚性冲击，故不适用于高速的间歇运动场合。为了改善其动力特性，可在主、从动齿轮的端面上分别安装如图 8-19 所示的瞬心线附加板 K 和 L。其作用是在首齿接触传动之前，让瞬心线附加板 K 和 L 先接触，使从动轮的角速度从一个尽可能小的值过渡到所需的等角速度值。因此，在设计板 K 和 L 时，要保证其接触点 P' 位于中心线 O_1O_2 上，从而成为两轮的速度瞬心。

同样，为减小主动轮末齿在退出啮合时的刚性冲击，也可以设计另一对瞬心线附加板，这样，从动轮的角速度就会由正常值逐渐减小为零，使得整个运动过程都可保持速度变化平稳。通常，由于不完全齿轮机构在终止运动阶段的冲击比开始运动阶段的冲击小，为使结构简化，一般在终止运动阶段不设瞬心线附加板。

2. 避免主、从动齿轮齿顶干涉

当主动轮与从动轮接触传动时，如果轮齿顶部齿廓被从动轮的齿顶圆弧所阻挡，不能进入啮合，即发生齿顶干涉。如图 8-20 所示，主动轮虚线齿与从动轮发生干涉，其原因是两轮齿顶圆的交点 C' 位于从动轮第一个正常齿的非工作齿廓的右侧。为避免齿顶干涉，可将主动轮的齿顶高降低，即将主动轮齿顶圆半径 r_{a_1} 减小为 r'_{a_1}，使两轮齿顶圆的交点正好为点 D，如图 8-20 中的实线齿所示。

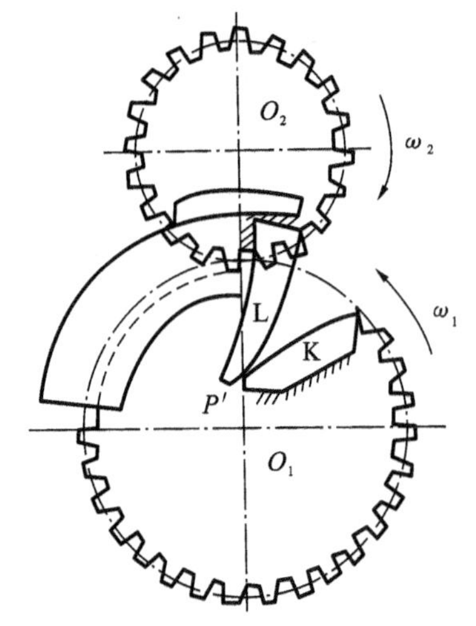

图 8-19　具有瞬心线附加板的不完全齿轮机构

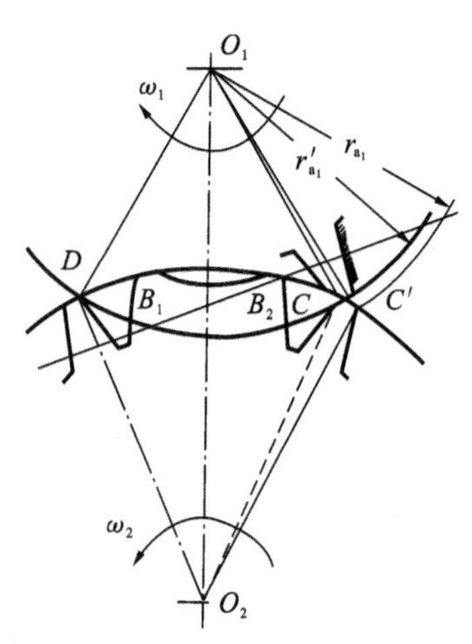

图 8-20　不完全齿轮机构的干涉

8.4　凸轮式间歇运动机构

8.4.1　凸轮式间歇运动机构工作原理和特点

如图 8-21 所示的凸轮式间歇运动机构，工程上又称凸轮分度机构，由主动凸轮 1、从动转盘 2 和机架 3 组成。从动转盘 2 端面（如图 8-21(a)所示的圆柱凸轮）或径向（如图 8-21(b)所示的蜗杆凸轮）上周向均布着若干柱销 4。主动凸轮 1 作等速回转运动时，从动转盘 2 作单向间歇回转，从而实现了交错轴间的分度运动。

前面介绍的棘轮机构、槽轮机构及不完全齿轮机构，由于它们的结构、运动和动力条件的限制，一般只适用于低速场合；而凸轮式间歇运动机构则可以通过适当选择从动件的运动规律和合理设计凸轮的轮廓曲线来改善动力性能，可减小动载荷和避免刚性与柔性冲击，故可适用于高速运转的场合。

凸轮式间歇运动机构结构简单、运转可靠、传动平稳、转位精确、无须专门的定位装置，但对凸轮加工精度要求高、装配调整要求严格。

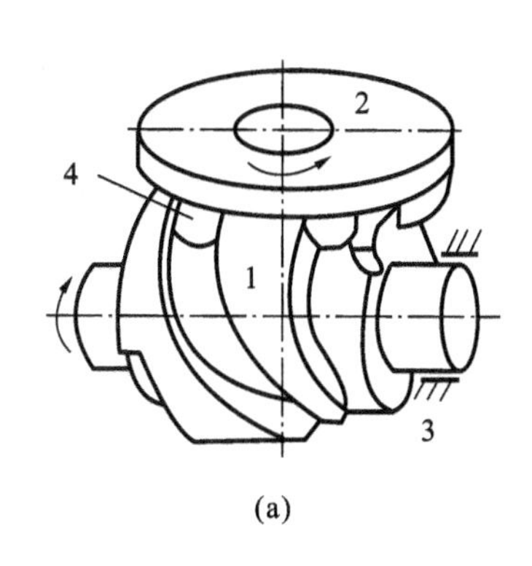

(a)

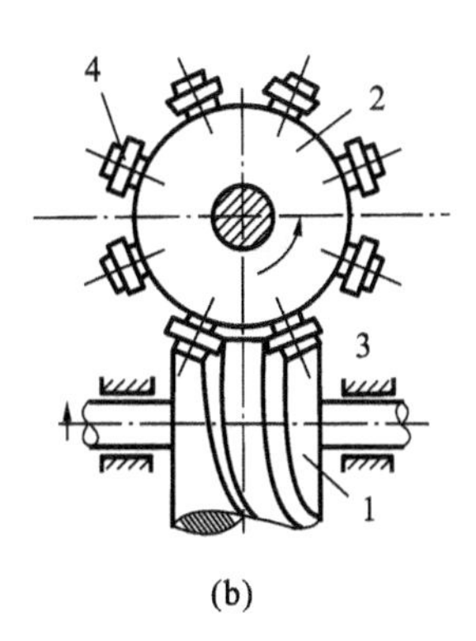

(b)

图 8-21 凸轮式间歇运动机构

1—主动凸轮；2—从动转盘；3—机架；4—柱销

8.4.2 凸轮式间歇运动机构的类型和应用

凸轮式间歇运动机构一般有两种形式：圆柱凸轮间歇运动机构和蜗杆凸轮间歇运动机构。

1. 圆柱凸轮间歇运动机构

如图 8-21(a)所示的圆柱凸轮间歇运动机构中，主动凸轮 1 的圆柱面上有一条两端开口、不闭合的曲线沟槽。从动转盘 2 端面上均匀分布着柱销 4，当主动凸轮 1 连续地转动时，通过其曲线沟槽拨动分布在从动转盘 2 上的柱销 3，从而带动从动转盘 2 实现间歇转动。圆柱凸轮间歇运动机构多用于纸烟包装、火柴包装、拉链嵌齿等机械间歇供料传动系统中。

2. 蜗杆凸轮间歇运动机构

在图 8-21(b)所示的蜗杆凸轮间歇运动机构中，主动凸轮 1 为圆弧面蜗杆形凸轮，其上有一条凸脊，就像变螺旋角的圆弧蜗杆，从动转盘 2 的径向上均匀分布着柱销，就像蜗轮的轮齿。当蜗杆凸轮转动时，通过其上的凸脊推动转盘上的柱销 4，从而使从动转盘作间歇运动。蜗杆凸轮间歇运动机构可在高速下承受较大的载荷，运转平稳，定位精确，噪声和振动很小，广泛应用于要求高速，高精度的分度转位机械中，如高速冲床、多色印刷机、包装机等。

8.5 螺旋机构

8.5.1 螺旋机构的工作原理和类型

螺旋机构是利用螺旋副来传递运动和动力的机构。如图 8-22 所示，螺旋机构由螺杆 1、螺母 2 和机架 3 组成。

常用的螺旋机构中除了包含螺旋副外还有转动副和移动副。螺杆 1 为主动件作回转运动，螺母 2 为从动件作轴向移动；也可使螺母不动，而螺杆一面旋转，一面轴向移动；在螺纹导程角足够的情况下，也可将螺母作为主动件，令其沿轴向移动，而迫使螺杆转动。

按其功用的不同，螺旋机构可分为单式螺旋机构、复式螺旋机构和差动螺旋机构三种

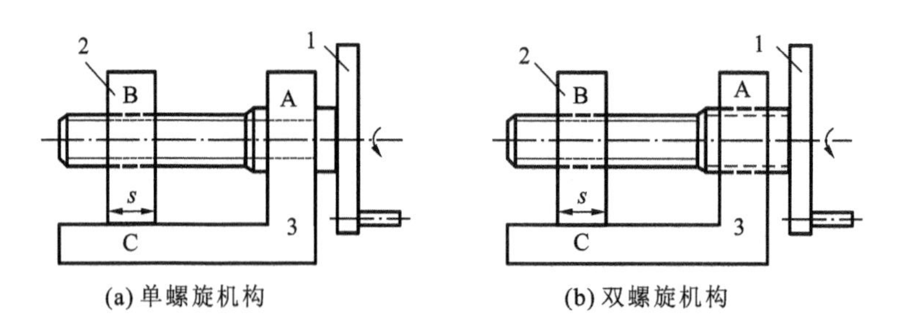

(a) 单螺旋机构 (b) 双螺旋机构

图 8-22 螺旋机构

1—螺杆；2—螺母；3—机架

类型。

1. 单式螺旋机构

如图 8-22(a)所示的螺旋机构，其中 A 为转动副，B 为螺旋副，导程为 l_B ，C 为移动副。因其只包含一个螺旋副，故称为单式螺旋机构。当螺杆 1 转过的角度为 φ 时，螺母 2 的位移 s 为

$$s = l_B \frac{\varphi}{2\pi} \tag{8-10}$$

2. 复式螺旋机构

如图 8-22 (b)所示的螺旋机构，A、B 均为螺旋副，其导程分别为 l_A 和 l_B。若两螺旋副的螺纹旋向相反，则当螺杆 1 的转角为 φ 时，螺母 2 的位移 s 为两螺旋副移动量之和，即

$$s = (l_A + l_B) \frac{\varphi}{2\pi} \tag{8-11}$$

由式(8-11)可知，图 8-22(b)所示的螺旋机构相较于单式螺旋机构可以使螺母 2 产生更大的位移，这种螺旋机构称为复式螺旋机构。

3. 差动螺旋机构

如图 8-22(b)所示的螺旋机构，若 A、B 两螺旋副的螺纹旋向相同，则当螺杆 1 转角为 φ 时，螺母 2 的位移 s 为

$$s = (l_A - l_B) \frac{\varphi}{2\pi} \tag{8-12}$$

8.5.2 螺旋机构的特点和应用

螺旋机构有如下特点：

(1) 能将回转运动变换为直线运动，运动准确性高，且有很大的降速比；复式螺旋可以获得较大的位移，差动螺旋可以获得微小的位移；

(2) 结构简单，制造方便；

(3) 工作平稳，无噪声，可以传递很大的轴向力，反行程有自锁作用；

(4) 传动效率低，相对运动表面磨损较快；

(5) 实现往复运动要靠主动件改变转动方向来实现。

螺旋机构广泛应用于机械工业、仪器仪表、工装、测量工具等领域，如螺旋压力机、千斤顶、车床刀架和工作台的丝杠、台钳、车厢连接器、螺旋测微器等。

如图 8-23 所示为单式螺旋机构在切削机床横向进刀机构中的应用。通过机床丝杠 1 的转动，带动与之螺旋副相连的刀架 2，使之横向移动。

如图 8-24 所示为螺旋拆卸装置，压紧螺杆 1 与横梁 2 构成螺旋副，横梁 2 上装有爪子 3、4，当压紧螺杆 1 转动并向下运动时，可将轴承从轴上拆卸出来。

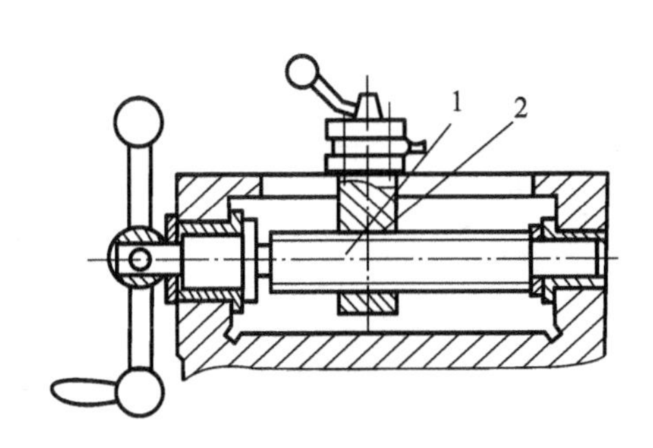

图 8-23　切削机床横向进刀机构

1—丝杠；2—刀架

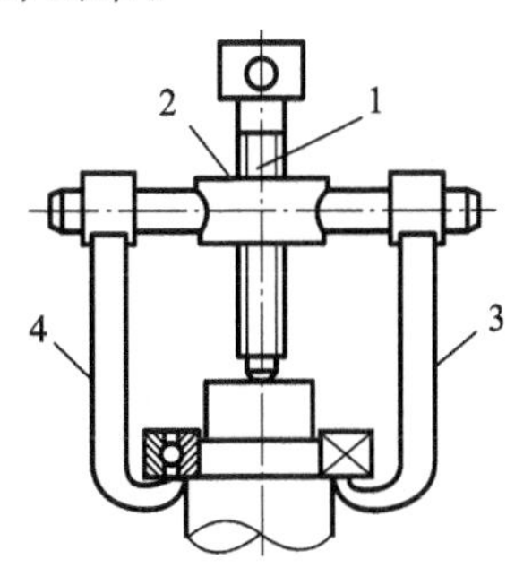

图 8-24　螺旋拆卸装置

1—压紧螺杆；2—横梁；3，4—爪子

如图 8-25 所示为复式螺旋机构在压榨机构中的应用。螺杆 1 两端分别与螺母 2、3 组成旋向相反且导程相同的螺旋副 A 与 B。根据复式螺旋原理，当转动螺杆 1 时，螺母 2 与 3 很快地靠近，再通过连杆 4、5 使压板向下运动，以压榨物件。

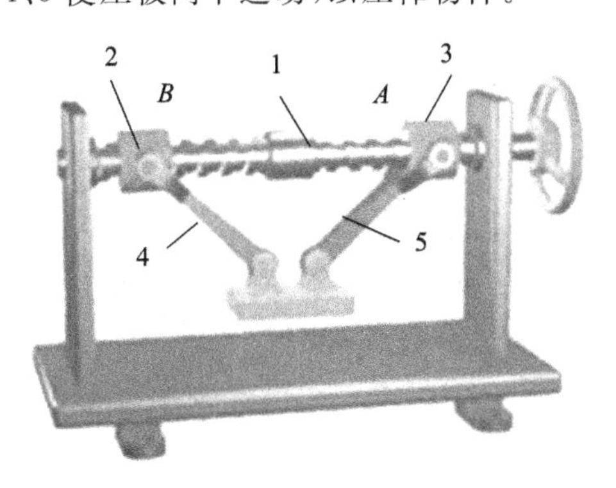

图 8-25　压榨机构

1—螺杆；2，3—螺母；4，5—连杆

8.6　万向联轴节

万向联轴节主要用于传递两相交轴之间的动力和运动，且在传动过程中，允许两轴之间的夹角在一定范围内变动，故万向联轴节是常用的变角传动机构之一，被广泛应用于汽车、机床、冶金机械等传动系统中。

万向联轴节根据其结构特点可分为单万向联轴节、双万向联轴节两种形式。

8.6.1　单万向联轴节

如图 8-26 所示为单万向联轴节，主动轴 1 与从动轴 2 的端部各带一个叉头，两叉头分别与中间十字轴 3 构成转动副 A 和 B，主动轴 1 和转动副 A、转动副 A 和 B、从动轴 2 和转动副 B 的轴线分别互相垂直，且均相交于十字轴 3 的中心 O。主动轴 1 与从动轴 2 的轴线夹角记为 α 。由单万向联轴节的结构特点可知，当主动轴 1 转动一周，从动轴 3 也随之转动一周，但两轴的瞬时传动比却因位置不同而发生变化。现取两个特殊位置来说明主动轴 1 与从动轴 2 转速之间的关系。

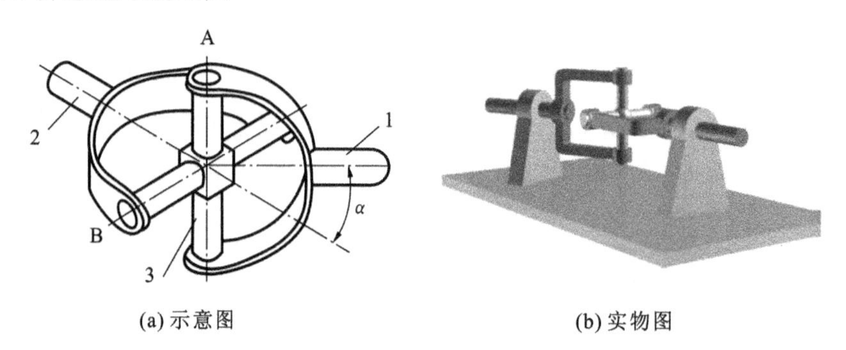

图 8-26　单万向联轴节

1—主动轴；2—从动轴；3—十字轴

如图 8-27(a)所在的位置是主动轴 1 的叉面在图面上，从动轴 2 的叉面垂直于图面。设此时主动轴 1 的角速度为 ω_1 ，从动轴 2 的角速度为 ω'_2 ，现取点 A 为参考点，经过运动分析可得，点 A 为轴 1、轴 2 以及十字轴 3 的等速重合点，即

$$v_A = v_{A_1} = v_{A_2} \tag{8-13}$$

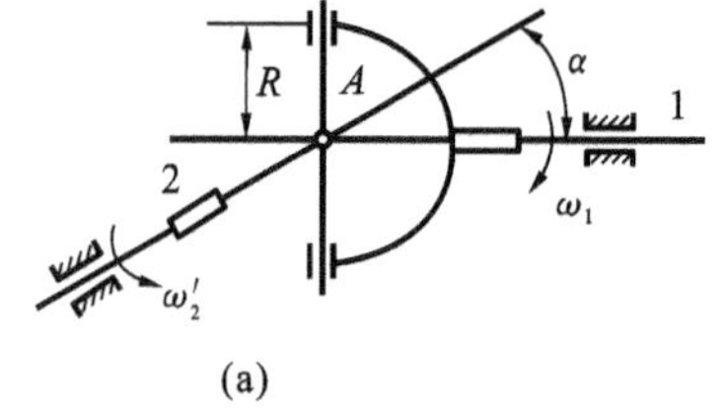

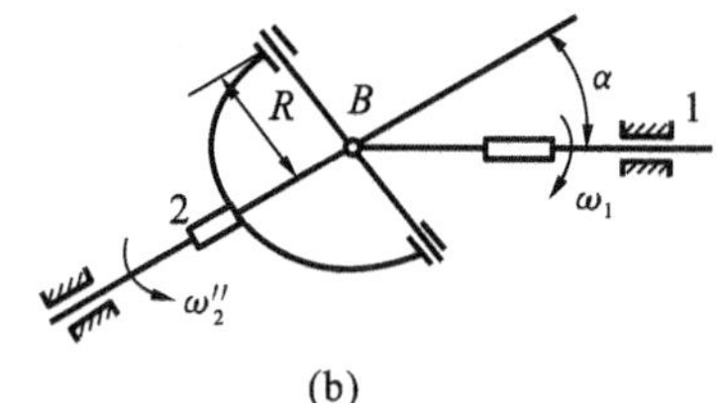

图 8-27　单万向联轴节运动关系

而 $v_{A_1}=\omega_1 r$，$v_{A_2}=\omega'_2 r\cos\alpha$，代入式(8-13)可得

$$\omega'_2 = \frac{\omega_1}{\cos\alpha} \tag{8-14}$$

当两轴由图 8-27(a)所在的位置转过 90°到达图 8-27(b)所示位置时，设此时主动轴 1 的角速度为 ω_1 ，从动轴 2 的角速度为 ω''_2 ，现取点 B 为参考点，经过与上述相同的分析，可得

$$\omega''_2 = \omega_1\cos\alpha \tag{8-15}$$

当两轴继续转过 90°，两轴的角速度又恢复到式(8-14)所示的关系。由此可知，当主动轴 1 以等角速度 ω_1 回转时，从动轴 2 的角速度 ω_2 将在 ω'_2 和 ω''_2 的范围内作周期性的变化，即

$$\omega_1\cos\alpha \leqslant \omega_2 \leqslant \frac{\omega_1}{\cos\alpha} \tag{8-16}$$

由式(8-16)可知，从动轴 2 的角速度 ω_2 变化的范围与两轴夹角 α 有关，因此在单万向联轴节中，一般取 $\alpha\leqslant45°$。

8.6.2　双万向联轴节

由于单万向联轴节在传动过程中，从动轴角速度发生周期性波动，从而产生附加动载荷。为克服这一缺点，生产实际中常将单万向联轴节成对使用，即用中间轴3和两个单万向联轴节将主动轴1与从动轴2连接起来，构成双万向联轴节，如图8-28所示。中间轴3还可拆分成两构件，通过滑键连接，以适应轴间距离有所变动的场合。双万向联轴节连接的主动轴1与从动轴2即可相交，也可平行。

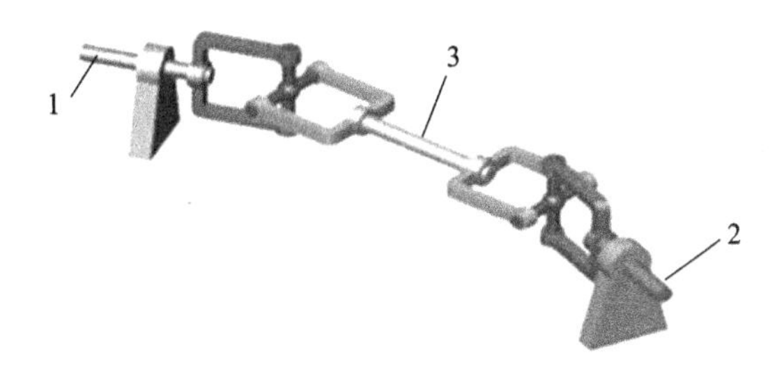

图8-28　双万向联轴节

1—主动轴；2—从动轴；3—中间轴

为了保证双万向联轴节在传动过程中其主、从动轴传动比恒等于1，则必须满足下列条件，如图8-29所示：

(1) 主动轴1、从动轴2、中间轴3应位于同一平面内；

(2) 主动轴、从动轴的轴线与中间轴的轴线之间的夹角应相等；

(3) 中间轴两端的叉面应位于同一平面内。

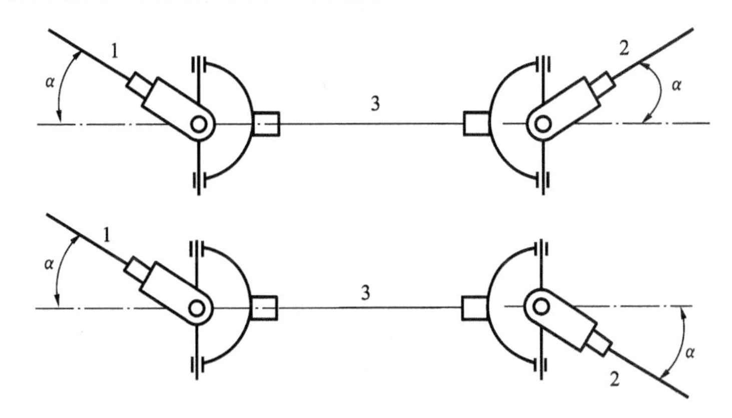

图8-29　双万向联轴节运动关系

双万向联轴节能够传递两交角较大的相交轴或径向偏距较大的平行轴间的动力和运动、在传动过程中轴交角或偏距可以不断改变，且径向尺寸小，因此双万向联轴节被广泛应用于各种机械传动中。

如图8-30所示的汽车驱动系统中，双万向联轴机构用来传递汽车变速箱输出轴与后桥车架弹簧支承上的后桥差速器输入轴间的运动。当汽车行驶时由于道路不平或振动引起变速箱与差速器相对位置变化，联轴节的中间轴与它们的倾角虽然也有相应的变化，但双万向联轴节仍能等角速传动。

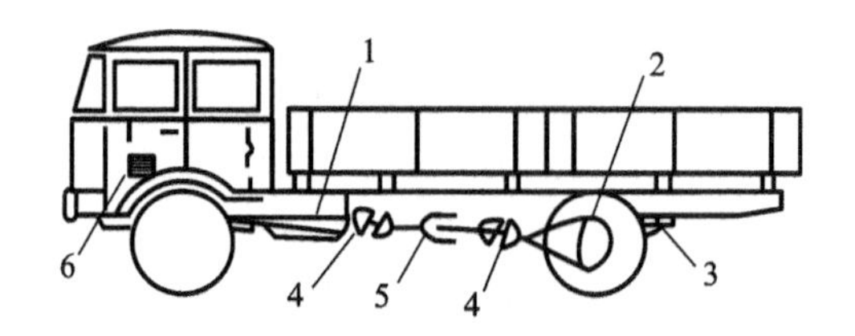

图 8-30　双万向联轴节在汽车驱动系统中的应用

1—变速箱输出轴；2—后桥；3—弹簧；4—万向联轴节；5—传动轴；6—内燃机

如图 8-31 所示为万能铣床进给传动，为适应工作台升降或水平移动引起主、从动轴间相对位置改变所采用的双万向联轴节传动。

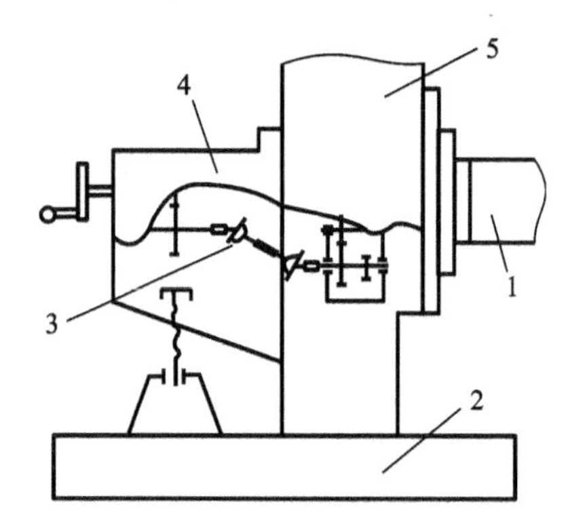

图 8-31　双万向联轴节在万能铣床进给传动中的应用

1—电动机；2—底座；3—双万向联轴节；4—工作台；5—床身

习　题

8-1　试分析棘轮机构、槽轮机构、凸轮式间歇运动机构及不完全齿轮机构等四种间歇运动机构的工作原理与特点以及各自的应用场合。

8-2　已知主动轮每转一周，从动轮作 4 次停歇运动，且间歇周期相同，对运动平稳性及运动精度无特殊要求，请问哪种间歇运动机构合适？

8-3　已知外槽轮机构槽数为 4，槽轮的停歇时间为 1 s，运动时间为 2 s，试求该槽轮机构的运动系数 τ 及所需的圆柱销数 k 。

8-4　单式螺旋机构、复式螺旋机构和差动螺旋机构的各自特点是什么？分别应用在什么场合？

8-5　单万向联轴节有什么缺点？双万向联轴节用于平面内两轴等速传动时的安装条件是什么？

8-6　试举一些应用间歇运动机构的实际例子。

8-7　试举一些应用螺旋机构、万向联轴节的实际例子。

第9章　机械中的摩擦和效率

内容提要

本章主要介绍运动副中的摩擦，考虑摩擦时机构的受力分析以及与摩擦有关的机械效率的计算、自锁条件的判定问题，最后介绍提高机械效率的途径。

9.1　概述

运动副作为机构运动和动力传递的媒介，运动副元素之间的一切直接接触在构件具有相对运动和运动趋势时，必然会产生摩擦力。机构运转过程中，各运动副中的摩擦力是一种有害的阻力，它一方面消耗输入功，造成动力浪费，降低机械效率；另一方面造成运动副元素磨损，从而削弱零件强度，降低机械运动精度、可靠性和使用寿命；此外摩擦还会使运动副温度升高，破坏正常的润滑条件，出现配合性质变化甚至卡死现象，使机械无法正常工作。据资料统计，世界能源中有1/3～1/2消耗于摩擦，报废机械零件中约80%是由于磨损引起的。

通常，机械中的摩擦越大，效率越低。当低到一定程度时，机械就会出现自锁。所以摩擦、效率和自锁是一个问题的三个方面，其中心问题是摩擦。因此，本章主要研究常见运动副中的摩擦、效率和自锁问题。

需要注意的是，摩擦也有可利用的一面。主要表现为，可以利用摩擦传递动力和能量，例如摩擦轮传动、带传动、摩擦离合器、制动器、需要自锁的机械等。

9.2　运动副中的摩擦

在平面机构中，常见的运动副有移动副、转动副和高副三种。其中属于低副的移动副和转动副中只有滑动摩擦产生，而高副中既有滑动摩擦又有滚动摩擦，由于滚动摩擦较滑动摩擦小很多，故常常忽略不计，所以对高副中的摩擦分析和移动副的摩擦分析一样。

讨论运动副中的摩擦，重要的工作是确定运动副中总反力的大小、方向及作用点位置，从而可以方便地判断它们对构件运动和受力的影响。

9.2.1　移动副中的摩擦

移动副中的摩擦是运动副摩擦的一种简单的方式，广泛存在于机械运动中。常见的有三种情况，即平面摩擦、斜面摩擦和槽面摩擦。

1. 平面摩擦

如图9-1所示，滑块1与水平面2构成的移动副，滑块在铅垂载荷Q(包括自重)和水平

驱动力 $\boldsymbol{F}$ 的作用下向右匀速运动。平面 2 对滑块 1 产生的反力有法向反力 $\boldsymbol{N}_{21}$ 和摩擦力 $\boldsymbol{F}_{21}$，由库仑定律可知 $F_{21}=fN_{21}$，式中 f 为摩擦因数(coefficient of friction)，可从机械设计手册中查取，$\boldsymbol{F}_{21}$ 的方向与滑块 1 相对运动方向相反，如图 9-1 所示。

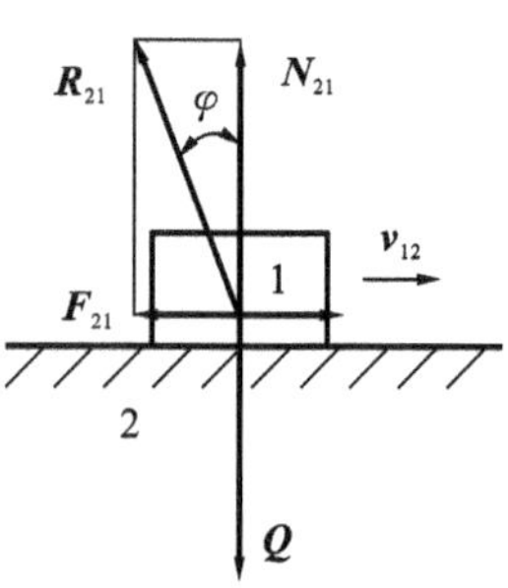

法向反力 N_{21} 与摩擦力 F_{21} 的合力 R_{21} 为平面 2 对滑块 1 的总反力(total reaction)。总反力 $\boldsymbol{R}_{21}$ 与法向反力 $\boldsymbol{N}_{21}$ 之间的夹角 φ 称为摩擦角(angle of friction)。

$$\varphi=\arctan f \tag{9-1}$$

由上述分析可知，总反力 $\boldsymbol{R}_{21}$ 的方向永远与 v_{12} 的方向成 $90°+\varphi$ 的钝角，可利用这一规律来确定移动副中总反力的方向。

图 9-1 平面摩擦

2. 斜面摩擦

如图 9-2(a)所示，将滑块 1 置于倾角为 α 的斜面 2 上，其上作用有铅垂载荷 Q。下面分析使滑块 1 沿斜面 2 等速运动时所需水平力的大小。

1) 滑块等速上升

当滑块 1 在水平力 $\boldsymbol{F}$ 的作用下沿斜面 2 等速上升时，斜面 2 作用于滑块 1 的总反力为 $\boldsymbol{R}_{21}$(与 $\boldsymbol{v}_{12}$ 的方向成 $90°+\varphi$ 的钝角)，根据滑块受力平衡的条件可得

$$\boldsymbol{F}+\boldsymbol{Q}+\boldsymbol{R}_{21}=0$$

式中只有 $\boldsymbol{F}$ 与 $\boldsymbol{R}_{21}$ 的大小未知。可通过作力的三角形图(见图 9-2(b))，求得水平驱动力 $\boldsymbol{F}$ 的大小为

$$F=Q\tan(\alpha+\varphi) \tag{9-2}$$

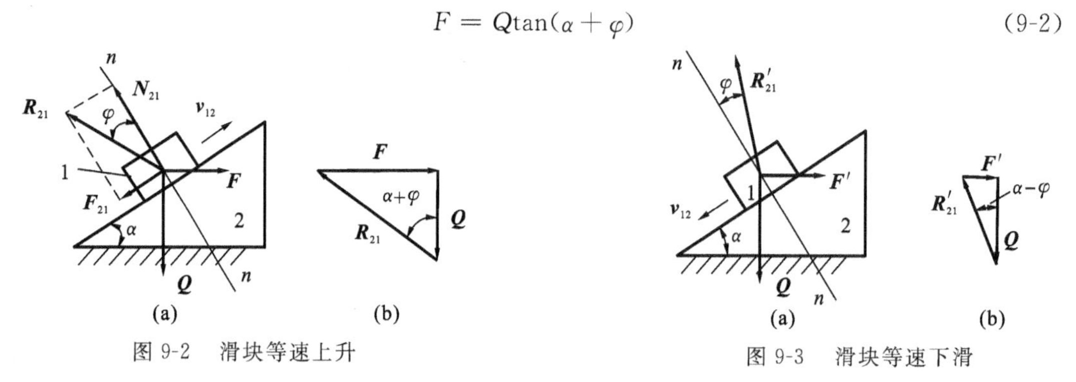

图 9-2 滑块等速上升

图 9-3 滑块等速下滑

2) 滑块等速下滑

如图 9-3(a) 所示，当滑块 1 在水平力 $\boldsymbol{F}'$ 的作用下沿斜面 2 等速下滑时，斜面 2 作用于滑块 1 的总反力为 $\boldsymbol{R}'_{21}$(与 $\boldsymbol{v}_{12}$ 的方向成 $90°+\varphi$ 的钝角)，根据滑块受力平衡的条件可得

$$\boldsymbol{F}'+\boldsymbol{Q}+\boldsymbol{R}'_{21}=0$$

式中只有 $\boldsymbol{F}'$ 与 $\boldsymbol{R}'_{21}$ 的大小未知。同理，通过作力的三角形图(见图 9-3(b))，求得水平驱动力 $\boldsymbol{F}'$ 的大小

$$F'=Q\tan(\alpha-\varphi) \tag{9-3}$$

值得注意的是，当滑块 1 等速上升时，力 $\boldsymbol{F}$ 为驱动力；而当滑块 1 下滑时，$\boldsymbol{F}'$ 为阻抗力，其作用是阻止滑块 1 加速下滑。如果把力 $\boldsymbol{F}$ 为驱动力的行程称为正行程，把力 $\boldsymbol{F}'$ 为阻抗力的行程称为反行程，由式(9-2)和式(9-3)可知，当已经列出了正行程的关系式时，只需将摩

擦角的符号改变，便可以得到反行程的关系式。

3. 槽面摩擦

如图 9-4(a)所示，楔形滑块 1 放在夹角为 2θ 的槽面 2 上，在水平驱动力作用下，沿着槽面等速滑动。$\boldsymbol{Q}$ 为作用在滑块上的铅垂载荷，$\boldsymbol{N}_{21}$ 为槽面给滑块 1 的法向反力。根据楔形块 1 在铅垂方向受力平衡，如图 9-4(b)所示，可得

$$N_{21} = \frac{Q}{\sin\theta}$$

故摩擦力的大小为

$$F_{21} = fN_{21} = f\frac{Q}{\sin\theta}$$

若令

$$f_{\mathrm{v}} = \frac{f}{\sin\theta} \tag{9-4}$$

则

$$F_{21} = f_{\mathrm{v}}Q \tag{9-5}$$

式中：f_{v} 称为当量摩擦因数(equivalent coefficient of friction)，相当于把楔形滑块视为平面滑块时的摩擦因数。与之对应的摩擦角 $\varphi_{\mathrm{v}} = \arctan f_{\mathrm{v}}$ 称为当量摩擦角(equivalent angle of friction)。

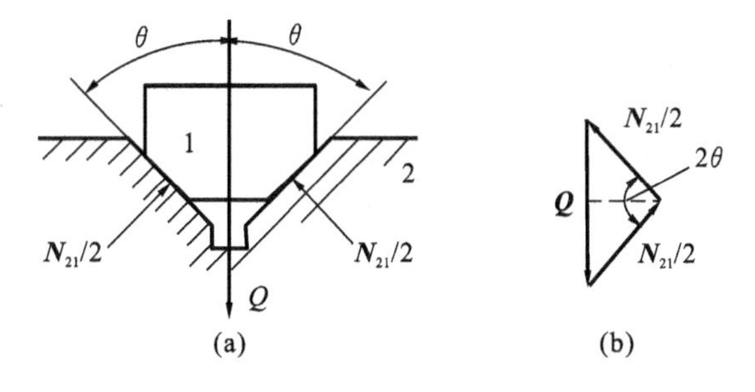

图 9-4　槽面摩擦

一般情况下 $\theta \leqslant 90^{\circ}$，所以 $f_{\mathrm{v}} > f$，即楔形滑块比平面滑块的摩擦力大，因此常用楔形来增大所需的摩擦力。V 带传动、三角螺纹就是应用实例。需要指出的是，上述摩擦力的增大并不是因为运动副元素材料间的摩擦因数发生了变化，而是因为运动副元素的几何结构形状发生了变化致使正压力变大。

引入当量摩擦因数以后，在分析运动副中的滑动摩擦力时，不管运动副两元素的几何形状如何，均可视为单一平面接触来计算其摩擦力，即只需按运动副元素几何形状的不同引入不同的当量摩擦因数即可。

9.2.2　螺旋副中的摩擦

如图 9-5(a)所示，当螺杆 1 和螺母 2 的螺纹之间受轴向载荷 $\boldsymbol{Q}$ 时，拧动螺杆或螺母，螺旋面之间将产生摩擦力。假设轴向载荷 $\boldsymbol{Q}$ 集中作用于螺纹中径 d_2 上，而螺杆 1 的螺纹可以假想是由一斜面卷绕在圆柱体上形成的，所以螺母和螺杆的相互作用可以简化为滑块和斜

面的相互作用关系，如图 9-5(b)所示，这样就可以把空间问题转化为平面问题来研究。下面就矩形螺纹螺旋副中的摩擦和三角形螺纹螺旋副中的摩擦进行讨论。

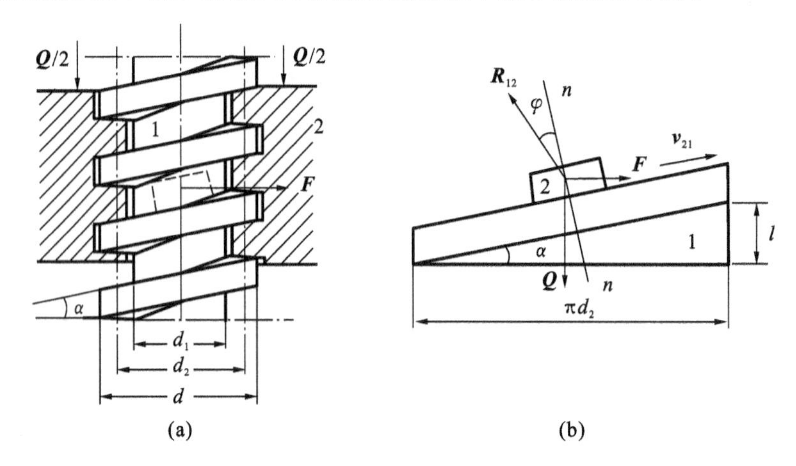

图 9-5 矩形螺纹螺旋副中的摩擦

1. 矩形螺纹螺旋副中的摩擦

如图 9-5 所示的矩形螺旋副中，可得

$$\tan\alpha = \frac{l}{\pi d_2} = \frac{zP_h}{\pi d_2}$$

式中：α 为螺纹在中径处的升角；z 为螺纹的线数；P_h 为螺距；l 为螺纹的导程。

当拧紧螺母时，即逆着 $\boldsymbol{Q}$ 的方向等速向上运动时，相当于滑块 1 沿斜面 2 等速上升的过程，故作用在螺纹中径 d_2 上的圆周力 $\boldsymbol{F}$ 相当于作用于滑块上的水平力 $\boldsymbol{F}$

$$F = Q\tan(\alpha + \varphi)$$

故拧紧螺母时所需的力矩为

$$M = F\frac{d_2}{2} = \frac{d_2}{2}Q\tan(\alpha + \varphi) \tag{9-6}$$

当放松螺母时，即顺着 Q 的方向等速向下运动时，相当于滑块 1 沿斜面 2 等速下降的过程，故放松螺母时的力矩为

$$M' = F'\frac{d_2}{2} = \frac{d_2}{2}Q\tan(\alpha - \varphi) \tag{9-7}$$

2. 三角形螺纹螺旋副中的摩擦

如图 9-6 所示，三角形螺纹螺旋副和矩形螺纹螺旋副的区别在于螺纹间接触面的形状不同。螺母在螺杆上的运动与楔形滑块沿斜槽面的运动相似，利用当量摩擦因数的概念，由式(9-4)得

$$f_v = \frac{f}{\sin(90^\circ - \beta)} = \frac{f}{\cos\beta}$$

式中：β 为牙侧角。从而

$$\varphi_v = \arctan\left(\frac{f}{\cos\beta}\right)$$

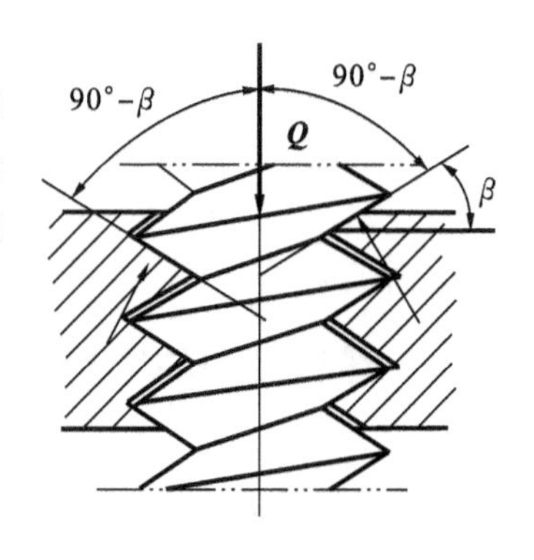

图 9-6 三角形螺纹螺旋副中的摩擦

将 φ_v 代入式(9-6)可得，拧紧三角形螺纹螺母时所需的力矩为

$$M = F\frac{d_2}{2} = \frac{d_2}{2}Q\tan(\alpha + \varphi_v) \tag{9-8}$$

将 φ_v 代入式(9-7)可得，放松三角形螺纹螺母时所需的力矩为

$$M' = F'\frac{d_2}{2} = \frac{d_2}{2}Q\tan(\alpha - \varphi_v) \tag{9-9}$$

由于 $\varphi_v > \varphi$，故三角形螺纹的摩擦力矩比矩形螺纹的大，宜用于紧固连接；矩形螺纹的摩擦力矩较小，效率高，宜用于传递动力的场合。

9.2.3　转动副中的摩擦

转动副在各种机械中应用很广，常见的有轴和轴承以及各种铰链。转动副可按载荷作用情况的不同分成径向轴颈与轴承和止推轴颈与轴承。下面来讨论如何计算轴承对轴颈的摩擦力及摩擦力矩，以及考虑摩擦时转动副中总反力方向的确定方法。

1. 径向轴颈与轴承的摩擦

如图 9-7 所示为径向轴颈与轴承摩擦，设轴颈 1 受径向载荷 $\boldsymbol{Q}$，在驱动力偶矩 M_d 的作用下，在轴承中匀速转动。

根据平衡条件，轴承 2 对轴颈 1 的所有法向反力和摩擦力合成后的总反力 $\boldsymbol{R}_{21}$ 必与 $\boldsymbol{Q}$ 等值反向(即 $\boldsymbol{R}_{21} = -\boldsymbol{Q}$)，而 $\boldsymbol{R}_{21}$ 与 $\boldsymbol{Q}$ 必组成一对力偶，此力偶即为摩擦力偶，其力偶矩 M_f 必与 M_d 等值反向(即 $M_f = -M_d$)。如图 9-7(b)所示，可得力臂为

$$\rho = \frac{M_f}{R_{21}} = \frac{M_d}{Q}$$

将 $\boldsymbol{R}_{21}$ 在其作用线与轴颈的交点处分解为通过轴心 O 和相切于轴颈的两个分力 $\boldsymbol{N}_{21}$ 和 $\boldsymbol{F}_{21}$，因 $\boldsymbol{N}_{21}$ 对轴心 O 的力矩为零，故

$$M_f = F_{21}r = f_vQr = f_vR_{21}r = R_{21}\rho$$

整理后可得

$$\rho = f_vr \tag{9-10}$$

式(9-10)表明，ρ 的大小与轴颈半径 r 和当量摩擦因数 f_v 有关。对于具体的轴颈，ρ 为定值。以轴颈中心 O 为圆心、ρ 为半径作的圆(如图 9-7(b)虚线所示)，称为摩擦圆，ρ 称为摩擦圆半径。当量摩擦因数 $f_v = (1 \sim \pi/2)f$，对于紧密配合未经跑合的转动副取较大值，对于有较大间隙的松配合转动副取较小值。

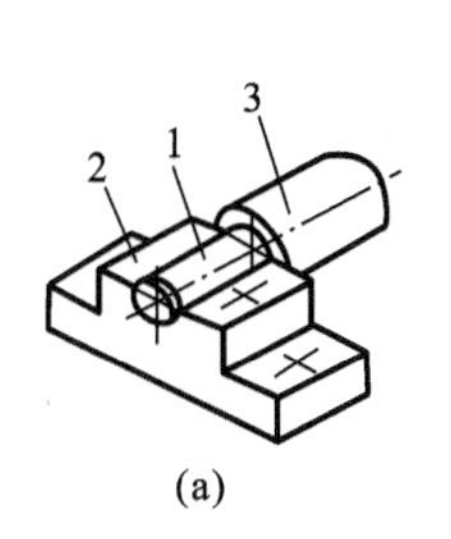

(a)

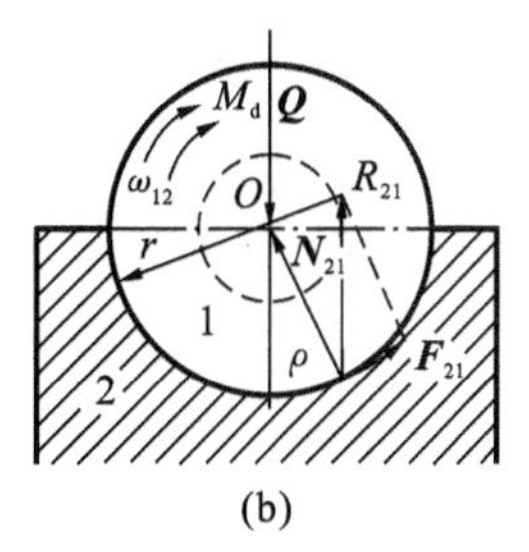

(b)

图 9-7　径向轴颈与轴承的摩擦

1—轴颈；2—轴承；3—轴

由以上分析可知,总反力 $\boldsymbol{R}_{21}$ 始终切于摩擦圆,大小与载荷 $\boldsymbol{Q}$ 相等;其对轴颈轴心 O 的力矩方向必与轴颈相对于轴承的角速度 ω_{12} 的方向相反。

2. 止推轴颈与轴承的摩擦

轴用以承受轴向载荷的部分称为轴端。如图 9-8 所示,轴端和承受轴向载荷的止推轴承构成一转动副,当轴转动时接触面间将产生摩擦力,摩擦力对回转轴线之矩即为摩擦力矩 M_{f}。

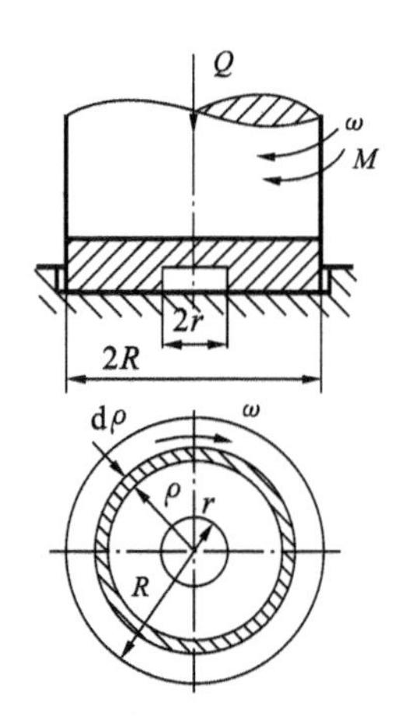

图 9-8 止推轴颈与轴承的摩擦

如图 9-8 所示,从轴端半径为 ρ 处,取宽度为 $\mathrm{d}\rho$ 的环形微面积 $\mathrm{d}s = 2\pi\rho\mathrm{d}\rho$,设其上的压强 p 为常数,则环形微面积上所受正压力 $\mathrm{d}N = p\mathrm{d}s$,摩擦力为 $\mathrm{d}F = f\mathrm{d}N = fp\mathrm{d}s$,对回转轴线的摩擦力矩为

$$\mathrm{d}M_{\mathrm{f}} = \rho\mathrm{d}F = \rho fp\mathrm{d}s = 2\pi\rho^2 fp\mathrm{d}\rho$$

轴端上所受的总摩擦力矩为

$$M_{\mathrm{f}} = 2\pi f\int_r^R \rho^2 p\mathrm{d}\rho \tag{9-11}$$

经推导可得非跑合与跑合轴承的计算公式分别如下所示。

(1) 非跑合的新止推轴承,各处的压强基本相等,可得

$$M_{\mathrm{f}} = \frac{2}{3}fQ\frac{R^3 - r^3}{R^2 - r^2} \tag{9-12}$$

(2) 跑合的止推轴承,各处的压强不相等,离中心远的地方磨损较快,因而压强减小;离中心近的部分磨损较慢,因而压强增大,近似符合 $p\rho =$ 常数,可得

$$M_{\mathrm{f}} = fQ\frac{R + r}{2} \tag{9-13}$$

因为 $p\rho =$ 常数,所以轴端轴心处的压强将非常大,很容易损坏,故实际应用中一般采用空心轴端。

在学会分析运动副中总反力的基础上,就不难在考虑摩擦的条件下对机构进行受力分析,下面举例加以说明。

【例 9-1】 如图 9-9(a)所示的曲柄滑块机构,已知各构件的尺寸,各转动副的半径 r,各移动副的摩擦因数 f 与转动副中的当量摩擦因数 f_{v},作用在滑块上的生产阻力 $\boldsymbol{Q}$,在不计各构件质量的情况下,求机构在图示位置时各运动副中的总反力及作用在曲柄 1 上的驱动力偶矩 M_1。

解 此题为考虑摩擦时含转动副和移动副的机构静力分析问题。首先应从受力最简单的二力杆 2 进行分析,然后根据构件间相对运动情况得出总反力的方向及位置;再利用其他构件受力平衡,结合已知力求出未知力的大小和方向。

(1) 由已知条件得转动副的摩擦圆半径 $\rho = f_{\mathrm{v}}r$,从而确定转动副 A、B、C 三处的摩擦圆,如图 9-9(b)所示,然后求出移动副的摩擦角 $\varphi = \arctan f$。

(2) 分析二力杆的受力。不计质量时,杆 2 为不含力偶的二力杆。由图所示的驱动力偶矩 M_1 和生产阻力 $\boldsymbol{Q}$ 的方向易知,杆 2 受压力,总反力 $\boldsymbol{R}_{12} = -\boldsymbol{R}_{32}$,且这二力必定与各处摩

擦圆相切。由 ω_1 的方向知，在转动副 B 处，构件 1、2 的夹角为变大趋势；在转动副 C 处构件 2、3 之间的夹角为变小趋势。所以相对转动角速度 ω_{21}、ω_{23} 的方向均为逆时针，故可确定 $\boldsymbol{R}_{12}$ 和 $\boldsymbol{R}_{32}$ 位于如图 9-9(b)所示的两摩擦圆的公切线上。

(3) 滑块 3 的受力分析。如图 9-9(b)所示滑块受有三个力，即工作阻力 $\boldsymbol{Q}$、杆 2 对滑块的总反力 $\boldsymbol{R}_{23}$ 和机架对滑块的总反力 $\boldsymbol{R}_{43}$。而 $\boldsymbol{R}_{23}=-\boldsymbol{R}_{32}$。需要确定 $\boldsymbol{R}_{43}$ 的方向及作用点位置，由于 $\boldsymbol{v}_{34}$ 水平向右，所以 $\boldsymbol{R}_{43}$ 与 $\boldsymbol{v}_{34}$ 的方向偏移 $90°+\varphi$，即由法线方向左偏转一摩擦角，根据三力平衡必定汇交的原则，$\boldsymbol{R}_{43}$ 必通过 $\boldsymbol{Q}$ 和 $\boldsymbol{R}_{23}$ 作用线的汇交点。在这三个力中只有 $\boldsymbol{R}_{23}$ 和 $\boldsymbol{R}_{43}$ 的大小未知，因此作力的三角形可求得，如图 9-9(c)所示。

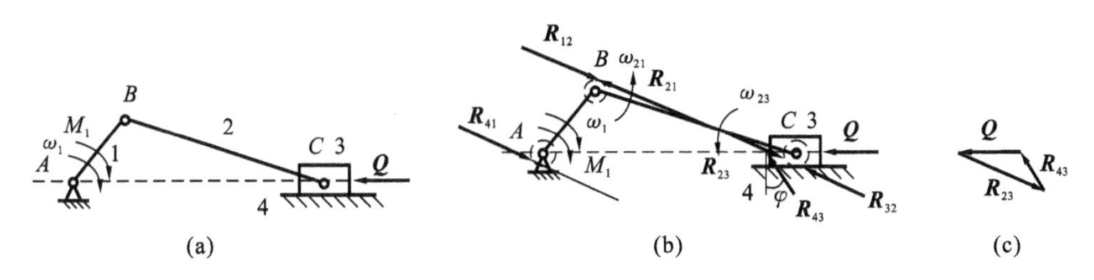

图 9-9　曲柄滑块机构

(4) 分析曲柄 1 的受力。曲柄 1 的受力分析如图 9-9(b)所示，为含力偶的二力杆，在转动副 A、B 处有机架 4 和连杆 2 对曲柄的总反力 $\boldsymbol{R}_{41}$ 和 $\boldsymbol{R}_{21}$。根据作用力与反作用力原理，即可确定 $\boldsymbol{R}_{21}$ 的方向和位置。由于 $\boldsymbol{R}_{41}$ 对中心 A 产生的摩擦力矩一定与曲柄相对机架的转动角速度方向相反，可以确定 $\boldsymbol{R}_{41}$ 位于摩擦圆的下方。根据曲柄上只受有两个总反力 $\boldsymbol{R}_{21}$ 和 $\boldsymbol{R}_{41}$ 和一个驱动力偶矩 M_1，因此，可知 $\boldsymbol{R}_{41}$ 一定与 $\boldsymbol{R}_{21}$ 平行、方向相反，组成一个阻力偶矩与驱动力偶矩 M_1 平衡，从而可求得 M_1 的大小。

9.3　机械的效率和自锁

9.3.1　机械的效率及表达形式

1. 效率以功或功率的形式表达

根据能量守恒定理，机械稳定运转时，输入功 W_d 等于输出功 W_r 和损耗功 W_f 之和，即

$$W_d = W_r + W_f \tag{9-14}$$

通常，把机械的输出功 W_r 和输入功 W_d 的比值称为机械效率 η，即

$$\eta = W_r/W_d = 1 - W_f/W_d \tag{9-15}$$

它反映了输入功在机械中的有效利用程度。

将式(9-14)的等号两端和式(9-15)的分子、分母各除以做功的时间 t，可得

$$P_d = P_r + P_f \tag{9-16}$$

及

$$\eta = P_r/P_d = 1 - P_f/P_d \tag{9-17}$$

式中：P_d、P_r、P_f 分别为输入功率、输出功率和损耗功率。

由于损耗功率不可能为零，所以机械的效率总是小于 1。为提高机械效率，应尽量减少机械中的损耗，主要是减少摩擦损耗。

2. 效率以力或力矩的形式表达

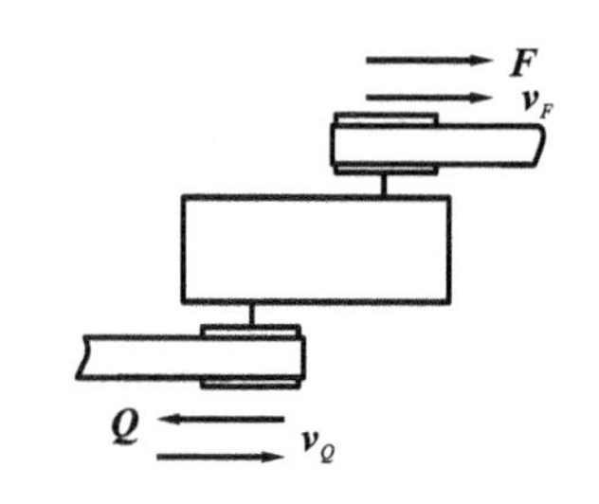

图 9-10 机械传动装置示意图

如图 9-10 所示的传动装置，设 $\boldsymbol{F}$ 为驱动力，$\boldsymbol{Q}$ 为生产阻力，$\boldsymbol{v}_F$ 和 $\boldsymbol{v}_Q$ 分别为 $\boldsymbol{F}$ 和 $\boldsymbol{Q}$ 沿该力作用线的速度，则由式(9-17)得

$$\eta = \frac{P_r}{P_d} = \frac{Qv_Q}{Fv_F} \tag{9-18}$$

假设该机械中不存在摩擦(称为理想机械)，那么为了克服同样的生产阻力 $\boldsymbol{Q}$ 所需的驱动力 $\boldsymbol{F}_0$(称为理想驱动力)显然必小于实际驱动力 $\boldsymbol{F}$。

对于理想机械

$$\eta_0 = \frac{Qv_Q}{F_0 v_F} = 1 \tag{9-19}$$

即

$$F_0 v_F = Qv_Q$$

将上式代入式(9-18)得

$$\eta = \frac{F_0 v_F}{Fv_F} = \frac{F_0}{F} \tag{9-20}$$

式(9-20)表明，机械效率等于理想驱动力 $\boldsymbol{F}_0$ 与实际驱动力 $\boldsymbol{F}$ 的比值。

同理，机械效率也可用力矩之比的形式表达，即

$$\eta = \frac{M_{F0}}{M_F} \tag{9-21}$$

式中：M_{F0}、M_F 分别表示为了克服同样的生产阻力所需的理想驱动力矩和实际驱动力矩。

从另外一个角度看，由于在理想机械中没有摩擦，所以同样的驱动力 $\boldsymbol{F}$ 所能克服的生产阻力 $\boldsymbol{Q}_0$(称为理想阻力)必大于在实际机械中所能克服的生产阻力 $\boldsymbol{Q}$，则 η_0 和 η 又可表示为

$$\eta_0 = \frac{Q_0 v_Q}{Fv_F} = 1 \tag{9-22}$$

$$\eta = \frac{Qv_Q}{Fv_F} = \frac{Qv_Q}{Q_0 v_Q} = \frac{Q}{Q_0} \tag{9-23}$$

式(9-23)表明，机械效率等于实际生产阻力 $\boldsymbol{Q}$ 与理想生产阻力 $\boldsymbol{Q}_0$ 的比值。

同理，机械效率也可用力矩之比的形式表达，即

$$\eta = \frac{M_Q}{M_{Q0}} \tag{9-24}$$

式中：M_Q、M_{Q0} 分别表示在同样驱动力情况下，机械所能克服的实际生产阻力矩和理想生产阻力矩。

对于作变速运动的机械，在忽略动能变化的情况下，如用式(9-20)、式(9-21)、式(9-23)和式(9-24)计算机械效率，所得结果应为机械的瞬时效率。在一个运动循环内，不同时刻的瞬时效率是不同的。用力或力矩之比来表达的瞬时效率，通常在对机构或机构系统进行效率分析时较为方便。

9.3.2 机械系统的机械效率

上述讨论的是单个机构(或机器)的效率及计算，对于由许多机构(或机器)组成的机械

系统，机械效率的计算可以根据系统的组成情况和各个机构（或机器）的效率计算求得。常见的简单机构和运动副的效率如表 9-1 所示。若干机械的连接组合方式一般有串联、并联、混联三种，机械系统的效率也相应有三种不同的计算方法。

表 9-1　简单传动机构和运动副的效率

名　　称	传动形式	效率值	备　　注
圆柱齿轮传动	6～7 级精度齿轮传动	0.98～0.99	良好跑合、稀油润滑
	8 级精度齿轮传动	0.97	稀油润滑
	9 级精度齿轮传动	0.96	稀油润滑
	切制齿、开式齿轮传动	0.94～0.96	干油润滑
	铸造齿、开式齿轮传动	0.90～0.93	
锥齿轮传动	6～7 级精度齿轮传动	0.97～0.98	良好跑合、稀油润滑
	8 级精度齿轮传动	0.94～0.97	稀油润滑
	切制齿、开式齿轮传动	0.92～0.95	干油润滑
	铸造齿、开式齿轮传动	0.88～0.92	
蜗杆传动	自锁蜗杆	0.40～0.45	润滑良好
	单头蜗杆	0.70～0.75	
	双头蜗杆	0.75～0.82	
	三头和四头蜗杆	0.80～0.92	
	圆弧面蜗杆	0.85～0.95	
带传动	平带传动	0.90～0.98	—
	V 带传动	0.94～0.96	
	同步带传动	0.98～0.99	
链传动	套筒滚子链	0.96	润滑良好
	无声链	0.97	
摩擦轮传动	平摩擦轮传动	0.85～0.92	—
	槽摩擦轮传动	0.88～0.90	—
滑动轴承	—	0.94	润滑不良
	—	0.97	润滑正常
	—	0.99	液体润滑
滚动轴承	球轴承	0.99	稀油润滑
	滚子轴承	0.98	稀油润滑
螺旋传动	滑动螺旋	0.30～0.80	—
	滚动螺旋	0.85～0.95	—

1. 串联

如图 9-11 所示，设由 k 台机械串联组成的机械系统，系统的输入功率为 P_d，输出功率为 $P_r=P_k$，各机器的效率分别为 $\eta_1,\eta_2,\cdots,\eta_k$。由于各个机器是依次串联而成的，前一台机器的输出功率是后一台机器的输入功率，则系统的总效率为

$$\eta=\frac{P_r}{P_d}=\frac{P_k}{P_d}=\frac{P_1}{P_d}\cdot\frac{P_2}{P_1}\cdots\frac{P_k}{P_{k-1}}=\eta_1\eta_2\cdots\eta_k \tag{9-25}$$

即串联系统的总效率等于各机器的效率的连乘积。可见，只要有一台机器的效率很低，就会使整个系统的效率更低，并且串联的机器越多，机械系统的效率越低。所以在组成串联系统时，串联机器的数目不宜过多且各机器的效率不要相差较多。

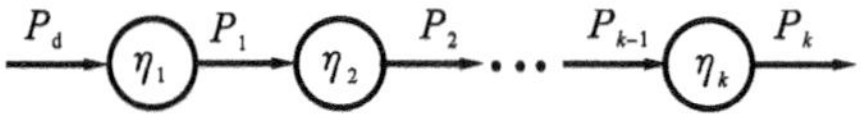

图 9-11　串联机械系统

2. 并联

如图 9-12 所示，设由 k 台机械并联组成的机械系统，系统的输入功率为 P_d，输出功率为 P_r，各机械的效率分别为 η_1，η_2，…，η_k，则系统的总输入功率 P_d 为

$$P_d=P_1+P_2+\cdots+P_k$$

总输出功率 P_r 为

$$P_r=P'_1+P'_2+\cdots+P'_k=P_1\eta_1+P_2\eta_2+\cdots+P_k\eta_k$$

系统的总效率 η 为

$$\eta=\frac{P_r}{P_d}=\frac{P_1\eta_1+P_2\eta_2+\cdots+P_k\eta_k}{P_1+P_2+\cdots+P_k} \tag{9-26}$$

式(9-26)表明，并联系统的总效率不仅与各组成机器的效率有关，而且与各机器所传递的功率也有关。设 η_{max} 和 η_{min} 为各个机器中效率的最大值和最小值，则 $\eta_{min}<\eta<\eta_{max}$。

若各台机器的输入功率均相等，即 $P_1=P_2=\cdots=P_k$，则

$$\eta=\frac{\eta_1+\eta_2+\cdots+\eta_k}{k} \tag{9-27}$$

即当并联系统中各台机器的输入功率相等时，系统的总效率 η 等于各台机器效率的平均值。

若各台机器的效率均相等，即 $\eta_1=\eta_2=\cdots=\eta_k$，则

$$\eta=\eta_k \tag{9-28}$$

式(9-28)表明，若各台机器的效率均相等，并联系统的总效率等于任一台机器的效率。

3. 混联

如图 9-13 所示系统是兼有串联和并联的混联式机械系统。为了计算总效率，需要先将输入功至输出功的路线弄清，然后利用串联、并联的效率计算公式，分别计算出混联系统的总输入功率 $\sum P_d$ 和总输出功率 $\sum P_r$，再计算出系统的总效率为

$$\eta=\sum P_r/\sum P_d \tag{9-29}$$

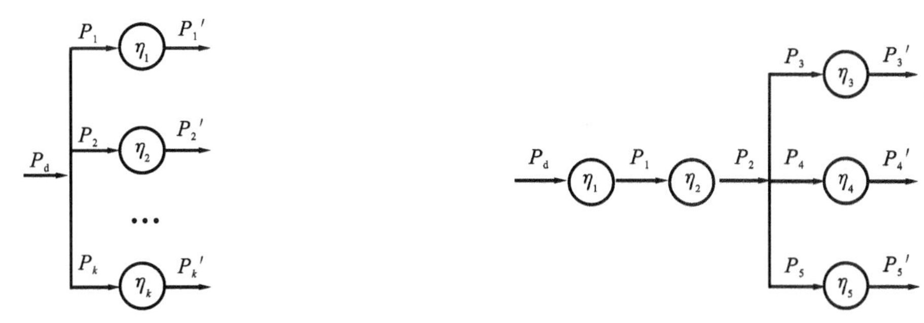

图 9-12　并联机械系统　　　　图 9-13　混联机械系统

9.3.3　机械的自锁

在实际机械中，由于摩擦的存在以及驱动力作用方向的问题，有时会出现无论驱动力如何增大，机械都无法运转的现象，这种现象称为机械的自锁。

如图 9-14 所示的滑块与平面组成的移动副，设 $\boldsymbol{F}$ 为作用在滑块上的驱动力，将力 $\boldsymbol{F}$ 分解为沿接触面的切向和法向的 $\boldsymbol{F}_{\mathrm{t}}$ 和 $\boldsymbol{F}_{\mathrm{n}}$，则有效分力 $F_{\mathrm{t}}=F\sin\beta=F_{\mathrm{n}}\tan\beta$，而 $\boldsymbol{F}_{\mathrm{n}}$ 所能引起的最大摩擦力为 $F_{\mathrm{fmax}}=F_{\mathrm{n}}\tan\varphi$，当 $\beta\leqslant\varphi$ 时，有

$$F_{\mathrm{t}}\leqslant F_{\mathrm{fmax}} \tag{9-30}$$

此时，无论 $\boldsymbol{F}$ 多大，均无法使滑块运动，出现自锁现象。可见移动副自锁的条件是驱动力作用在摩擦角之内。

如图 9-15 所示的转动副，作用在轴颈上的载荷为 $\boldsymbol{Q}$，总反力为 $\boldsymbol{R}_{21}$。当 $e=\rho$ 时（如图 9-15(a)所示），载荷 $\boldsymbol{Q}$ 的作用线与摩擦圆相切，则驱动力矩与摩擦力矩相等，即 $M_{\mathrm{d}}=Qe=R_{21}\rho=M_{\mathrm{f}}$，此时如果轴颈原本在转动，必作匀速转动；如果轴颈原本处于静止状态，此时仍保持静止平衡。当 $e<\rho$ 时（如图 9-15(b)所示），载荷 Q 作用在摩擦圆之内，则驱动力矩总小于摩擦力矩，即 $M_{\mathrm{d}}=Qe<R_{21}\rho=M_{\mathrm{f}}$，此时如果轴颈本来转动，则必作减速转动，而最终静止不动；如果原本静止，无论 $\boldsymbol{Q}$ 如何增大，也不能使轴颈转动，即出现自锁现象。可见转动副自锁的条件是：驱动力作用线与摩擦圆相切或者在摩擦圆之内，即

$$e\leqslant\rho \tag{9-31}$$

运动副是否发生自锁，与驱动力作用线的位置和方向有关。在移动副中，若驱动力作用在摩擦角之外，则不会发生自锁；在转动副中，若驱动力作用在摩擦圆之外，也不会发生自锁。

上面讨论了单个运动副的自锁条件，而一个机械是否会发生自锁，需要通过分析组成机械的各个运动副的自锁情况来判断。若一个机械的某个运动副发生自锁，则该机械必发生自锁，可见，机械自锁的实质是运动副的自锁。自锁时，作用于运动方向上的驱动力（或驱动力矩）不超过它产生的摩擦阻力，即此时驱动力所做的功总小于或等于由它所产生的摩擦阻力所做的功，所以此时机械效率小于或等于零，即 $\eta\leqslant 0$。故可利用机械效率的计算公式来判断机械是否自锁或分析自锁产生的条件。

机械通常有正反两个行程，它们的机械效率一般并不相等，反行程的效率小于零的机械称为自锁机械。自锁机械常用于夹具、螺纹连接、起重装置和压榨机械上。但自锁机械的正行程效率都较低，因而在传递动力时，只适用功率小的场合。此外，由于自锁机械反行程不

能运动，所以还可以利用反行程中的生产阻力小于等于零来判断机械是否自锁或分析机械自锁的条件。

由以上分析可知，为了判定机械是否会自锁和在什么条件下发生自锁，可从以下几个方面加以判断：分析驱动力是否作用于摩擦角(或摩擦圆)之内；机械效率是否小于或等于零(即 $\eta \leqslant 0$)；驱动力所能克服的阻抗力是否小于等于零，或者根据作用在构件上的驱动力是否始终小于等于由其所能引起的同方向上的最大摩擦力等方法来判断。

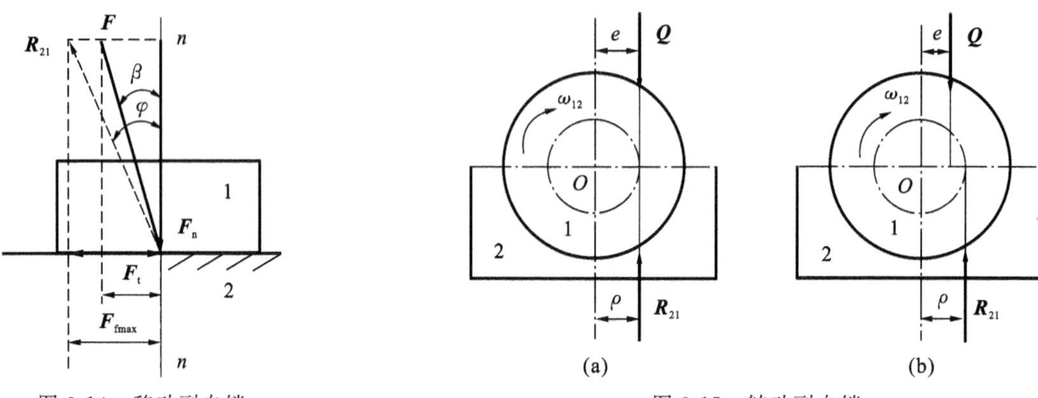

图 9-14 移动副自锁　　　　图 9-15 转动副自锁

【例 9-2】 如图 9-16(a)所示的斜面压榨机，正行程中，楔块 2 在 $\boldsymbol{F}$ 的作用下将物体 4 压紧，$\boldsymbol{Q}$ 为被压榨物 4 对滑块 3 的反作用力。设接触面间的摩擦因数均为 f，求撤去 $\boldsymbol{F}$ 后，机构反行程自锁的条件。

解 若机构反行程自锁，则此时的机械效率应小于等于零。可以先对反行程中机构的受力进行分析，用力和几何关系表示出效率，根据自锁时机械效率小于等于零，得出机构发生自锁时应满足的条件。

在正行程中 $\boldsymbol{F}$ 为驱动力，通过楔块压紧物体 4，$\boldsymbol{Q}$ 为生产阻力。撤去 $\boldsymbol{F}$ 后，在 $\boldsymbol{Q}$ 的作用下，滑块 2、3 有松退的趋势，此时，$\boldsymbol{Q}$ 为驱动力。为求出反行程的效率，假设反行程机构不会自锁，并设施加生产阻力 $\boldsymbol{F}'$后才使得滑块 3 匀速向右退。分别对滑块 2、3 进行受力分析，如图 9-16(b)所示，由力平衡知

$$\boldsymbol{F}'+\boldsymbol{R}_{12}+\boldsymbol{R}_{32}=0,\quad \boldsymbol{Q}+\boldsymbol{R}_{13}+\boldsymbol{R}_{23}=0$$

由正弦定理得

$$\frac{F'}{\sin(\alpha-2\varphi)}=\frac{R_{32}}{\sin(90^\circ+\varphi)},\quad \frac{Q}{\sin[90^\circ-(\alpha-2\varphi)]}=\frac{R_{23}}{\sin(90^\circ+\varphi)}$$

又 $R_{23}=-R_{32}$，可得反行程驱动力

$$F'=Q\tan(\alpha-2\varphi)$$

此时的效率

$$\eta=\frac{\text{实际工作阻力}}{\text{理想工作阻力}}=\frac{\tan(\alpha-2\varphi)}{\tan\alpha}$$

若机构反行程自锁，则有　　$\eta\leqslant 0$

可得出机构自锁的条件为　　$\alpha\leqslant 2\varphi$

注：此题也可按效率等于实际生产阻力与理想生产阻力之比，由式(9-23)的基本原理计

算效率，或按构件 1、2 之间的移动副自锁来判定自锁条件。

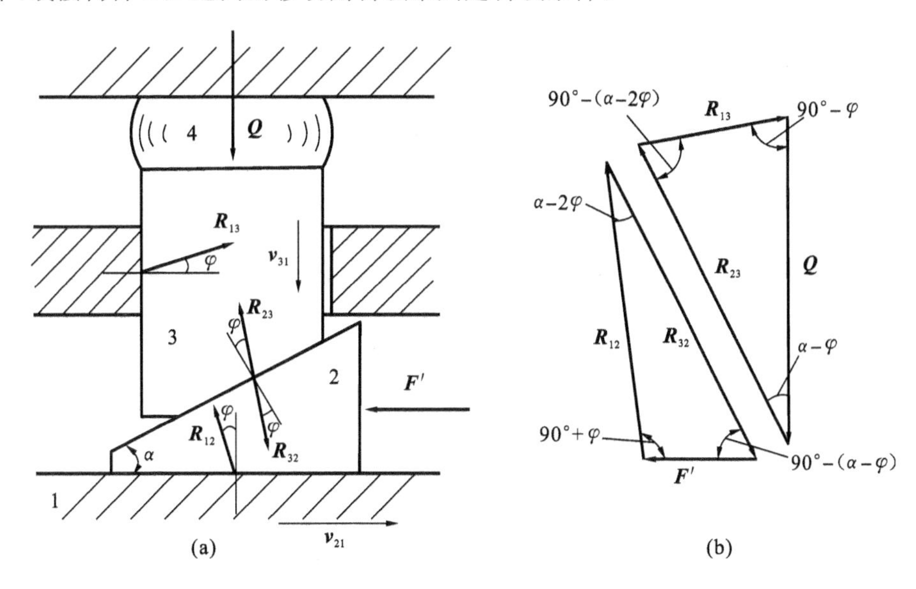

图 9-16　斜面压榨机

9.4　提高机械效率的途径

在机械运转过程中影响其效率的主要因素为机械中的损耗，而损耗主要是由摩擦引起的。因此要提高机械的效率必须采取措施减小机械中的摩擦，一般从设计、维护和使用三个方面来考虑。在设计方面主要采取以下措施。

(1) 尽量简化机械传动系统，采用最简单的机构来满足工作要求，使功率传递时通过的运动副的数目越少越好。

(2) 选择合适的运动副形式。如转动副易保证运动副元素的配合精度，效率高；移动副不易保证配合精度，效率较低且容易发生自锁或楔紧。

(3) 在满足强度、刚度等要求的情况下，不要盲目增大构件的尺寸。如轴颈尺寸增加时会使该轴颈的摩擦力矩增加，机械易发生自锁。

(4) 设法减少运动副中的摩擦。如在传递动力的场合尽量选用矩形螺纹或牙侧角小的螺纹；用平面摩擦代替槽面摩擦；采用滚动摩擦代替滑动摩擦；选用适当的润滑剂及润滑装置进行润滑，合理选用运动副元素的材料等。

(5) 减少机械中因惯性力所引起的动载荷，可提高机械效率。特别是在机械设计阶段就应考虑其平衡问题。

习　　题

9-1　采用当量摩擦因数 f_v 及当量摩擦角 φ_v 有什么意义？

9-2　移动副、转动副中总反力的方向如何确定？

9-3　为什么三角螺纹常用于紧固连接，而矩形螺纹和梯形螺纹常用于传递运动和动力？

9-4　在转动副中，摩擦圆半径 ρ 的大小受哪些因素影响？无论什么情况，总反力始终与摩擦圆相切的说法是否正确？为什么？

9-5　串联机组和并联机组的机械效率各有什么特点？对设计机械传动系统有何启示？

9-6　机构正、反行程的机械效率是否相同？其自锁条件是否相同？为什么？

9-7　何谓机构的自锁？自锁的机械是否就不能运动？

9-8　如何从机械效率的角度解释机械的自锁现象？

9-9　如图 9-17 所示为一曲柄滑块机构的三个位置，$\boldsymbol{F}$ 为作用在滑块上的力，转动副 A 及 B 上所画的虚线小圆为摩擦圆，试确定在此三个位置时作用在连杆 AB 上的作用力的真实方向(构件重量及惯性力略去不计)。

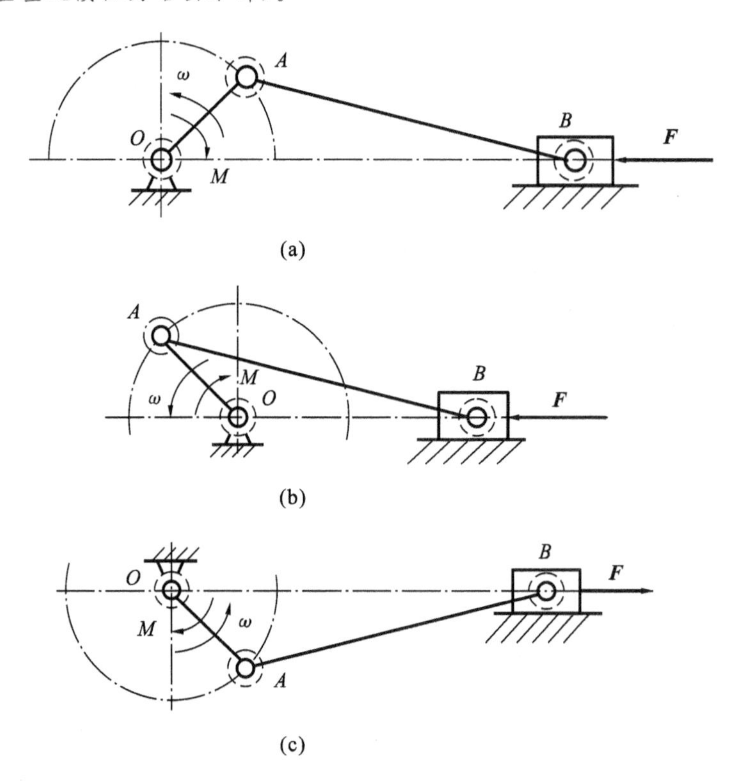

图 9-17　题 9-9 图

9-10　如图 9-18 所示的曲柄滑块机构中，已知曲柄 1 的长度 $l_1=125$ mm，连杆 2 的长度 $l_2=350$ mm，各转动副的轴颈直径均为 $d=20$ mm，各当量摩擦因数均为 $f_v=0.12$，滑块 3 与机架 4 之间的摩擦因数为 $f=0.15$，驱动力 $F=2$ kN。试求当 $\varphi=45°$ 时，作用在曲柄 1 上的工作阻力矩 M_f。

9-11　如图 9-19 所示的双滑块机构中，已知连杆 2 的长度 $l=200$ mm，转动副 A、B 处的轴颈直径 $d=20$ mm，各接触面的摩擦因数 $f=0.1$，滑块 3 上受到的载荷 $F_Q=200$ N。试求 $\beta=45°$ 时，使滑块 3 等速上升所需的水平驱动力 $\boldsymbol{F}$ 的大小。

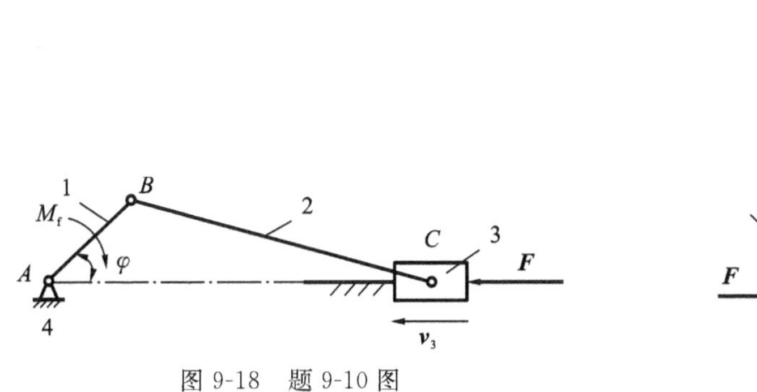

图9-18　题9-10图

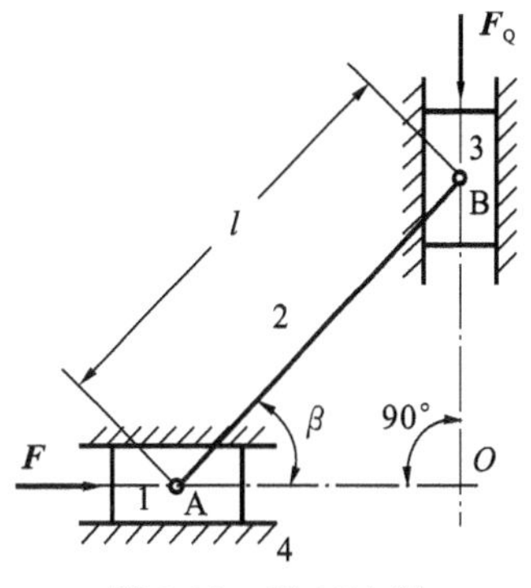

图9-19　题9-11图

9-12　如图9-20所示为一焊接用的楔形夹具，使用此夹具把两个需要焊接的工件1及1′预先夹紧，以便进行焊接。图中2为夹具体，3为楔块。若已知各接触面间的摩擦因数均为 f，试确定此夹具自锁的条件(即当夹紧后，楔块不会自动松退)。

9-13　如图9-21所示的传动系统示意图，电动机通过V带传动及圆锥、圆柱齿轮传动带动工作机A及B。设每对齿轮的效率 $\eta_1=0.97$(包括轴承的效率在内)，带传动的效率 $\eta_2=0.92$，工作机A、B的功率分别为 $P_A=5$ kW、$P_B=1$ kW，效率分别为 $\eta_A=0.8$、$\eta_B=0.5$，试求该系统的机械效率 η 及电动机所需的功率 P_d。

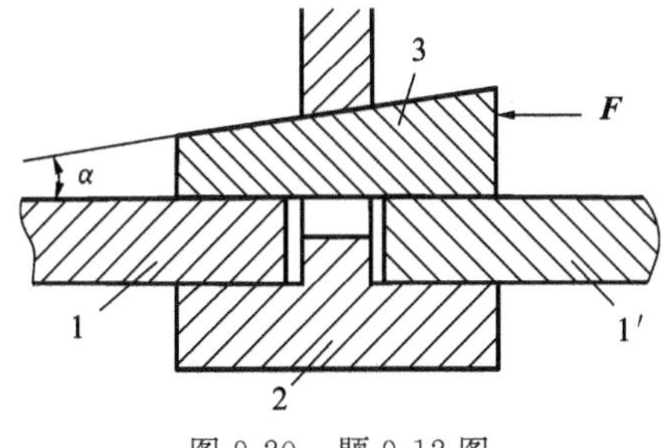

图9-20　题9-12图

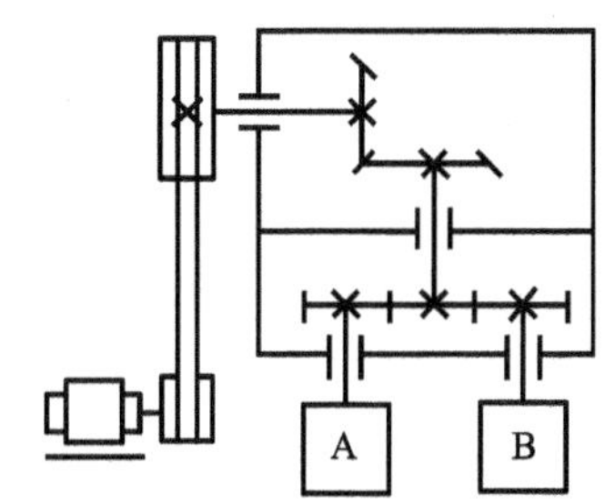

图9-21　题9-13图

第10章 机械系统动力学基础

内 容 提 要

本章主要研究在外力作用下机械的真实运动规律。主要介绍作用在机械上的驱动力和生产阻力,研究等效动力学模型的建立和机械运动方程的建立及其求解。最后介绍机械运转速度的波动及其调节方法。

10.1 概述

10.1.1 研究的内容和目的

前面我们从运动学角度研究机构时,认为机构的运动仅与机构中各构件的尺寸有关,并且总假设原动件作匀速运动。实际上,机械在运转时,构件的分布质量和尺寸、运动副的间隙、回转构件的不平衡、作用在机械系统上的驱动力和生产阻力的变化等都会引起机械的速度波动,影响机械的运转精度和动态性能。这些问题都属于机械动力学的研究范畴。而现代机械对高精度、高性能、低振动、低噪声等要求越来越高,有关机械动力学的问题也日益突出。

本章将从动力学角度,对单自由度机械系统的原动机运动规律及机械系统的真实运动规律进行分析研究,便于更准确地对机械系统进行运动分析和受力分析,这对新机器的设计,尤其是高速、重载、高精度的机械具有重要意义。

另外,机械运动过程中出现的速度波动,将会导致运动副中产生附加动载荷,引起机械的振动,从而会降低机械的寿命、效率和工作质量。所以,需要研究机械的运转速度波动及调节方法,使机械的转速在允许范围内波动,从而保证正常工作。

10.1.2 作用在机械上的外力

为了研究机械在外力作用下的真实运动规律,首先需要确定作用在机械上的外力。忽略各构件的重力、惯性力及各运动副间摩擦力的影响,一般情况下作用在机械上的外力包括驱动力和工作阻力。

1. 驱动力

凡是驱使机械产生运动的力称为驱动力(driving force),其特征是力与其作用点的速度方向相同或成锐角,所做的功为正功(positive work),称为输入功(driving work),用 W_d 表示。

驱动力一般由原动机提供,其变化规律取决于原动机的机械特性。通常将力(或力矩)

与运动参数（如位移、速度、时间等）之间的关系称为机械特性（mechanical behavior），这种关系也可用图形曲线来表示，称为特性曲线。驱动力按机械特性可以分为以下几种。

（1）驱动力为常量，如利用重锤的质量作驱动力时，其值为常数。

（2）驱动力为位移的函数，如利用蒸汽机、内燃机、弹簧力作驱动力时，其值为位移的函数。

（3）驱动力矩是角速度的函数，如电动机发出的驱动力矩均与其转子角速度有关。

现代机械广泛采用电动机作为原动机。图 10-1 所示为交流异步电动机的机械特性曲线，额定工作点在点 N 处，工作区域在 BC 段的点 N 附近，当电动机的工作速度升高时，驱动力矩减小；当速度降低时，驱动力矩就增大。

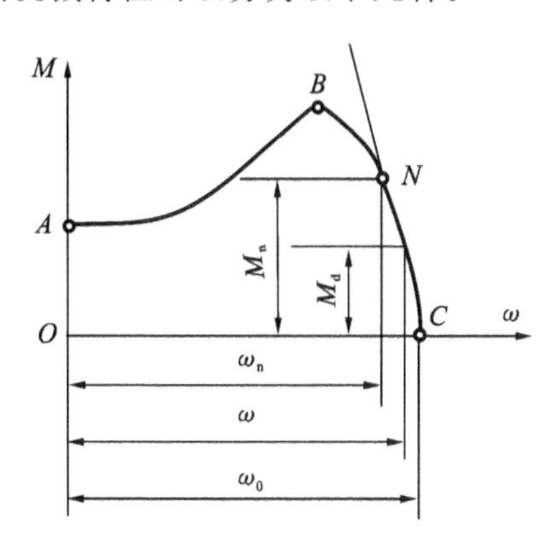

图 10-1　交流异步电动机特性曲线

根据实际工作条件将机械特性曲线在工作区域的部分曲线拟合成直线或抛物线，得到特性曲线的解析表达式。用一条通过点 N、点 C 的直线来近似代替曲线，则直线方程为

$$M_d = \frac{M_n}{\omega_0 - \omega_n}(\omega_0 - \omega) \tag{10-1}$$

式中：M_n 为电动机的额定转矩；ω_n 为电动机的额定角速度；ω_0 为电动机空载时的同步角速度。对于一台电动机，M_n、ω_n 和 ω_0 的值都是确定的，可由相关手册查得。可见，交流异步电动机所产生的驱动力矩为速度的函数。

2. 工作阻力

凡是阻止机械运动的力称为阻力（resistance），其特征是力与其作用点的速度方向相反或成钝角，所做的功为负功（negative work），称为阻抗功。

阻力可分为工作阻力和有害阻力两种。工作阻力又称为生产阻力，是机械为完成工作任务所受到的直接阻力，如机床的切削阻力、起重机的负载等。通常将克服生产阻力所做的功称为输出功或有益功（effective work），用 W_r 表示。有害阻力是机械在运转过程中受到的各种非生产阻力，如各构件的重力、惯性力及各运动副间摩擦力。通常，这些力所做的功对机械有害无益，称为损耗功（lost work），用 W_f 表示。一般情况下，有害阻力与工作阻力相比要小得多，常忽略不计。

工作阻力的变化规律取决于机械的不同工艺过程，按机械特性的不同，工作阻力常分为：

（1）工作阻力为常数，如车床、起重机、轧钢机等；

（2）工作阻力为位移的函数，如空气压缩机、曲柄压力机等；

（3）工作阻力为速度的函数，如鼓风机、离心泵、搅拌机等；

（4）工作阻力为时间的函数，如球磨机、磨面机等机械上的工作阻力。

驱动力和生产阻力的确定涉及许多专业知识，在研究实际的机械系统时，可查阅相关手册和资料。

10.1.3 机械的运转过程

通常，机械系统的运转从启动到停止需经历三个阶段：启动阶段、稳定运转阶段和停车阶段。图 10-2 所示为一般机械主轴(原动机)的角速度 ω 随时间 t 的变化曲线。

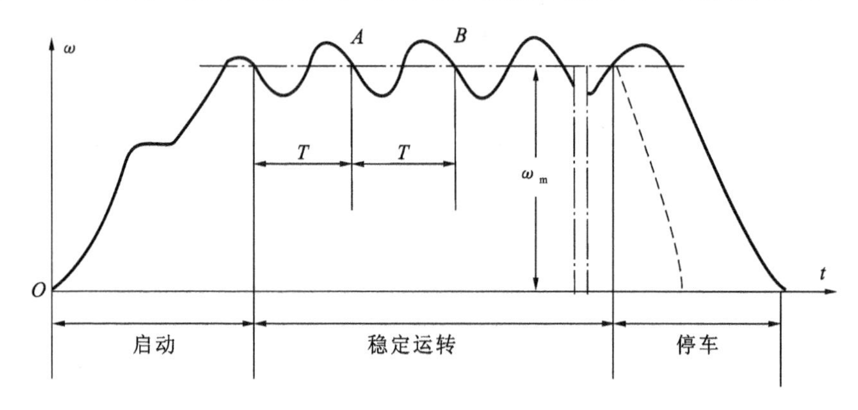

图 10-2 机械的运转过程

1. 启动阶段(starting period of machinery)

在启动阶段，原动机的角速度 ω 从零逐渐上升到某一稳定值 ω_m 。根据能量守恒定律，在这个阶段，外力所作的输入功 W_d 大于输出功 W_r 和损耗功 W_f 之和，即外力所做的功 ΔW 和机械系统的动能增量 ΔE 的关系为

$$\Delta W = W_d - W_r - W_f = \Delta E > 0 \tag{10-2}$$

2. 稳定运转阶段(steady motion period of machinery)

原动机的角速度 ω 稳定在某一数值 ω_m 后，机械由启动阶段进入稳定运转阶段。通常在这个阶段，ω 还会随时间 t 出现不大的周期性波动，即在一个周期 T 内的各个瞬间，ω 值会出现升降。但在一个周期的始末，其角速度 ω 值保持相等，动能保持相等，即在一个周期内，机械的输入功 W_d 和输出功 W_r 、损耗功 W_f 达到平衡，表示为

$$\Delta W = W_d - W_r - W_f = \Delta E = 0 \tag{10-3}$$

3. 停车阶段(stopping period of machinery)

当机械从稳定运转状态到完全停止运转的过程，就是停车阶段。这时，驱动力被撤去，即输入功 $W_d = 0$ ；机械系统也不工作了，即 $W_r = 0$ ；只有摩擦阻力继续工作，使得速度不断下降，直至存储的动能全部耗尽，机械完全停止运动。这时的功能关系满足：

$$\Delta W = -W_f = \Delta E < 0 \tag{10-4}$$

为了缩短停车时间和安全起见，经常在机械中安装制动装置，以增大损耗功 W_f ，制动时的运转曲线如图 10-2 虚线所示。

以上是常见机械系统的一般运转过程，启动阶段和停车阶段时间较短，称为机械运转的过渡阶段。稳定运转阶段时间很长，多数机械都是在这个过程中完成生产任务的。但对于具体机械，由于工作性质和驱动力、阻力特性不同也会有所不同，如冲压机的工作就是在停车阶段完成的。

10.2 机械的等效动力学模型

10.2.1 等效动力学模型的建立

因为组成机械的各个机构的运动是确定的，所以，对于单自由度的机械，只要知道其中一个构件的运动规律，其余所有构件的运动规律也就可以求出。但是，影响运动规律的因素很多，并且分散在各个构件上，因此，要求出构件的真实运动规律却比较复杂。如果能建立一个只包含一个构件的有关参数的方程，则会使对机械规律的研究大为简化。

根据质点系动能定理，对于一个单自由度的机械系统，不论其结构与组成怎样复杂，都可将其简化成一个等效构件(equivalent link)，并且使等效构件与原机械系统具有相同的动力学效果。这个等效构件就是原机械系统的等效动力学模型(equivalent dynamic models)。

为了使等效构件的运动和原机械系统中各构件的真实运动一致，需将所有构件的质量和转动惯量都转化为等效构件上的等效质量(equivalent mass)和等效转动惯量(equivalent moment of inertia)，并使转化前后的总动能不变；将作用于机械系统上的所有外力和外力矩都转化为等效构件上的等效力(equivalent force)和等效力矩(equivalent moment)，并使转化前后二者所做的功或产生的功率之和相等。

为了便于计算，通常将机械系统中最简单的构件作为等效构件，如作定轴转动的构件(如图10-3(a)所示的曲柄)或作往复直线运动的构件(如图10-3(b)所示的滑块)。

下面以图10-4所示的曲柄滑块机构为例，来研究等效动力学模型的建立方法及各等效量的求法。已知该机构在外力矩 M_1 和外力 F_3 的共同作用下工作，设曲柄1的质心 S_1 在点 O，角速度为 ω_1，转动惯量为 J_1；连杆2的质心为 S_2，质量为 m_2，其对质心 S_2 的转动惯量为 J_{S_2}，角速度为 ω_{S_2}，质心的速度为 v_2；滑块3的质心 S_3 在点 B，质量为 m_3，速度为 v_3。

则该机构具有的动能为

$$E=\frac{1}{2}J_1\omega_1^2+\frac{1}{2}J_{S_2}\omega_{S_2}^2+\frac{1}{2}m_2v_2^2+\frac{1}{2}m_3v_3^2 \tag{10-5}$$

该机构在外力和外力矩作用下所产生的功率之和为

$$P=M_1\omega_1+F_3v_3\cos\alpha \tag{10-6}$$

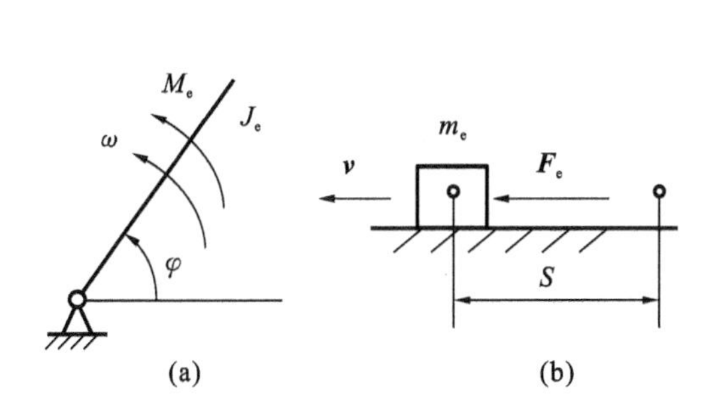

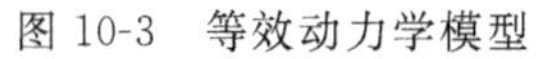
图10-3 等效动力学模型

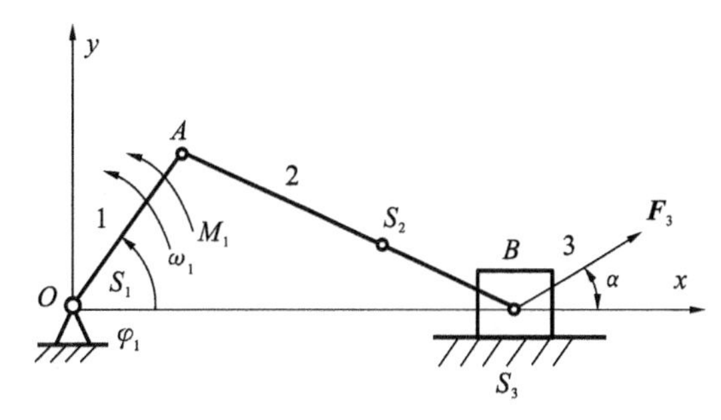

图10-4 曲柄滑块机构运动方程式的建立

10.2.2 等效力矩和等效力

1. 等效力矩

若以图 10-4 所示的曲柄 1 作为等效构件，设作用在曲柄 1 上的等效力矩为 M_e，角速度为 $\omega_e=\omega_1$，则等效构件的瞬时功率 P_e 满足

$$P_e=M_e\omega_1=M_1\omega_1+F_3v_3\cos\alpha \tag{10-7}$$

由此可求出等效力矩为

$$M_e=M_1(\omega_1/\omega_1)+F_3(v_3/\omega_1)\cos\alpha \tag{10-8}$$

由式(10-8)可知，如果一个机械系统由 n 个活动构件组成，并且作用在其上的外力矩为 M_i $(i=1,2,\cdots,n)$，M_i 所作用的构件的角速度为 ω_i；作用在其上的外力为 $F_j(j=1,2,\cdots,n)$，F_j 作用点的速度为 v_j，且 F_j 与 v_j 的夹角为 α_j。则等效力矩为

$$M_e=\sum_{i=1}^{n}\pm M_i(\omega_i/\omega)+\sum_{j=1}^{n}F_j(v_j/\omega)\cos\alpha_j \tag{10-9}$$

式中的"±"由 M_i 与 ω_i 的方向决定，二者相同时取"+"，反之取"−"。

2. 等效力

若以图 10-4 所示的滑块 3 为等效构件，设作用在滑块 3 上的等效力为 F_e，速度 $v_e=v_3$，则等效构件的瞬时功率 P_e 满足

$$P_e=F_ev_3=M_1\omega_1+F_3v_3\cos\alpha \tag{10-10}$$

由此可求出等效力为

$$F_e=M_1(\omega_1/v_3)+F_3(v_3/v_3)\cos\alpha \tag{10-11}$$

同理，可求出 n 个活动构件的等效力为

$$F_e=\sum_{i=1}^{n}\pm M_i(\omega_i/v)+\sum_{j=1}^{n}F_j(v_j/v)\cos\alpha_j \tag{10-12}$$

分析式(10-9)和式(10-12)可知：

(1) 等效力矩和等效力不仅与作用在各构件上的外力矩 M_i 和外力 F_j 有关，而且与各构件和等效构件的速比有关。因此，等效力矩和等效力可能是机构位置的函数，也可能是常数。

(2) 等效力矩和等效力与各构件的真实速度大小无关。所以，可以在不知道机械真实运动规律的情况下，求得等效力矩和等效力。

10.2.3 等效转动惯量和等效质量

1. 等效转动惯量

若以曲柄 1 为等效构件，设作用在曲柄 1 上的等效转动惯量为 J_e，角速度为 $\omega_e=\omega_1$，则等效构件所具有的动能满足

$$E=\frac{1}{2}J_e\omega_1^2=\frac{1}{2}J_1\omega_1^2+\frac{1}{2}J_{S_2}\omega_{S_2}^2+\frac{1}{2}m_2v_2^2+\frac{1}{2}m_3v_3^2 \tag{10-13}$$

由此可求出

$$J_e=J_1+J_{S_2}\left(\frac{\omega_{S_2}}{\omega_1}\right)^2+m_2\left(\frac{v_2}{\omega_1}\right)^2+m_3\left(\frac{v_3}{\omega_1}\right)^2 \tag{10-14}$$

由此可知，如果一个机械系统由 n 个活动构件组成，构件 i 上的质量为 $m_i(i=1,2,\cdots,n)$，其相对质心 S_i 的转动惯量 J_{S_i}，质心 S_i 的速度为 v_{S_i}，构件的角速度为 ω_i。若取某一转动构件为等效构件，则等效转动惯量为

$$J_e = \sum_{i=1}^{n}\left[m_i\left(\frac{v_{S_i}}{\omega}\right)^2 + J_{S_i}\left(\frac{\omega_i}{\omega}\right)^2\right] \tag{10-15}$$

2. 等效质量

若以滑块3为等效构件，设滑块3上的等效质量为 m_e，速度为 $v_e = v_3$，则等效构件所具有的动能满足：

$$E = \frac{1}{2}m_e v_3^2 = \frac{1}{2}J_1\omega_1^2 + \frac{1}{2}J_{S_2}\omega_{S_2}^2 + \frac{1}{2}m_2 v_2^2 + \frac{1}{2}m_3 v_3^2 \tag{10-16}$$

由此可求出等效质量为

$$m_e = J_1\left(\frac{\omega_1}{v_3}\right)^2 + J_{S_2}\left(\frac{\omega_{S_2}}{v_3}\right)^2 + m_2\left(\frac{v_2}{v_3}\right)^2 + m_3\left(\frac{v_3}{v_3}\right)^2 \tag{10-17}$$

同理，可求出 n 个活动构件的等效质量为

$$m_e = \sum_{i=1}^{n}\left[m_i\left(\frac{v_{S_i}}{v}\right)^2 + J_{S_i}\left(\frac{\omega_i}{v}\right)^2\right] \tag{10-18}$$

分析式(10-15)和式(10-18)可知：

(1) 等效转动惯量和等效质量不仅与各构件的质量 m_i 和转动惯量 J_{S_i} 有关，而且与各构件和等效构件的速比有关。因此，等效转动惯量和等效质量可能是机构位置的函数，也可能是常数。

(2) 等效转动惯量和等效质量与各构件的真实速度大小无关。所以，可以在不知道机械真实运动规律的情况下，求得等效转动惯量和等效质量。

以后为了书写简单，在不致混淆的情况下，等效动力学模型中的物理量均省去下标"e"，如用 M 表示 M_e。

10.3 机械运动方程式

10.3.1 机械运动方程式的建立

建立了机械系统的等效动力学模型，求出等效力(或等效力矩)及等效质量(或等效转动惯量)后，要求出在已知外力作用下机械的真实运动规律，还必须建立外力与运动参数间的函数表达式——机械的运动方程式。机械运动方程式有动能形式和力矩(或力)两种形式，下面以转动构件作等效构件进行讨论。

1. 能量形式的运动方程式

机械运转时，任意 dt 时间内，所有外力所作的元功 dW 等于机械系统的动能增量 dE，即 $dW = dE$。对于等效回转构件有

$$dW = M(\varphi)\omega dt = M(\varphi)d\varphi = [M_d(\varphi) - M_r(\varphi)]\,d\varphi$$

$$dE = d\left(\frac{1}{2}J(\varphi)\omega^2\right)$$

$$d\left(\frac{1}{2}J(\varphi)\omega^2\right)=M(\varphi)\omega dt=M(\varphi)d\varphi=[M_d(\varphi)-M_r(\varphi)]\,d\varphi \tag{10-19}$$

式中：M_d 为作用在机械中的所有驱动力的等效力矩；M_r 为作用在机械中的所有阻力的等效力矩。

对式(10-19)积分后，得能量形式方程式：

$$\frac{1}{2}J\omega^2-\frac{1}{2}J_0\omega_0^2=\int_{\varphi_0}^{\varphi}Md\varphi=\int(M_d-M_r)d\varphi=W_d-W_r \tag{10-20}$$

式中：φ_0 和 φ 为等效构件在所研究的任一区间开始和结束时的角位移；ω_0 和 ω 为等效构件在所研究的任一区间开始和结束时的角速度。

2. 力矩形式的运动方程式

将式(10-19)改写为

$$M=\frac{d\left(\frac{1}{2}J\omega^2\right)}{d\varphi} \tag{10-21}$$

分别对 J 和 ω 求导后得

$$M=J\frac{d\omega}{dt}+\frac{\omega^2}{2}\frac{dJ}{d\varphi} \tag{10-22}$$

当取移动构件作等效构件时，用同样的方法可得到类似式(10-19)～式(10-22)的动能形式和力形式的机械运动方程式。

10.3.2 机械运动方程式的求解

建立了机械运动方程式后，便可依此求出已知力作用下的机械的真实运动了。作用在机械上的驱动力和阻力可能是常数、也可能是位移、速度、时间的单元函数或多元函数，情况不同，解法也不同。所以，研究已知力作用下的机械的真实运动规律必须分不同情况加以处理。下面介绍几种求解方法。

1. 等效转动惯量 J =常数，等效力矩 M =常数

这种情况常见于载荷恒定，且组成机械系统的各机构都具有定传动比的场合。这时宜采用力矩形式的方程式求解。

由式(10-22)可知：

当 $J=$ 常数时，$M=J\dfrac{d\omega}{dt}=J\varepsilon$；当 $M=$ 常数时，$\varepsilon=\dfrac{d\omega}{dt}=\dfrac{M}{J}=$ 常数。

【例 10-1】 如图 10-5 所示为一机床主传动系统示意图，电动机经一级带传动和二级齿轮传动驱动主轴Ⅲ。已知直流电动机的转速 $n_0=1500$ r/m，带轮直径分别为 $d=100$ mm，$D=200$ mm，带轮的转动惯量分别为 $J_d=0.1\ \text{kg}\cdot\text{m}^2$，$J_D=0.3\ \text{kg}\cdot\text{m}^2$，各齿轮的齿数及其转动惯量分别为 $z_1=32$，$J_1=0.1\ \text{kg}\cdot\text{m}^2$；$z_2=56$，$J_2=0.1\ \text{kg}\cdot\text{m}^2$；$z_3=32$，$J_3=0.1\ \text{kg}\cdot\text{m}^2$；$z_4=56$，$J_4=0.25\ \text{kg}\cdot\text{m}^2$。要求在切断电源后两秒钟，利用装在轴Ⅰ上的制动器制动整个传动系统，试求所需的制动力矩 M_f。

解 取轴Ⅰ为等效构件。

先根据式(10-15)求等效转动惯量

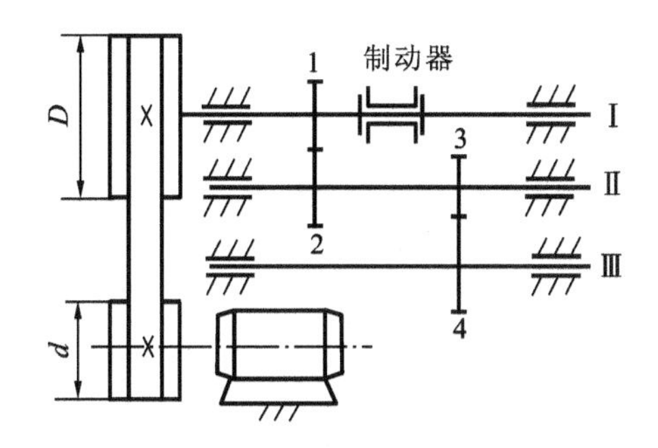

图 10-5 机床主传动系统示意图

$$
\begin{aligned}
J_e &= J_1 + J_D + J_d \left(\frac{\omega_0}{\omega_1}\right)^2 + (J_2 + J_3)\left(\frac{\omega_2}{\omega_1}\right)^2 + J_4\left(\frac{\omega_4}{\omega_1}\right)^2 \\
&= J_1 + J_D + J_d \left(\frac{D}{d}\right)^2 + (J_2 + J_3)\left(\frac{z_1}{z_2}\right)^2 + J_4\left(\frac{z_1 z_3}{z_2 z_4}\right)^2
\end{aligned}
$$

将各已知量代入后求得 $J = 0.925\ \text{kg}\cdot\text{m}^2$

由已知条件可知，轴Ⅰ的初速度

$$\omega_1 = \frac{2\pi n_1}{60} = \frac{2\pi n_0}{60}\cdot\frac{d}{D} = \frac{2\pi\times1500}{60}\cdot\frac{100}{200}\ \text{rad/s} = 78.54\ \text{rad/s}$$

制动后的末速度 $\omega = 0$ ，所以

$$\varepsilon = \frac{\omega - \omega_1}{t} = \frac{0 - 78.54}{2}\ \text{rad/s}^2 = -39.27\ \text{rad/s}^2$$

由题可知，制动时电源已经切断，故 $M_D = 0$ ，$M_r = M_f$ ，所以根据力矩形式的运动方程式

$$M = M_d - M_f = 0 - M_f = J\frac{\mathrm{d}\omega}{\mathrm{d}t} = J\varepsilon$$

则 $M_f = -J\varepsilon = -0.925\times(-39.27)\ \text{N}\cdot\text{m} = 36.32\ \text{N}\cdot\text{m}$

由此可知，要使系统在两秒钟内制动，至少需加 36.32 N·m 的制动力矩。

2. 等效转动惯量 J=常数，等效力矩 M 为等效构件的速度函数

电动机驱动的鼓风机、搅拌机等机械系统就属于这种情况。电动机所提供的驱动力矩一般是速度的函数，鼓风机、搅拌机的工作阻力为常数或速度的函数，而其等效转动惯量却是常数。这时宜采用力矩形式的方程式求解。

当 J = 常数 时，式(10-22)可演变为

$$M(\omega) = M_d(\omega) - M_r(\omega) = J\frac{\mathrm{d}\omega}{\mathrm{d}t}$$

转换后的 $\mathrm{d}t = J\dfrac{\mathrm{d}\omega}{M(\omega)}$

对上式积分后得 $t = t_0 + J\displaystyle\int_{\omega_0}^{\omega}\frac{\mathrm{d}\omega}{M(\omega)}$

当 $M(\omega) = a + b\omega$ 时，可求得 t 值大小，即

$$t = t_0 + J\int_{\omega_0}^{\omega}\frac{\mathrm{d}\omega}{a + b\omega} = t_0 + \frac{J}{b}\ln\frac{a + b\omega}{a + b\omega_0} \tag{10-23}$$

可进一步求得转动的角度 φ，过程如下。

因为
$$\omega = \frac{d\varphi}{dt}$$

则有
$$\omega = \frac{d\omega}{d\varphi} = \frac{d\omega}{dt} = d\varepsilon$$

$$J\omega \frac{d\omega}{d\varphi} = J\,d\varepsilon = M(\omega) = a + b\omega$$

$$d\varphi = J\,\frac{\omega d\omega}{a + b\omega}$$

对两边进行积分后得

$$\varphi = \varphi_0 + \frac{J}{b}(\omega - \omega_0) - \frac{a}{b}\ln\frac{a + b\omega}{a + b\omega_0} \tag{10-24}$$

【例 10-2】 一个交流异步电动机驱动的大型转子(见图 10-6)，其转动惯量 $J=100\ \mathrm{kg \cdot m^2}$，电动机的额定功率 $N_n=28\ \mathrm{kW}$，额定转速 $n_n=975\ \mathrm{r/m}$，空载时同步转速 $n_0=1000\ \mathrm{r/m}$，转子轴承系统的摩擦力矩 $M_f=200\ \mathrm{N \cdot m}$。设电动机在额定转速下稳定运转，求转子启动到额定转速时所需的时间 t。

解 由题可知，等效转动惯量为常数，所以选用力矩形式的运动方程式求解。

(1) 先求电动机提供的驱动力矩 M_d 。

由已知条件可求得

$$M_n = 9550\,\frac{N_n}{n_n} = 9550\,\frac{28}{975}\ \mathrm{N \cdot m} = 274.26\ \mathrm{N \cdot m}$$

$$\omega_0 = \frac{2\pi n_0}{60} = \frac{2\pi \times 1000}{60}\ \mathrm{rad/s} = 104.72\ \mathrm{rad/s}$$

$$\omega_n = \frac{2\pi n_n}{60} = \frac{2\pi \times 975}{60}\ \mathrm{rad/s} = 102.10\ \mathrm{rad/s}$$

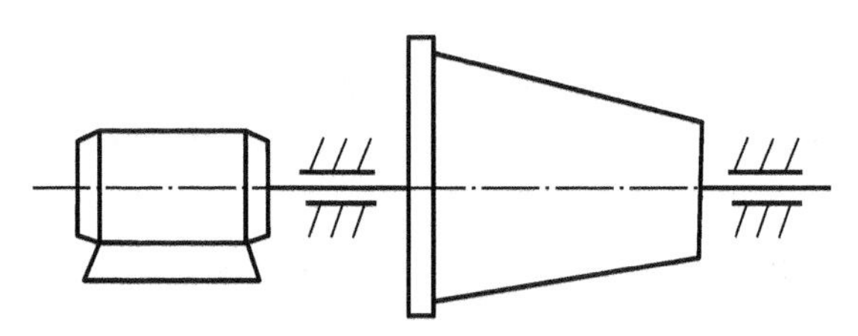

图 10-6 交流异步电动机驱动的大型转子

再由式(10-1)求得

$$M_d = \frac{M_n}{\omega_0 - \omega_n}(\omega_0 - \omega) = \frac{274.26}{104.72 - 102.10}(104.72 - \omega) = 10962 - 104.68\omega$$

(2) 求等效驱动力矩 $M(\omega)$ 。

由题可知，空载启动时的阻力矩 $M_r = M_f = 200\ \mathrm{N \cdot m}$ 。所以

$$M(\omega) = M_d(\omega) - M_r(\omega) = 10962 - 104.68\omega$$

(3) 由式(10-23)求时间 t。

由题可知，$t_0=0$，$\omega_0=0$，$\omega=\omega_n=102.10\ \mathrm{rad/s}$，$J=100\ \mathrm{kg \cdot m^2}$，所以

$$t = t_0 + J\int_{\omega_0}^{\omega}\frac{d\omega}{a+b\omega} = t_0 + \frac{J}{b}\ln\frac{a+b\omega}{a+b\omega_0}$$

$$= 0 + \frac{100}{-104.68}\ln\frac{10962-104.68\times102.10}{10962} = 4.75\ \text{s}$$

所以,从转子启动到额定转速需要 4.75 s 的时间。

3. 等效力矩 M 和等效转动惯量 J 均为等效构件的位置函数

内燃机驱动活塞式压缩机的机械系统就属于这种情况。这时宜采用能量形式的运动方程式求解。

由式(10-21)可得

$$\omega = \sqrt{\frac{J_0}{J}\omega_0^2 + \frac{2}{J}\int_{\varphi_0}^{\varphi}M\mathrm{d}\varphi} \tag{10-25}$$

因为 $\omega = \frac{\mathrm{d}\varphi}{\mathrm{d}t}$,所以 $\mathrm{d}t = \frac{\mathrm{d}\varphi}{\omega}$,将该式进行变换并积分可得

$$\int_{t_0}^{t}\mathrm{d}t = \int_{\varphi_0}^{\varphi}\frac{\mathrm{d}\varphi}{\omega}$$

即

$$t = t_0 + \int_{\varphi_0}^{\varphi}\frac{\mathrm{d}\varphi}{\omega} \tag{10-26}$$

将式(10-25)和式(10-26)联立求解,消去 φ,即可求得角速度函数 $\omega = \omega(t)$ 。等效构件的角加速度 ε 可按下式求解:

$$\varepsilon = \frac{\mathrm{d}\omega}{\mathrm{d}t} = \frac{\mathrm{d}\omega}{\mathrm{d}\varphi}\cdot\frac{\mathrm{d}\varphi}{\mathrm{d}t} = \frac{\mathrm{d}\omega}{\mathrm{d}\varphi}\omega \tag{10-27}$$

求得构件的角速度 ω 和角加速度 ε 后,整个机械系统的真实运动情况即可求得。

10.4　周期性速度波动

10.4.1　周期性速度波动产生的原因

机械系统进入稳定运转状态后,当作用在机械上的等效驱动力矩 M_d 或等效阻力矩 M_r 呈周期性变换,其速度将发生周期性波动。这种波动将会在运动副中产生附加动载荷,引起机械的振动,从而会降低机械的寿命和效率。另外,过大的速度波动对某些机械的工作不利,如发动机组转速的波动会使电压或频率不稳定,切削机床的转速波动将降低零件表面的加工精度,冲床的速度波动过大会使驱动电动机过载和发热。所以,要设法对机械系统的速度波动进行调节,将其控制在允许的范围内,以保证正常工作。

如图 10-7(a)所示为某一机械的稳定运转过程,等效构件在稳定运转的一个周期 φ_T 内受到等效驱动力矩 $M_\mathrm{d}(\varphi)$ 与等效阻力矩 $M_\mathrm{r}(\varphi)$ 的变化曲线。

可以看出,等效构件转过任意角度 φ 时,等效驱动力矩和等效阻力矩所做功的差值是变化的,即

$$\Delta W = \int_{\varphi_0}^{\varphi}(M_\mathrm{d} - M_\mathrm{r})\mathrm{d}\varphi$$

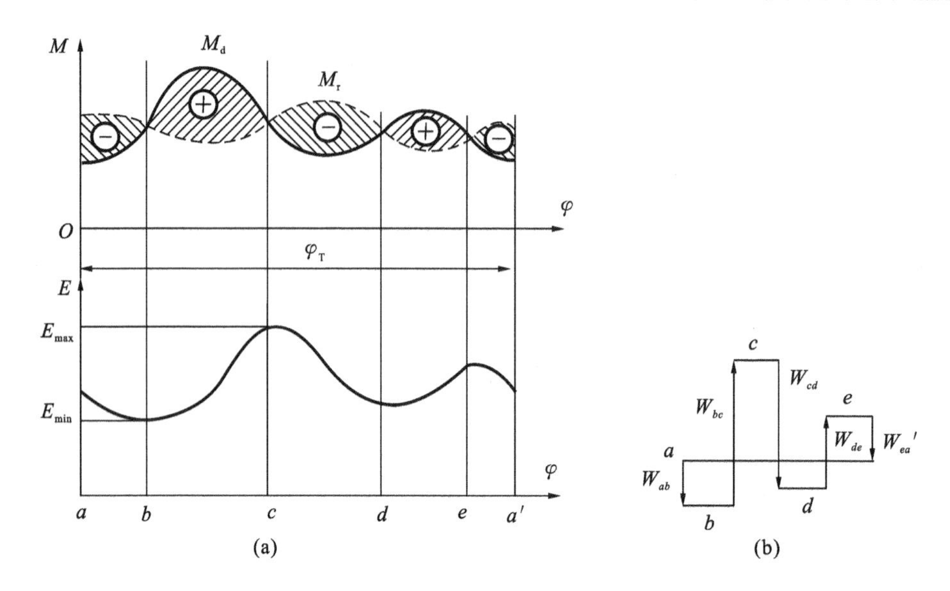

图 10-7　机械运转功能曲线

当 ΔW 为正值时外力对机械系统做正功，称为盈功(increment of work)，如图 10-7 中的 bc 段和 de 段，这时系统动能将增加，速度也增加；当 ΔW 为负值时外力对机械系统做负功，称为亏功(decrement of work)，如图 10-7 中的 ab 段、cd 段和 ea' 段，系统动能将减小，速度也减小。图 10-7(b)所示为机械系统的动能变化曲线。可见，经过一个周期后，系统的动能增量为零，速度也恢复到周期初始时的大小。同时，在稳定运转过程中机械速度呈周期性速度波动。

10.4.2　衡量速度波动程度的参数

1. 平均角速度 ω_m

周期性运转的机器在一个周期内主轴的角速度是绕某一角速度变化的，这一角速度称为平均角速度 ω_m 。如图 10-8 所示为等效构件在一个周期内角速度的变化，其平均角速度 ω_m 可用式(10-28)计算：

$$\omega_m = \frac{\int_0^{\varphi_T} \omega \mathrm{d}t}{\varphi_T} \tag{10-28}$$

工程上为简化计算，一般都是以主轴的最大角速度 ω_{max} 和最小角速度 ω_{min} 的算术平均值作为机械的平均角速度，即

$$\omega_m = \frac{\omega_{max} + \omega_{min}}{2} \tag{10-29}$$

ω_m 也可以通过查机械铭牌上的转速 n(r/min)进行换算得到。

2. 速度不均匀系数 δ

由图 10-8 可知，等效构件的角速度波动幅度可由构件上的最大角速度与最小角速度差值 $\omega_{max} - \omega_{min}$ 表示，但它并不能表示机械运转的速度不均匀程度。这是因为当 $\omega_{max} - \omega_{min}$ 的值相同时，角速度波动幅度对低速机械运转性能的影响比对高速机械运转性能的影响要大。

工程上常以角速度的最大变化量和平均角速度的比值(即速度不均匀系数 δ)表示速度波动的程度。速度不均匀系数(coefficient of non-uniformity of operating velocity of machinery)δ 的数学公式表示如下：

$$\delta=\frac{\omega_{\max}-\omega_{\min}}{\omega_{m}} \tag{10-30}$$

设计时，为了使速度的波动不至于影响机器的正常运行，常对 δ 进行限制，即

$$\delta \leqslant [\delta] \tag{10-31}$$

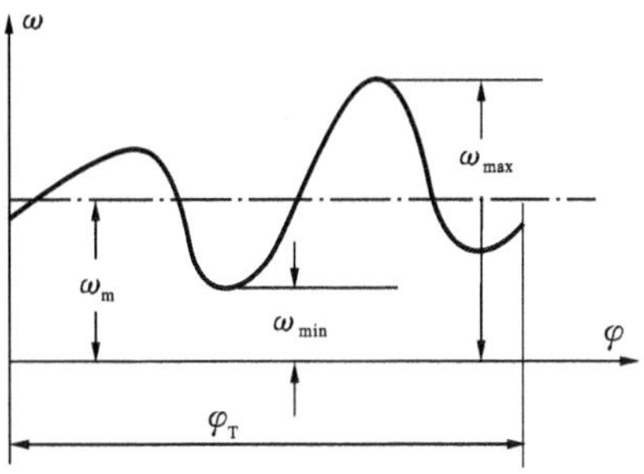

图 10-8　一个周期内角速度的变化

式中：$[\delta]$ 为机械系统的速度不均匀系数许用值。不同类型的机械所允许的速度波动程度不同，表 10-1 列出了几种常用机械的速度不均匀系数许用值。

表 10-1　常用机械的速度不均匀系数许用值 $[\delta]$

机械名称	交流发电机	直流发电机	纺纱机	汽车、拖拉机	造纸机、织布机
$[\delta]$	$\frac{1}{300}\sim\frac{1}{200}$	$\frac{1}{200}\sim\frac{1}{100}$	$\frac{1}{100}\sim\frac{1}{60}$	$\frac{1}{60}\sim\frac{1}{20}$	$\frac{1}{50}\sim\frac{1}{40}$
机械名称	水泵、鼓风机	金属切削机床	轧压机	碎石机	冲床、剪床
$[\delta]$	$\frac{1}{50}\sim\frac{1}{30}$	$\frac{1}{40}\sim\frac{1}{30}$	$\frac{1}{25}\sim\frac{1}{10}$	$\frac{1}{20}\sim\frac{1}{5}$	$\frac{1}{10}\sim\frac{1}{7}$

10.4.3　周期性速度波动的调节

周期性速度波动的调节方法一般是在机械系统中安装一个具有很大转动惯量的圆形回转构件——飞轮(flywheel)。

1. 基本原理

假设某一机械系统的运转功能曲线图如图 10-7 所示，等效转动惯量 J_e 为常数，则当 $\varphi=\varphi_b$ 时，$E=E_{\min}$，$\omega=\omega_{\min}$；$\varphi=\varphi_c$ 时，$E=E_{\max}$，$\omega=\omega_{\max}$。很显然，在一个周期内，当速度由 $\omega_{\min}$ 上升到 $\omega_{\max}$ 时，机械系统的盈亏功达到最大值，该值的大小为

$$\Delta W_{\max}=E_{\max}-E_{\min}=\frac{1}{2}J_e(\omega_{\max}^2-\omega_{\min}^2) \tag{10-32}$$

根据式(10-29)和式(10-30)，可求得

$$\Delta W_{\max}=J_e\omega_m^2\delta \tag{10-33}$$

转换后求得速度不均匀系数 δ 为

$$\delta=\frac{\Delta W_{\max}}{J_e\omega_m^2} \tag{10-34}$$

如果在机械系统中安装一个转动惯量为 J_F 的飞轮，则系统的速度不均匀系数 δ 为

$$\delta=\frac{\Delta W_{\max}}{(J_e+J_F)\omega_m^2} \tag{10-35}$$

可见，装上飞轮后机械系统的总转动惯量增加了，速度不均匀系数 δ 也减小了。对于某

一个具体的机械而言，在稳定工作时，其最大盈亏功 $\Delta W_{\max}$ 和平均角速度 ω_m 及转动惯量 J_e 都是确定的，因此由式(10-35)可知，在机械上安装一个具有足够大的转动惯量 J_F 的飞轮后，可以使 δ 下降到许可的范围之内，满足工程的需要，从而达到调节机械速度波动的目的。

实质上，飞轮在机械中的作用相当于是一个能量储存器。当机械系统出现盈功时，它以动能的形式将多余的能量储存起来，以减小速度上升的幅度；当机械系统出现亏功时，它将存储的能量释放出来，以减小速度下降的幅度。

2. 飞轮转动惯量 J_F 的计算

由式(10-35)可求得

$$J_F = \frac{\Delta W_{\max}}{\delta \omega_m^2} - J_e \tag{10-36}$$

通常 $J_e \ll J_F$，则式(10-36)可简写为

$$J_F = \frac{\Delta W_{\max}}{\delta \omega_m^2} \tag{10-37}$$

若将式(10-37)中的平均角速度 ω_m 用额定转速 n(r/min)表示，则式(10-37)又可写为

$$J_F = \frac{900\Delta W_{\max}}{\delta \pi^2 n^2} \tag{10-38}$$

因为设计时需满足 $\delta \leqslant [\delta]$，所以

$$J_F = \frac{900\Delta W_{\max}}{\delta \pi^2 n^2} \geqslant \frac{900\Delta W_{\max}}{[\delta] \pi^2 n^2} \tag{10-39}$$

由式(10-39)可知：

(1) 当 $\Delta W_{\max}$ 和 δ 一定时，飞轮转动惯量 J_F 与其转速 n 的平方成反比。也就是说，转速 n 越高，飞轮转动惯量 J_F 就越小。所以为了减小飞轮尺寸，飞轮应该安装在高速轴上。

(2) 当飞轮转动惯量 J_F 与其转速 n 一定时，$\Delta W_{\max}$ 和 δ 成正比。也就是说，机械系统运转越不均匀，$\Delta W_{\max}$ 就越大。

(3) 加装飞轮只能使波动程度下降。当 $[\delta]$ 取值过小时，飞轮会过大。过分追求机械运转的均匀性，会使飞轮笨重，成本增加，通常也不可能依靠加大飞轮的转动惯量使机械系统的运转绝对均匀。

3. 飞轮尺寸的确定

飞轮的形状和尺寸常根据其转动惯量的大小来确定。当飞轮的转动惯量较大时，常将飞轮做成轮状，如图 10-9 所示，它由轮缘、轮辐和轮毂组成。与轮缘相比，轮毂和轮辐的转动惯量小得多(约占全部转动惯量的 15%)，所以为简化计算，常常忽略不计。

设轮缘的质量为 m，轮缘的外径和内径分别为 D_1 和 D_2，则轮缘的转动惯量 J_F 为

$$J_F = \frac{m}{2}\left(\frac{D_1^2 + D_2^2}{4}\right) = \frac{m}{8}(D_1^2 + D_2^2) \tag{10-40}$$

又因为轮缘的厚度 H 比平均直径 $D = \frac{D_1 + D_2}{2}$ 小很多，所以轮缘的质量又可近似集中在平均直径上，故式(10-40)又可近似为

$$J_F = \frac{mD^2}{4} \tag{10-41}$$

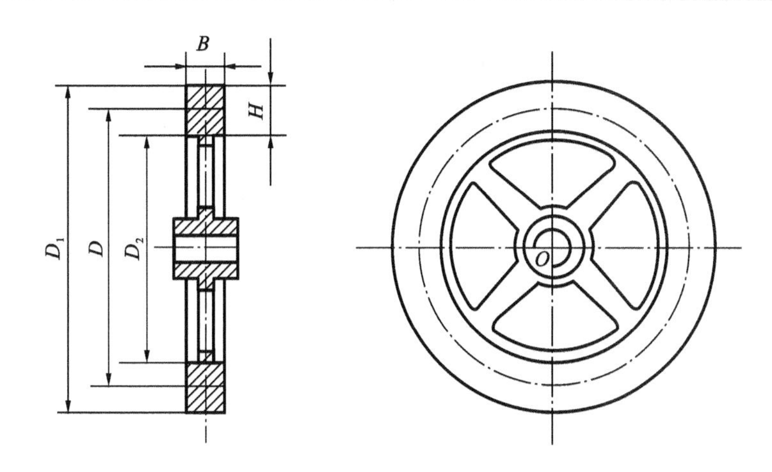

图 10-9 轮状飞轮

转换后得

$$mD^2 = 4J_F \tag{10-42}$$

式中：mD^2 称为飞轮矩(moment of flywheel)或飞轮特性，其单位为 $kg \cdot m^2$，不同结构的飞轮，其飞轮矩可从设计手册中查得。所以当飞轮轮缘的平均直径 D 确定后，即可求出飞轮的质量 m。选择轮缘的平均直径 D 时，需要考虑飞轮的安装空间，还要考虑飞轮的圆周速度不能过大，以免轮缘因离心力过大而破裂。

当轮缘宽度为 B，材料的密度为 ρ，则飞轮质量 m 又可表示为

$$m = \pi DHB\rho \tag{10-43}$$

转换后可求得

$$HB = \frac{m}{\pi D\rho} \tag{10-44}$$

所以当飞轮的材料和 H/B 值确定后，即可求出轮缘的剖面尺寸 H 和 B 值。一般取 $H/B = 1.5 \sim 2$，飞轮直径小时取大值，反之取小值。

当飞轮的转动惯量较小时，常做成实心盘状式，如图 10-10 所示。设飞轮的质量为 m，外径为 D，宽度为 B，则其转动惯量 J_F 为

$$J_F = \frac{m}{2}\left(\frac{D}{2}\right)^2 = \frac{mD^2}{8} \tag{10-45}$$

转换后得

$$mD^2 = 8J_F \tag{10-46}$$

又设材料的密度为 ρ，宽度为 B，则飞轮质量为

$$m = \frac{\pi D^2}{4}B\rho \tag{10-47}$$

于是

$$B = \frac{4m}{\pi D^2 \rho} \tag{10-48}$$

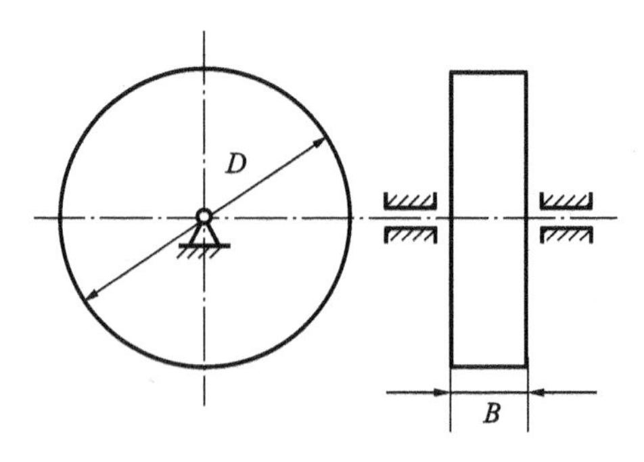

图 10-10　盘状飞轮

10.5　非周期性速度波动简介

许多机械在运转过程中，驱动力和生产阻力呈非周期性变化，甚至发生突变，使得系统的输入功、输出功在一个运转周期内所做的功不再相等，破坏了运转的平衡条件，导致机器主轴出现非周期性速度波动。如由内燃机驱动的发电机组中，由于用电负荷的突然减少，导致发电机组中的阻抗力也突然减小，而内燃机提供的驱动力矩却未改变，就会导致发电机转子的转速升高，严重时将会出现"飞车"现象。反之，若用电负荷突然增加，将导致发电机组中的阻抗力也随之增加，而内燃机提供的驱动力矩却未改变，就会导致发电机转子的转速降低；如果用电负荷继续增加，将导致发电机转子的转速继续降低，直至发生"停车"事故。

机械系统中的速度波动没有周期性，不能用安装飞轮的方法进行速度波动的调节，需要用专门的调速器来进行速度调节。调速器的种类很多，下面介绍一种最简单的机械式离心调速器。

如图 10-11 所示为内燃机驱动的发电机组中的机械式离心调速器结构示意图。调速器由两个对称的摇杆滑块机构（由构件 2、3、5、6 组成）组成，套筒 2（相当于滑块）可沿内燃机主轴 1 上下移动，摇杆 5 的末端装有重球 4，调速器通过套筒 6 安装在机械主轴 1 上。

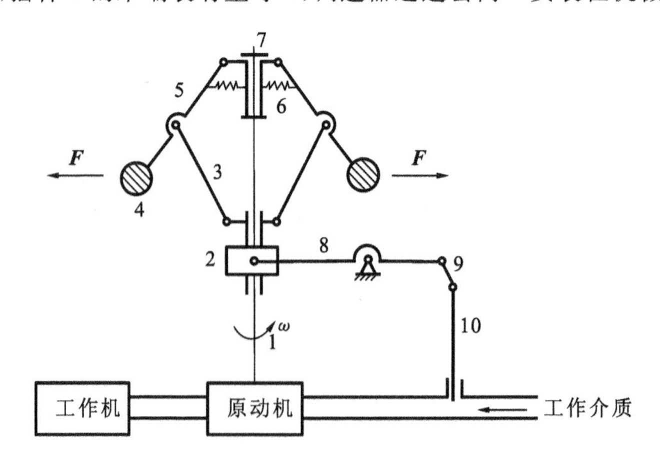

图 10-11　机械式离心调速器

当内燃机稳定运转时，重球4在离心力 $\boldsymbol{F}$ 和弹簧力的作用下处于平衡状态，使套筒处于某一确定位置。当内燃机的负荷突然减小时，驱动力大于阻力，主轴1的速度增加，安装在摇杆5末端的重球4所产生的离心惯性力 $\boldsymbol{F}$ 使构件3张开，并带动套筒2往上移，再通过构件8的杠杆作用，使得活门10下降而减少工作介质(可燃气体)的进入量，从而减小内燃机的驱动力，套筒经过多次振荡后，停留在固定位置，使机械在略低的转速下达到新的平衡状态。反之，当负荷突然增大造成机械主轴转速下降时，调速器的重球所受的离心惯性力也随之减小，重球往里靠近，套筒2下降，活门10提升，加大了工作介质的供应量，使驱动力增大而与负载相适应，使机械在略高的转速下重新获得平衡。

习　题

10-1　机械系统的运转通常需要经历哪些阶段？试分别写出这几个阶段的功能表达式，并说明原动件角速度的变化情况。

10-2　等效转动惯量和等效转动力矩的等效条件分别是什么？试写出求等效转动惯量的一般表达式。如果不知道机构的真实的运动，能否求得其等效转动惯量？为什么？

10-3　什么情况下机械才会作周期性速度波动？速度波动如何调节？

10-4　飞轮为什么可以调速？能否利用飞轮来调节非周期性速度波动？为什么？

10-5　如图10-12所示的轮系中，已知各齿轮的齿数 $z_1=z'_2=20$，$z_2=z_3=40$，各齿轮绕质心轴的转动惯量 $J_1=J'_2=0.01\ \mathrm{kg\cdot m^2}$，$J_2=J_3=0.04\ \mathrm{kg\cdot m^2}$。作用在轴 O_3 上的阻力矩 $M_3=40\ \mathrm{N\cdot m}$。求：当取齿轮1为等效构件时机构的等效转动惯量。

10-6　如图10-13所示的正弦机构，已知 $l_{AB}=50\ \mathrm{mm}$，移动导杆3的质量 $m_3=0.4\ \mathrm{kg}$，作用在导杆3上的工作阻力 $F_3=20\ \mathrm{N}$。如选曲柄1为等效构件，试分别求出当 $\varphi_1=45°$ 和 $\varphi_1=90°$ 时，导杆3的质量 m_3 和工作阻力 $\boldsymbol{F}_3$ 折算到曲柄1上的等效转动惯量和等效阻力矩。

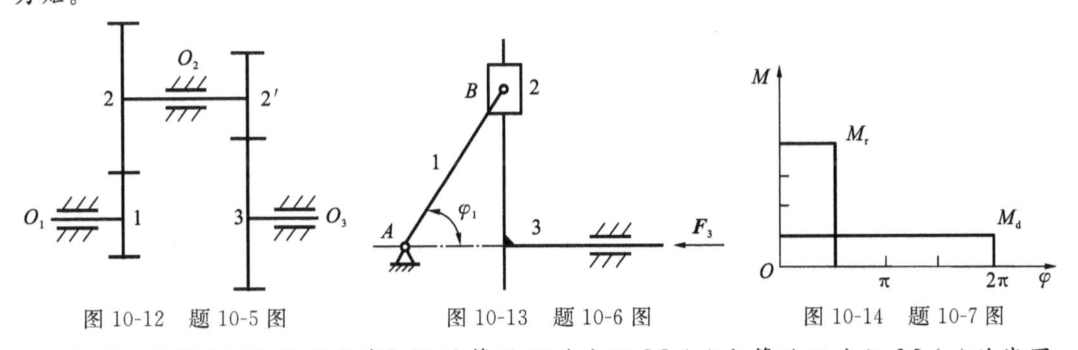

图10-12　题10-5图　　图10-13　题10-6图　　图10-14　题10-7图

10-7　如图10-14所示为某机器的等效驱动力矩 $M_d(\varphi)$ 和等效阻力矩 $M_r(\varphi)$ 的线图，其等效转动惯量为常数，试求该机器在主轴位置角 φ 为多少时，主轴角速度分别达到最大值 ω_{max} 和最小值 ω_{min}。

10-8　如图10-15(a)所示的 AB 为某一机器的主轴，在机器稳定运转时，一个运动循环对应的转角 $\varphi_T=2\pi$，等效驱动力矩 M_d 以及转化转动惯量 J 均为常数，等效阻力矩 M_r 的变化如图10-15(b)所示。试求：

(1) M_d 的大小；

(2) 当主轴转角从 $\varphi_0=0$ 至 $\varphi_1=7\pi/8$ 时，求 M_d 与 M_r 所作的盈亏功(剩余功)W；

(3) 若 $\omega_0=20$ rad/s，$J=0.01$ kg·m^2，当主轴由 φ_0 转至 φ_1 时的主轴角速度 ω_1。

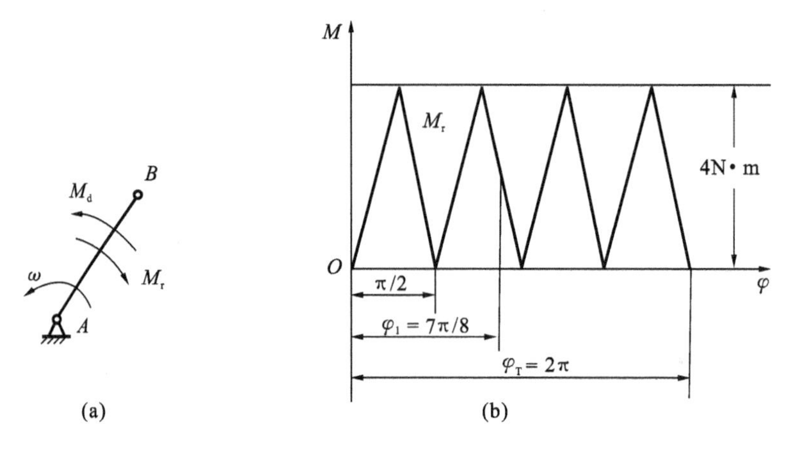

图 10-15 题 10-8 图

10-9 某内燃机的曲柄输出力矩 M_d 随曲柄转角 φ 的变化曲线如图 10-16 所示，其运动周期 $\varphi_T=\pi$，曲柄的平均转速 $n_m=620$ r/min。当用该内燃机驱动一阻抗力为常数的机械时，如果要求其运转不均匀系数 $\delta=0.01$。试求：

(1) 曲柄最大转速 n_{max}和相应的曲柄转角位置 φ_{max}；

(2) 装在曲柄上的飞轮转动惯量 J_F(不计其余构件的转动惯量)。

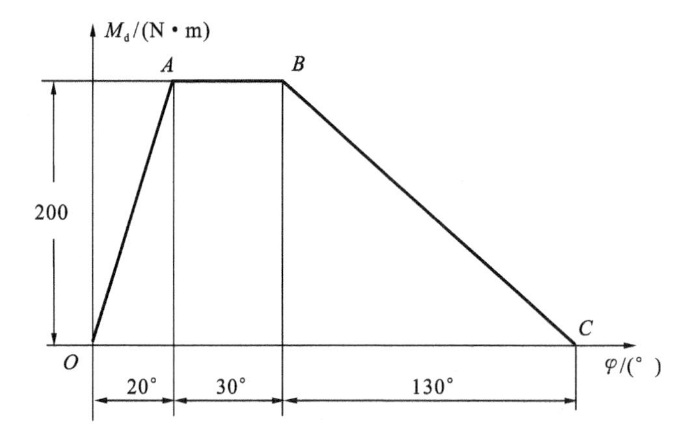

图 10-16 题 10-9 图

第 11 章　机械的平衡

内容提要

本章主要介绍机械平衡的基本概念，刚性转子的静平衡设计与静平衡实验，刚性转子的动平衡设计与动平衡实验，并简要介绍挠性转子的动平衡设计。

11.1　概述

11.1.1　机械平衡的目的

机械运动时，各运动构件由于制造、装配误差，材质不均等原因造成质量分布不均，使得质心不在回转轴线上，导致构件所产生的不平衡惯性力将在运动副中引起附加的动载荷。这不仅会加剧运动副的磨损，降低机械的效率，而且会降低构件的有效承载能力，缩短构件的使用寿命。此外，由于这些不平衡惯性力的大小和方向都是周期性变化的，所以将会引起机械及其基础产生强迫振动。如果振动频率接近系统的固有频率，将会引起共振，导致零件材料内部疲劳损伤加剧，从而有可能使机械设备遭到破坏，影响机械工作质量，甚至危及人员及厂房安全。尤其在高速、重型机械和精密机械中，更应注意平衡这一问题。例如，某航空电动机的转子，自重为 10 N，重心与回转轴线的偏距为 0.2 mm，当工作转速为 9 000 r/min时，该转子产生的离心惯性力为 180 N，为转子自重的 18 倍。转子在转动时，惯性力的大小和方向始终在变化，将对运动副产生动压力。可见，惯性力对机械的工作性能有极大的影响，必须予以高度的重视。

机械平衡的目的就是研究惯性力分布及其变化规律，采取相应的措施消除或尽量减小惯性力的不良影响，以改善机械的工作性能、延长机械的使用寿命、降低噪音污染，并改善现场的工作环境。

应当指出，不平衡惯性力并非都是有害的，如振实机、按摩机、蛙式打夯机、振动打桩机、振动运输机等都是利用构件产生的不平衡惯性力所引起的振动来工作的。对于此类机械，则是如何合理利用不平衡惯性力的问题。

11.1.2　机械平衡研究的内容

1. 转子的平衡

绕固定轴回转的构件称为转子（rotor），如汽轮机、发电机、电动机、离心机等机器都以转子为工作的主体。转子可分为刚性转子和挠性转子两种。

1）刚性转子的平衡

当转子的工作转速低于其一阶临界转速时（一般为 0.6 n_{c1} ～0.75 n_{c1} ，n_{c1} 为转子的一阶临界转速),其旋转轴线挠曲变形可以忽略,完全可以看成是刚性物体,此时称为刚性转子(rigid rotor)。刚性转子平衡时可基于理论力学中力系平衡的原理,通过重新调整转子上质量的分布,使其质心位于回转轴线的方法来实现。刚性转子的平衡是本章要介绍的主要内容。

2) 挠性转子的平衡

当转子的工作转速高于其一阶临界转速时,且转子的径向尺寸较小,长径比较大,重量大,此时转子在工作过程中会产生较大的弯曲变形,此变形不可忽略,并且离心惯性力会显著增加,此时称为挠性转子(flexible rotor)。挠性转子平衡时可基于弹性梁的横向振动理论,其平衡难度很大,本章只作简单介绍。

2. 机构的平衡

对于存在有往复移动或平面复合运动构件的机构,因其质心位置随机构的运动而发生变化,其惯性力无法就该构件本身加以平衡,因而必须就整个机构加以研究,设法使机构的惯性力的合力和合力偶得到完全或部分的平衡。此类平衡问题必须就整个机构加以研究,称为机构的平衡。

机械平衡的方法有平衡设计和平衡试验两种。在设计阶段,除应满足机械的工作要求及制造工艺要求外,还应在结构上采取措施消除或减少产生有害振动的不平衡惯性力与惯性力矩,该过程称为机械的平衡设计。经平衡设计的机械,尽管理论上已经达到平衡,但由于制造误差、装配误差及材质不均匀等非设计因素的影响,实际制造出来后往往达不到原始的设计要求,仍会产生新的不平衡现象。这种不平衡在设计阶段是无法确定和消除的,必须采用试验的方法对其做进一步平衡。

11.2 刚性转子的平衡

11.2.1 刚性转子的静平衡

对于轴向尺寸较小的盘状转子(即转子的轴向宽度 b 与其直径 D 之比 $b/D<0.2$),例如,砂轮、凸轮、飞轮以及大部分的齿轮和带轮,它们的质量可近似地认为分布在同一回转面内。如果质心不在回转轴线上,当转子回转时偏心质量就会产生离心惯性力,从而在运动副中引起附加的动压力。这种不平衡现象在转子静态时即可表现出来,故称为静不平衡(static unbalance)。为了消除离心惯性力的影响,设计时应首先根据转子的结构确定各偏心质量的大小和方位,然后计算为了平衡偏心质量所需增加或减小的平衡质量的大小和方位,以使所设计的转子理论上达到静平衡。该过程称为刚性转子的静平衡设计。

如图 11-1(a)所示盘状转子,已知分布于同一回转平面内的偏心质量为 m_1、m_2 和 m_3,回转中心至各偏心质量的矢径分别为 $\boldsymbol{r}_1$、$\boldsymbol{r}_2$ 和 $\boldsymbol{r}_3$。当转子以等角速度 ω 转动时,各偏心质量所产生的离心惯性力分别为

$$\boldsymbol{F}_i=m_i\omega^2\boldsymbol{r}_i \quad (i=1,2,3) \tag{11-1}$$

为平衡上述离心惯性力,可在该平面内矢径为 $\boldsymbol{r}_b$ 处增加一个平衡质量 m_b,使其产生的离心惯性力为 $\boldsymbol{F}_b$ 与各偏心质量的离心惯性力 $\boldsymbol{F}_i$ 相平衡,即

$$\sum \boldsymbol{F}=\boldsymbol{F}_b+\boldsymbol{F}_1+\boldsymbol{F}_2+\boldsymbol{F}_3=0 \tag{11-2}$$

式中

$$\boldsymbol{F}_b=m_b\omega^2\boldsymbol{r}_b$$

所以

$$m_b\omega^2\boldsymbol{r}_b+m_1\omega^2\boldsymbol{r}_1+m_2\omega^2\boldsymbol{r}_2+m_3\omega^2\boldsymbol{r}_3=0$$

消去 ω^2 后可得

$$m_b\boldsymbol{r}_b+m_1\boldsymbol{r}_1+m_2\boldsymbol{r}_2+m_3\boldsymbol{r}_3=0 \tag{11-3}$$

式(11-3)中质量与矢径的乘积 $m_i\boldsymbol{r}_i$ 称为质径积，它表示在同一转速下转子上各离心惯性力的相对大小和方位。

由上述分析可知，刚性转子静平衡的条件为分布于转子上的各偏心质量的离心惯性力的合力为零或其质径积的矢量和为零。

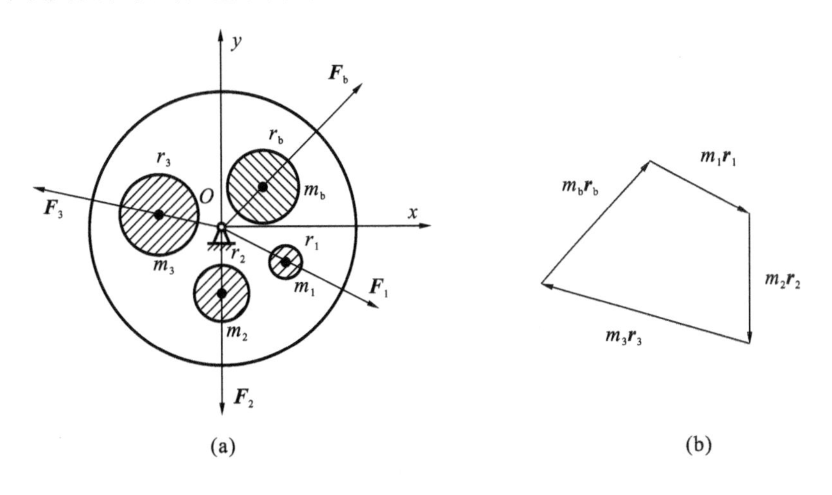

图 11-1　刚性转子的静平衡设计

平衡块的质径积 $m_b\boldsymbol{r}_b$ 的大小和方位，可用图解法或者解析法来求得。图解法是根据各偏心质量的质径积 $m_i\boldsymbol{r}_i$ 的大小和方位，选择合适的比例 $\mu\left(\dfrac{\text{实际质径积大小 kg}\cdot\text{m}}{\text{图上的尺寸 mm}}\right)$ 作出首尾相接的矢量图，最后用平衡质量的质径积 $m_b\boldsymbol{r}_b$ 去封闭矢量图，即可得到平衡质量质径积的大小和方位，图 11-1(b)所示为用图解法求解的过程。

解析法是以回转中心为原点 O，在回转平面内创建直角坐标系 Oxy，根据力平衡条件，由 $\sum F_x=0$ 及 $\sum F_y=0$ 可得

$$\begin{cases} m_br_b\cos\theta_b+\sum\limits_{i=1}^{n}m_ir_i\cos\theta_i=0 \\ m_br_b\sin\theta_b+\sum\limits_{i=1}^{n}m_ir_i\sin\theta_i=0 \end{cases} \tag{11-4}$$

式中：θ_i 为第 i 个偏心质量 m_i 的矢径$\boldsymbol{r}_i$与 x 方向的夹角(从 x 轴正向到$\boldsymbol{r}_i$，沿逆时针方向为正)，θ_b 为平衡质量的方位角。解方程(11-4)，可求出应在转子上增加的平衡质量的质径积 $m_b\boldsymbol{r}_b$ 的大小。

$$m_br_b=\sqrt{\left(-\sum_{i=1}^{n}m_ir_i\cos\theta_i\right)^2+\left(-\sum_{i=1}^{n}m_ir_i\sin\theta_i\right)^2} \tag{11-5}$$

根据转子结构选定 r_b 后,即可求出平衡质量 m_b,其所在的方位角 θ_b 为

$$\theta_b = \arctan \frac{\sum_{i=1}^{n} m_i r_i \sin\theta_i}{\sum_{i=1}^{n} m_i r_i \cos\theta_i} \tag{11-6}$$

根据式(11-6)中分子分母的正负号可确定 θ_b 所在的象限。

静平衡设计的几点说明:

(1) 为使转子总质量不致过大,应尽可能将 r_b 选大些。

(2) 若转子实际结构不允许在矢径 r_b 方向(θ_b 方向)上安装平衡质量,即采用增重法,亦可在矢径 r_b 的反方向($-\theta_b$ 方向)上去除相应的质量来使转子得到平衡,即为去重法。

(3) 若偏心质量所在的回转平面内,实际结构不允许安装或去除平衡质量,则应根据平行力的合成与分解原理,在另外两个回转平面内分别安装或去除合适的平衡质量。如图11-2所示,在原平衡平面两侧选定任意两个回转平面 T' 和 T'',它们与原平衡平面的距离分别为 l' 和 l'',设在 T' 和 T'' 面内分别装上平衡质量 m'_b 和 m''_b,则必须满足平行力分解的关系式,即

$$\begin{cases} F'_b + F''_b = F_b \\ F'_b l' = F''_b l'' \end{cases} \Rightarrow \begin{cases} F'_b = \dfrac{l''}{l} F_b \\ F''_b = \dfrac{l'}{l} F_b \end{cases} \Rightarrow \begin{cases} m'_b r'_b = \dfrac{l''}{l} m_b r_b \\ m''_b r''_b = \dfrac{l'}{l} m_b r_b \end{cases}$$

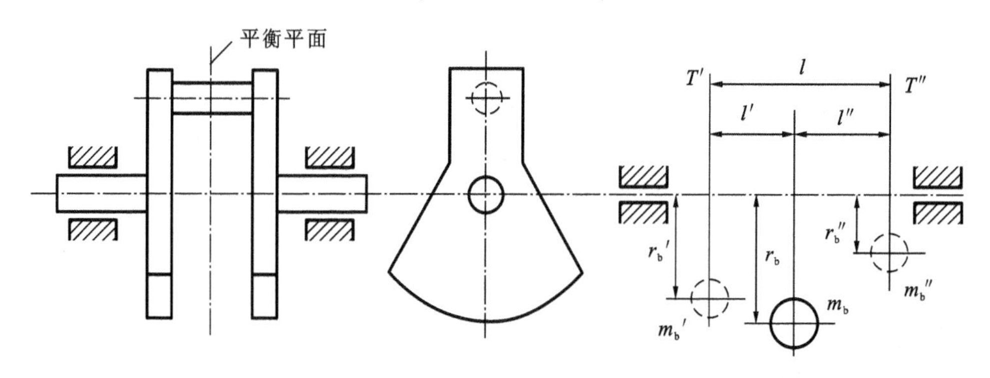

图11-2 质径积分解到两个平面

(4) 对于静不平衡的转子,无论有多少个偏心质量,都只需要在同一平衡面内适当地增加或去除一个平衡质量即可获得平衡,故静平衡又称单面平衡。

【例11-1】 如图11-3所示的盘形回转件上存在三个偏心质量,已知 $m_1 = 10$ kg, $m_2 = 10$ kg, $m_3 = 15$ kg, $r_1 = 50$ mm, $r_2 = 100$ mm, $r_3 = 100$ mm,设所有不平衡质量分布在同一回转平面内,现用去重法来平衡,求所需挖去的平衡质量的大小和方位(设挖去质量处的半径 $r_b = 100$ mm)。

解 由式(11-4)和式(11-5)可得

$$m_3 r_3 - m_1 r_1 = (15 \times 100 - 10 \times 50)\ \text{kg} \cdot \text{mm} = 1000\ \text{kg} \cdot \text{mm}$$

$$m_2 r_2 = 15 \times 100\ \text{kg} \cdot \text{mm} = 1500\ \text{kg} \cdot \text{mm}$$

$$m_b r_b = \sqrt{1000^2 + 1500^2}\ \text{kg} \cdot \text{mm} = 1802.77\ \text{kg} \cdot \text{mm}$$

应增加的平衡质量为

$$m_b = m_b r_b / r_b = (1802.77/100)\ \text{kg} = 18.0277\ \text{kg}$$

由式(11-6)可得

$$\theta_b = \tan^{-1}(1500/-1000) = -56.31^\circ$$

挖去的质量应在 $m_b r_b$ 矢量的反方向，即第二象限中，方位角 θ_b 为123.69°且在 $r_b = 100$ mm 处挖去的质量为 18.0277 kg。

【例 11-2】 如图 11-4 所示为一钢制圆盘，盘厚 $b=50$ mm，位置 1 处有一直径 $\phi=50$ mm的通孔，位置 2 处是一质量 $m_2=0.5$ kg 的重块，$r_1=100$ mm，$r_2=200$ mm，为了使圆盘达到静平衡，需在圆盘上 $r=200$ mm 处制一通孔，试求此孔的直径与位置(钢的密度$\rho=7.8\ \text{g/cm}^3$)。

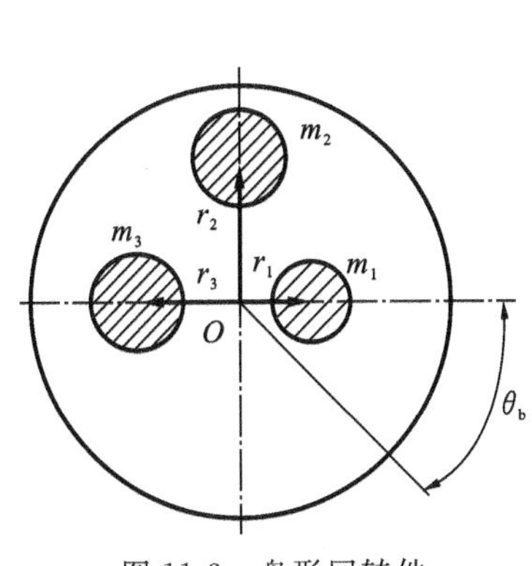

图 11-3　盘形回转件

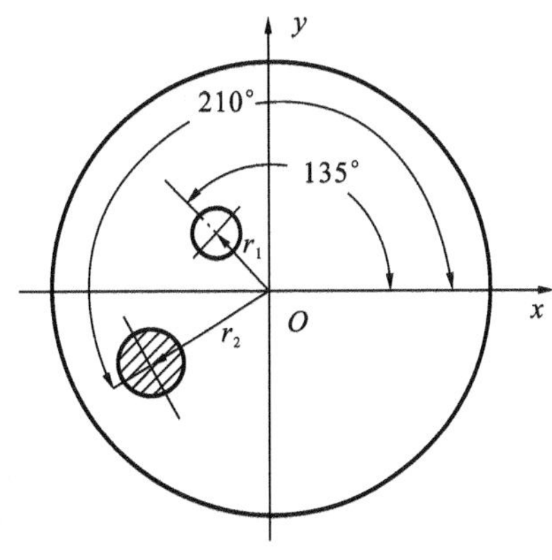

图 11-4　钢制圆盘

解　根据题意，为了达到平衡需在圆盘上再制一孔，为计算方便，可将位置 2 处的不平衡重块产生的离心惯性力的方向置为反方向(即 30°方向)，即相当于在圆盘上距离回转中心点 O200 mm 且方位角为 30°处有一质量为 0.5 kg 的孔，此孔所产生的离心惯性力与 2 处的不平衡重块产生的离心惯性力相当。

根据静平衡条件可知　　　　$\boldsymbol{F}_b + \boldsymbol{F}_1 + \boldsymbol{F}_2 = 0$

$$F_1 = m\omega^2 r_1 = \rho V\omega^2 r_1 = 7.8 \times 10^{-6} \times \pi \times 50 \times \omega^2 \times 100 \times 10^{-3}\ \text{N} = 0.0766\omega^2\ \text{N}$$

$$F_2 = m\omega^2 r_2 = 0.5 \times \omega^2 \times 200 \times 10^{-3}\ \text{N} = 0.1\omega^2\ \text{N}$$

以回转中心为原点 O，创建直角坐标系 Oxy，由 $\sum F_x = 0$ 及 $\sum F_y = 0$，可得 $F_b = 0.1089\omega^2$，$\theta_b = 253^\circ$。

由 $F_b = 0.1089\omega^2 = \rho V\omega^2 r_b = 7.8 \times 10^{-6} \times \pi \times r_b^2 \times 50 \times \omega^2 \times 200 \times 10^{-3}$，可得 $r_b = 21$ mm，即在 θ_b 为 253°处且 r_b 为 21 mm 处加工一直径为 42 mm 的通孔即可达到平衡。

经过上述静平衡计算后转子在理论上已经达到静平衡，但由于制造和装配的不精确及材质不均匀等非设计因素的影响，实际制造出来后往往达不到原始的设计要求，仍会产生新的不平衡现象，此时只能通过静平衡试验来确定平衡质量的大小和方位。静平衡所用的设备称为静平衡架，如图 11-5(a)所示为导轨式静平衡架，两导轨水平且互相平行，导轨的端口形状常做成刀口状或圆弧状。试验时，将转子用支承置于导轨上并让其轻轻地自由滚动，由于任何物体在重力的作用下，其质心总是处于最低位置，故当转子质心不在回转轴上时，转子不能在任意位置保持静止不动,到质心位于最低位置时才静止不动,这时在质心相反的方向任意向径处加一平衡质量(一般用橡皮泥),反复试验并加减平衡质量,直至转子可在任意位置保持静止为止,即说明转子的质心已在回转轴上,转子已达到静平衡。根据橡皮泥的质量和位置,得到平衡质量的质径积。最后,根据转子的结构,在合适的位置增加或减少相应的平衡质量。

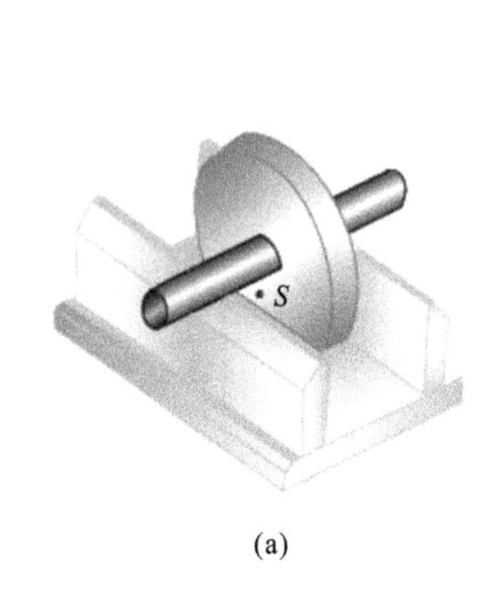

(a)

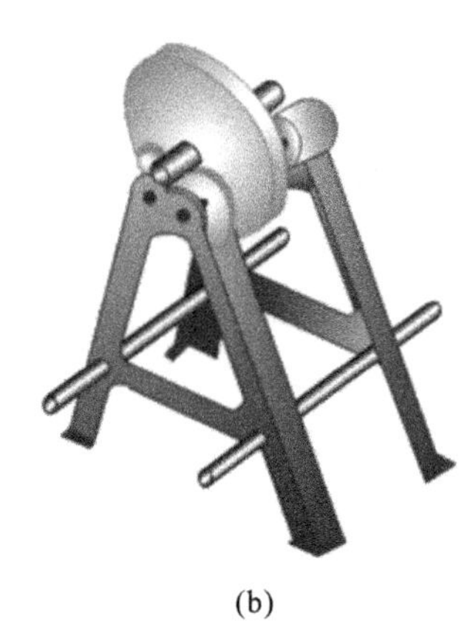

(b)

图 11-5 静平衡架

导轨式静平衡架结构简单、可靠,平衡精度较高,但必须保证支承转子的导轨的端口在同一水平面内。当转子两端的支承轴颈不相等时,就无法在其上进行静平衡试验。此时,可用图 11-5(b)所示的圆盘式静平衡架。平衡时将转子的轴颈支承在两对圆盘上,每个圆盘均可绕自身轴线转动,而且一端的支承高度可以调整,以适应两端轴颈不相等的转子。圆盘式静平衡架的平衡试验方法与上述导轨式静平衡架相同,其使用较为方便,但因轴颈与圆盘间的摩擦阻力较大,故平衡精度不如导轨式静平衡架高。因需要反复试验,上述两种静平衡架的工作效率较低,故当需要平衡试验的转子批量较大时可用单面平衡机,通过测量转子旋转时转子不平衡惯性力所引起的支承的振动或支承所受的动载荷来迅速地测出转子偏心质量的大小和方位。

11.2.2 刚性转子的动平衡

当盘状转子的轴向尺寸较大时(即转子的轴向宽度 b 与其直径 D 之比 $b/D \geqslant 0.2$ 时),例如多缸发动机曲轴、电动机转子和机床主轴等,就不能认为其质量分布在同一回转面内,而是分布在若干个不同的回转平面内。此时,即便转子的质心在回转轴线上,由于各偏心质量所产生的离心惯性力不在同一回转平面,因此将形成惯性力偶使转子仍处于不平衡状态。这种不平衡状态只有当转子运转时才能显示出来,故称其为动不平衡。因此,对此类动不平衡转子进行平衡设计时,应首先根据转子的结构,确定各回转平面内偏心质量的大小和方位,然后计算所需增加的平衡质量的数目、大小及方位,以使所设计的转子在理论上达到动平衡。

如图 11-6 所示,不平衡质量 m_1、m_2、m_3 分布在 1、2、3 三个不同的回转平面内,向径分别为 r_1、r_2、r_3,方位如图 11-6 所示。当转子以角速度 ω 回转时,由于三个不平衡质量产生离

心惯性力 $F_i = m_i\omega^2 r_i$ 不在同一回转面内，故为一空间力系。由理论力学可知，若要此三个离心惯性力达到平衡，可将各力分解为两个与其相平行的分力然后再求平衡。因此，首先选定两个垂直于转子轴线的平面 T'、T''，T' 和 T'' 之间的距离为 l，平面 1 至平面 T'、T'' 的距离分别为 l'_1、l''_1，则由理论力学可知，平面 1 中的不平衡质量 m_1 所产生的离心惯性力 $\boldsymbol{F}_1$ 可用分解到平面 T' 和 T'' 中的力 $\boldsymbol{F}'_1$ 和 F''_1 来代替。

$$F'_1 = \frac{l''_1}{l}F_1, \quad F''_1 = \frac{l'_1}{l}F_1$$

因此

$$F'_2 = \frac{l''_2}{l}F_2, \quad F''_2 = \frac{l'_2}{l}F_2$$

$$F'_3 = \frac{l''_3}{l}F_3, \quad F''_3 = \frac{l'_3}{l}F_3$$

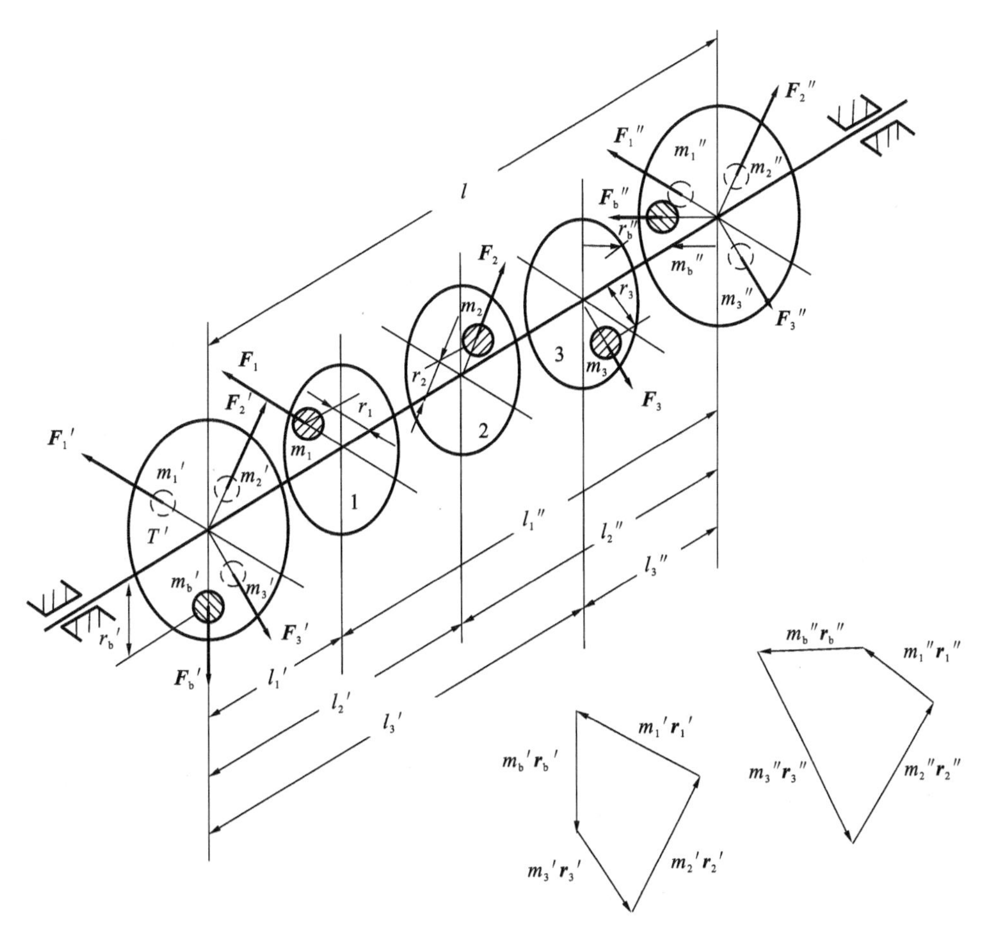

图 11-6　刚性转子的动平衡设计

以上分析表明：原来的空间力系中的三个不平衡离心惯性力完全可用平面 T' 中的 $\boldsymbol{F}'_1$、$\boldsymbol{F}'_2$、$\boldsymbol{F}'_3$ 及平面 T'' 中的 $\boldsymbol{F}''_1$、$\boldsymbol{F}''_2$、$\boldsymbol{F}''_3$ 来代替，这样，就可将空间力系的平衡问题转化为两个平面汇交力系的平衡问题，即刚性转子的动平衡设计问题可用静平衡设计的方法来解决了。

对于平面 T'，可在该平面内增加一个平衡质量 m'_b，该平衡质量的向径为 r'_b，其产生的离心惯性力为 $\boldsymbol{F}'_b$ 与 $\boldsymbol{F}'_1$、$\boldsymbol{F}'_2$、$\boldsymbol{F}'_3$ 相平衡。由式(11-2)可知

$$\sum \boldsymbol{F}=\boldsymbol{F}'_b+\boldsymbol{F}'_1+\boldsymbol{F}'_2+\boldsymbol{F}'_3=0$$

将各力的大小代入可得

$$m'_b\boldsymbol{r}'_b+m'_1\boldsymbol{r}_1+m'_2\boldsymbol{r}_2+m'_3\boldsymbol{r}_3=0 \tag{11-7}$$

式中：$m'_1=\dfrac{l''_1}{l}m_1$，$m'_2=\dfrac{l''_2}{l}m_2$，$m'_3=\dfrac{l''_3}{l}m_3$。

用静平衡设计的方法求解式(11-7)可得 $m'_b\boldsymbol{r}'_b$的大小和方位，沿 $m'_b\boldsymbol{r}'_b$方向适当选定 $\boldsymbol{r}'_b$的大小，即可求得平面 T' 内应加的平衡质量 m'_b。

同理，对于平面 T'' 有

$$m''_b\boldsymbol{r}''_b+m''_1\boldsymbol{r}_1+m''_2\boldsymbol{r}_2+m''_3\boldsymbol{r}_3=0 \tag{11-8}$$

式中：$m''_1=\dfrac{l'_1}{l}m_1$，$m''_2=\dfrac{l'_2}{l}m_2$，$m''_3=\dfrac{l'_3}{l}m_3$。

同样，采用静平衡设计的方法求解式(11-8)可得 $m''_b\boldsymbol{r}''_b$ 的大小和方位，沿 $m''_b\boldsymbol{r}''_b$ 方向适当选定 $\boldsymbol{r}''_b$ 的大小，即可求得平面 T'' 内应加的平衡质量 m''_b。

由以上分析可知，不平衡质量 m_1、m_2、m_3 可通过平面 T'、T''中的平衡质量 m'_b 和 m''_b 进行平衡。故平面 T'和 T''称为平衡平面或校正平面，其垂直于转子的轴线。

动平衡设计的几点说明：

(1) 动平衡的条件：当转子转动时，转子上分布在不同平面内的各个质量所产生的空间离心惯性力系的合力及合力矩均为零，即 $\sum F=0$ 及 $\sum M=0$。

(2) 对于动不平衡的转子，无论它有多少个偏心质量以及分布在多少个回转平面内，都只需要在选定的两个平衡平面 T'、T''内各增加或减少一个合适的平衡质量，即可使转子获得动平衡，故动平衡又称为双面平衡。在选择平衡平面 T'和 T''时，需考虑转子的实际结构和安装空间，以便于安装或去除平衡质量。此外，考虑力矩平衡的效果，两平衡平面间的距离应适当大一些，通常，在实际中常选结构上允许加重或去重的端面，同时，在条件允许的情况下，为了减小平衡质量，可将平衡质量的向径取得大一些。

(3) 由于动平衡同时满足静平衡的条件，所以经过动平衡的转子一定静平衡；反之，经过静平衡的转子不一定动平衡。

【例 11-3】 如图 11-7 所示为一滚筒轴，已知其上的偏心质量 m_1、m_2、m_3 均为 0.4 kg，各偏心质量的轴向位置如图 11-7 所示，且各偏心质量的向径均为 100 mm，若选择滚筒轴两端面作为平衡平面，试对该滚筒轴进行动平衡设计。

解 根据动平衡的方法，将各偏心质量产生的惯性力向平面 T' 和 T'' 中分解，则由前文分析可知，平面 T' 中：

$$m'_1=\frac{l''_1}{l}m_1=\frac{460-40}{460}\times 0.4\ \text{kg}=0.365\ \text{kg}$$

$$m'_2=\frac{l''_2}{l}m_2=\frac{460-40-220}{460}\times 0.4\ \text{kg}=0.174\ \text{kg}$$

$$m'_3=\frac{l''_3}{l}m_3=\frac{460-40-220-100}{460}\times 0.4\ \text{kg}=0.087\ \text{kg}$$

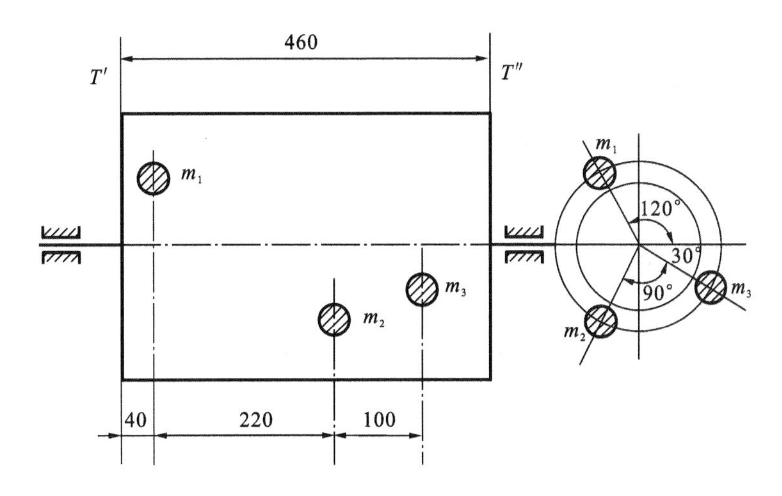

图 11-7　滚筒轴的动平衡

根据平衡条件 $m'_b \boldsymbol{r}'_b + m'_1 \boldsymbol{r}_1 + m'_2 \boldsymbol{r}_2 + m'_3 \boldsymbol{r}_3 = 0$ 及式(11-5)、式(11-6)可得

$$m'_b r'_b = \sqrt{\left(-\sum_{i=1}^{3} m'_i r_i \cos\theta'_i\right)^2 + \left(-\sum_{i=1}^{3} m'_i r_i \sin\theta'_i\right)^2}$$

$$= \sqrt{19.42^2 + (12.19)^2}\ \text{kg} \cdot \text{mm} = 22.93\ \text{kg} \cdot \text{mm}$$

$$\theta'_b = \arctan \frac{\sum_{i=1}^{3} m'_i r_i \sin\theta'_i}{\sum_{i=1}^{3} m'_i r_i \cos\theta'_i} = \arctan\left(\frac{-12.19}{19.42}\right) = 327.88°$$

平面 T'' 中：

$$m''_1 = \frac{l'_1}{l} m_1 = \frac{40}{460} \times 0.4\ \text{kg} = 0.035\ \text{kg}$$

$$m''_2 = \frac{l'_2}{l} m_2 = \frac{40 + 220}{460} \times 0.4\ \text{kg} = 0.226\ \text{kg}$$

$$m''_3 = \frac{l'_3}{l} m_3 = \frac{40 + 220 + 100}{460} \times 0.4\ \text{kg} = 0.313\ \text{kg}$$

根据平衡条件 $m''_b \boldsymbol{r}''_b + m''_1 \boldsymbol{r}_1 + m''_2 \boldsymbol{r}_2 + m''_3 \boldsymbol{r}_3 = 0$ 及式(11-5)、式(11-6)可得

$$m''_b r''_b = \sqrt{\left(-\sum_{i=1}^{3} m''_i r_i \cos\theta''_i\right)^2 + \left(-\sum_{i=1}^{3} m''_i r_i \sin\theta''_i\right)^2}$$

$$= \sqrt{(-14.06)^2 + 32.20^2}\ \text{kg} \cdot \text{mm} = 35.14\ \text{kg} \cdot \text{mm}$$

$$\theta''_b = \arctan \frac{\sum_{i=1}^{3} m''_i r_i \sin\theta''_i}{\sum_{i=1}^{3} m''_i r_i \cos\theta''_i} = \arctan\left(\frac{32.20}{-14.06}\right) = 113.59°$$

若设 $r'_b = r''_b = 100$ mm，则平衡平面 T' 和 T'' 中应增加的平衡质量分别为

$$m'_b = \frac{m'_b r'_b}{r'_b} = \frac{22.93}{100}\ \text{kg} = 0.2293\ \text{kg}$$

$$m''_b = \frac{m''_b r''_b}{r''_b} = \frac{35.14}{100} \text{ kg} = 0.3514 \text{ kg}$$

刚性转子的动平衡是通过专用的动平衡机来实现的。动平衡机种类较多，如通用平衡机、专用平衡机（如曲轴平衡机、蜗轮机转子平衡机、传动轴平衡机等）等，其作用均为测定需加于两个平衡基面中平衡质量的大小及方位。工业上用得较多的动平衡机都是根据振动原理来设计的。通常，将转子置于支承上，当转子转动时，由于不平衡而产生离心惯性力和惯性力偶矩，这将导致支承产生强迫振动，利用测振传感器可将振动信号转化为电信号，通过电子线路加以处理和放大，最后可测定被测转子的不平衡质量的质径积的大小和方位。动平衡机上的支承转子支架有软支承和硬支承两种。如图 11-8(a)所示的软支承转子支架由两片弹簧悬挂起来，可沿振动方向往复摆动，刚度较小，软支承动平衡机的转子工作频率 ω 要远远超过转子支承系统的固有频率 ω_n，一般情况下，转子在 $\omega \geqslant 2\omega_n$ 的情况下工作。如图 11-8(b)所示的硬支承转子刚度较大，硬支承动平衡机的转子工作频率 ω 要远远小于转子支承系统的固有频率 ω_n，一般情况下，转子在 $\omega \leqslant 0.3\omega_n$ 的情况下工作。

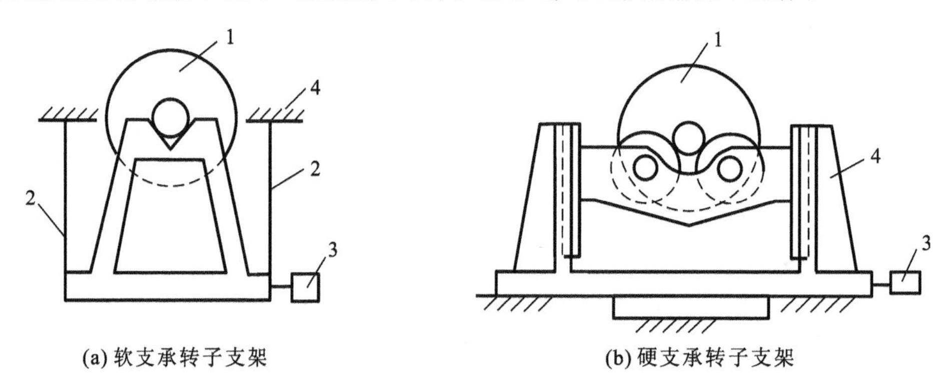

图 11-8 动平衡机支承转子支架

1—转子；2—弹簧；3—传感器；4—支架

如图 11-9 所示为一带微机系统的硬支承动平衡机的工作原理示意图，它通过支承处的传感器来拾取平衡机主轴箱端部小发电机的转速信号和相位基准信号作为振动信号，经预处理电路进行滤波和放大，并将振动信号调整到 A/D 转换卡所要求的输入量的范围内，再输入计算机进行数据采集和解算，给出两平衡平面上需加平衡质量的大小和相位。发电机将提取的转速信号和相位基准信号处理成为方波或脉冲信号，利用方波的上升沿或正脉冲通过计算机的 PIO 口触发中断，从而使计算机开始和终止计数，以测量转子的回转周期。

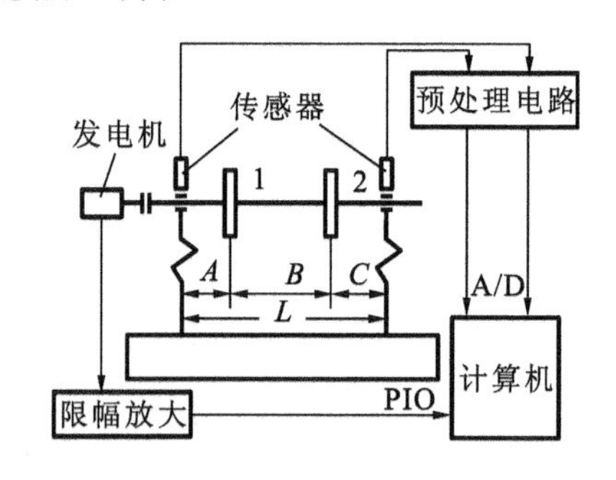

图 11-9 带微机系统的硬支承动平衡机的工作原理示意图

需要强调的是：当转子尺寸较大时，如几十吨重的大型发电机转子，一般无法在动平衡机上进行平衡；有些回转体的工作环境为高热或高电磁场等，由于热变形等，使在动平衡机上已达到的平衡遭到破坏；又由于运输或维修等原因，需要对平衡好的回转体重新进行组装，但即便如此，仍会发生微小变形而造成不平衡，在此情况下，一般可进行现场平衡。所谓现场平衡，即通过直接测量机器中转子支架的振动来确定转子不平衡质量的大小和方位，进而确定应加平衡质量的大小和方位，使转子得以平衡。

值得一提的是，绝对的平衡是很难做到的，即经过平衡实验的转子，不可避免地还会有一些残存的不平衡量，若要减小这些不平衡量，则需要更精密的平衡实验装置、更先进的测试手段和更高的平衡技术，所以随便提高平衡精度是不合理的，实际上无须做到转子的完全平衡，只要满足其实际工作要求即可。因此，根据工作要求，对转子规定适当的许用不平衡量是很有必要的。

转子的许用不衡量有质径积表示法和偏心距表示法。转子的许用不平衡质径积以$[mr]$表示，它是与转子质量有关的一个相对量。常用于具体给定的转子，它比较直观又便于平衡操作，但是不能反映转子和平衡机的平衡精度。转子的质心至回转轴线的许用偏心距以$[e]$表示，它是与转子质量无关的绝对量，常用于衡量转子平衡的优劣或衡量平衡的检测精度。目前，我国尚未规定平衡精度国家标准，表11-1所示为国际标准化组织规定的各种典型转子的平衡精度与对应的许用不平衡量，可供参考使用。

表11-1 各种类型刚性回转件的平衡精度

精度等级	$A=\frac{[e]\omega}{1000}/(\mathrm{mm/s})$	典型例子举例
A4000	4000	刚性安装的具有奇数个气缸的低速船用柴油机曲轴传动装置
A1600	1600	刚性安装的大型两冲程发动机曲轴传动装置
A630	630	刚性安装的大型四冲程发动机曲轴传动装置；弹性安装的船用柴油机曲轴传动装置
A250	250	刚性安装的高速四缸柴油机曲轴传动装置
A100	100	六缸或六缸以上的高速柴油机曲轴传动装置；汽车和机车用发动机整机
A40	40	汽车轮、轮缘、轮组、传动轴；弹性安装的六缸或六缸以上的高速四冲程发动机曲轴传动装置；汽车和机车用发动机的曲轴传动装置
A16	16	有特殊要求的传动轴（如螺旋桨轴、万向传动轴等）；破碎机械及农用机械的零部件；汽车和机车用发动机的特殊部件；有特殊要求的六缸或六缸以上发动机的曲轴传动装置
A6.3	6.3	作业机械的回转零件；船用主汽轮机的齿轮；风扇；航空燃汽轮机转子部件；泵的叶轮；离心机鼓轮；机床及一般机械的回转零部件；普通电动机转子；特殊要求的发动机回转零部件
A2.5	2.5	燃汽轮机和汽轮机的转子部件；刚性汽轮发电机的转子；透平压缩机转子；机床主轴和驱动部件；有特殊要求的大型和中型电动机转子；小型电动机转子；透平驱动泵
A1.0	1.0	磁带记录仪及录音机驱动部件；磨床驱动部件；有特殊要求的微型电动机转子
A0.4	0.4	精密磨床的主轴、砂轮盘及电动机转子；陀螺仪

表 11-1 中的转子不平衡量以平衡精度 A 的形式给出，其值可由式(11-9)求得

$$A=\frac{[e]\omega}{1000} \tag{11-9}$$

式中：A 的单位为 mm/s 。

对于静不平衡的转子，许用不平衡量 $[e]$ 在根据表格选定 A 值后可由式(11-9)求得。对于动不平衡转子，先由表中定出 $[e]$，再求得许用不平衡质径积 $[mr]=m[e]$，然后将其分配到两个平衡基面上。分配时，以图 11-10 所示转子为例，质心位于点 S，转子质量为 m，两平衡基面的许用不平衡质径积可按式(11-10)求得

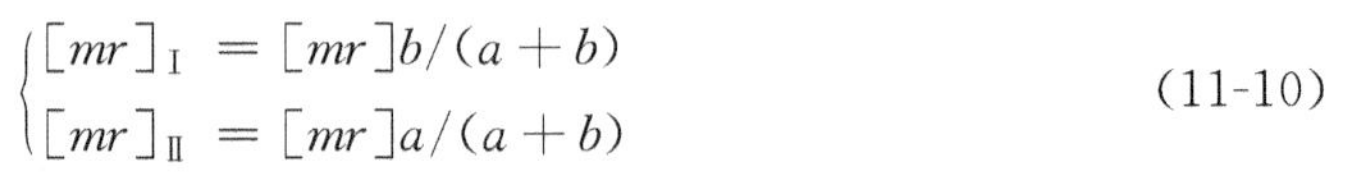

$$\begin{cases}[mr]_{\mathrm{I}}=[mr]b/(a+b)\\ [mr]_{\mathrm{II}}=[mr]a/(a+b)\end{cases} \tag{11-10}$$

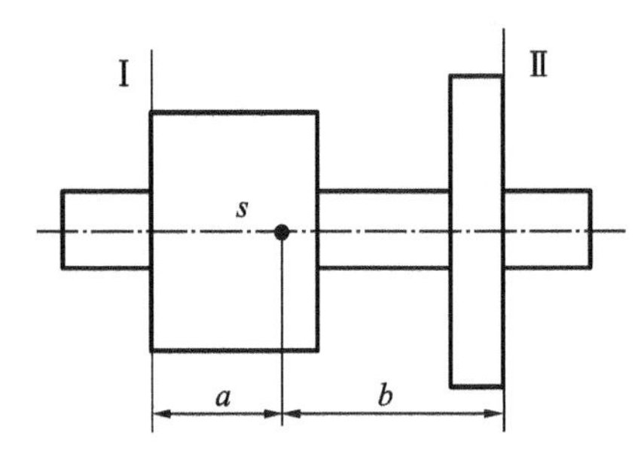

图 11-10　许用质径积分配到两个校正平面

11.3　挠性转子的动平衡简介

在很多高速与大型回转机械中，当转子的工作转速高于一阶临界转速时，其旋转轴线挠曲变形不可忽略，此时转子不能再视为刚体，而成为挠性体，即挠性转子。在运转过程中挠性转子会产生较大的弯曲变形，即动挠度，且弯曲变形量随转速变化，由此产生的离心惯性力也随之明显增大，所以挠性转子平衡问题的难度将会大大增加。与刚性转子的平衡相比，挠性转子的动平衡具有以下两个特点。

(1) 转子的不平衡质量对支承引起的动压力和转子的动挠度都随转子的工作转速而变化，因此在某一转速下平衡好的转子，不能保证在其他转速下也是平衡的。

(2) 减小或消除支承的动压力不一定能减小转子的弯曲变形的程度，而明显的弯曲变形将对转子的结构、强度和工作性能产生有害的影响。

挠性转子的平衡原理是建立在弹性轴(梁)横向振动理论的基础上的，挠性转子的动平衡方法有很多种，常见的是振型平衡法。挠性转子的动平衡原理为：挠性转子在任意转速下回转时所呈现的动挠度曲线，是无穷多阶振型组成的空间曲线，其前三阶振型是主要成分，振幅较大，其他高阶振型成分振幅很小，可以忽略不计。前三阶振型又都是由同阶不平衡量谐分量激起的，可对转子进行逐阶平衡。即先将转子启动到第一临界转速附近，测量支承的振动或转子的动挠度，对第一阶不平衡量谐分量进行平衡，然后再将转子依次启动到第二、第三临界转速附近，分别对第二、第三阶不平衡量谐分量进行平衡。因此，对于挠性转子，不能用刚性转子的平衡方法，需要对其进行专门研究，需要时可参考专门文献。

习　题

11-1　何谓转子的不平衡？造成转子不平衡的原因可能有哪些？

11-2　何谓刚性转子和挠性转子？刚性转子的动平衡与挠性转子的动平衡有何区别？

11-3　刚性转子的动平衡和静平衡有何区分？各自平衡的条件是什么？

11-4　刚性转子经过静平衡是否也一定达到动平衡？反之，刚性转子经过动平衡是否一定达到静平衡？为何刚性转子的静平衡称为单面平衡，刚性转子的动平衡称为双面平衡？

11-5　如图11-11所示的盘状转子上有两个不平衡质量：$m_1=1.5$ kg，$m_2=0.8$ kg，$r_1=140$ mm，$r_2=180$ mm，相位如图11-11所示。现用去重法来平衡，求所需挖去的质量的大小和相位（设挖去质量处的半径 $r=140$ mm）。

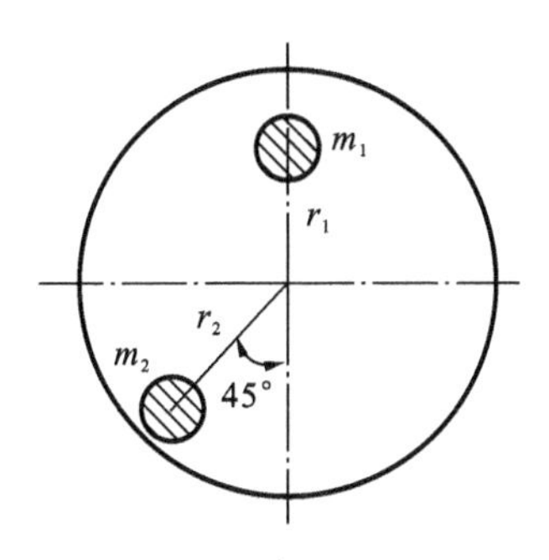

图11-11　题11-5图

11-6　如图11-12所示为一凸轮轴，三个凸轮相互错开120°，其质量均为5 kg，质心到转动中心的距离均为 $r=15$ mm，若选择Ⅰ、Ⅱ两个平面为动平衡校正平面，$r_{\mathrm{I}}=r_{\mathrm{II}}=30$ mm，求所加平衡质量的大小与相位。

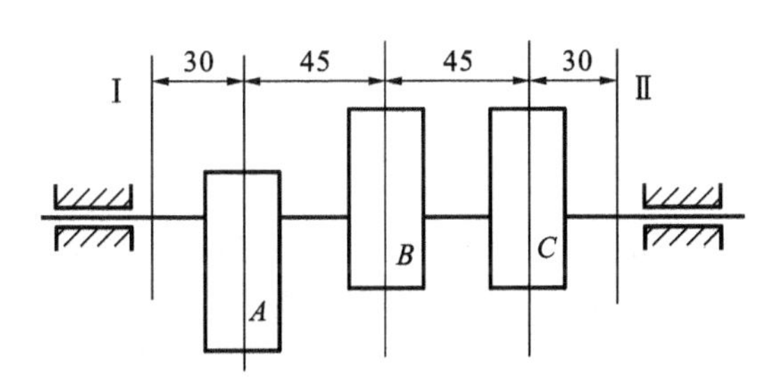

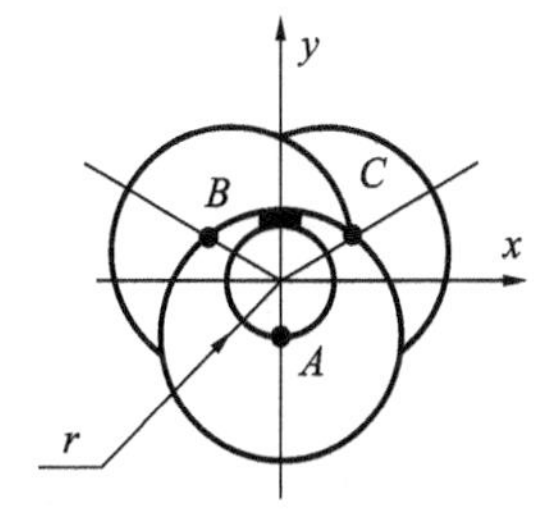

图11-12　题11-6图

第12章　机械系统运动方案设计

内容提要

本章围绕机械系统运动方案的设计过程展开讨论，主要内容包括机械工作原理的拟定、执行构件的协调设计和原动机的选择、机构的选型与组合、机械运动方案的拟定、机械运动方案的评价。

12.1　概述

12.1.1　机械系统设计的一般过程

机械是机器和机构的统称，系统就是具有特定功能的、相互之间具有有机联系的若干要素所组成的一个整体。机械系统是由若干个机械基本要素所组成的，完成所需的动作过程、实现机械能的转化、代替人类劳动的系统。机械系统设计，简称机械设计，是一个复杂的分析、规划、推理及决策的过程。机械系统设计的目的是根据既定的设计目标，获取与机械系统相关的设计信息，包括文字说明、技术数据、设计图样、设计方案和工艺方案，经过评估、改进和制造后，最终形成满足设计要求的机械产品。

现代机械种类繁多，结构也越来越复杂。不同类型的产品、不同类型的设计，其产品的设计过程不尽相同。机械设计的一般过程大致包括规划设计、方案设计、结构设计和技术文件编制等阶段。

1. 产品规划设计阶段

这一阶段的主要任务是，根据市场调查和用户的需求分析，通过可行性分析，明确设计任务，编制出设计任务书。设计任务书的具体内容主要包括：①产品功能、技术性能、规格及外形要求；②主要物理、力学参数、可靠性、寿命要求；③生产能力与效率的要求；④环境适应性与安全保护要求；⑤经济性要求；⑥操纵、使用维护要求；⑦设计进度要求等。

2. 运动方案设计阶段

机械系统运动方案的设计是根据设计任务书的要求完成功能分析，然后提出若干个实现功能的原理方案，选择合理的传动路线，确定合适的传动机构形式及布置顺序，用机构运动简图或机构示意图表示出运动和动力的传递路线以及各部分之间的组成和连接关系，最后经过分析、对比、评价、决策，确定最佳方案的过程。

3. 结构设计阶段

结构设计阶段的主要任务是将机械运动简图具体化，使其成为机器及其零部件的合理结构。此阶段的主要成果包括各零件的工作图、部件装配图和机械的总装图。

4. 技术文件编制阶段

技术文件包括设计说明书、使用说明书、零件明细表、标准件汇总表、外购件明细表、专用工具明细表和产品验收条件等。

本章只着重讨论机械系统的方案设计。

12.1.2　机械系统运动方案的设计步骤

机械系统运动方案设计得正确、合理与否，对提高机械的性能和质量、降低制造成本与维护费用等影响很大，甚至决定着机械设计的成败。机械系统运动方案的设计方法、技巧、形式多样，设计出来的解也表现出多样化，但其基本步骤是一致的。

1. 机械系统的功能原理设计

所谓机械系统的功能原理设计，是指对机械系统进行功能分析并拟定工作原理的过程。根据设计任务书所提出的总功能和基本要求，通过功能分析，将机械系统的总功能分解成容易实现的分功能和基本功能，构思和选择各功能的工作原理和技术手段，确定机械所要实现的工艺要求。

2. 执行机构和原动机的运动设计

根据工作原理所提出的工艺要求构思出能够实现该工艺要求的各种运动规律，从中选择最简单、最适用、最可靠的运动规律，从而确定执行构件的数目、运动形式、运动参数以及运动协调配合关系，并由此选定原动机的类型和运动参数。

3. 机构的选型、变异与组合

根据机械的运动及动力的要求，选定机构的类型，在机构变异、组合的基础上获得机械系统方案，绘制机械系统的示意图。

4. 机构的尺寸综合

确定各构件的运动尺寸，绘制机械系统的机构运动简图。

5. 方案分析

对机械系统进行运动和动力分析，根据机械对运动和动力的功能要求，对机械系统方案进行适当的调整，以便为机械的结构设计提供必要的依据。

6. 方案评价

通过机构的不同组合可以得到多种方案，需要从技术、经济、社会等方面对各个候选方案进行评价，从中选出最佳的机械系统方案。

12.2　机械系统的功能原理设计

机械工作原理设计的任务，就是根据其预期实现的功能要求，构思出所有可能的功能原理，加以分析比较，并根据使用要求或者工艺要求，从中选择出既能满足功能要求，工艺动作又简单的工作原理。

实现同一种功能要求，可以采用不同的工作原理。例如，要求实现在轮坯上加工出轮齿这一功能，既可以选择仿形原理，也可以选择范成原理；要求实现在螺栓上加工出螺纹这一功能，既可以采用车削加工的原理，也可以采用套丝工作的原理，还可以采用滚压的工作原理。

不同工作原理的机械，其运动方案也就不同。例如，采用仿形原理和范成原理加工齿轮时的工艺动作除了有切削运动和进给运动外，仿形原理还需要准确的分度运动，范成原理还需要刀具和轮坯的范成运动。

机械的工作原理确定之后，为了便于设计，应将机械的总功能分解成许多分功能，并形成机械的工艺动作过程。例如，要设计一台生产某规格圆盘形金属片的设备，若决定采用冲压的工作原理，则将其总功能分解成送料、冲压、退回等分功能，其工艺动作过程如图 12-1 所示。

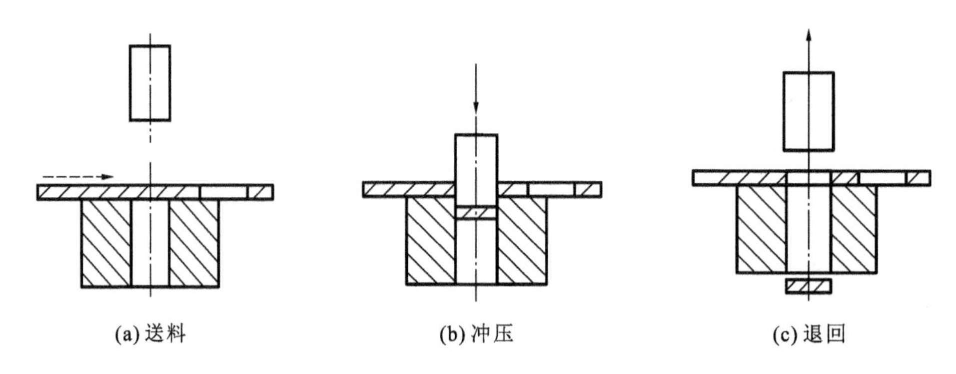

图 12-1 某规格圆盘形金属片的加工工艺动作过程

12.3 执行构件的选择及运动规律设计

12.3.1 执行机构的运动规律设计

所谓运动规律设计，就是根据工作原理所提出的工艺要求构思出能够实现该工艺要求的各种运动规律，然后从中选择最简单、最适用、最可靠的运动规律，作为机械的运动方案。一个复杂的工艺过程往往需分解成多种最基本的工艺动作才能实现。工艺动作分解的方法不同，所得到的运动规律也各不相同，所形成的运动方案也不相同。

例如，在插齿机上用插刀切制齿轮和在滚齿机上用滚刀切制齿轮，虽同属于范成加工原理，但由于所用的刀具不同，两者的运动方案也就不同。插齿工艺动作可以分解为齿条插刀（或齿轮插刀）与轮坯的范成运动、齿条插刀（或齿轮插刀）的上下往复的切削运动以及齿条插刀（或齿轮插刀）的进给运动等，按照这种工艺动作分解方法，就得到插齿机床的运动方案；滚齿的工艺动作可分解成滚刀与轮坯的连续转动和滚刀沿轮坯轴线方向的移动，按照这种工艺动作分解方法，就得到滚齿机床的运动方案。前者由于其切削运动是不连续的，所以其生产率相对较低；后者所采用的工作方式在滚刀连续运转时相当于是一根无限长的齿条连续向前移动，其切削运动和范成运动合为一体，生产率大大提高。

可见，同一工艺动作可以分解成各种简单运动，工艺动作分解的方法不同，所得到的运动规律和运动方案也大不相同，它们在很大程度上决定了机械工作的特点、性能、生产率、适用场合以及复杂程度。

12.3.2　执行构件的选择

1. 执行构件的数目

执行构件的数目取决于机械分功能或者分动作数目的多少，但两者不一定相等。要针对机械的工艺过程及结构的复杂性进行相应的分析。例如，在钻床工作时要实现钻削和进给两种功能，可采用钻头和工作台两个执行构件分别完成；也可采用钻头这一个执行构件同时完成两种功能。

2. 执行构件的运动形式和运动参数

执行构件的运动形式取决于执行系统完成的工作任务。不同的工作任务使得执行构件的运动形式也有所不同。常见的基本运动如图 12-2 所示，任何复杂的运动都可看成是基本运动的组合，如曲线运动和复合运动都是基本运动的组合。

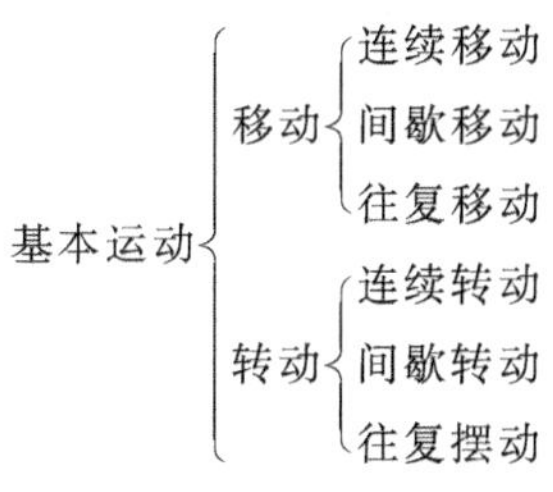

图 12-2　基本运动形式

当执行构件的运动形式确定后，还必须确定其运动参数，如表 12-1 所示为常见运动形式对应的运动参数。

表 12-1　常见运动形式对应的运动参数

运动形式	主要运动参数	备注
连续移动	速度 v、位移 s	—
间歇移动	运动时间 t、停顿时间 t_0、运动周期 T、运动系数 τ、速度 v、加速度 a、位移 s	$\tau = t/T$，τ 越接近于 1，移动时间越长，停顿时间越短
往复移动	速度 v、位移 s、行程速比系数 K、极位夹角 θ	行程速比系数 K 用于衡量机构急回特性
连续转动	角速度 ω 或转速 n	—
间歇转动	转动时间 t、停顿时间 t_0、转动周期 T、运动系数 τ、转角 φ、转动角速度 ω、转动角加速度 α	$\tau=t/T$，τ 越接近于 1，转动时间越长，停顿时间越短
往复摆动	摆角 φ、角速度 ω、角加速度 α、行程速比系数 K、极位夹角 θ	—

12.3.3 执行机构的协调设计

当根据生产工艺要求确定机械的工作原理和各执行机构的运动规律，并确定各执行机构的形式后，还必须将各执行机构统一于一个整体，形成一个完整的执行系统，使这些机构以一定的次序协调工作、互相配合，以完成机械预定的功能和生产过程，这就需要进行执行系统的协调设计。

对于各个执行构件之间的运动不需要协调配合而是彼此独立的机械，如图 12-3 所示的外圆磨床的砂轮和工件的四个运动彼此独立，应分别为每一种运动设计一个独立的运动链，并有单独的原动机驱动。

但是对于只有依靠各执行构件的协调配合才能完成工作的机械就必须使其满足所需要的协调关系。如图 12-4 所示的冲床两个执行构件 C、H 中，要求送料构件 H 将原料送入模孔上方后，冲头 C 才可进入模孔进行冲压，当冲头 C 上移一段距离后，才能进行下次送料动作。

执行机构的协调设计必须遵循以下原则。

(1) 满足各执行构件动作先后的顺序性要求。

(2) 满足各执行构件动作在时间上的同步性要求。

(3) 满足各执行构件在空间布置上的协调性要求。

(4) 满足各执行构件操作上的协同性要求。

(5) 各执行机构的动作安排要有利于提高劳动生产率。

(6) 各执行机构的布置要有利于系统的能量协调和效率的提高。

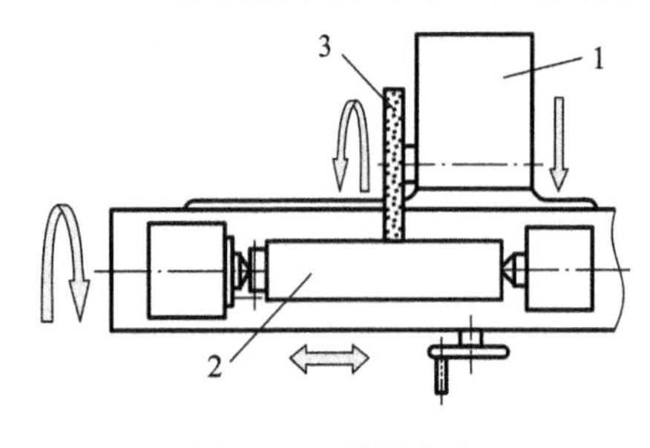

图 12-3 外圆磨床

1— 砂轮架；2— 工件；3— 砂轮

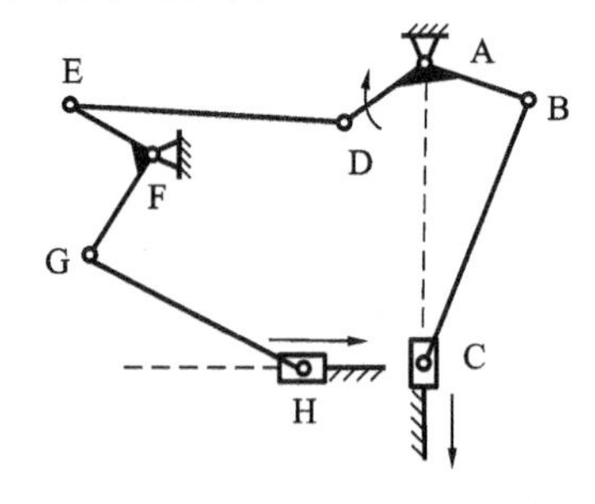

图 12-4 冲床

12.3.4 机械运动循环图

工程实际中，大多数机械的工作都是周期性的，即经过一定的时间间隔后，各执行构件的位移、速度和加速度等运动参数作周期性的重复。因此，执行系统的协调设计可按以下步骤进行。

(1) 确定机械的工作循环周期。

(2) 确定机械在一个运动循环中各执行构件的各个行程段及其所需时间。

(3) 确定各执行构件动作间的协调配合关系。

1. 机械的运动循环

机械的运动循环是指机械完成其功能所需要的总时间，常用字母 T 表示。从运动过程考虑，机械的运动循环至少包括一个工作行程和一个空回行程，有的执行构件还有一个或若干个停歇阶段。因此，机械的运动循环 T 可表示为

$$T=t_{工作}+t_{空程}+t_{停歇}$$

等式右边的三项分别表示机构工作行程时间、空回行程时间和停歇时间。

2. 机械运动循环图

机械运动循环图，又称工作循环图，是用来表示在机械的一个工作循环中各执行构件间动作协调配合关系的图形。

1）机械运动循环图的功用

机械运动循环图对执行系统的设计起到非常重要的作用，特别是有多个执行机构协同工作的执行系统。

（1）机械的工作循环图反映其生产节奏，可以用来衡量核算机械的生产率，并可用来作为分析、研究提高机械生产率的依据。

（2）确定各个执行机构原动件在主轴上的相位，或者控制各个执行机构原动件的凸轮安装在分配轴上的相位。

（3）指导机械中各个执行机构的具体设计。

（4）作为装配、调试机械的依据。

（5）分析、研究各执行机构的动作如何能够紧密配合、相互协调，以保证机械的工艺动作过程顺利实现。

2）机械运动循环图的绘制

绘制工作循环图时，首先应选择一个定标构件，其他构件的运动时间都以此构件的运动基准来表示。通常以机械的主轴或分配轴作定标构件，因为这些轴和机械中所有的轴都有联系，且其整转数往往就是机械的一个工作循环。工作循环图的绘制步骤如下：确定所有执行机构的运动循环；确定所有运动循环的组成区段；确定运动循环内各区段的时间或分配轴的转角；绘制执行系统的运动循环图。

绘制机械器运动循环图是一个复杂的过程，应考虑以下诸多注意事项。

（1）以工艺过程的开始点作为机械运动循环起始点，确定最先开始运行的执行机构在运动循环图中的位置，其他执行机构则按照工艺程序的先后次序列出。

（2）因为运动循环图以主轴或者分配轴的转角为横坐标，对于不在主轴或分配轴上各执行机构的原动件，比如凸轮、曲柄、偏心轮等，应把它们运动时所对应的转角转换成主轴或分配轴上相应的转角。

（3）考虑到机械制造、安装时不可避免地会产生误差，为防止两机构在工作过程中发生干涉，应在理论计算正好不发生干涉的临界基础上再给以适当的余量，即把两机构的运动相位错开到足够大，以确保动作可靠。

（4）应尽量使执行机构的动作重合，以便缩短机械的工作循环周期，提高生产率。

（5）在不影响工艺动作要求和生产率的条件下，尽可能使各执行机构工作行程对应的中心角增大些，以减小凸轮的压力角。

3）机械运动循环图的类型

常见的机械运动循环图有直线式运动循环图、圆周式运动循环图和直角坐标式运动循

环图。下面以粉料成形压片机为例说明各种机械运动循环图的绘制方法和特点，并列于表12-2中。

如图12-5所示的粉料成形压片机中，执行机构有料斗送料机构、上冲头运动机构、下冲头运动机构。其压片过程的工艺流程由六个工艺动作完成：

(1) 加料斗1下料到料筛2中，如图12-6(a)所示；

(2) 料筛2右移到模腔4的上方，同时顶开已成形的片坯5，如图12-6(b)所示；

(3) 料筛2在模腔4上方往复振动，送入干粉后，退出，如图12-6(c)、(d)所示；

(4) 下冲头3下沉，以防粉料扑出，然后上冲头6进入模腔4，如图12-6(d)所示；

(5) 上下冲头同时加压，并保压一段时间，如图12-6(f)所示；

(6) 上冲头6退出，下冲头顶出片坯5，如图12-6(g)所示。

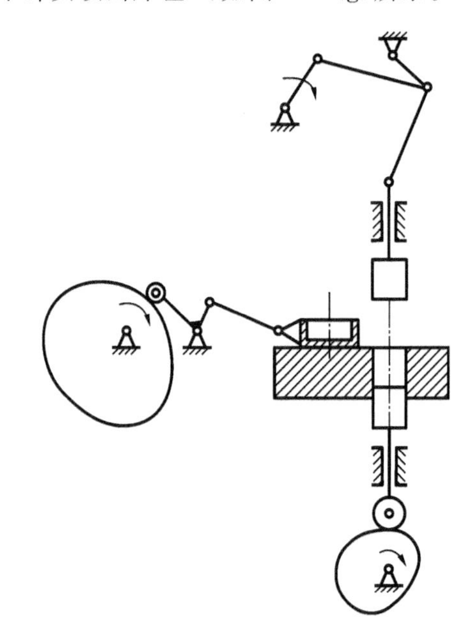

图12-5 粉料成形压片机

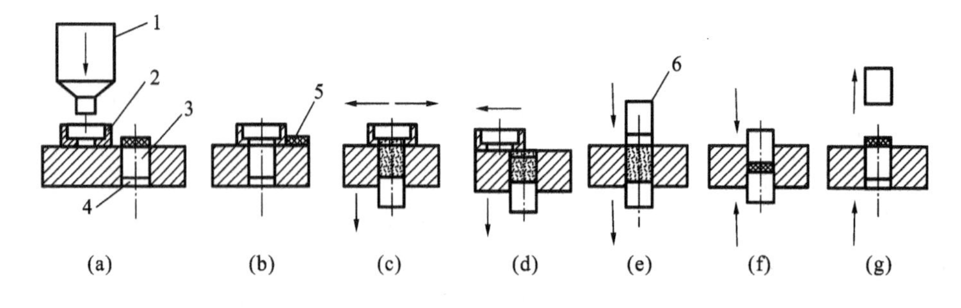

图12-6 粉料成形压片机工艺流程

1—加料斗；2—料筛；3—下冲头；4—模腔；5—片坯；6—下冲头

设计粉料成形压片机工作循环图时，以上冲头机构中的曲柄作为定标构件。如图12-7(a)所示为粉料成形压片机的直线式运动循环图，其横坐标表示定标曲柄的转角 φ；图

12-7(b)所示为粉料成形压片机的圆周式运动循环图，定标曲柄每旋转一周为一个运动循环；图 12-7(c)所示为粉料成形压片机的直角坐标式运动循环图，图中横坐标是定标曲柄的运动转角 φ，纵坐标表示上冲头、下冲头、送料筛的运动位移。

<table>
<tr><td>料筛</td><td>停止</td><td colspan="2">送料</td><td>筛料</td><td colspan="2">退回</td><td colspan="4">停止</td></tr>
<tr><td>上冲头</td><td colspan="8">向下</td><td colspan="2">提升</td></tr>
<tr><td>下冲头</td><td colspan="2">停止</td><td colspan="3">下沉</td><td colspan="2">停止</td><td>上升加压</td><td>上升顶出片坯</td><td>停止</td></tr>
</table>

运动转角φ/(°) 0 20 40 60 80 100 120 140 160 180 200 220 240 260 280 300 320 340 360

(a) 直线式运动循环图

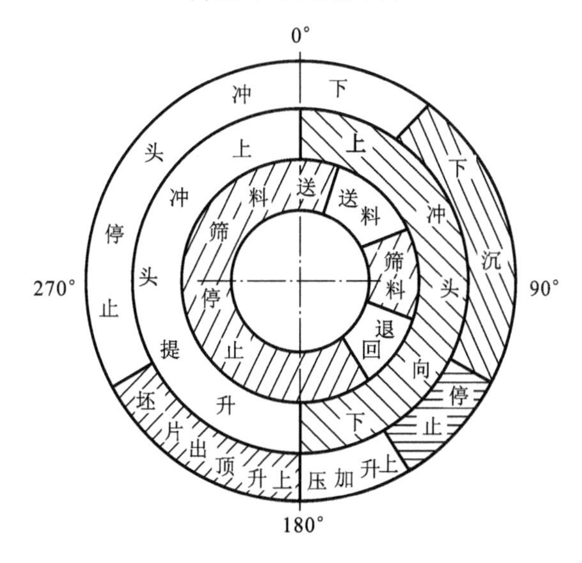

(b) 圆周式运动循环图

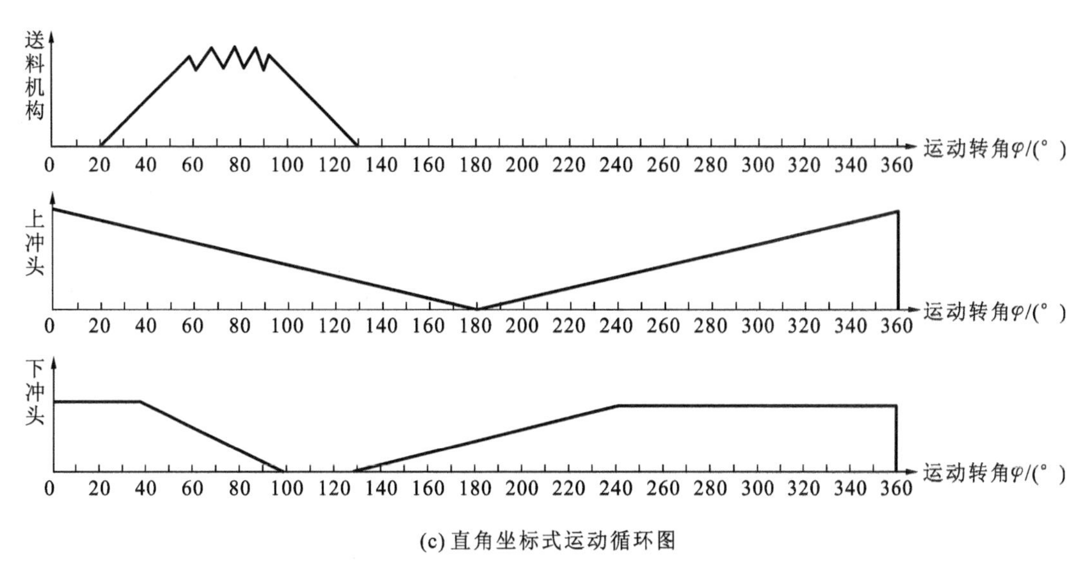

(c) 直角坐标式运动循环图

图 12-7　机械运动循环图的类型

表 12-2 给出了三种机械运动循环图的绘制方法与各自的特点。通过比较可以发现，直角坐标式的运动循环图不仅可以表示出这些执行机构中构件动作的先后顺序，而且还能够描述出它们的运动规律以及运动上的配合关系，较其他两种运动循环图更能够直观地反映出执行机构的运动特征，所以在设计机械时，优先采用直角坐标式运动循环图。

表 12-2 机械运动循环图绘制方法和特点

形式	绘制方法	特点
直线式	将机械在一个运动循环中的各执行构件、各行程区段的起止时间和先后顺序，按比例绘制在直线坐标轴上	绘制方法简单，能清楚表示一个运动循环中各执行构件运动的顺序和时间关系；直观性较差，不能显示各执行构件的运动规律
圆周式	以极坐标系原点为圆心作若干同心圆，每个圆环代表一个执行构件，由各相应圆环引径向直线表示各执行构件不同运动状态的起始和终止位置	能比较直观地看出各执行机构主动件在主轴或分配轴上的相位；当执行机构多时，同心圆环太多不一目了然，无法显示各构件的运动规律
直角坐标式	用横坐标表示机械主轴或分配轴转角，用纵坐标表示各执行构件的角位移或线位移，各区段之间用直线相连	不仅能清楚地表示各执行构件动作的先后顺序，而且能表示各执行构件在各区段的运动规律

12.4 机构的选型和组合

12.4.1 常用机构的特点

任何机器都是由若干个机构组成的，传统的机构形式有：连杆机构、齿轮机构、凸轮机构、摩擦机构、螺旋机构和间歇运动机构等。当然随着科学技术迅速发展，液、气、声、光、电、磁等工作原理的新型运动机构（广义机构）的应用也日益广泛。本章对广义机构不作详细介绍。

上述传统机构已经相对成熟，各具优点，如连杆机构结构简单，运动平稳，可获得较大行程；齿轮机构结构紧凑、工作可靠、承载能力大、效率高；凸轮机构能够实现精确的曲线轨迹；螺旋机构可获得较大的传动比和较高的运动精度；凸轮式间歇运动机构分度、定位准确等。但是它们在结构特点、运动特性、动力性能及制造工艺等诸多方面仍存在以下较明显的局限。

1. 连杆机构

（1）难以精确地实现预期的运动规律或运动轨迹，设计理论较复杂。

（2）不易实现从动件较长时间的停歇。

（3）运动链较长，占用空间大，运动累积误差大，运动副磨损后不易调整，影响运动精度和工作可靠性。

(4) 连杆惯性力不易平衡，动力性能差，不宜用于高速场合。

2. 齿轮机构

(1) 运动形式简单，圆形齿轮不能实现变速比的运动规律。

(2) 对误差较为敏感，制造和安装的精度要求高。

(3) 非圆形齿轮可以实现变速比的运动规律，但其制造困难。

3. 凸轮机构

(1) 高副接触，易磨损，在高速场合下影响运动精度和工作可靠性。

(2) 直动从动件行程不宜过大，摆动从动件摆角不宜过大。

(3) 凸轮轮廓加工较困难。

4. 其他机构

(1) 螺旋机构的机械效率低，需要反向机构才能反向运动。

(2) 棘轮机构工作时有冲击，传动精度较低。

(3) 槽轮机构每次转角不宜太大或太小，且不可调。

(4) 凸轮式间歇运动机构的凸轮加工困难，安装调整精度要求高。

12.4.2　机构的选型

1. 机构选型

机构的选型是指选择或创造出满足执行构件运动和动力要求的机构。根据已知的设计要求，按执行构件的运动形式及运动功能要求，先在基本机构中进行类比选择，当基本机构不能满足运动或动力要求时，才考虑对基本机构进行组合、变异等方法形成新的机构，或选用组合机构。如果很难找到满足工作要求的现有机构，这时要求改变机械的工作原理和工艺动作或创造新型机构。表12-3列举了各种运动形式与实现运动要求的机构类型；表12-4列举了各种功能要求与对应的机构类型，可供机构选型时参考。

表12-3　各种运动形式与实现运动要求的机构类型

<table>
<tr><td rowspan="3">连续转动</td><td>定传动比匀速</td><td>平行四杆机构、双万向联轴节机构、齿轮机构、轮系、谐波传动机构、摆线针轮机构、摩擦轮传动机构、挠性传动机构等</td></tr>
<tr><td>变传动比匀速</td><td>轴向滑移圆柱齿轮机构、混合轮系变速机构、摩擦传动机构、行星无级变速机构、挠性无级变速机构等</td></tr>
<tr><td>非匀速</td><td>双曲柄机构、转动导杆机构、单万向连轴节机构、非圆齿轮机构、某些组合机构等</td></tr>
<tr><td rowspan="2">往复运动</td><td>往复移动</td><td>曲柄滑块机构、移动导杆机构、正弦机构、移动从动件凸轮机构、齿轮齿条机构、楔块机构、螺旋机构、气动、液压机构等</td></tr>
<tr><td>往复摆动</td><td>曲柄摇杆机构、双摇杆机构、摆动导杆机构、曲柄摇块机构、空间连杆机构、摆动从动件凸轮机构、某些组合机构等</td></tr>
</table>

续表

间歇运动	间歇转动	棘轮机构、槽轮机构、不完全齿轮机构、凸轮式间歇运动机构、某些组合机构等
	间歇摆动	特殊形式的连杆机构、摆动从动件凸轮机构、齿轮-连杆组合机构、利用连杆曲线圆弧段或直线段组成的多杆机构等
	间歇移动	棘齿条机构、摩擦传动机构、从动件作间歇往复运动的凸轮机构、反凸轮机构、气动、液压机构、移动杆有停歇的斜面机构等

表 12-4 各种功能要求与对应的机构类型

预定轨迹	直线轨迹	连杆近似直线机构、八杆精确直线机构、某些组合机构等
	曲线轨迹	利用连杆曲线实现预定轨迹的多杆机构、凸轮-连杆组合机构、行星轮系与连杆组合机构等
特殊运动要求	换向	双向式棘轮机构、定轴轮系(三星轮换向机构)等
	超越	齿式棘轮机构、摩擦式棘轮机构等
	过载保护	带传动机构、摩擦传动机构等

2. 机构选型的原则

机构选型时应注意以下原则。

(1) 按已拟定的工作原理进行机构选型时,应尽量满足或接近运动形式要求。

(2) 机构选型时应力求结构简单、尺寸适度、在整体布置上占的空间小,达到布局紧凑。

(3) 机构选型时要注意选择那些加工制造简单、容易保证较高的配合精度的机构。

(4) 机构选型时要保证在高速运转时有良好的动力特性。

(5) 机构选型时应考虑机械效率等问题。

(6) 机构选型时还要考虑动力源的形式。

12.4.3 机构的组合方式

机构组合是指在机构选型的基础上,根据使用或工艺动作要求,将几个基本机构按一定的原则或规律组合成一个复杂的、新的机构系统。为了实现执行构件的运动形式、运动参数及运动协调关系,或者为了改善机械的动力特性,常常在以下三个方面需要机构组合。

(1) 机构的工艺动作较复杂。

(2) 所选择的机构其运动和动力特性不好,但又无更好的机构可选。

(3) 由于不具备某种动力源,或受其他条件的限制,只有进行机构组合才能实现所要求的工艺动作。

机构的组合方式可分为串联式、并联式、复合式和叠加式等四种组合方式。

1. 串联式机构组合

串联式机构组合是指若干个单自由度的基本机构顺序连接,前一级机构(称为前置机构)的输出构件作为后一级机构(称为后置机构)的输入件。根据后置机构中主动件的来源串联式机构组合可分为一般串联组合和特殊串联组合两种形式。

1）一般串联组合

一般串联组合指后置机构的主动件固连在前置机构的一个连架杆上。如图 12-8(a)所示，后置曲柄滑块机构 AB′C 的主动曲柄 AB′固连在前置摆动凸轮机构的摆杆 AB 上。图 12-8(b)所示为一般串联组合方式的运动传递框图。

一般串联组合机构的特点在于，它有可能改善单一基本机构中不太理想的运动特性。如图 12-8(a)所示的机构中，对心摇杆滑块机构既无急回特性，而且在工作行程中滑块的速度也不恒定。但是两机构组合后，只要适当设计凸轮廓线，便可使滑块 4 在工作行程中具有急回特性，且匀速运动。

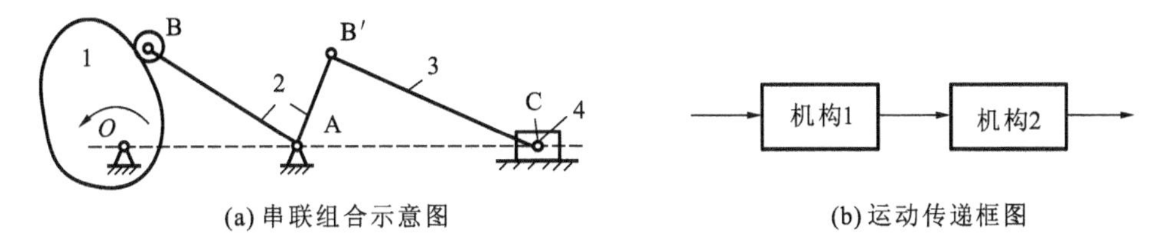

(a) 串联组合示意图　　(b) 运动传递框图

图 12-8　一般串联组合

2）特殊串联组合

特殊串联组合指后置机构的主动件串接在前置机构中不与机架相连的浮动件上。如图 12-9(a)所示的机构，后置连杆机构 *MEF* 的主动件固连在前置连杆机构 *ABCD* 的连杆点 *M* 上，点 *M* 的运动轨迹在 α-α 段为近似圆弧。设计时，如果取杆长 4 的长度为圆弧 α-α 的曲率半径，则当点 *M* 沿此段圆弧运动时，点 *E* 刚好位于该圆弧的圆心处，从动件 5 的运动也将作较长时间的近似停歇。图 12-9(b)所示为特殊串联组合方式的运动传递框图。

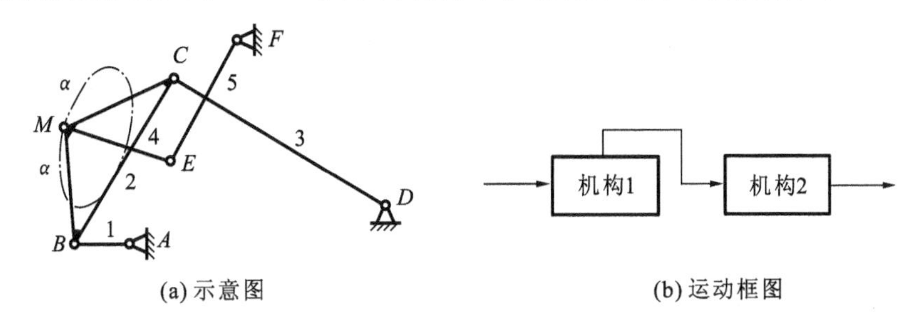

(a) 示意图　　(b) 运动框图

图 12-9　特殊串联组合

串联组合系统的总机械效率等于各机构的机械效率连乘积，运动链过长会降低系统的机械效率，同时也会导致传动误差的增大，所以在进行机构的串联组合时应力求运动链最短。

2. 并联式机构组合

当几个单自由度机构共用同一输入构件但却具有各自的输出构件(见图 12-10(a))，或几个单自由度机构同时为一个多自由度机构输入运动(见图 12-10(b))，或若干个单自由度基本机构有共同的输入与输出构件(见图 12-10(c))时，称为并联式机构组合。图 12-10(a)所示的并联方式，又称为一般并联组合方式。图 12-10(b)、(c)所示的并联方式，又称为特殊并联组合方式。

并联式机构组合可实现机构的惯性力完全平衡或部分平衡，改善机构受力状态，还可实现运动的分流或合成。

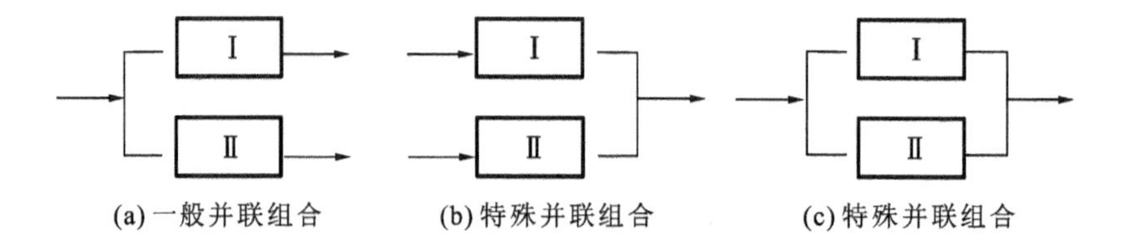

图 12-10 并联式机构组合示意框图

1) 一般并联组合

一般并联组合的各分支机构间无任何严格的运动协调配合关系，可根据各自的工作需要进行独立设计。如图 12-11(a)所示的某航空发动机附件传动系统中，各输出轴的转速没有直接的关系，其示意框图见图 12-11(b)。

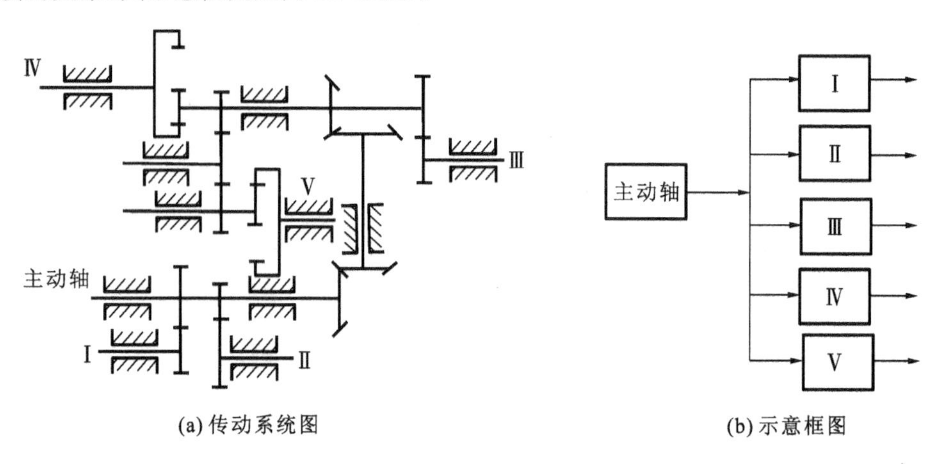

图 12-11 某航空发动机附件传动系统及其并联组合示意框图

2) 特殊并联组合

特殊并联组合的各分支机构间往往有运动协调要求，如速比要求、轨迹配合要求或时序要求。

(1) 速比要求。当各分支机构间有严格的速比要求时，各分支部分常共用一台原动机(或集中数控)驱动。如图 12-12 所示的滚齿机范成运动传动简图，滚刀与轮坯之间必须满足 $i_{刀坯} = n_{刀}/n_{坯} = z_{坯}/z_{刀}$ 的传动比关系。运动路线从主动轴开始，一条路线由锥齿轮 1、2 传到滚刀 11，另一条路线是由齿轮 3、4、5、6、7、蜗杆 8、蜗轮 9 传到轮坯 10。

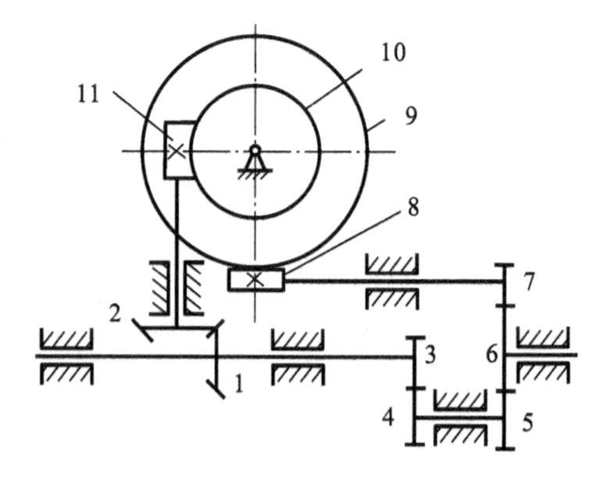

图 12-12 滚齿机范成运动传动简图
1,2—锥齿轮；3～7—齿轮；8—蜗杆；9—蜗轮；10—轮坯；11—滚刀

(2) 轨迹配合要求。当执行构件间有轨迹配合要求时，各分支机构共同驱动一个从动件，使其沿特定轨迹运动。如图 12-13 所示的圆珠笔芯自动送料机构中，两个分支凸轮 1、1′ 共同

驱动一个从动件 2，使其实现矩形轨迹来完成圆珠笔芯的送料工作。

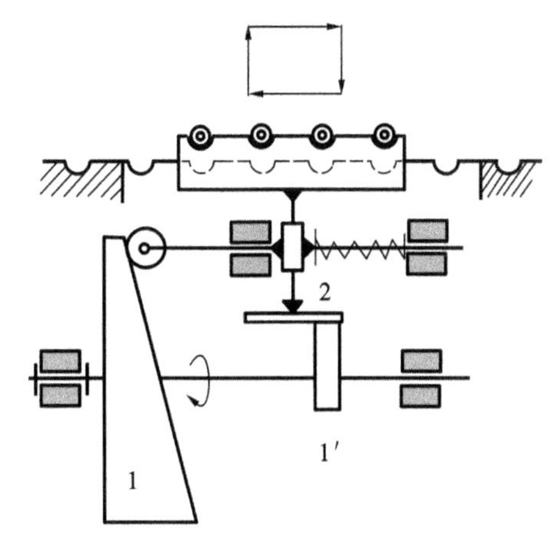

图 12-13　圆珠笔芯自动送料机构

1，1′—分支凸轮；2—从动件

（3）时序要求。如图 12-14(a)所示为自动车床车削铆钉的传动系统图，图 12-14(b)所示为运动循环图。可见，凸轮轴上的三个并联凸轮Ⅰ、Ⅱ、Ⅲ在工作时有严格的先后顺序要求。

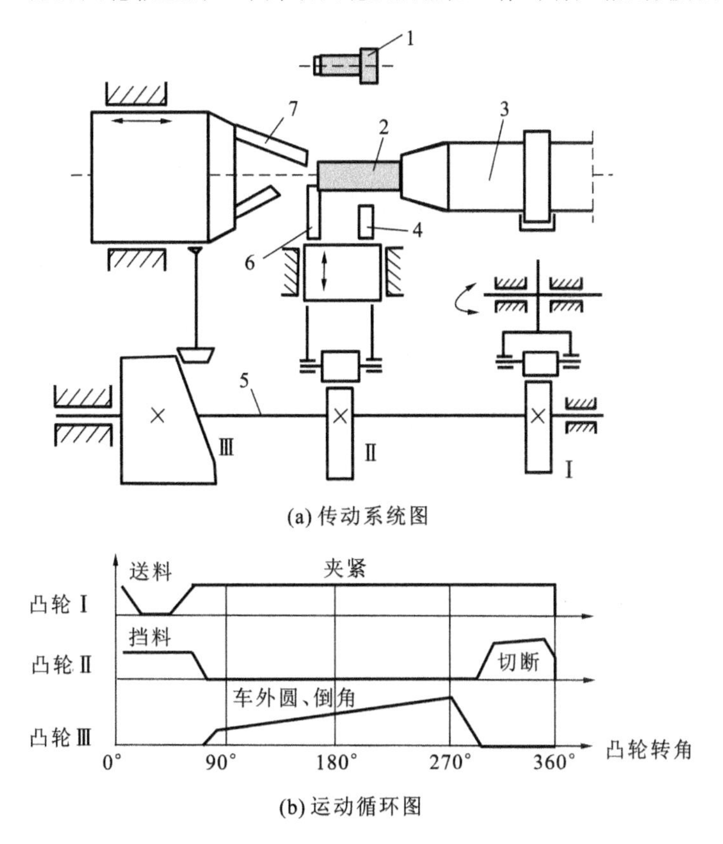

图 12-14　自动车床车削铆钉传动系统图和运动循环图

1—工件(铆钉)；2—棒料；3—主轴；4—切断刀；5—凸轮轴；6—倒角刀；7—外圆车刀

3）汇集式并联组合

汇集式并联组合是指若干单自由度分支机构汇集一道共同驱动后续机构的组合方式。如图 12-15 所示的飞机的襟翼操纵机构，它由两个直线电动机共同驱动，若一个电动机发生故障，另一个电动机还可以单独驱动，这样，就增大了操纵系统的安全裕度。

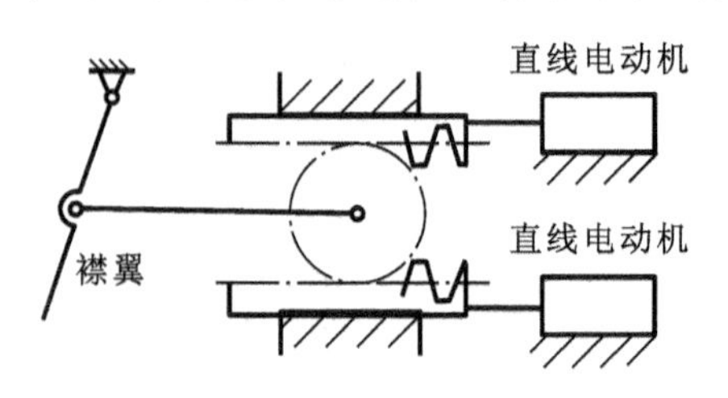

图 12-15　某型飞机的襟翼操纵机构

3. 复合式机构组合

在机构组合中若由一个或若干个串联的基本机构去封闭一个具有两个或多个自由度的基本机构，这种组合方式与串联组合及并联组合既有相同之处又有不同之处，因此称为复合式机构组合，其示意框图如图 12-16 所示。

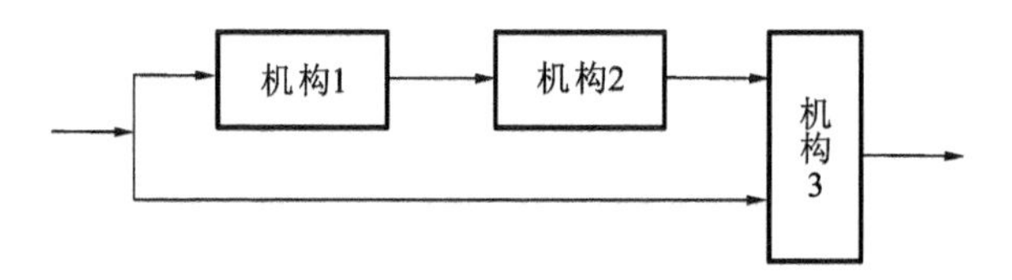

图 12-16　复合式机构组合示意框图

如图 12-17 所示为凸轮机构 1-4-5 与双自由度的五杆机构 1-2-3-4-5 所构成的复合式组合。该机构可使点 C 实现预期的运动轨迹。

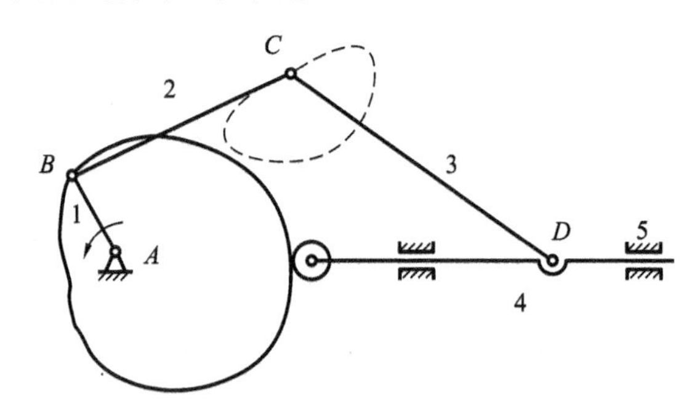

图 12-17　复合式机构组合

4. 叠加式机构组合

叠加式机构组合是指在一个机构（称为基础机构）的可动构件上再安装一个以上机构（称为附加机构）的组合方式。一般取自由度大于 1 的差动机构作为基础机构，自由度为 1 的基本机构作为附加机构。叠加式机构组合有Ⅰ型叠加组合和Ⅱ型叠加组合两类。

图 12-18(a)所示为Ⅰ型叠加组合的示意框图，驱动力作用在附加机构上，附加机构在驱动基础机构运动的同时，也可以有自己的运动输出。附加机构安装在基础机构的可动构件

上，同时附加机构的输出构件驱动基础机构的某个构件。图 12-18(b)所示为Ⅱ型叠加组合的示意框图，附加机构和基础机构分别有各自的动力源，最后由附加机构输出运动。Ⅱ型叠加组合的特点是附加机构安装在基础机构的可动构件上，再由设置在基础机构可动构件上的动力源驱动附加机构运动。进行多次叠加时，前一个机构即为后一个机构的基础机构。

相对于Ⅰ型叠加组合，Ⅱ型叠加机构之间的连接方式较为简单，且规律性强，应用最为普遍。

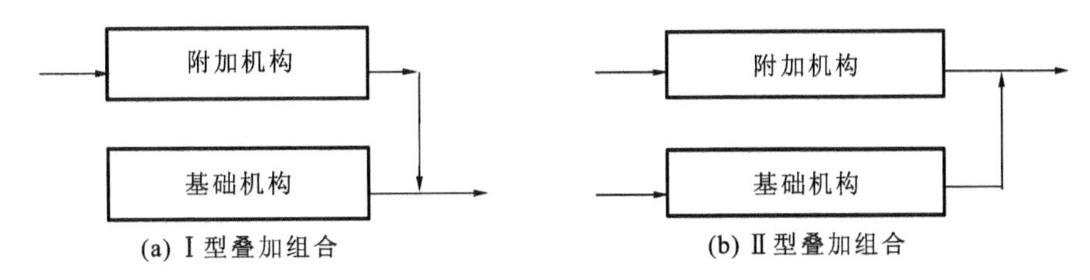

图 12-18　叠加式机构组合示意框图

如图 12-19 所示的电风扇是Ⅰ型叠加组合机构的示例，由蜗杆 1、蜗轮 2 组成的蜗杆传动机构为附加机构，由齿轮 3、4 及蜗轮 2(行星架 H)组成的行星轮系机构为基础机构，蜗杆传动机构安装在行星轮系机构的行星架 H 上，由蜗轮给行星轮提供输入运动，带动行星架缓慢转动。附加机构驱动扇叶转动，并通过基础机构的运动实现附加机构 360°全方位慢速转动。

如图 12-20 所示的户外摄影车机构是Ⅱ型叠加组合机构的示例，平行四边形机构 *ABCD*为基础机构，由液压缸 1 驱动 *BC* 杆运动。平行四边形机构 *CDEF* 为附加机构，并安装在基础机构的 *CD* 杆上。安装在基础机构 *AD* 杆上的液压缸 2 驱动附加机构 *CDEF* 运动，使附加机构相对基础机构运动。

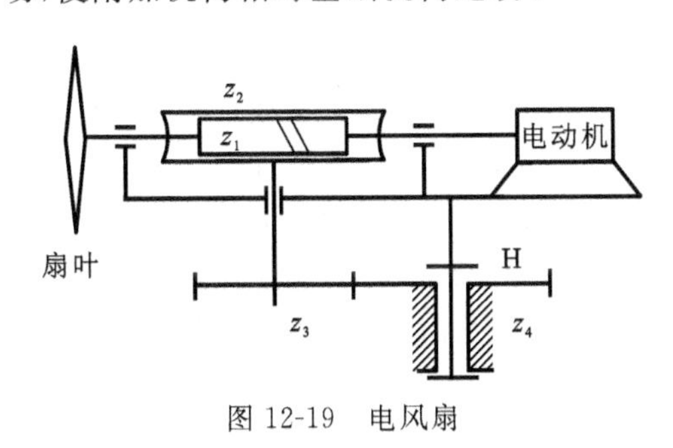

图 12-19　电风扇

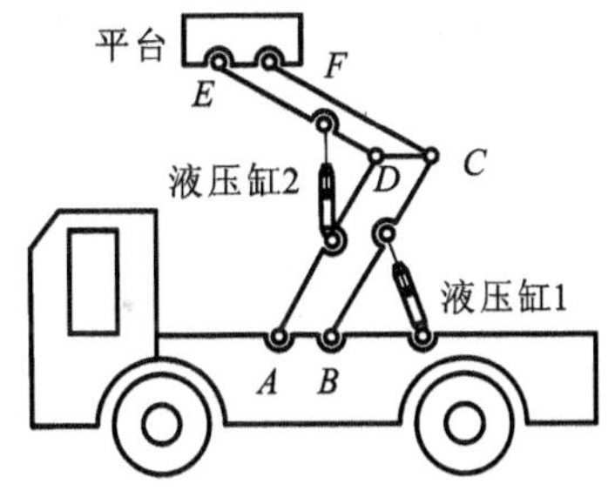

图 12-20　户外摄影车机构

12.4.4　常用组合机构的类型

通过以上各种组合方式得到的机构系统称为组合机构。在组合机构时，各基本机构不能单独进行分析与综合，必须在一个整体机构系统的环境中来考虑。组合机构的类型很多，这里只介绍其中常用的几种。

1. 凸轮-连杆组合机构

凸轮-连杆组合机构由自由度为 2 的连杆机构和自由度为 1 的凸轮机构组成。该机构能较容易并准确地实现较复杂的运动轨迹和运动规律，应用广泛。

如图 12-21 所示的刻字、成形机构，两个凹槽凸轮 1 和 1′ 固接在一起，两个推杆 2 和 3 的运动为自由度为 2 的四移动副连杆机构输入运动，从而形成并联组合的凸轮连杆机构。当凸轮转动时，推杆 2 和 3 分别在 X 和 Y 方向上移动，从而十字滑块 4 上的点 M 描绘出复杂的运动轨迹。

2. 齿轮-连杆组合机构

齿轮-连杆组合机构是由定传动比的齿轮机构和变传动比的连杆机构组合而成的。该机构运动特性多，精度易保证，运转可靠，齿轮、连杆便于加工，而且能实现复杂的运动轨迹和运动规律。

如图 12-22 所示为工程上常用的用以实现复杂运动规律的齿轮-连杆组合机构。它是一个由定轴轮系 1-4-5（附加机构）和自由度为 2 的五杆机构（基础机构）的叠加式组合机构。只要改变两齿轮的传动比、相对相位角或各杆长度，连杆上的点 M 即可描绘出不同的轨迹曲线。

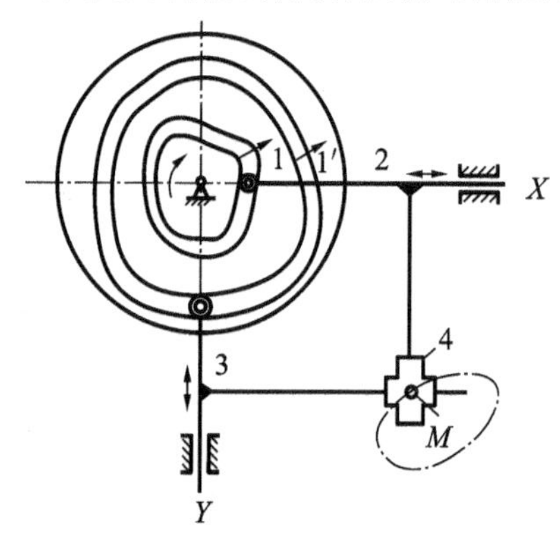

图 12-21　凸轮-连杆组合机构

1，1′—凸轮；2，3—推杆；4—十字滑块

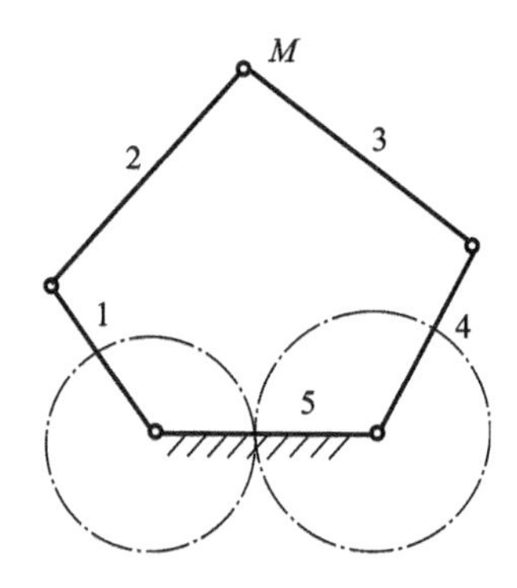

图 12-22　齿轮-连杆组合机构

3. 齿轮-凸轮组合机构

齿轮-凸轮组合机构一般由差动轮系和凸轮机构叠加组合而成的。该机构多用来使从动件实现复杂的运动规律。如图 12-23 所示的基础机构是由齿轮 1、行星轮 2（扇形齿轮）和行星架 H 组成的差动轮系，附加机构是由与行星轮 2 固接的摆杆和槽形凸轮 4 所组成的凸轮机构。当主动件系杆 H 转动时，行星轮 2 的回转轴线便作整周转动，同时铰接在行星轮 2 上的滚子 3 也在固定凸轮 4 的迫使下使行星轮 2 相对于系杆 H 转动。从而使得从动齿轮 1 获得预期的运动规律。

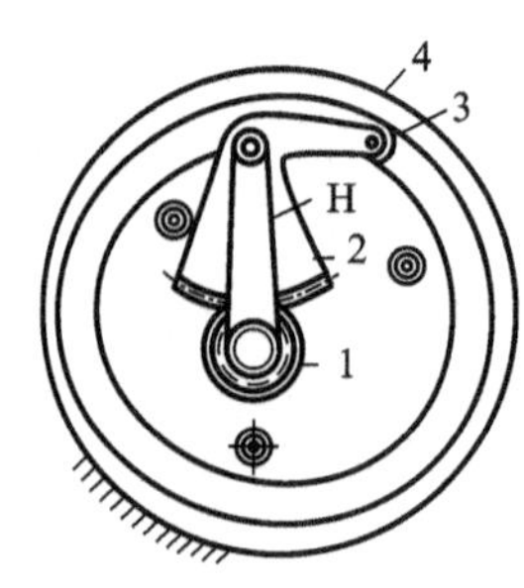

图 12-23　齿轮-凸轮组合机构

1—齿轮；2—行星轮；3—滚子；4—固定凸轮

12.5 机械运动方案的拟定

确定了机械的工作原理，完成了执行机构构件和原动机的运动设计，通过机构的选型、变异及组合，就可完成机械传动系统方案的设计，通过分析与评价，从众多的传动系统方案中拟定出最佳方案。

12.5.1 机械传动系统方案的拟定原则

拟定机械传动系统方案时，必须熟悉常用传动机构以及其结构特点和运动、动力性能。表12-5列举了常用传动机构及其性能，以供参考。机械传动系统方案的拟定要遵循以下七项原则。

1. 采用简短的运动链

拟定机械的传动系统时，尽可能采用简单、紧凑的运动链。因为运动链越简短，组成传动系统所使用的机构和构件数目就越少，这不仅降低制造费用、减小体积和质量，而且使机械的传动效率相对提高。由于减少传动环节，使传动中的积累误差也随之减小，结果将提高机械的传动精度和工作准确性。

2. 优先选用基本机构

选择机械传动机构时，应考虑原动机和工作机是否相互匹配，是否满足功率和速度的范围要求，传动比是否准确性及合理范围，结构布置和外廓尺寸是否满足要求，另外还要考虑机器质量和经济性等因素。

在满足上述条件后，应优先选用基本机构，因为基本机构结构简单、设计方便、技术成熟。在不满足要求时，才考虑机构变异或机构组合。

3. 应使机械有较高的机械效率

传动系统的机械效率主要取决于组成机械的各基本机构的效率和它们之间的连接方式。因此，当机械中含有效率较低的机构时，如蜗轮蜗杆传动装置，这将降低机械的总效率。在机械传动中的大部分功率是由主传动所传递，应力求使其具有较高的传动效率；而辅助传动链，如进给传动链、分度传动链、调速换向传动链等所传递的功率很小，其传动效率的高低对整个机械的效率影响较小。对辅助传动链主要着眼于简化机构、减小外部尺寸、力求操作方便、安全可靠等要求。

4. 合理安排不同类型传动机构的顺序

机械的传动系统和执行机构一般均由若干基本机构和组合机构组成，它们的结构特点和传动作用各不相同，应按一定规律合理安排传动顺序。一般将减速机安排在运动链的起始端，尽量靠近动力机，例如采用带有减速装置的电动机；将变换运动形式的机械安排在运动链的末端，使其与执行构件靠近，如将凸轮机构、连杆机构、螺旋机构等靠近执行构件布置；将带传动类型的摩擦传动安排在运动链中的转速高的起始端，以减小传递的转矩、降低打滑的可能性。在传递同样转矩的条件下，与其他传动形式比较摩擦传动机构尺寸比较大，为了减小其外部尺寸应将其布置在运动链的起始端。在传动链中采用圆锥齿轮时，应考虑到圆锥齿轮制造较困难，造价高，避免用大尺寸的圆锥齿轮，而采用较小的圆锥齿轮也应布置在运动链中转速较高的位置。

上述顺序安排只是一般性的考虑，具体安排时需要同时考虑的因素较多，如充分利用空间、降低传动噪声和振动，以及装配维修的方便等，相关的各因素都要权衡利弊给予适当的考虑。

5. 合理分配传动比

运动链的总传动比应合理地分配到各级传动机构，既充分利用各种传动机构的优点，又有利于尺寸控制得到结构紧凑的机械。每一级传动机构的传动比应控制在其常用的范围内。如果某一级传动比过大，则对其性能和尺寸都将有不利的影响。所以当齿轮传动比大于 8 时，一般应设计为两级传动；当传动比在 30 以上时，常设计两级以上的齿轮传动。但是对于传动来说，由于外部尺寸较大，实际很少采用多级带传动。

电动机的转速一般都超过执行构件所需要的转速，而需要采用减速传动系统。这时，对于减速运动链应按照“前小后大”的原则分配传动比，而且相邻两级传动比的差值不要相差太大。安排这种逐级减速的运动链，可使各级中间轴有较高的转速及较小的转矩，因此可选用尺寸较小的轴径和轴承，油封等零件。

6. 保证机械的安全运转

设计机械的传动系统和执行机构，必须充分重视机构的安全运转，防止发生人身事故或损坏机械构件的现象出现。一般在传动系统或执行机构中设有安全装置、防过载装置、自动停机等装置。例如在起重机的起吊部分必须防止在载荷作用下发生倒转，造成起吊物件突然下落砸伤工人或损坏货物的后果，所以在传动链中应设置具有足够自锁能力的机构或有效的制动器。又如为防止机械因短时过载而损坏，可采用具有过载打滑的摩擦传动装置或设置安全联轴器和其他安全过载装置。

7. 考虑经济性要求

传动方案的设计应在满足功能要求的前提下，从设计制造、能源和原材料消耗、使用寿命、管理和维护等各方面综合考虑，使传动方案的费用最低。

表 12-5 常用传动机构及其性能

传动类型	传动效率	传动比	圆周速度 /($m \cdot s^{-1}$)	外廓尺寸	相对成本	性能特点
带传动	0.94～0.96(平带) 0.92～0.97(V带)	≤5～7	5～25 (30)	大	低	过载打滑，传动平稳，能缓冲吸振，不能保证定传动比，远距离传动
	0.95～0.98(齿型带)	≤10	50	中	低	传动平稳，能保证固定传动比
链传动	0.90～0.92(开式) 0.96～0.97(闭式)	≤5 (8)	5～25	大	中	平均传动比准确，可在高温下传动，远距离传动，高速有冲击振动

续表

传动类型	传动效率	传动比	圆周速度/(m·s^{-1})	外廓尺寸	相对成本	性能特点
齿轮传动	0.92～0.96(开式) 0.96～0.99(闭式)	≤3～5 ≤7～10	≤5 ≤200	中 小	中	传动比恒定，功率和速度适用范围广，效率高，寿命长
蜗轮传动	0.40～0.45(自锁) 0.70～0.90(不自锁)	8～80 (1000)	15～50	小	高	传动比大，传动平稳，结构紧凑，可实现自锁，效率低
螺旋传动	0.30～0.60(滑动) ≤0.90(滚动)	—	中 低	小	中	传动平稳，能自锁，增力效果好
连杆传动	高	1	中	小	低	结构简单，易制造，能传递较大载荷，耐冲击，可远距离传动
凸轮传动	低	—	中	小	高	从动件可实现各种运动规律，高副接触磨损较大
摩擦轮传动	0.85～0.95	≤5～7	≤15～25	大	低	过载打滑，工作平稳，可在运转中调节传动比

12.5.2　机械传动系统方案的拟定方法

机械传动系统方案的拟定，是一个从无到有的创造性设计过程，涉及设计方法学的问题。拟定机械传动系统的方法较多，下面仅介绍两种较常用的方法：功能分解组合法和模仿改造法。

1. 功能分解组合法

功能分解组合法的基本思路是首先对设计任务进行深入分析，将机械要实现的总功能分解为若干个分功能，再将各分功能细分为若干个元功能，然后为每一元功能选择一种合适的功能载体(机构)来完成该功能，最后将各元功能的功能载体加以适当地组合和变异，就可构成机械传动系统的一个运动方案。

由于一个元功能往往存在多个可用的功能载体，所以用这个方法经过适当排列组合可获得很多的传动系统方案。

【例12-1】　如图12-24(a)所示零件，拟定在冲床上完成，试采用功能分解组合法实现其传动系统方案的拟定。

解　经过任务分析，可将冲床的功能分解为送料、冲压、退回等三个方面。送料功能由送料机构完成，用以实现间隙送料；冲压功能由冲头完成，完成往复运动、增力、急回、减速等运动。

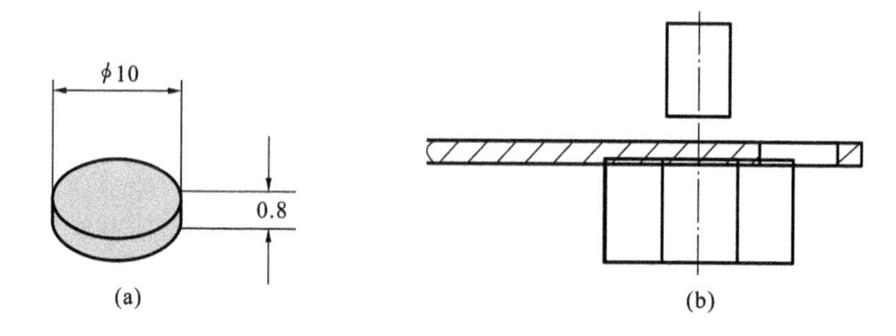

图 12-24 冲床冲压零件示意图

(1) 由上述分析可知，送料机构可采用间歇运动机构，图 12-25(a)所示为间歇滚轮传动机构，图 12-25(b)所示为棘轮机构，图 12-25(c)所示为推勾式传动机构。

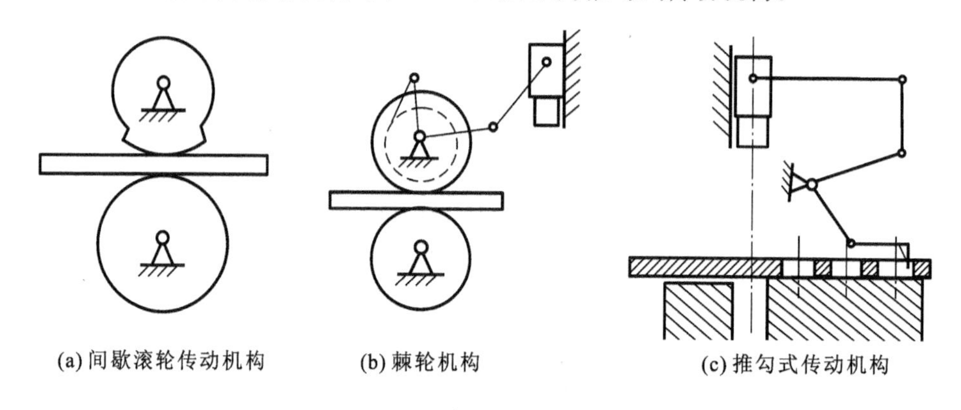

图 12-25 间歇送料机构

(2) 为了实现冲头往复运动、增力、急回等功能，可采用的六杆肘杆机构(见图 12-26(a))或直动推杆凸轮机构(见图 12-26(b))。

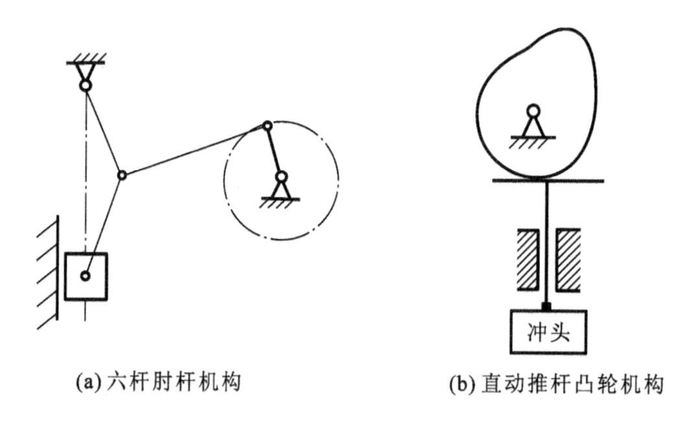

图 12-26 冲头运动机构

(3) 为了实现冲头的减速功能，可以采用两级带传动、两级齿轮传动或一级带传动和一级齿轮传动的组合。

将图 12-25、图 12-26 所示的机构和各种减速机构进行组合，就能得到多种冲床的传动系统方案。

2. 模仿改造法

模仿改造法的基本思路是经过对设计任务的认真分析，先找出完成设计任务的核心技术，然后寻找具有类似技术的设备装置，分析利用原装置来完成现设计任务的有利条件、不利条件，缺少哪些条件。保留原装置的有利条件，消除其不利条件，增设缺少的条件，将原装置加以改造，从而使之能满足现设计的需要。

为了更好地完成设计，一般应多选几种原型机，吸收它们各自的优点，加以综合利用。这样，既可以缩短设计周期，又可切实提高设计质量。在有资料和实物可参考的情况下，模仿改造法应用较多。

【例 12-2】　如图 12-27(a)所示为一育秧钵零件图，试用模仿改造法设计如图 12-27(b)所示的育秧钵制作机的传动系统，要求每分钟生产 50 个育秧钵。

解

(1) 育秧钵制作机主要工艺过程为填土、压实和脱模，涉及的核心技术有搅拌、冲压和脱模。如图 12-27(c)所示的蜂窝煤制作机也有冲压和脱模的过程，因此可将其作为设计育秧钵制作机的原型机。

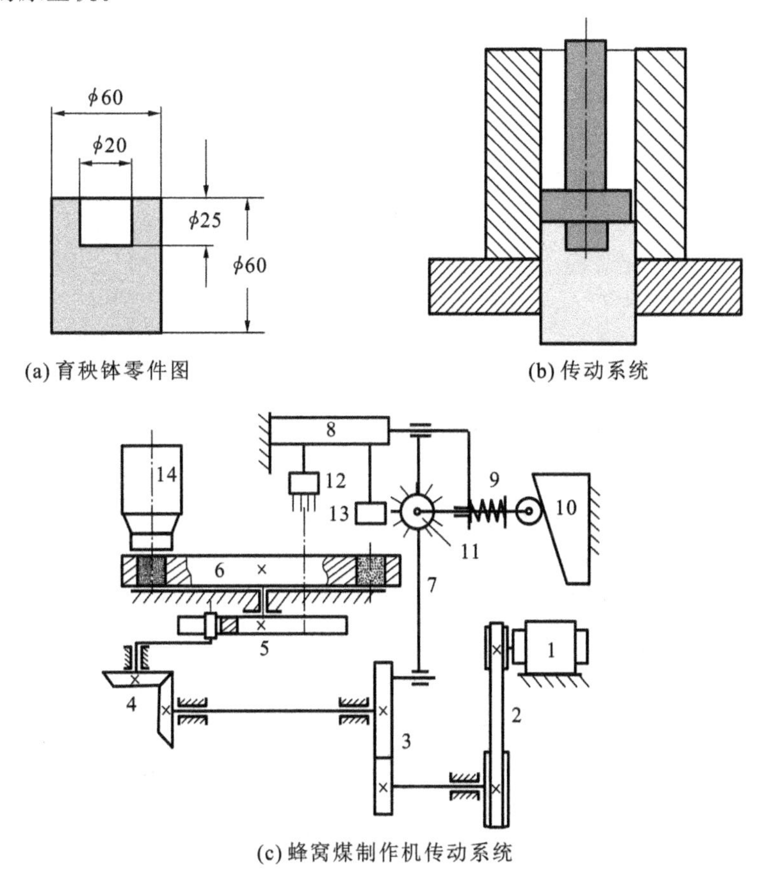

(a) 育秧钵零件图　(b) 传动系统

(c) 蜂窝煤制作机传动系统

图 12-27　模仿改造法设计育秧钵制作机的传动系统

1—电动机；2—带传动机构；3—圆柱齿轮传动机构；4—圆锥齿轮传动机构；5—槽轮机构；6—工作台；7—连杆；8—滑块；9—推杆；10—凸轮；11—清扫头；12—蜂窝冲头；13—脱模头；14—料斗

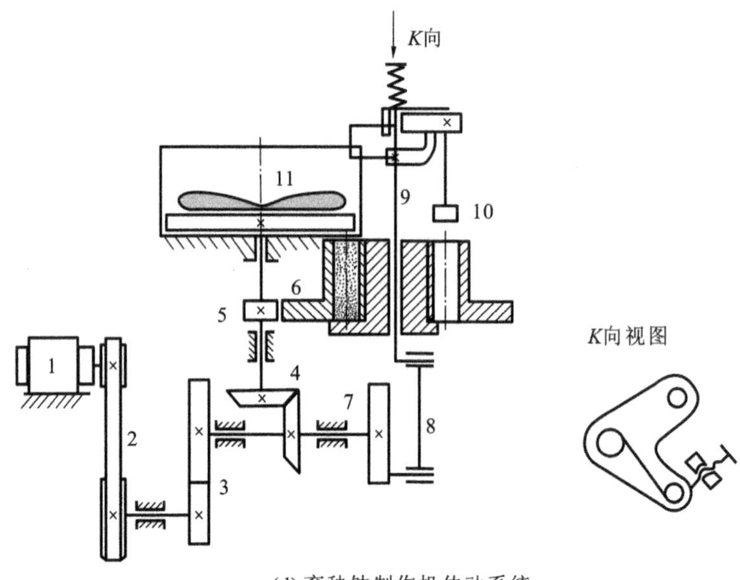

(d) 育秧钵制作机传动系统

续图 12-27

(2) 图 12-27(c)所示蜂窝煤制作机传动系统中,包括以下三条传动路线。

① 电动机 1—带传动机构 2—圆柱齿轮传动机构 3—圆锥齿轮传动机构 4—槽轮机构 5—工作台 6,实现工作台的间歇转动。

② 电动机 1—带传动机构 2—圆柱齿轮传动机构 3—连杆 7—滑块 8(冲头 12 或脱模头 13),实现蜂窝煤的冲压与脱模。

③ 滑块 8—凸轮机构 9、10—清扫头 11,实现清扫工作。

(3)经过对蜂窝煤制作机传动系统的分析,对比育秧钵制作机的工艺过程,得出以下几点改造意见。

① 工作台 6 靠槽轮机构 5 实现间歇性回转,周期较长,生产效率低,机构也较复杂,成本较高,改造方案中可以考虑改成连续旋转。

② 土壤间黏结性好,清扫系统在改造方案中可以考虑去掉。

③ 蜂窝煤制作机传动系统没有混合搅拌装置,改造方案中应增加。

(4)根据上述改造意见,将蜂窝煤制作机传动系统改造成如图 12-27(d)所示的育秧钵制作机传动系统。

① 电动机 1—带传动机构 2—圆柱齿轮传动机构 3—圆锥齿轮传动机构 4—圆柱齿轮 5—圆柱齿轮 6(工作台 6),实现工作台连续转动。

② 电动机 1—带传动机构 2—圆柱齿轮传动机构 3—曲柄滑块机构 7、8、9—冲头 10,实现冲压与脱模。

③ 电动机 1—带传动机构 2—圆柱齿轮传动机构 3—圆锥齿轮传动机构 4—搅拌器 11,实现搅拌功能。

12.6 机械运动方案的评价

实现机械功能可采用不同的工作原理，而且同一个工作原理也可有许多不同的实施方案，因此需要对众多的机械系统运动方案进行评价，以便从中选出最佳的方案。如何评价系统运动方案，并在评价的基础上作出决策，是机械系统方案设计的一个重要步骤。

1. 机械运动方案的评价指标

机械运动方案的具体评价指标很多，侧重点也不同，从具体要求上主要考虑以下几个方面。

(1) 功能目标完成情况　判断机械系统实现机械产品的预定功能目标的优劣程度。

(2) 复杂程度　从机构复杂程度、制造难易程度、机构数目以及运动链长短等因素进行评价。

(3) 工作效率的高低　从生产率、运转时间等影响工作效率的因素进行评价。

(4) 可靠性　从构件或机构的失效率、整机的可靠性等因素进行评价。

(5) 新颖性　从方案的创新程度加以判断。

(6) 经济效益　从产品设计、制造难易程度，设计、制造、使用周期的长短，材料的价格、耗费情况，以及从产品在使用过程中能耗的大小等方面进行评价。

(7) 安全性　包括机械产品本身的安全保护装置是否齐备，如过载保护、断电保护等；还包括对人身的安全性问题，对操作者或使用者是否有人身伤害，是否具有安全防护措施。

(8) 可操作性　从机械产品是否方便操作，是否简单、易掌握，人机关系的协调性能如何等方面进行评价。

(9) 先进性　体现在机械的运动、动力性能以及机械效率、精度等方面。

(10) 环境问题重视程度 对产品在制造、使用、维护等过程中产生的污染以及报废产品的可回收性等方面进行评价。

以上的评价仅是对预期结果的评价，完全准确的评价还在于产品完全投入市场之时。但对机械系统运动方案的初步评价还是很有必要的，它有助于及时发现问题并纠正，以免产生更大程度的返工，造成更大的损失，从而使产品成本提高，价值降低。

2. 机械运动方案的评价方法

常用的机械运动方案的评价方法有关联矩阵法、模糊评价法和评分法，其中评分法最为简单。下面仅介绍使用较为简便的评分法。

所谓评分法就是针对评价目标中各个项目的重要程度，选择一定的评分标准和总分计分法对方案的优劣进行评价。

由于评价指标难以细化，建议采用五级制(或六级制)评分制，即用5、4、3、2、1(0)等指标量化值分别表示方案在某指标方面为很好、较好、一般、较差、差(太差)。如表12-6所示为上述10个指标的评分权重与定性描述。

根据表12-6所计算的仅为单项指标的评分结果，要想更好地区分各种方案的优劣，还需选择一种总分计分法。表12-7所示为几种常用总分计分法及其公式和特点。

通过评分法对机械运动方案进行评价，可比较直观地了解机械运动方案各项性能指标的优劣，了解产品的价值，为进一步的优选决策提供依据。

表 12-6 机械运动方案评价指标

序号	评价指标	加权系数	定性描述与相对应得分					
			5	4	3	2	1	0
1	功能目标完成情况	0.2	理想	较好	一般	较差	差	太差
2	复杂程度	0.15	简单	较简单	一般	较复杂	复杂	太复杂
3	工作效率的高低	0.15	高	较高	一般	较低	低	太低
4	可靠性	0.1	可靠	较可靠	一般	较差	差	不可靠
5	新颖性	0.1	新颖	较新颖	一般	较陈旧	陈旧	太陈旧
6	经济效益	0.05	高	较高	一般	较低	低	太低
7	安全性	0.05	高	较高	一般	较低	低	太低
8	可操作性	0.05	好	良好	一般	较差	差	不可操作
9	先进性	0.05	先进	较先进	一般	较差	差	太差
10	环境问题重视程度	0.1	很重视	重视	一般	较差	差	没考虑

注：①表中利用加权系数是因为参评的指标并非一项，而且各项指标的重要性也不尽相同，对此可采用评分结果乘以加权系数以示区别；

②各项指标的重要性取决于该项指标所代表的内容对整个方案影响的程度，影响大的加权系数值就大；反之，加权系数值就小。

表 12-7 总分计分法

方法	公式	特点
分值相加法	$Q_i=\sum_{j=1}^{n}P_{ij}$	将 n 个评价目标评分值简单相加，计算简单、直观
分值连乘法	$Q_i=\prod_{j=1}^{n}P_{ij}$	将 n 个评价目标评分值相乘，使各方案总分差拉开，便于比较
均值法	$Q_i=\frac{1}{n}\sum_{j=1}^{n}P_{ij}$	将相加所得结果除以评价目标系数，结果直观
相对值法	$Q_i=\sum_{j=1}^{n}P_{ij}/(nQ_0)$	将均值法所得结果除以理想值，使 $Q_i\leqslant 1$，可看出与理想值的差距
加权计分法（有效值法）	$Q_i=\sum_{j=1}^{n}P_{ij}g_j$	将各项评分值乘以加权系数后相加，考虑了各评价目标的重要程度

习　　题

12-1　设计机械系统的方案要考虑哪些基本要求？其基本步骤如何？

12-2　为什么要对执行机构进行协调设计？协调设计应遵循什么原则？其基本步骤如何？

12-3　何谓机械工作循环图？有哪些形式？在机械系统设计中起到什么作用？

12-4　把等速转动变换为往复移动，试选择三种不同的机构方案，画出相应的示意图。

12-5　把等速转动变换为间歇转动，试选择三种不同的机构方案，画出相应的示意图。

12-6　机构的组合方式有哪些？各自特点如何？

12-7　试分析图 12-28 所示的牛头刨床的机构组合方式，并画出示意框图。

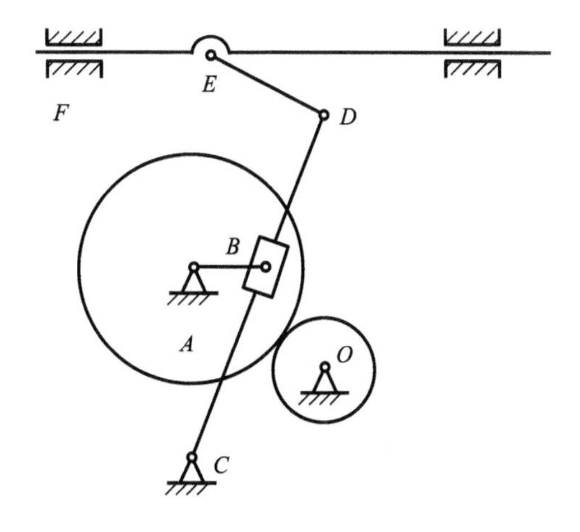

图 12-28　题 12-7 图

12-8　机械传动系统方案的拟定要遵循哪些原则？

12-9　机械传动系统方案的拟定方法有哪些？

12-10　试设计一机械系统，其从动件作单向间歇转动，每转过180°停歇一次，停歇时间约占 1/3 周期。

12-11　如何评价机械系统运动方案的优劣？

参考文献

[1] 孙桓，陈作模，葛文杰. 机械原理[M]. 7 版. 北京：高等教育出版社，2006.
[2] 朱理. 机械原理[M]. 北京：高等教育出版社，2004.
[3] 李威，穆玺清. 机械设计基础[M]. 北京：机械工业出版社，2009.
[4] 师忠秀. 机械原理课程设计[M]. 北京：机械工业出版社，2010.
[5] 魏兵，熊禾根. 机械原理 [M]. 武汉：华中科技大学出版社，2007.
[6] 王知行，刘廷荣. 机械原理 [M]. 北京：高等教育出版社，2000.
[7] 强建国. 机械原理创新设计 [M]. 武汉：华中科技大学出版社，2008.
[8] 邹慧君. 机械原理教程[M]. 北京：机械工业出版社，2001.
[9] 张春林. 机械原理[M]. 北京：高等教育出版社，2006.
[10] 郑甲红，朱建儒，刘喜平. 机械原理[M]. 北京：机械工业出版社，2006.
[11] 杨巍，何晓玲. 机械原理[M]. 北京：机械工业出版社，2010.
[12] 申永胜. 机械原理教程[M]. 北京：清华大学出版社，2005.
[13] 邹慧君，张春林，李杞仪. 机械原理[M]. 2 版. 北京：高等教育出版社，2006.
[14] 申屠留芳. 机械原理[M]. 北京：中国电力出版社，2010.
[15] 郭为忠，于红英. 机械原理[M]. 北京：清华大学出版社，2010.
[16] 安子军. 机械原理[M]. 北京：国防工业出版社，2009.
[17] 杨黎明. 机械原理[M]. 北京：高等教育出版社，2008.
[18] 李瑞琴. 机械原理[M]. 北京：国防工业出版社，2008.
[19] 赵韩，田杰. 机械原理[M]. 合肥：合肥工业大学出版社，2009.
[20] 杨可桢，程光蕴. 机械设计基础[M]. 北京：高等教育出版社，2000.
[21] 张策. 机械原理与机械设计[M]. 北京：机械工业出版社，2010.
[22] 杨家军. 机械原理[M]. 武汉：华中科技大学出版社，2011.
[23] 王树才，吴晓. 机械创新设计[M]. 武汉：华中科技大学出版社，2013.
[24] 高志，黄纯颖. 机械创新设计[M]. 北京：高等教育出版社，2010.
[25] 李琳，李杞仪. 机械原理[M]. 北京：中国轻工业出版社，2009.
[26] 胡家秀. 机械设计基础[M]. 北京：机械工业出版社，2003.